建筑数字技术系列教材

Architectural Digital Technology Textbook Series

# MicroStation 工程设计应用教程（表现篇）

## Tutorials for the Engineering Design and Application in MicroStation（Visualization）

汤 众 刘烈辉 栾 蓉 熊海滢 等编著

Tang Zhong Liu Liehui Luan Rong Xiong Haiying ed.

中国建筑工业出版社

**图书在版编目（CIP）数据**

MicroStation工程设计应用教程（表现篇）/汤众等编著．—北京：中国建筑工业出版社，2008
（建筑数字技术系列教材）
ISBN 978-7-112-09822-4

Ⅰ．M… Ⅱ．汤… Ⅲ．建筑设计：计算机辅助设计-应用软件，MicroStation-教材 Ⅳ．TU2

中国版本图书馆CIP数据核字（2008）第051560号

本书共分为七章，内容为绪论，MicroStation三维绘图基本知识，三维实体建模与编辑，三维表面建模与编辑，渲染，漫游与动画，接口技术等。

本书可供高等学校建筑学、城市规划、风景园林、艺术设计等专业的师生之用，也可作为广大专业人士工程实践和学术交流之用。

责任编辑：陈　桦　刘平平
责任设计：赵明霞
责任校对：王雪竹　陈晶晶

本书附配套素材，下载地址如下：
www.cabp.com.cn/td/cabp16526.rar

建筑数字技术系列教材
Architectural Digital Technology Textbook Series
**MicroStation工程设计应用教程（表现篇）**
**Tutorials for the Engineering Design and Application in MicroStation (Visualization)**
汤　众　刘烈辉　栾　蓉　熊海滢　等编著
Tang Zhong　Liu Liehui　Luan Rong　Xiong Haiying　ed.
*
中国建筑工业出版社出版、发行（北京西郊百万庄）
各地新华书店、建筑书店经销
霸州市顺浩图文科技发展有限公司制版
北京富生印刷厂印刷
*
开本：787×1092毫米　1/16　印张：15½　字数：377千字
2008年6月第一版　2008年6月第一次印刷
印数：1—3000册　定价：**28.00**元（附网络下载）
ISBN 978-7-112-09822-4
(16526)

# 本系列教材编委会

# 序 言

近年来，随着产业革命和信息技术的迅猛发展，数字技术的更新发展日新月异。在数字技术的推动下，各行各业的科技进步有力地促进了行业生产技术水平、劳动生产率水平和管理水平的不断提高。但是，相对于其他一些行业，我国的建筑业、建筑设计行业应用数字技术的水平仍然不高。即使数字技术得到一些应用，但整个工作模式仍然停留在手工作业的模式上。这些状况，与建筑业是国民经济支柱产业的地位很不相称，也远远不能满足我国经济建设迅猛发展的要求。

在当前数字技术飞速发展的情况下，我们必须提高对建筑数字技术的认识。

纵观建筑发展的历史，每一次建筑的革命都是与设计手段的更新发展密不可分的。建筑设计既是一项艺术性很强的创作，同时也是一项技术性很强的工程设计。随着经济和建筑业的发展，建筑设计已经变成一项信息量很大、系统性和综合性很强的工作，涉及到建筑物的使用功能、技术路线、经济指标、艺术形式等一系列数量庞大的自然科学和社会科学的问题，十分需要采用一种能容纳大量信息的系统性方法和技术去进行运作。而数字技术有很强的能力去解决上述的问题。事实上，计算机动画、虚拟现实等数字技术已经为建筑设计增添了新的表现手段。同样，在建筑设计信息的采集、分类、存贮、检索、分析、传输等方面，建筑数字技术也都可以充分发挥其优势。近年来，计算机辅助建筑设计技术发展很快，为建筑设计提供了新的设计、表现、分析和建造的手段。这是当前国际、国内层出不穷的构思独特、造型新颖的建筑的技术支撑。没有数字技术，这些建筑的设计、表现乃至于建造，都是不可能的。

建筑数字技术包括的内容非常丰富，涉及建筑学、计算机、网络技术、人工智能等多个学科，不能简单地认为计算机绘图就是建筑数字技术，就是CAAD的全部。CAAD的“D”不应该仅仅是“Drawing”，而应该是“Design”。随着建筑数字技术越来越广泛的应用，建筑数字技术为建筑设计提供的并不只是一种新的绘图工具和表现手段，而是一项能全面提高设计质量、工作效率、经济效益的先进技术。

建筑信息模型（Building Information Modeling，BIM）和建设工程生命周期管理（Building Lifecycle Management，BLM）是近年来在建筑数字技术中出现的新概念、新技术，BIM技术已成为当今建筑设计软件采用的主流技术。BLM是一种以BIM为基础，创建信息、管理信息、共享信息的数字化方法，能够大大减少资产在建筑物整个生命期（从构思到拆除）中的无效行为和各种风险，是建设工程管理的最佳模式。

建筑设计是建设项目中各相关专业的龙头专业，其应用BIM技术的水平将直接影响到整个建设项目应用数字技术的水平。高等学校是培养高水平技术人才的地方，是传播先进文化的场所。在今天，我国高校建筑学专业培养的毕业生除了应具有良好的建筑设计专业素质外，还应当较好地掌握先进的建筑数字技术以及BLM-BIM的知识。

而当前的情况是，建筑数字技术教学已经滞后于建筑数字技术的发展，这将非常不利于学生毕业后在信息社会中的发展，不利于建筑数字技术在我国建筑设计行业应用的发展，因此我们必须加强认识、研究对策、迎头赶上。

有鉴于此，为了更好地推动建筑数字技术教育的发展，全国高等学校建筑学学科专业指导委员会在2006年1月成立了“建筑数字技术教学工作委员会”。该工作委员会是隶属于专业指导委员会的一个工作机构，负责建筑数字技术教育发展策略、课程建设的研究，向专业指导委员会提出建筑数字技术教育的意见或建议，统筹和协调教材建设、人员培训等的工作，并定期组织全国性的建筑数字技术教育的教学研讨会。

当前社会上有关建筑数字技术的书很多，但是由于技术更新得太快，目前真正适合作为建筑院系建筑数字技术教学的教材却很少。因此，数字技术教育工委会成立后，马上就在人员培训、教材建设方面开展了工作，并决定组织各高校教师携手协作，编写出版《建筑数字技术系列教材》。这是一件非常有意义的工作。

系列教材在选题的过程中，工作委员会对当前高校建筑学学科师生对普及建筑数字技术知识的需求作了大量的调查和分析。选题力求做到先进性、全面性、针对性。而在该系列教材的编写过程中，参加编写的教师能够结合建筑数字技术教学的规律和实践，结合建筑设计的特点和使用习惯来编写教材。各本教材的主编，都是富有建筑数字技术教学理论和经验的教师。他们在主持编写的过程中十分注重编写质量。因此，各本教材都得到了相关软件公司官方的认可。相信该系列教材的出版，可以满足当前建筑数字技术教学的需求，并推动全国高等学校建筑数字技术教学的发展。同时，该系列教材将会随着建筑数字技术的不断发展，与时俱进，不断更新、完善和出版新的版本。

全国20多所高校40多名教师参加了《建筑数字技术系列教材》的编写，感谢所有参加编写的老师，没有他们的无私奉献，这套系列教材在如此紧迫的时间内是不可能完成的。教材的编写和出版得到了欧特克软件（中国）有限公司、奔特力工程软件系统（上海）有限公司、上海曼恒信息技术有限公司、北京金土木软件技术有限公司和中国建筑工业出版社的大力支持，在此也对他们表示衷心的感谢。

让我们共同努力，不断提高建筑数字技术的教学水平，促进我国的建筑设计在建筑数字技术的支撑下不断登上新的高度。

全国高等学校建筑学学科指导委员会主任　仲德崑

建筑数字技术教学工作委员会主任　李建成

2006年9月

# 前　言

随着数字技术的迅猛发展，建筑数字技术也有了长足的进步，许多新的数字技术正在建筑业中大放异彩。

Microstation 软件是其开发者奔特力（Bentley）工程软件有限公司的核心产品之一，是奔特力的旗舰产品，主要用于基础设施的设计、建造与实施。

MicroStation 经过 20 多年来的发展，功能日臻完美。除了具备二维绘图、三维可视化、多任务并行、大型数据库连接、用户订制及二次开发等功能以外，其在工程信息集成与共享、工程分析、设计变更过程记录追踪、数字权限管理、协同设计、分布式企业支持等方面都有其独特的发展。特别需要指出的是，MicroStation 已经从一个绘图软件发展成为一个功能强大的工程软件平台，在这个软件平台上，派生出奔特力的建筑工程、土木工程、工厂设计、地理信息四大系列共几十种工程软件，被广泛应用于建筑设计、土木工程、工厂设计和地理空间工程的各个方面。这些系列工程软件通过统一的 MicroStation 平台交换数据，并在各自的领域中发挥着出色的作用，如今包括政府机构在内的一些大型工程建设与管理机构也使用其来集成和管理庞杂的工程信息。因此，MicroStation 已发展成为在国际上享有盛名的软件，特别是在各种高端应用中，占据着显著的地位。

目前，MicroStation 在我国也得到众多应用，因此有必要在高校中让学生学习、掌握。为此，我们编写了这本教材。以使学生能够拓宽视野，广泛学习各种先进的建筑数字技术，有利于学生提高应用建筑数字技术水平。由于 MicroStation 的功能非常强大，需要介绍的内容很多，因此把教材分为上、下两册出版。上册主要介绍二维图形的绘制与编辑、尺寸标注、工程信息处理等内容；本书作为教材的下册主要介绍三维实体与三维曲面的建模与编辑、渲染、漫游等内容。

由于 Microstation 软件的功能十分庞大，操作命令上千条，本书只是介绍了与建筑设计相关的一些常用命令，更高级的应用和开发则需要进行更进一步的研究，通过软件商提供的培训、咨询和技术支持服务，可以获得大量的技术信息资源。

在写作中，我们不追求面面俱到，而是力图通过实例操作的介绍，让读者能够举一反三，触类旁通，掌握学习、应用 MicroStation 的方法。

本书是以 MicroStation V8 XM Edition 08. 09. 02. 82 为参照写成的。在编写这本书的过程中，得到了奔特力工程软件系统（上海）有限公司的大力支持，特别是何立波高级工程师、韩郁经理、陈恺煜经理等从技术上、资料上都给予了宝贵的支持和具体的帮助。编者对此表示衷心的感谢。

本书由汤众（同济大学）任主编并负责全书的统稿，并特邀请李建成（华南理工大学）为本书审稿。下册的写作分工是：汤众编写第一章，刘烈辉（华东交通大学）编写第二、三章和第七章，栾蓉（扬州大学）编写第四、六章，熊海滢（武汉理工大学）编写第五章。

由于编者的学识、水平有限，本书难免有不当之处，期望各位读者给予批评指正。

编者

2008 年 3 月

# 目 录

# 1 绪论

作为 MicroStation 软件教材的第二册，本书将着重介绍奔特力工程软件系统公司（Bentley Systems，Incorporated）的 MicroStation 软件在三维图形建模、渲染和动画中的基本操作以及在建筑表现中的具体应用。具体软件版本采用 V8 XM Edition 08.09.02.82。

首先本书将先介绍三维建模的一些基本概念、软件界面和基本操作特点，然后再分章节逐步详细地介绍软件在三维建模和渲染的各项功能及操作，其间还会安排一些应用实例以便于在实际建筑表现中应用，最后会简单介绍 MicroStation 软件与其他三维设计软件的数据交换。

为了能够更好地了解 MicroStation 软件在三维设计中的特点，以下将介绍三维设计的一些基本概念、MicroStation 软件三维设计的特点以及与奔特力（Bentley）工程系列软件的关系。

## 1.1 三维设计

从简单的二维工程制图到三维建模渲染表现再到三维设计直至建筑信息模型（BIM，Building Information Model），计算机软件正在逐步在工程设计中发挥越来越重要的作用（图 1-1），以下将简单介绍一些三维设计的基本概念。

### 1.1.1 绘图、建模与设计

早期优秀的设计师往往需要具备高超绘画技能，如文艺复兴时期的达芬奇（1452-1519，Leonardo da Vinci）就同时是画家、雕塑家、工程师和建筑师，至今还有他当年绘制的设计图稿流传于世（图 1-2）。

在文艺复兴以前的数千年间，为了将建筑师在脑中形成的意念明确地表示出来，以便经过详细考虑后的建筑物得以顺利建成，最基本而重要的表现方式是通过二维空间的各种图的配合，来表现三维的巨大实体和空间。由于只能通过图面来表现建筑实体，图面形式的可变性会受到一定的限度。

文艺复兴时期对于设计方法和表现方法有两大贡献：继承和发展了二维图形的方式；大量制作模型并用于设计过程中。首先，文艺复兴在基本作法上继承了传统的方式，利用二维图形（平面图、立面图、剖面图以及透视图）来表现脑中形成的建筑意念，并提出了更科学的要求，即平面图与立面图要对应、有序地排列，再配合剖面图和透视图，这种混合形式能更充分发挥图面的空间表达能力，使人们更直接地感受到立体空间的效应，达到有如模型般的立体效果。

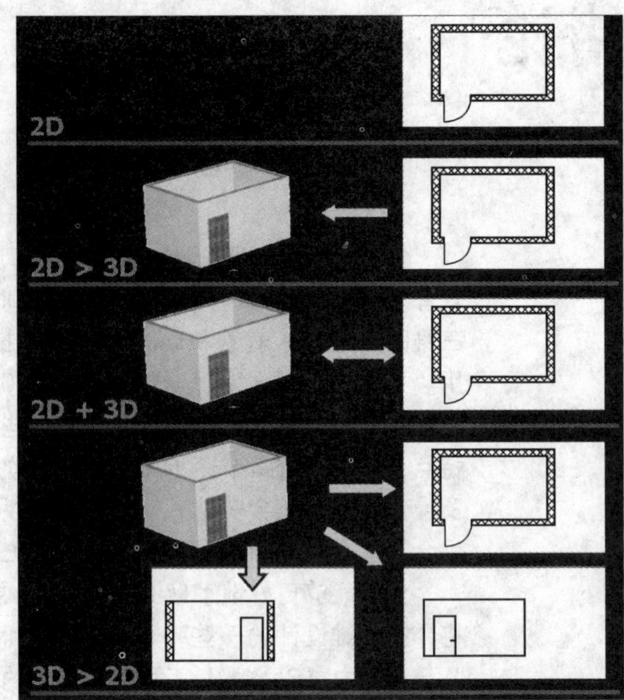

图 1-1　从二维绘图到三维设计

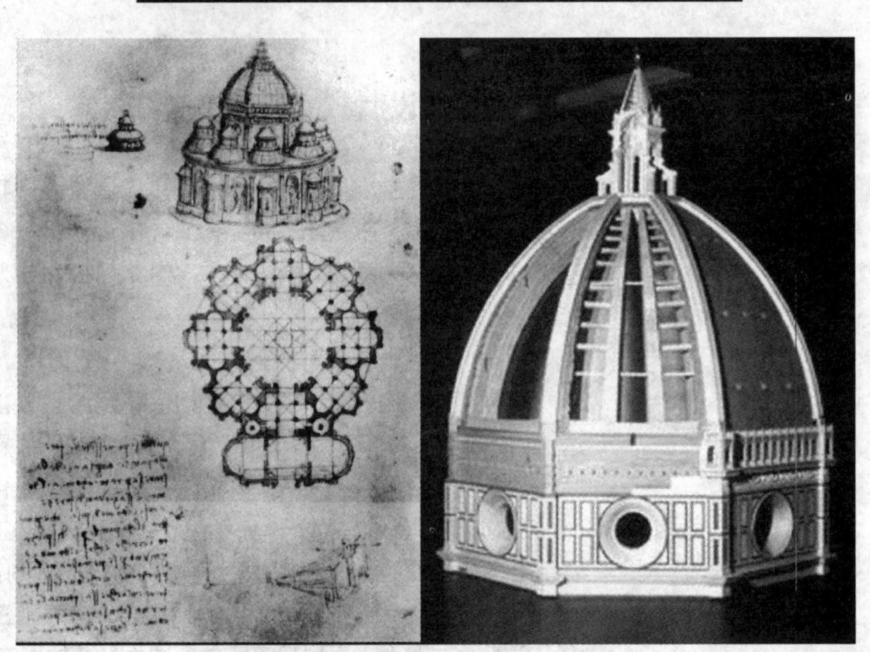
图 1-2　达芬奇设计的教堂图纸与模型

1799 年，法国数学家蒙日发表了《画法几何》一书，为在二维平面上用图形表示形体和解决空间几何问题体奠定了理论基础，它应用投影的方法研究多面正投影图、轴测图、透视图和标高投影图的绘制原理。以后的各国学者又在投影变换、轴测图、截交线、相贯线和展开图以及其他方面不断提出新的理论和方法，使这门学科日趋完善。

在传统的工程设计学习中，画法几何与工程制图是一项非常重要的内容。为了能够在二维的纸面上表达出三维物体，需要通过多幅不同方向的视图加以表现，基于同样的画法几何原理，还可以绘制出阴影、轴测和透视帮助理解，需要指出的是透视图和照片依然是二维的。

空间想像能力、空间分析能力和读图、绘图能力是工程设计人员必须具备的，经过专业训练，工程设计人员要求具有在接受物体的二维信息后，经过联想和判断，想像和推理等思维活动，确定物体在空间的位置和几何形状的能力，形成空间思维模式，建立对空间立体形状的脑图构思能力。

经过数百年的发展和完善，工程制图通过在二维图纸上的图形、符号、文字和数字等已经能够比较完整地表达设计意图和制造要求，还成为交流工程设计经验的技术文件，被称为工程界的语言。因此，在计算机辅助设计的早期，应用计算机进行工程图的绘制是当时的主要目的。在这样一个阶段，计算机只是代替尺规和笔成为一种新的绘图工具，其优势在于绘图的效率被提高。

然而，建筑师的创作意念，只透过二维空间的图面表现是不够的，还需要三维空间模型从事立体的呈现。三维空间模型除了表达建筑的外部空间和形式，还表达建筑内部实墙所塑造的空间（虚空间），拉近图面的想像和实际之间存在的差距，并且对建筑的整体比例、立面比例与细部装饰都提供了更明确的表达，以弥补立面图、细部图和建筑想像间必然存在的先天误差。此外，模型还有助于建筑师对建筑方案进行光影的分析，装饰与整体的效果分析、材料使用与比例的关系分析，以及构造与结构的关系分析。可以说，模型成为建筑设计的关键的切入方式，以致后来成为所有建筑设计中不可或缺的思考步骤。

在设计方法和表现方式上的惊人发展，使文艺复兴时期建筑的形式比过去的形式更丰富，也更具变化。自文艺复兴时期大量使用模型以后，建筑形式的塑造虽然让建筑师有较大的发挥空间，但由于图与模型的空间表现能力和掌握能力仍有限制，因此设计者无法随心所欲地发挥，仅仅依靠传统的表现方式难以掌握头脑中形成的极具变化的意念。如果没有其他的表现方式的话，往往迫使设计者作出妥协而采用较平稳的空间形式，这也是历史上许许多多的建筑师的困境与无奈。这种工作方式能表达的视图是有限的，效率是不高的。

当代日臻成熟的计算机技术进入建筑设计领域，电脑数字化过程融入设计思考和过程，产生了对于建筑风格的演进、建筑形式的变化、建筑设计方式与过程的影响，甚至对建筑思考方向都有冲击。建筑师从事设计思考时，脑中所能想像的景象与实际建筑之间的落差，在文艺复兴时期由于模型在设计过程中的使用，跨过了第一步的限制；而今日由于电脑模型适当而巧妙地在设计过程中运用，可以再向前跨一大步。这些在建筑理论与方法上的影响，使建筑更能明确而具体地掌握种种考虑，也因而能在形式和空间中追求更大的变化。

在不同的生产力条件下，所用的生产工具也不同，影响到建筑设计方法、工具也不同。透视图的发展为现代建筑学奠定基础。在计算机技术发展到已经比较成熟的今天，建筑设计方法应有一个革命性改革，就是应用计算机进行全信息化的三维建筑设计。

MicroStation 是较早就具备三维建模和渲染的计算机辅助设计软件。但是在实际的工程设计应用中，计算机的三维建模和渲染功能更多地被应用于还是在二维平面上表达三维空间，并没有改变传统的设计模式。工程设计人员往往是在设计完成之后，将已经形成的二维图纸再建立三维模型进行渲染表现成效果图。由于设计工作在建立三维模型之前已经完成，工程设计人员便不愿意再重复在计算机中建立三维模型，于是所谓专业的效果图公司便如雨后春笋般地发展起来，而工程设计人员依然在进行二维的工程绘图。

### 1.1.2 计算机辅助三维设计

直接应用计算机的三维模型进行设计最早是在航天工程中得到应用。由于航天工程的复杂性和对设计要求的高标准，传统的二维工程图纸虽然依然可以表达设计，但是其产生的大量二维工程图纸使得设计工作的效率大大降低。为美国国家航空航天局（NASA，National Aeronautics and Space Administration）服务的经历使奔特力在开发 MicroStation 时就重视计算机软件的三维设计能力。

图 1-3 高迪设计的圣家族大教堂

所谓三维设计并非新鲜事物，几乎所有的工程设计都是三维的。人类制作三维物体与建造空间的历史远远早于工程绘图，早期的制作和建设并没有成型的图纸，甚至没有语言文字的交流。从精美的青铜器到宏伟的宫殿，很多都是未经图纸绘制而直接制作和建造的。即使在二维工程制图已经被大量使用了近一百年后，依然有一些天才的设计无法完全用二维图纸表达。例如西班牙的著名设计大师高迪耗尽毕生精力设计的圣家族大教堂，在他逝世 80 多年后，至今仍未竣工（图 1-3）。

应用计算机进行三维设计是指工程设计人员在设计之初就直接在计算机中建立三维模型而不再需要先绘制二维图纸，设计工作一直在计算机的三维模型上进行，设计成果就是计算机中的三维模型，结合计算机控制的三维制造工艺，最终的工程得以在三维空间中完成。在这个过程中，从设计到制（建）造都是在三维状态，不再需要进行二维图纸的来回转换，这样就大大减少了设计和建造过程中发生错误和误解的可能，最终提高了整个工程建设过程的效率而不仅仅是绘图的

图 1-4　盖里设计的自由造型建筑形态
（上：波士顿 MIT 建筑系馆；中：芝加哥露天音乐厅；下：洛杉矶迪斯尼剧院）

效率。

使用计算机进行三维设计的另一个优点是可以在空间造型上有更大的灵活度。传统的三视图并不能够完美表达复杂的空间形态，这样设计师的创意与构思就会受到局限，这也是在很长的一个历史阶段没有更多像高迪这样的设计师及设计作品的原因。随着计算机三维设计能力的加强，更多自由造型的设计被实现（图 1-4）。

由于设计成果不再是抽象的二维图形、符号、文字和数字，而是“实在”的三维模型，这使得很多基于三维实体模型的物理分析可以直接在计算机中进行，这些物理特性包括空间物体间的碰撞干涉、结构受力、空气动力、热工、光学、声学等等。这样原来分别在各个相关专业之间传递工程信息的二维工程图纸被计算机三维模型替代之后，设计过程中的信息传递更为直接，也减少了设计错误的发生。

也是得益于计算机三维模型，使得工程分析可以在工程设计的早期就可以介入，而无需等待设计完成之后为之进行后期“配套”工作，工程设计也可以变得更为科学和理性。例如在制图篇中介绍过的诺曼·福斯特，其在伦敦的瑞士再保险公司总部大楼（Swiss Re Headquarters）设计中，面对狭窄的基地和苛刻的周边环境，借助计算机三维设计，通过严谨的数学公式和物理性能分析，最终得到一种新颖的、美学和物理性能俱佳的形式（图 1-5）。

这种在计算机三维设计中包含大量实际信息的计算机三维模型在建筑设计领域被称为“建筑信息模型”（Building Information Model, BIM）自 2002 年以来，国际建筑行业兴起了围绕 BIM 为核心的建筑信息化应用。而在设计行业，采用基于 BIM 的设计软件，包含原二维 CAD 软件的所有功能，但绘制图纸的基本元素不是 CAD 中的点、线、面、图块等基本几何元素，而是墙、窗、梁、柱等建筑专业对象，使用建筑语言描述建筑信息。信息建筑实际构件用数字化的方法来搭建，与此同时（自动实时）链接到报告生成（数据库）引擎，根本上产生人们所说的“智能几何”。新的以计算机为驱动的模拟方法在学术上和商业上都得到了应用，能够（而

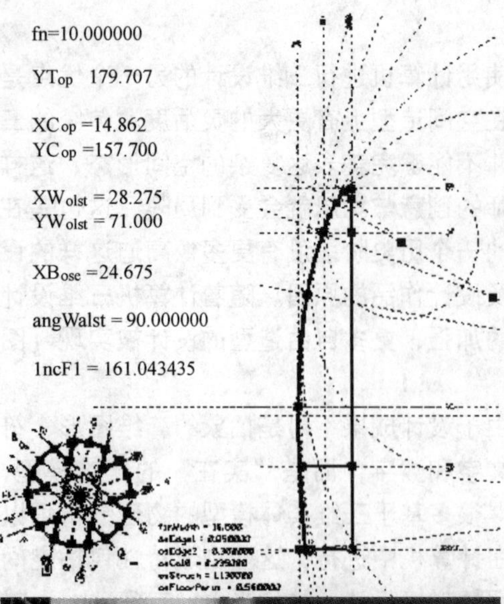

图 1-5 福斯特设计的瑞士再保险公司总部大楼及数理分析

且将要）名副其实地模拟一切事物，从基本的照明、能量、风以及人流量控制，到更复杂的建造、制造、规范、材料和保安系统。建筑信息模型将体现建筑实践的未来发展趋势；致力于在造型基础上发掘更广阔天地的业界人士，将极大地受益于这种能解析的信息，且无论设计前后，从项目的概念设计，到设计和建造阶段，再进一步到居住和建筑生命周期管理阶段，都能应用的数字化工具。占有了翔实准确而非盲目揣测的信息，决策的优势是不言自明。但业界对这项技术的正确理解和运用，还取决于建筑师素质的大幅度提高。建筑信息模型的运用蕴含着对设计过程本身的理性的再思考。

基于 BIM 的建筑设计是一种螺旋式的智能化设计过程。具有以下优点：

1）利用建筑语言，二、三维同步生成，设计师集中精力在核心建筑设计思考。

2）建筑图纸文档生成及修改维护简单，关联修改可自动避免图纸设计过程中平、立、剖之间可能产生不一致的低级错误。

3）设计协同方式更灵活、更简单快捷，内嵌的大型数据库支持多人在同一建筑数据模型下实施团队设计。

4）设计及应用上可视化，可以清晰分析了解设计可能产生的瑕疵。

5）可直接支持结构、节能、采光等各类专业分析软件。

6）BIM 建筑设计不仅是一个模型，也是一个完整的数据库。可以自动生成各种报表，工程进度及概预算等。

7）具有强大的可视化虚拟建筑展示功能及分析功能，支持多种方式的数据表达（二维平立剖、VR、动画、IFC 等）与信息传输（XML 等）。

建筑信息模型的核心是利用软件生成一个真实建筑的数字模型，将所有的相关信息存储在一起。设计师通过使用楼板、墙、屋顶、门、窗、楼梯和其他构件等建筑元素来构建一幢建筑。虚拟建筑中的每一个物体都是具有建筑元素特征和智能化属性的建筑构件。在这样一个真实的智能的模型中，设计者可以任意的输出平面、剖面、立面，以及各种细部大样、预算报表、建筑材料、门窗表，甚至可以输出施工进度，当然渲染效果、动画效果、虚拟现实效果更是不在话下了。不仅如此，虚拟建筑可以轻松实现各工种的协调，包括建筑、结构、水暖电。由于各工种工作在单一的数字建筑中，各种意见能够即时的体现出来，避免了重复劳动的过程，以及信息滞后的过程。

## 1.2 奔特力的建筑信息模型

在早期为了与传统的纸笔设计方法相互竞争，奔特力研发的CAD应用软件MicroStation让建筑师与工程师能够如Greg Bentley曾经说过的："完成所有没有计算机时所做的事（to do what they did anyway without computers)"。

近年来奔特力致力于技术解决方案的发展，并且促使计算机辅助设计能够转变为所谓"集成化项目模式"（Integrated Project Modeling)，让项目成员改善项目的协作能力，并且让项目活动与过程没有计算机就做不到（not possible without computers)。

奔特力的集成化项目模型的功能超越了计算机辅助设计，它将建筑信息模型BIM扩展为全方位且具普遍性的解决方案，让设计、工程以及项目管理与协作更加便利，也使得整个项目的传递过程更有效率，同时支持了所有建设资产的生命周期。

事实上，全信息建筑模型（Single Building Model）对于奔特力说是集成化项目模型（Integrated Project Model）的子集，它包含二项重要的建筑信息：几何信息Geometric information（长度，高度，厚度，x轴，y轴与z轴坐标）和属性信息Attribute information（样式、材质、单位重量、成本)，目的是为了要做到：设计可视化、自动抽取二维工程图、产生设计报告、产生规格明细表（图1-6)。

集成化项目模型是所有项目元数据（metadata)，不但具有一致性，而且绝无冗余。项目信息包含：文档信息（Document information，作者、修订阶段、参考文件、注销数据、审核数据、发行日期等)、分析信息（Analytical information，节点、有限元素、构件样式等)，建设信息（Construction information安装日期、分包等)，设备信息（Facilities information房间名称、空间种类、楼层区域、部门、占用期等)，对于不同项目与建设物有不同的相关任务，例如：工程文件管理、结构分析、碰撞检查、进度模拟、设备与资产管理（图1-7)。

传统的工作流程需要产生出大量的2D平面图、报告、进度表与明细规格表，才能完整地描述建筑物。与传统方式不同的是，集成化项目模型不但涵盖了这些建筑物的内容，还包括了项目信息。所有的设计或设计上的变更，只需在同一个地方完成即可。与那些无相互关联的文件相比，信息相互关联的项目模型可节省大量的时间，还可以排除错误、遗漏与差异的主要来源。

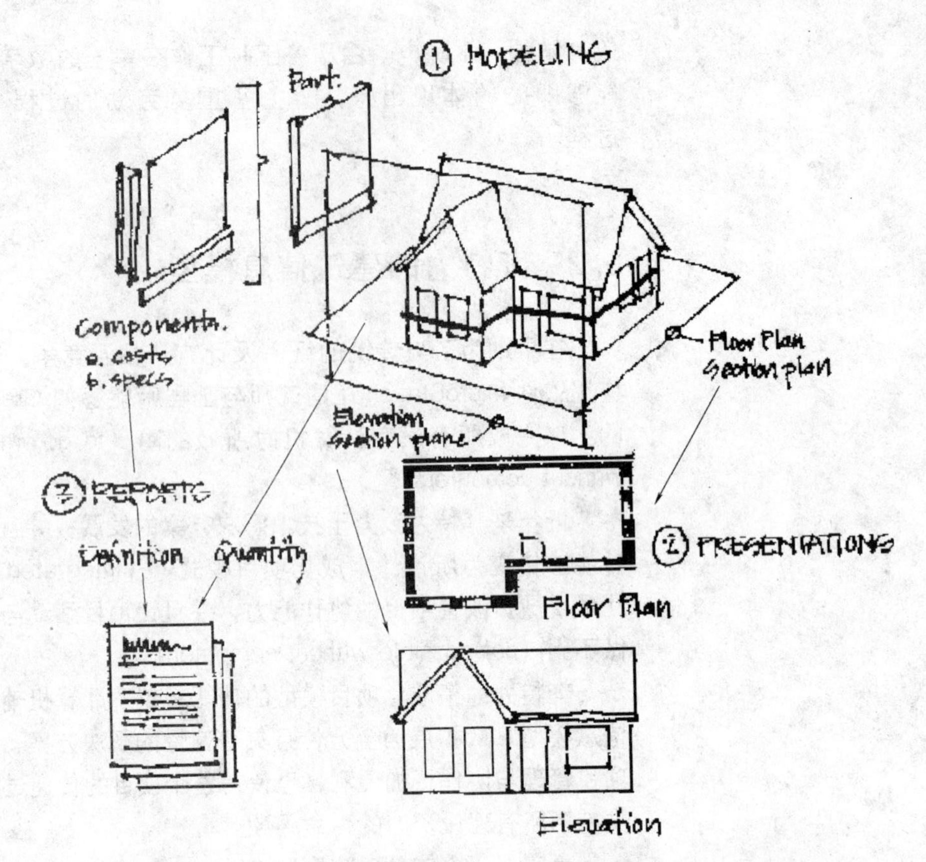


图 1-6　全信息建筑模型

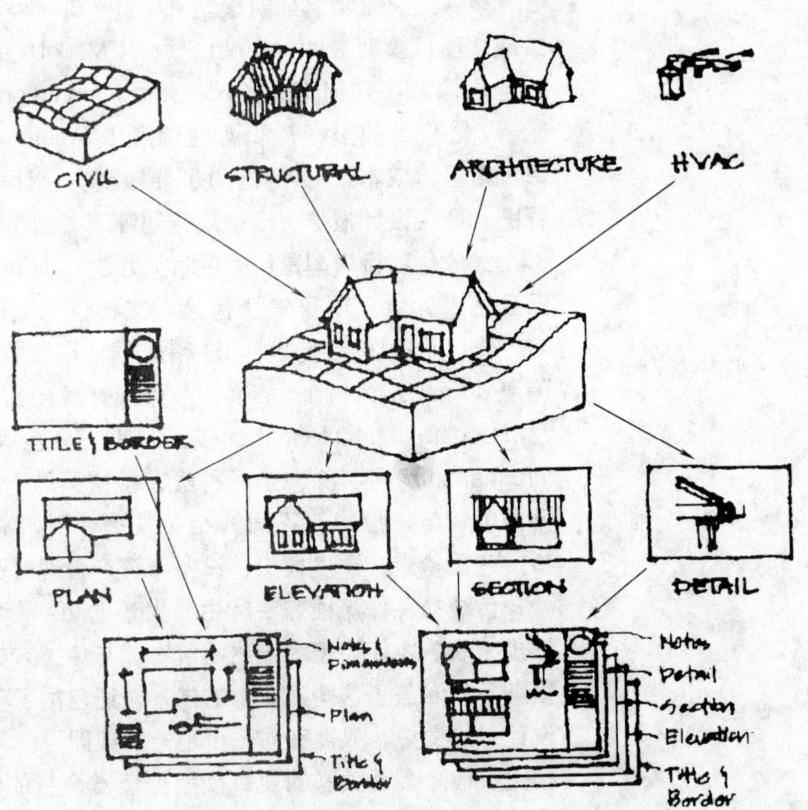


图 1-7　集成化项目模型

奔特力的参考文件（reference file）技术让项目成员得以运用集成化项目模型，达到团队合作的目的，还可跨越专业领域以便同步分享图表与属性数据。由多家公司组合而成的工作团队，无论是在同一处室或在同一栋建筑内工作，还是在不同的城市、国家，其设计与工程信息之间的协调性可大幅地改善，对位于不同时区的跨国合作项目特别有帮助。

## 1.3 MicroStation 与三维设计

作为奔特力的集成化项目模型的基础平台的 MicroStation 主要任务就是创建三维几何模型。由于奔特力的独特的集成化项目模型理念，所有高级的专业应用功能都基于 MicroStation 的基础数据，只是将更多的相关信息通过 MicroStation 平台上更为专业的软件加载到 MicroStation 的模型上。为了满足全球设计领域内日益增长的需求，奔特力采用名为 MicroStation Engineering Configuration 的专用功能集对 MicroStation 进行了扩展。每个 MicroStation Configuration 都是 MicroStation 针对特定专业的扩充，其设计宗旨是提高工作效率，提升设计和工程数据的价值。MicroStation Engineering Configuration 的好处在于它能够为常见的方法和任务提供一个互操作性平台，使用户可以轻松地运用专业特有的应用程序。

MicroStation Engineering Configuration 包括：MicroStation CivilPAK、MicroStation GeoGraphics、MicroStation Schematics 和 MicroStation Tri-Forma。提供土木、地理、工厂和建筑专业的支持。

因此，在应用奔特力的集成化项目模型之前，首先需要了解 MicroStation 的三维功能并利用这些功能建立计算机三维模型，并且在以后使用更专业的扩展工具时能够理解并修改和调整三维模型。

MicroStation 采用比较先进的三维实体造型技术：使用基于 parasolid 的三维模型技术，支持真实的三维实体模型；支持基于 NUBUS（Non-Uniform Rational B-Splines，非统一有理 B 样条）的三维曲线、曲面及曲面模型；丰富的三维模型创建工具；灵活的三维模型修改工具；支持参数化三维建模型。

除了通常的交互式建立三维表面或实体模型，MicroStation 的“基于特征的实体模型”工具还可创建基于特征的参数化实体。即，根据一个或多个特征创建参数化实体。使用这些工具创建的实体模型的每一部分都是一个“特征”。用于创建这些特征的参数存储在设计中，可使用“修改参数化实体或特征”工具进行编辑。此外，也可以通过先用“选择元素”工具选择特征再拖动该特征的一个或多个图柄来交互式地编辑“特征”（图 1-8）。

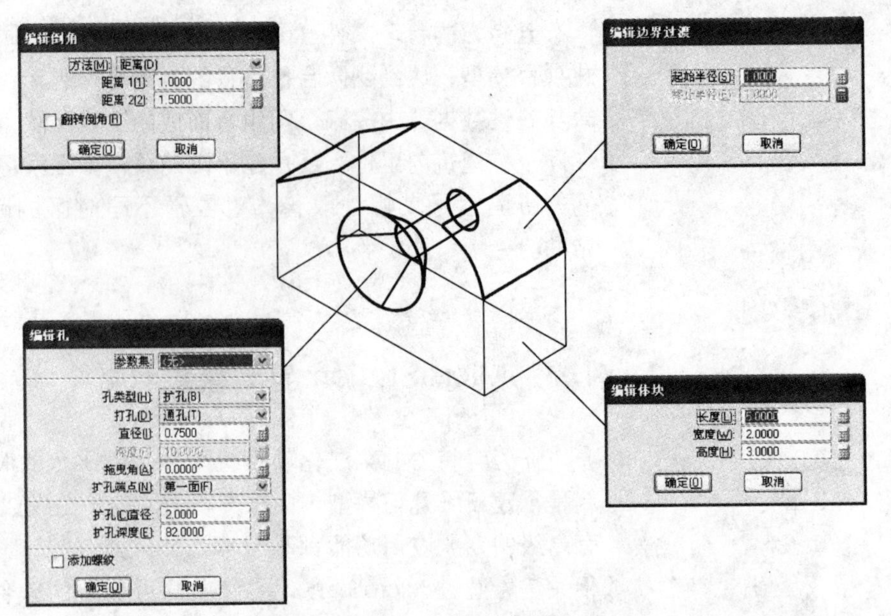


图 1-8　基于特征的实体模型

不仅如此，使用 MicroStation 的“变量驱动模型”（Variable Driver Model，VDM）工具，可将变量或等式分配到模型所包含的实体和特征的参数中。例如，假如某个体块的宽度和高度总保持为其长度的一定百分比，可以为它们设置等式，以便对长度所做的任何更改都将自动更正宽度和高度尺寸标注以维持等式关系。变量可能包含简单值或用于定义值的等式。等式也可能包括以前定义的变量。图 1-6 中特征的许多设置都有一个等式图标（计算器形状），表示可以将变量或等式分配到特定的设置。

为了更精细地表现三维效果，MicroStation 融合了各种高级的可视化技术，并以此为核心组件，具有极其逼真的效果。MicroStation 提供多种渲染选择，从包含消隐线显示、光滑着色和精细着色的简单模式，到光线跟踪、光能辐射和微粒跟踪等复杂的照片现实化渲染模式（图 1-9）。此外，本产品还针对大型项目优化了光线追踪功能、粒子示踪功能、符合行业标准的光源模型以及整个对象动画功能，而且可以提供效果逼真且质量上乘的图像和动画。

图 1-9　光线跟踪（左）、光能辐射（中）和微粒跟踪（右）产生不同的渲染效果

MicroStation 的“光能辐射”和“微粒跟踪”渲染模式计算模型中每个表面的光效果。通常被称为“全局”计算结果。由于可以从任何角度或相机位置查看全局光计算结果，因此可以说它比其他可视化方法（如光线跟踪）更有用。使用 MicroStation 渲染视图控制，可以将辐射或

微粒跟踪的全局光计算结果作为三维 DGN 文件中的模型导出。导出的模型将包含具有适当顶点光值的网格几何图形，可以从任何方向查看该模型，也可以将其作为参考进行连接。

Microstaion 支持纹理贴图、凹凸贴图、动态贴图 RPC（如水波纹）；支持多种高级仿真渲染：精细渲染、光线跟踪、光能传递、微粒跟踪；支持多种光源模式：太阳光源、人工光源（接受 IES 数据）；支持全息模型。

MicroStation 还有优秀的动画仿真功能：能够产生高质量动画和虚拟仿真漫游；可以应用于可视化日光分析、施工进度的模拟；可以自动生成全景图（QuickTime VR）。

MicroStation 可以将渲染和动画结果输出成三维的 PDF 格式，使用 Adobe Acrobat 7.0 可以在 PDF 文本中嵌入这些渲染和动画结果。在 MicroStation 中，创建带有三维内容的 PDF 文档的过程与打印标准的二维文档类似。三维内容中包含设计文件中的任何可视化数据以及现有设置，如光、材料、纹理图以及动画或相机移动（漫游）。此外，任何保存的视图也将包含在三维内容之中，而且在阅读浏览 PDF 文本时还可以实时调整观察角度，进行场景漫游。

使用 MicroStation 的 Google Earth 工具，MicroStation 以 KML（Keyhole Markup Language，锁眼标注语言）文档形式向 Google Earth 提供数据，可以将几何数据导出到 Google Earth，从而可以在卫星数据、航拍相片、地图和其他地理数据环境中访问这些数据。使用 Google Earth，可以“在原处”可视化那些使用 MicroStation 设计、存档和维护的工程项目（图 1-10）。

图 1-10　Google Earth 显示的纽约曼哈顿岛南端

借助于 MicroStation 丰富的建模环境，工程设计人员可以直接以三维模式展开工作，将参数实体建模技术和表面建模技术与集成的绘图工具融为一体，由于所有视图都是激活状态，因此可以随时在顶视图、侧视图，甚至轴测图或透视图上编辑作业，并可得到立即与持续的可视化反馈，还可用其他的观察方法达到设计控制，这种作业方式更加具备了直觉性与创造力。AccuDraw 与 AccuSnap 等工具，大幅地增进了三维设计的简易性。另外，由于专业的可视化渲染工具已被集成，因此再也不必只为了计算光线跟踪图像、或者是动画中的漫游效果，就必须把数据输出并且交换到其他的软件内（如 3D Studio MAX 或 Lightscape）。

显而易见的是，并非每个在集成化项目模型中的建筑组件都必须建立三维模型。像是螺栓、强化框、防雨板、或是门头这类的组件项目，皆可以二维要素的模式存在于模型中，但如果有必要的话，它们仍然可出现在抽取的平面图之中。使用 MicroStation 全方位的制图、批注以及尺寸工具，即可用二维的方式来完成小规模细部图，也更加有效率。

MicroStation 的三维工具使工程设计人员可以在单独的三维模型而不是多个分离的二维模型上工作。当三维设计完成后，将从单独的模型中生成平面图、正面图、剖面图和详细信息等。只需对设计修改“一次”，便能重新生成图纸。

作为 MicroStation 在建筑、工厂和制造设施设计领域的扩展软件，MicroStation TriForma 还特别设计了可以从智能化三维模型中自动获取二维图纸、报告、计划和技术说明的功能。这是传统方法的“残留物”，考虑到目前各国特殊的绘图惯例与标准，该功能还是非常重要。尽管通过现代建造技术，未来所有的建筑物将会直接用智能化的计算机模型来构建，不再需要使用到任何二维图纸来进行设计与工程信息方面的沟通，数字模型所产生的三维坐标信息，再加上激光坐标定位的精确性，即可让设计与建造完美结合。在工业设计和制造领域，汽车与飞机制造中已经做到了全数字化信息设计制造，例如波音在 777 上采用了号称“无纸设计”的全面计算机辅助设计，和计算机辅助制造直接相连，省却了大量的模型和匹配试验。这是制造业的一场革命，它也将会在建筑业产生。

## 1.4 工程实例

### 1.4.1 福斯特设计大伦敦市政厅

由福斯特建筑师事务所（Foster and Partners Architects）所设计在泰晤士河南岸的伦敦议会大楼（the Greater London Assembly building，如图 1-11 所示），就是用非常复杂的三维几何图形体所构成。一开始它可能只是在餐巾纸上的简单构图，但是建筑师却很早就采用三维方式直接探索其几何形体，并且最后创造出这个完全精确的数字模型，其精确度可达百万分之一米。在 600 多个窗口控制面板中，每一个都有其独特的外形、尺寸、倾斜度和位置，但福斯特建筑师事务所却能够将精确的 x 轴、y 轴与 z 轴坐标完完整整地提供给瑞士的面板制造商。除此之外，在建设的过程中，他们还使用了数百个激光测点，以便让结构与

图 1-11　福斯特设计的伦敦议会大楼

支撑组件能够了解正确的位置所在，而且容许的误差范围不得超过15mm，这些位置范围都是直接从数字模型直接衍生出来的。

### 1.4.2　设计兴建原子反应器

2000 年 7 月，澳洲政府选择 INVAP（Investigacion Aplicada，一阿根廷公司），为悉尼附近的一个世界级原子能研究用反应器进行工程、兴建、采购、安装及调试。

由于这项项目的规模庞大而且相当复杂，规划和信息传递就是主要的工作。这个项目结合了超过 400 名工程、科学、建筑和营建的专业人员，分别代表全世界的 12 家设计机构。INVAP 从一开始就了解有这样的需求，要确保设计和系统的正确整合。

整个项目中，共有 50 个包括土木、建筑、电机、电子及机械和核子设计系统；要将这些系统加以组织并整合起来，如果使用传统的管理方式的话，对后勤作业来说可能是个梦魇。

不过，INVAP 使用包括 MicroStation V8 在内的许多奔特力软件产品，制作了一个三维模型，涵盖 15000m$^2$ 的土木工程，包括 100 个以上直接伺服核子核心及其系统的机械组合和零组件（图 1-12）。这个智能

图 1-12　原子能反应器三维模型

的三维模型，整合各种不同的设计，并分析整个设计的可施工性、干扰、工程分析、及一般操作和维护。

三维模型协助客户了解和评估工程信息，并提供对于反应器里面不同系统和区域更深入的了解。它也让客户看到所规定的有关安全、操作和维护的严求要求。

这个智能三维模型的建构花了将近四年的时间。不过和之前 INVAP 所完成的其他相同规模项目比起来，成本降低了非常多。这些成本的降低来自于布局配置的最佳化和整合。这个模型也减少了 30% 现场支持人员的成本，因为信息可以在施工现场取得，而信息的格式可以让施工顺序和安装活动进行规划和最佳化。除此之外，减少昂贵的设计变更和重复工作也让这个项目能够依照进度进行。原子能反应器中极为复杂的内部结构和管线通过使用三维设计中的碰撞检测功能可以有效地避免了传统设计中繁复的各个设计工种之间的校验和协调。

## 1.5 小结

在制图篇中已经介绍：MicroStation 是奔特力的工程信息创建 (EIC，Engineering Information Creation) 基础平台的核心软件。其三维功能也是今后日益成为主流设计方法的三维设计的基础三维几何模型创建的基本工具。为了能够更有效地应用好奔特力的专业三维设计软件，掌握 MicroStation 的三维功能是十分必要的。

作为入门教材，本书将从最基本的三维概念和软件的三维界面介绍开始，将逐步介绍 MicroStation 的最基本的三维几何模型创建功能、渲染与动画、三维设计中的基本操作以及在建筑设计中的具体应用，为以后使用更为专业和强大的上层工程系列软件奠定基础。

# 2 MicroStation 三维绘图基本知识

在工程设计和绘图过程中，三维图形应用越来越广泛。MicroSation 具有强大的三维绘图功能，MicroStation 的三维工具可以在单一的三维模型而不是多个分离的二维模型上工作。

本章主要讲述 MicroStation 三维绘图的一些基本知识。通过本章的学习，读者应了解和掌握以下内容：

- 三维绘图基本概念
- 软件三维界面
- MicroStation 操作特点
- 空间绘制二维元素
- 三维命令的结构体系

## 2.1 三维绘图基本概念

在本节主要介绍 MicroStaiton 三维绘图中一些非常重要的基本概念。

### 2.1.1 三维设计立方体

在 MicroStation 二维绘图中，图形是绘制在一个设计平面上，设计平面类似于一张图纸，所有的二维几何图形在设计平面的边界内画出，平面上点的位置由 X 和 Y 坐标来定义。可以像旋转图纸一样旋转设计平面。设计平面如图 2-1 所示。

在 MicroStation 三维绘图中，绘图空间从二维设计平面变成了一个三维立体，也就是通常说的设计立方体。三维 DGN 文件中所有的几何图形是绘制在这个设计立方体中。由 X、Y 和 Z 坐标值来定义设计立方体中点的位置。在三维设计文件中工作时，可以绘制所有的二维图形，而且可以沿任何方向放置，不会像处理二维 DGN 文件时限制在一个平面上。设计立方体可以看作一个存放设计的透明箱子，可以沿任意轴旋转以便观看设计模型。三维设计立方体，如图 2-2 所示。

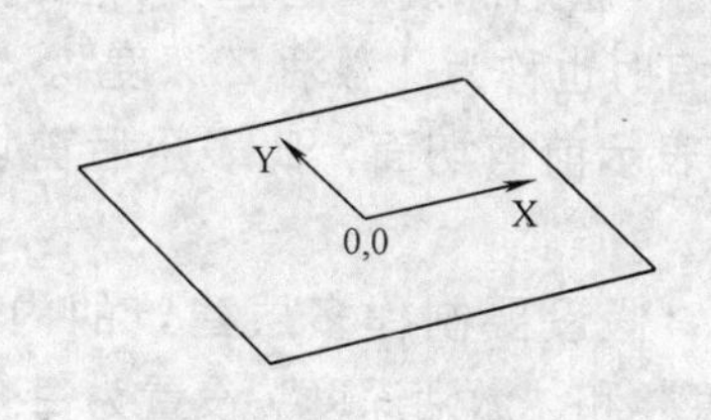


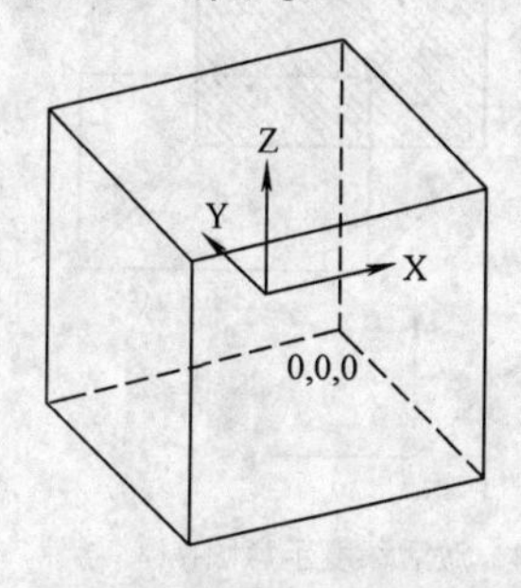


图 2-1　二维设计平面（左）
图 2-2　三维设计立方体（右）

在 MicroStation 三维绘图中，和二维绘图唯一不同的是对种子文件的选择，二维绘图选择的种子文件是 seed2d. dgn，而三维绘图选择的种子文件是 seed3d. dgn。一个设计立方体共有 $2^{32}$ 个绘图单位。设计立方体的坐标以 (x，y，z) 的形式表示。由 MicroStation 提供的三维种子文件中的全局原点位于设计立方体的正中心，其坐标为 (0，0，0)。全局原点上方的任何点的 Z 值都为正值，全局原点下方的任何点的 Z 值都为负值。

### 2.1.2 显示立方体

显示立方体又称视图体积显示，是在三维视图中显示的设计立方体的体积。三维设计立方体颇为庞大，大多数情况下，视图中仅显示设计立方体的一部分。MicroStation 最多可同时打开 8 个视图窗口（参看 2.1.4 小节），每个视图窗口都能观看设计立方体的任一部分。

显示立方体如图 2-3 所示。*A* 表示窗口区域（剖面线），*D* 表示显示深度，前面的 *F* 和后面的 *B* 剪切面组成了它的边界。作为容器的大立方体用于显示设计立方体，每个视图中分别显示设计立方体的一部分。也就是说，每个视图窗口有一个显示区域（与二维类似）和一个显示深度（第三维）。显示深度由前后剪切面限定，视图中前后剪切面内不包含的所有元素均不可显示。许多刚开始使用 MicroStation 三维绘图的用户经常以为自己偶然删除了元素，因为怎么缩放都不可见，其实这些元素在显示深度之外。关于显示深度在后面章节会有详细介绍。

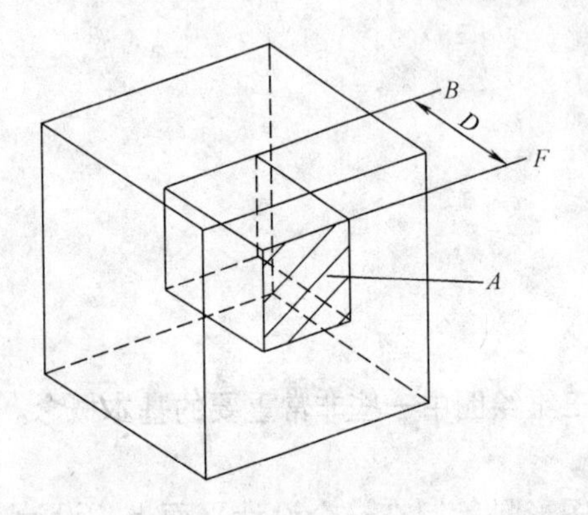

图 2-3 显示立方体示意图

总之，显示立方体由视图（窗口区域）、前后剪切面（定义显示深度）的尺寸所定义，图所示的 *A* 面积 × *D* 深度值即为显示立方体体积。

任何显示立方体中未包含的元素或部分元素都不会显示在视图中。除非已对视图应用了剪切立方体，否则显示立方体将以窗口区域及其显示深度作为边界。关于剪切立方体将在后面章节有详细介绍。

### 2.1.3 激活深度

视图中的激活深度定义了绘图平面的位置，与 *XY* 平面平行，并且缺省情况下会在激活深度上输入数据点。如果事先没有捕捉另外的元素就在视图内放置数据点，那么它们将按照激活深度值放置在平面上。激活深度平面总是位于视图的显示深度之内的。“激活深度”垂直于视图的 *Z* 轴，并沿该轴进行测量。所以有时也称为“激活 Z 深度”。激活深度示意图如图 2-4 所示。*A* 表示前剪切面，*B* 表示后剪切面，*AZ* 表示“激活深度”。

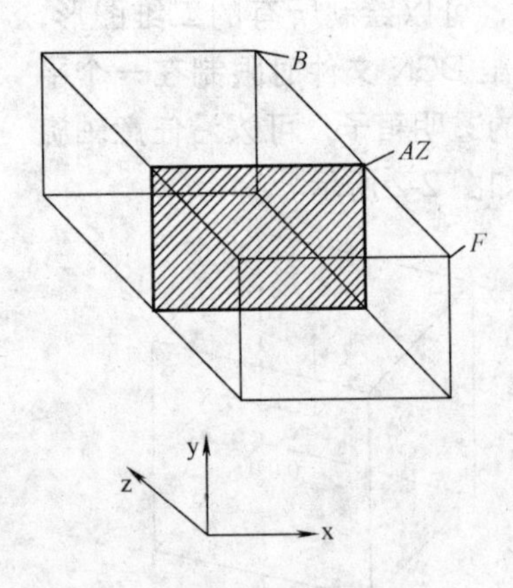

图 2-4 激活深度示意图

例如，假设要制作多层建筑的内部模型。通过连续地将“显示深度”和“激活深度”设置为每个楼层，便可以在顶视图中一次完成一个楼层的细节。更好的方法是创建一个包围了一个楼层的三维剪切元素（例如一个挤压块），然后使用“剪切立方体”视图控制“隐藏”所有其他的几何图形。如此设置之后，要查看特定的楼层，就要将剪切元素移动到要处理的楼层上，而显示立方体也会相应地改变。

可以使用设置激活深度视图控制设置“激活深度”。也可以通过完成某些视图操作来更改“激活深度”，例如“旋转视图”、“全景视图”和“更改视图透视”，在这些操作中需要为第一个数据点捕捉一个元素。

【例 2-1】 在不同高度的矩形内绘制圆形的练习。

(1) 打开练习文件 ex02-01b. . dgn，如图 2-5 所示。该设计文件中共有三个矩形，为了表述方便，从下往上依次称之为矩形 1、矩形 2 和矩形 3。

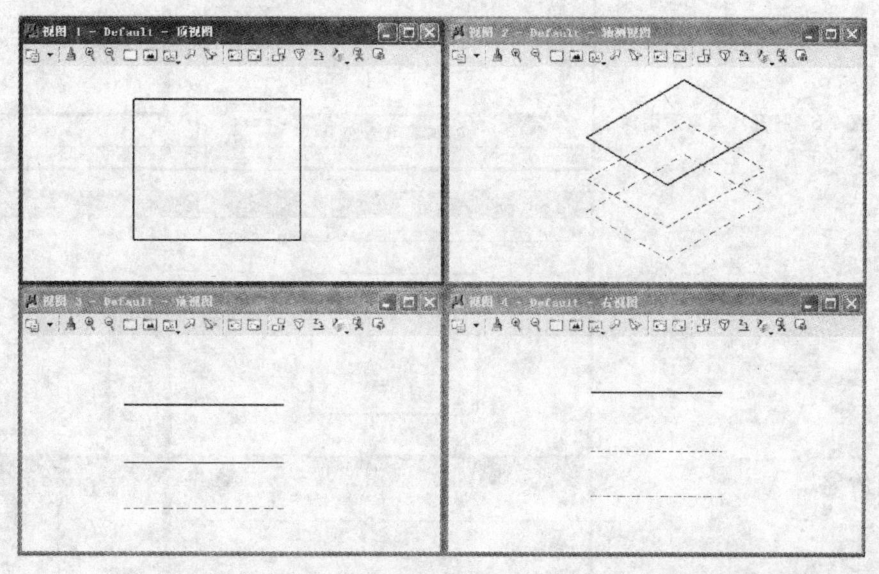


图 2-5 设计文件包含的几何图形

(2) 接下来分别要在矩形 2 和矩形 3 中绘制一圆形。显然，在视图 1（顶视图）绘制最为方便。选择画圆工具 1 放置圆，在视图 1 的矩形内绘制圆形，此圆并不落在想要放置的矩形 2 或矩形 3 内，而是位于矩形 1 内。这是因为绘图激活深度的原因，要想放置在正确的位置，必须设定激活深度，告诉系统要将图形放置在哪一深度上。

(3) 选择视图窗口顶部的设置激活深度工具。如果看不见该工具，则用鼠标右键单击视图顶部的视图控制工具框，在弹出的菜单中勾选“设置激活深度”，该工具将出现在工具框，如图 2-6 所示。

(4) 在视图 1 单击鼠标左键，移动光标至视图 3 或视图 4，移动光标可以在视图 2 中看到有个动态的平面在移动，这就是激活深度平面。在视图 3（或视图 4）捕捉矩形 2 的某点按鼠标左键，则激活深度就定义在矩形 2 的位置，如图 2-7 所示。

(5) 选择画圆工具，在视图 1 矩形内绘制圆形，此时从视图 2 可以看到圆形落在矩形 2 内，如图 2-8 所示。

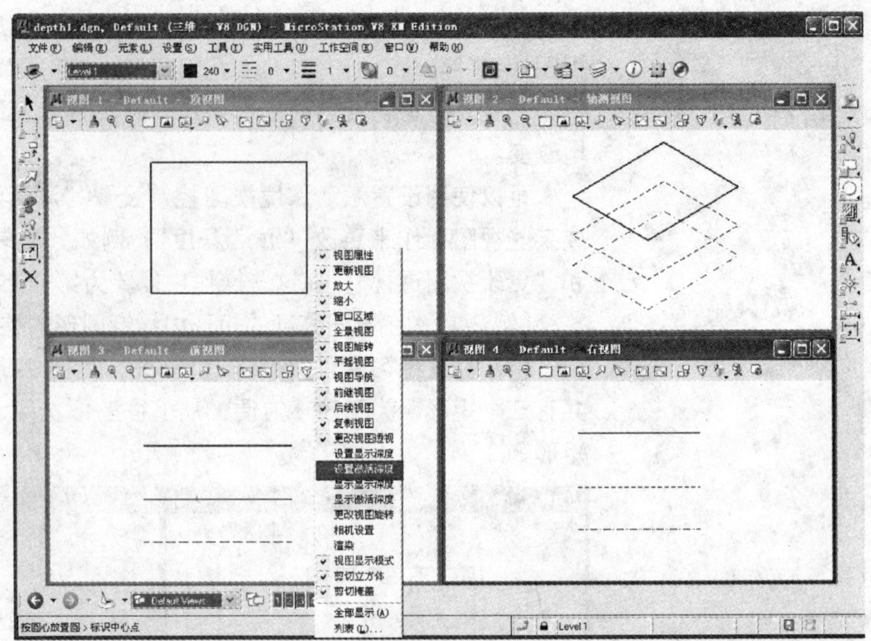


图 2-6 打开“设置激活深度”工具

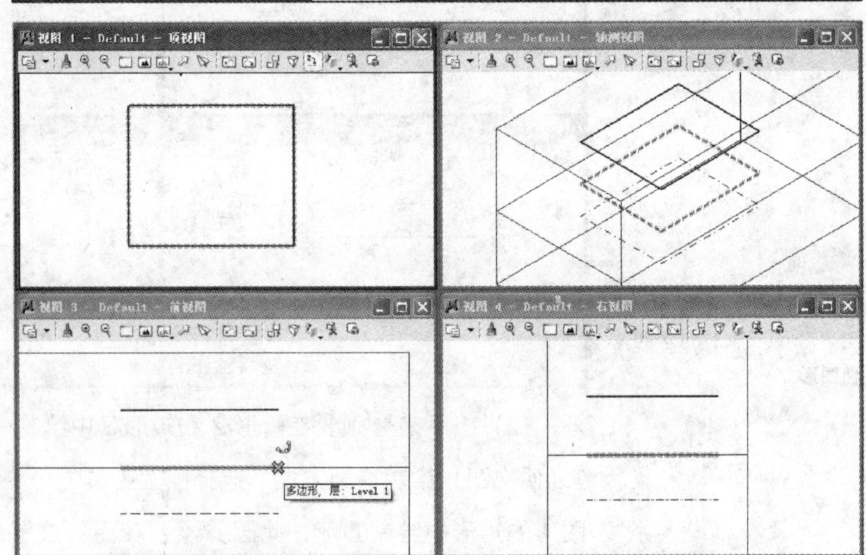


图 2-7 设置激活深度在矩形 2 位置

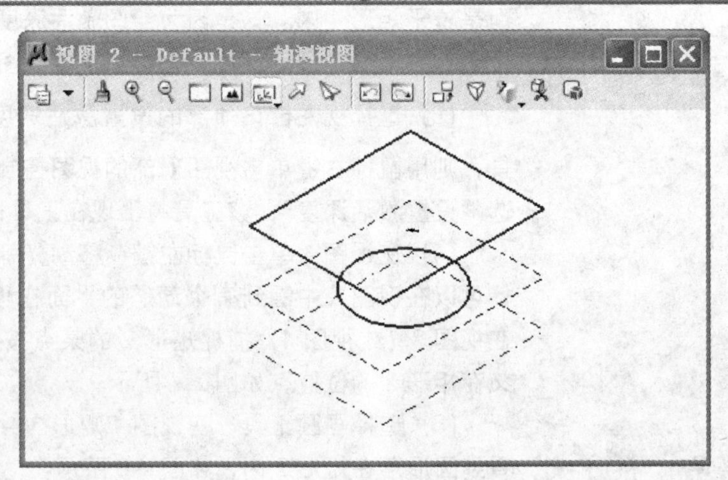


图 2-8 在激活深度绘图

(6) 方法同上再设置激活平面在矩形 3 的位置，然后画圆。

### 2.1.4 标准视图

MicroStation 有 8 个标准视图——顶视图、前视图、右视图、底视图、后视图、左视图、轴测视图和右轴测视图。在标准视图中，视图名称与视图号会一起显示在视图的标题栏中，如图 2-9 所示。标准视图的名称描述视图中设计立方体相对于设计者的方向。

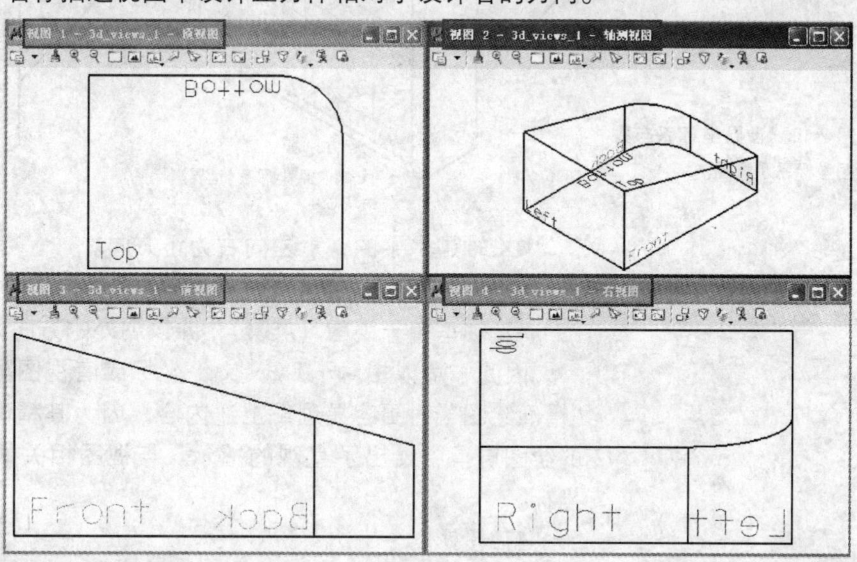


图 2-9 标准视图

1) 三维正交视图

在三维环境中，由于可以围绕三个轴而不是一个轴旋转视图，因此有六个正交方向，其中每个方向都对应于一个标准正交视图：顶视图、底视图、左视图、右视图、前视图或后视图。如图 2-10 所示立方体六个面对应的投影视图即为六个正交视图。

2) 轴测视图

另外还有两种标准视图——轴测视图和右轴测视图。这些视图已经过旋转，因此立方体与设计立方体的轴正交的三个面与屏幕表面之间呈同样角度。轴测视图和右轴测视图如图 2-11 所示。

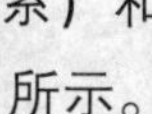

图 2-10 三维正交视图示意图

3) 视图坐标

在每个三维视图中，我们至少要使用两种坐标系——DGN 文件坐标系（世界坐标系）和视图坐标系，两种坐标系的比较如图 2-12 所示。

只有在顶视图中这两种坐标系才完全对齐。当我们旋转视图时，实际上是在重新设置视图的“相机”，使我们可以从不同的方向查看模型。因此，旋转视图时，世界坐标系的轴会随之旋转。而视图坐标系的轴是不变的，每个视图坐标系的轴都是与视图（屏幕）相对的，且下列情况“始终”适用于视图轴：

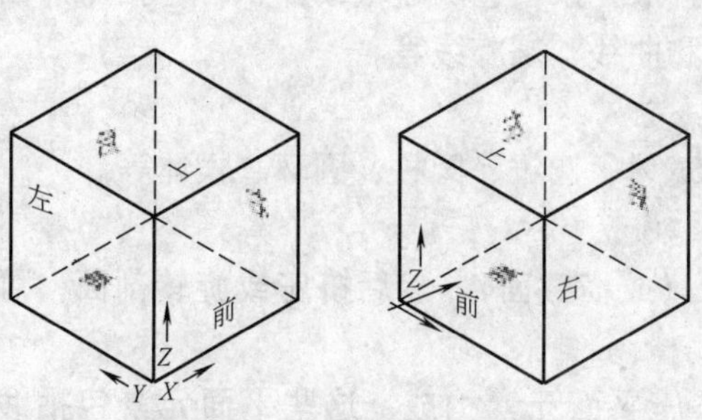


图 2-11 轴测视图和右轴测视图示意图

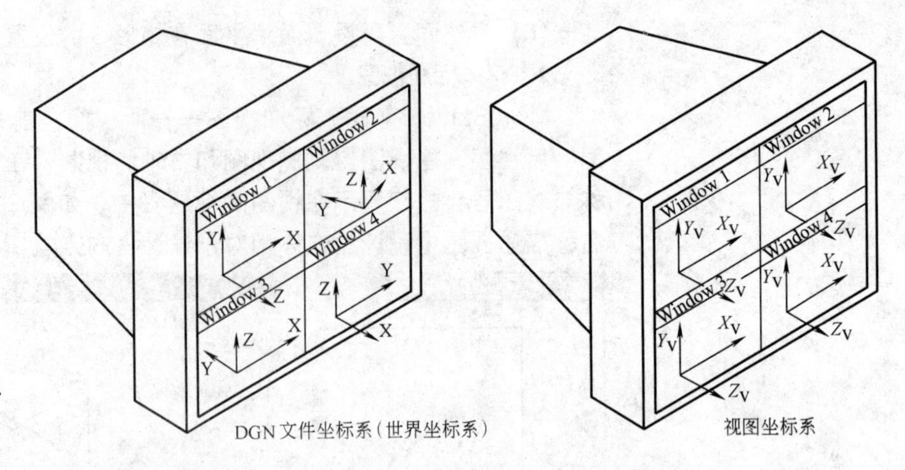


图 2-12　世界坐标系与视图坐标系示意图

■X 轴是水平的，从左向右为正方向。

■Y 轴是垂直的，从下向上为正方向。

■Z 轴垂直于视图（屏幕），并以朝外的方向为正方向。

因此，可以相对于 DGN 文件坐标或者视图坐标放置元素。在使用“精确绘图”时更容易理解上述内容，因为其精确绘图方向标在正处理的绘图屏幕中给出了直观的指示。与视图相关的操作会更多应用视图坐标。

4）投影

由于 3D 物体要显示于平面屏幕上，其影像即为该物体的投影。MicroStation 有两种投影法：

平行投影——投影系平行于视景之 z 轴而投射在屏幕平面上。作图方便但是会使物体失真。适于绘制小零件之用。

透视投影——具有近大远小的特征，较能表现大型物体的实际外观。适用于建筑设计。使用透视投影的视图也称为相机视图。平行投影与透视投影比较如图 2-13 所示。

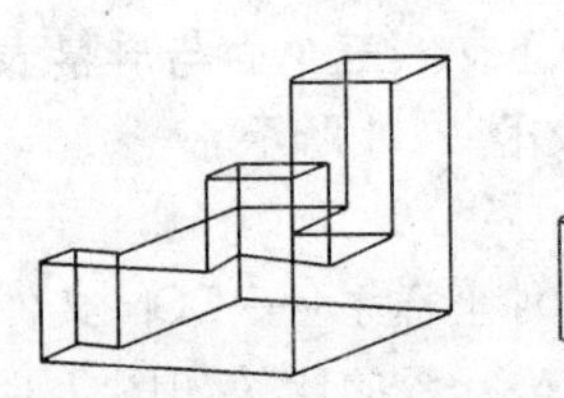
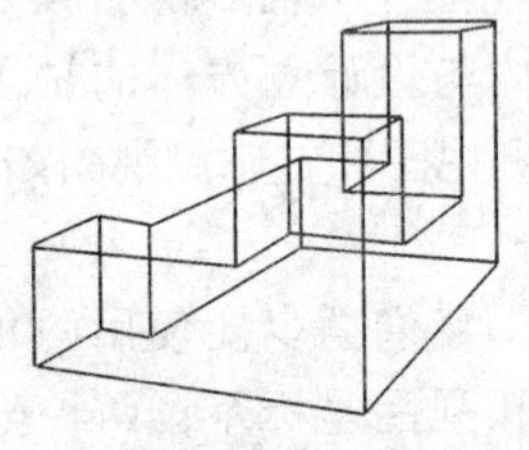

图 2-13　平行投影（左图）与透视投影（右）比较

### 2.1.5　MicroStation 中的三维元素

MicroSation 中的三维元素包括开放式三维元素、三维基本体素、挤压表面和回转表面、自由形式的（NURBS）表面、三维圆角。

1）开放式三维元素

开放元素不包围区域或体积，包括非片面线串和曲线、螺旋线等。

2）三维基本体素

三维基本体素包括体块、球体、圆锥、圆柱、圆环、楔体等。

3）挤压表面和回转表面

通过绘制平面的剖面元素（或横截面），然后挤压或旋转剖面，可以绘制出许多对象。

(1) 挤压表面或实体由挤压平面元素构成，这些平面元素包括线串、曲线、多边形、椭圆、B 样条曲线、复杂链和复杂多边形等。在模型中放置挤压表面或挤压实体时应使用“挤压”工具（在“三维构造”任务中）。

(2) 回转表面或实体由围绕某个轴旋转的平面元素构成。在模型中放置回转表面或实体时应使用“构造回转表面”工具（在“三维构造”任务中）。

4) 自由形式的（NURBS）表面

在模型中表示表面时，非均匀有理B样条（NURBS）表面是最灵活的数学表示方式。B样条表面很容易修改，因为其控制网的每个顶点仅影响有限的一部分表面形状。控制网与B样条曲线的控制多边形类似。

5) 三维圆角

使用“三维修改”任务和“表面倒角”任务中的工具，可以使用各种圆角围绕实体/表面的边界并混合现有的表面。

MicroSation绘制的三维模型有表面模型和实体模型，除此之外还可以建立特征模型。

表面模型用面描述三维对象，它不仅定义了三维对象的边界，而且还定义了表面即具有面的特征。但没有体积，不能进行布尔运算操作。

实体模型不仅具有线和面的特征，而且还具有体的特征，各实体对象间可以进行各种布尔运算操作，从而创建复杂的三维实体图形。

使用MicroStation可创建基于特征的参数化实体。即根据一个或多个特征创建参数化实体。使用这些工具创建的实体模型的每一部分都是一个“特征”。用于创建这些特征的参数存储在设计中，可使用“修改参数化实体或特征”工具进行编辑。

## 2.2 软件三维界面

### 2.2.1 进入三维绘图环境

进入MicroStation三维绘图环境，可以通过以下步骤：

(1) 选择“开始→程序→Bentley→MicroStation V8 XM”启动MicroStation，弹出MicroStation管理器。

(2) 点击MicroStation管理器对话框上的“新建文件”工具图标，弹出“新建”对话框，如图2-14所示。

(3) 在“新建”对话框上单击“浏览”按钮，弹出“选择种子文件”对话框，在该对话框中选择seed3d.dgn，然后单击“打开”按钮返回“新建”对话框，如图2-15所示。

(4) 在“新建”对话框中的“文件名”输入框中输入文件名，如3dtest.dgn，然后点击“保存”按钮返回“MicroStation管理器”对话框。

(5) 在“MicroStation管理器”对话框中选择3dtest.dgn，按“打开”按钮即可进入MicroStation三维工作界面，如图2-16所示。

图 2-14 “新建”对话框

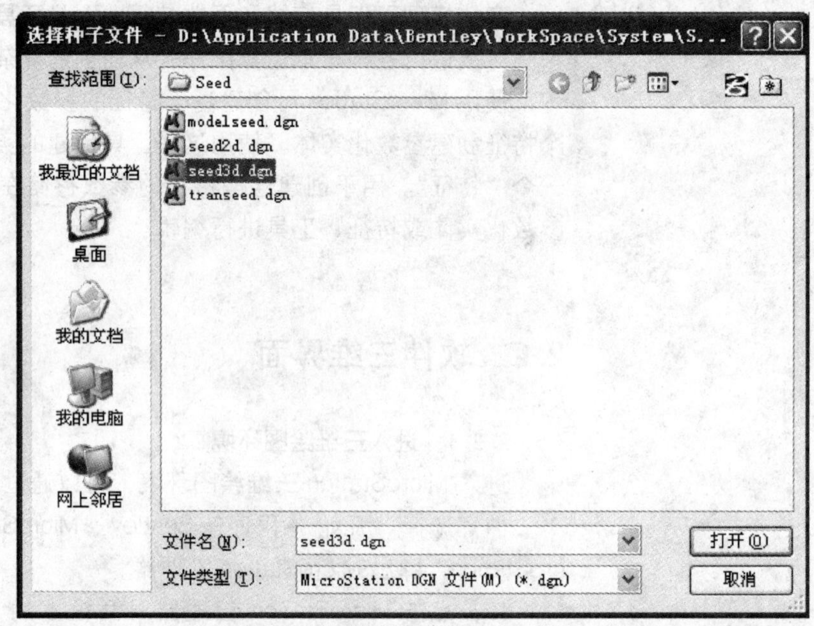


图 2-15 “选择种子文件”对话框

(6) 应用“工作空间→优选项”菜单命令，在弹出的“优选项”对话框中左侧“种类［C］”中选择“视图选项”，右侧将“背景黑→白[W]”前的复选框选中，如图 2-17 所示。可以将工作界面绘图区的背景色由黑变白，如图 2-18 所示。

### 2.2.2 三维绘图环境工作界面介绍

MicroStation 的默认的三维工作界面如图 2-19 所示。

- 标题栏

标题栏在界面的最上一行，显示当前所打开的文件名以及 MicroStation V8 XM 的图标和标记。

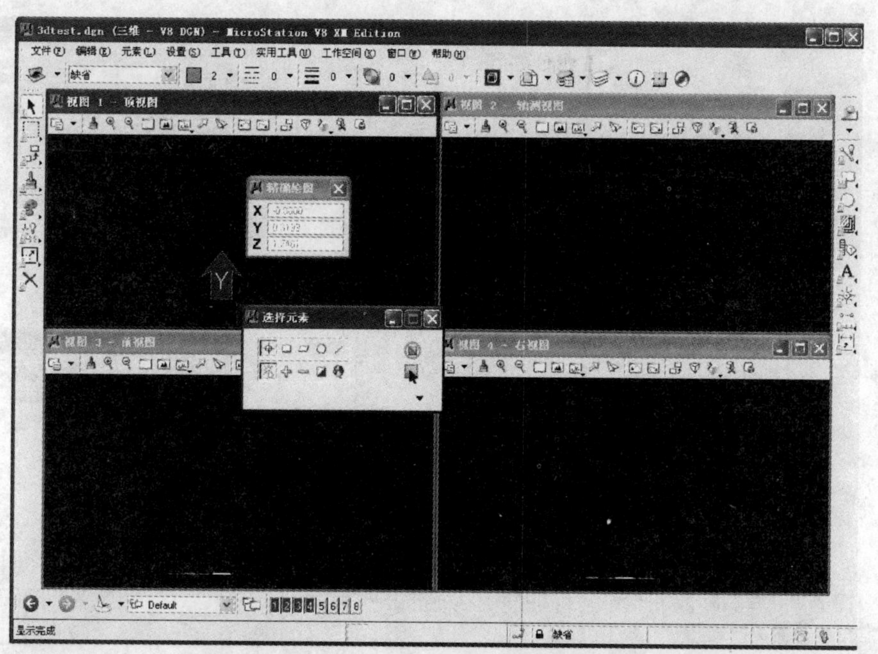


图 2-16　MicroStation 三维工作界面

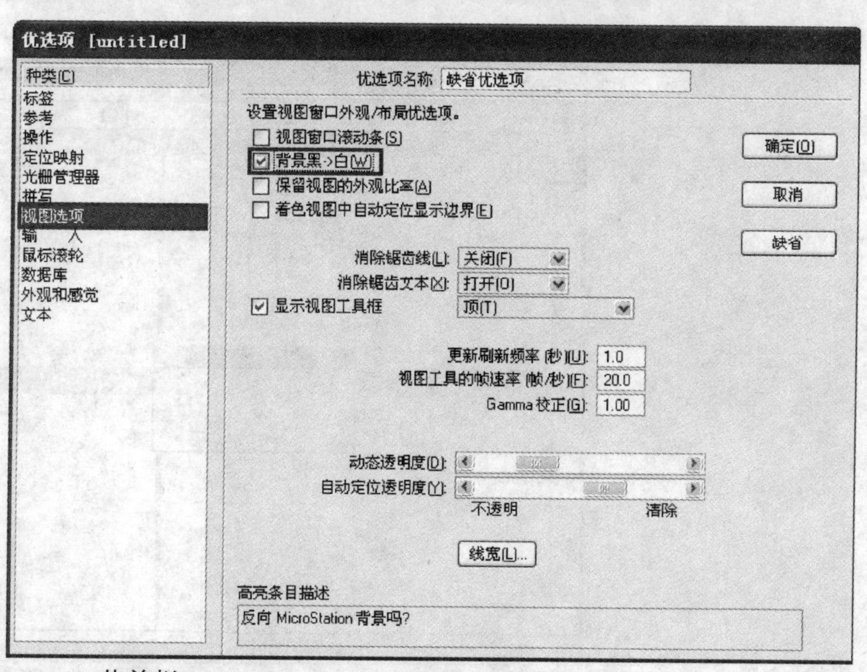


图 2-17　“优选项”对话框

- 菜单栏

在标题栏下面的一行就是菜单栏，是操作菜单命令的地方。菜单栏共设有“文件”、“编辑”、“元素”、“设置”、“工具”、“实用工具”、“工作空间”、“窗口”、“帮助”等九组菜单命令，供用户根据不同的需要点击下拉菜单选用有关命令。

- “基本工具”工具框

默认停靠在界面的顶部，可以将鼠标光标放置在该工具框的边缘然后按住鼠标左键将其拖出而处于浮动状态。包括模型、参考、层管理器、层显示、元素信息、开关精确绘图、启（禁）用 PopSet 等命令。

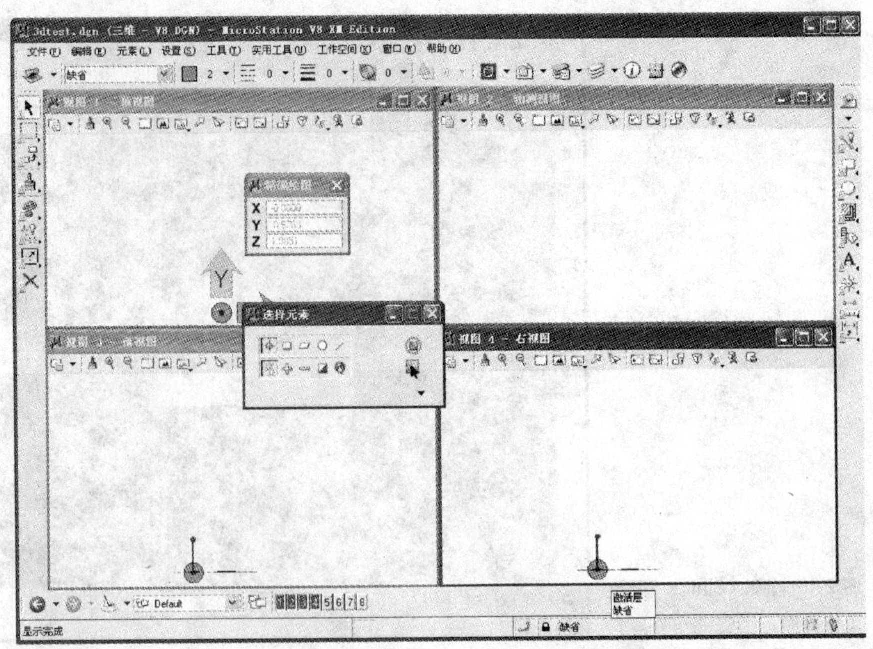


图 2-18　白色背景的三维工作界面

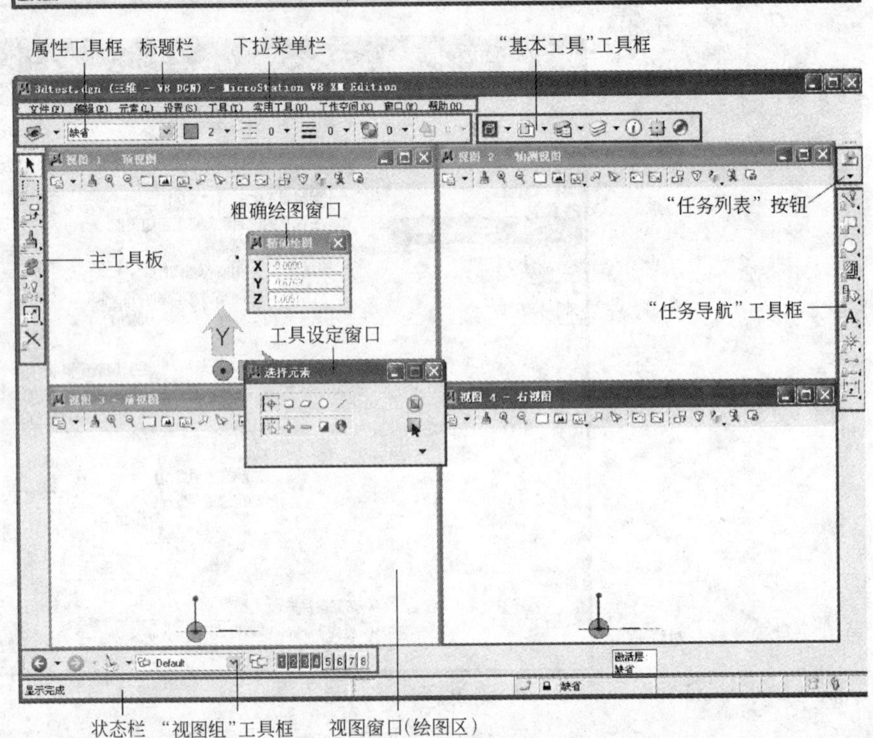


图 2-19　MicroStation 三维工作界面的组成

• 属性工具框

默认停靠在界面的顶部，同样可以拖出使其处于浮动状态。包括激活元素模板、激活层、激活色、激活线型、激活线宽、激活元素透明度、激活元素优先权等命令。

• 主工具板

默认停靠在界面的左侧，可以拖出使其浮动。上有八个按钮，包含了很多子工具框，用于选择通用元素选择工具、操作工具和修改工具。

• “任务导航”工具框

默认停靠在界面的右侧，同样可以使其浮动。“任务导航”工具框中包含激活任务的任务列表（可从中选择激活任务）和执行激活任务的工具。要进行三维绘图，应从任务列表导航到相应的三维任务工具，方法如下：

用鼠标左键单击“任务导航”工具框上侧的“任务列表”，在弹出的菜单中选择相应的三维任务，包括“基本三维”、“表面模型”、“实体模型”和“基于功能的实体建模”，如图 2-20 所示。

⊞绘图
⊞基本三维
⊞表面模型
⊞实体建模
⊞基于功能的实体建模
⊞组图
⊞可视化
⊞动画

图 2-20　三维任务导航

• 视图窗口

在默认状态下 MicroStation 的三维工作界面中绘图区打开四个视图窗口，分别是顶视图（系统默认放在窗口 1）、轴测视图（系统默认放在视图 2）、前视图（系统默认放在视图 3）、右视图（系统默认放在视图 4）。

视图窗口是进行设计绘图的区域，是 MicroStation 最主要的部分。视图窗口最多同时可开八个，如图 2-23 所示。打开的视图都是激活状态，绘制图形可以多视图操作，如需绘制一根直线，可以在视图 1 某位置选择起点，在视图 2 某位置选择结束点。视图的打开与关闭可以通过“视图组”工具框上的“视图开关”来控制。每个视图可以设置不同的视图属性，关于视图属性的设置和视图控制的相关内容在后面章节会有较详细的介绍。

• “视图组”工具框

默认状态下“视图组”工具框停靠在程序窗口的底部，位于状态栏之上。

在该工具框的左端是导航到访问过的历史模型三个按钮，分别是“上一个模型”、“下一个模型”和“访问过的所有模型”，通过它们可以快速打开访问过的模型文件。中间是“视图组”下拉菜单和“管理视图组”工具按钮，可以进行视图组的操作。视图组是 8 个视图窗口的命名集。视图组会将打开的视图窗口编号、窗口尺寸和视图方向等信息保存，这样可以快速地在不同的窗口设置之间切换。工具框右侧是视图开关，编号为 1～8，单击视图编号按钮可以打开或关闭单个视图窗口。

• 工具设置窗口

当点取任何一个命令时，工具设置窗口将会随着命令的不同而改变内容，以辅助绘图，且工具设置窗口只能暂时关闭，当点取下一个命令时，将主动显现且改变内容。

• 精确绘图设定窗口

当“基本工具”工具框上的“精确绘图”打开时便会显示此窗口，用来帮助精确绘图。

• 状态栏

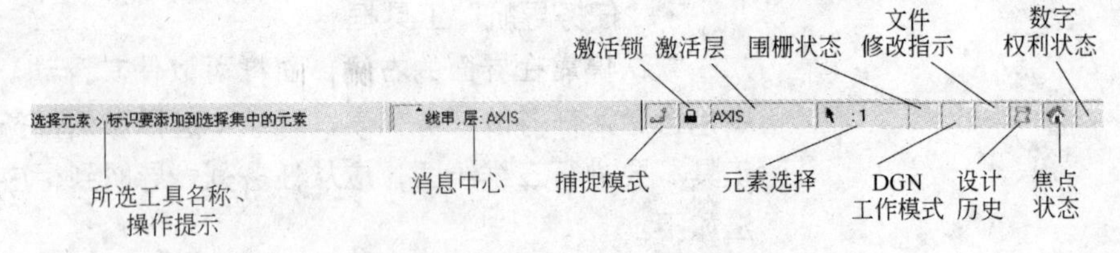


图 2-21 MicroStation 的状态栏

MicroStation 的工作界面最下方，显示的就是状态栏。状态栏提供提示、辅助功能和一些互动功能，如图 2-21 所示。

左侧：

＊在操作时，显示工具名称>提示或（：错误讯息）。

＊当光标在工具箱上移动时，显示该工具的名称及简单描述。

右侧依序分别为：

＊捕捉模式——按下可以打开弹出式“捕捉模式”菜单，可以选择来辅助精确绘图，如图 2-22 所示。

＊锁定图示——按下可以可访问“锁”子菜单，如图 2-23 所示。

＊激活层——显示当前的激活层即工作层，点击可以调出层管理器。

＊元素选择——指明选择了元素并显示所选元素的数目。

＊围栅状态——显示是否有置放围栅。

＊DGN 工作模式——指明有效的工作模式。缺省情况下，DWG 工作模式将禁用某些功能。

＊文件更改指示——如果右下角显示“磁盘”图标，则指示已修改了 DGN 文件。如果没有选中“自动保存设计更改”优选项，则指示存在尚未保存的更改。如果磁盘为红色且上面划了一个 X，则说明该文件为只读。

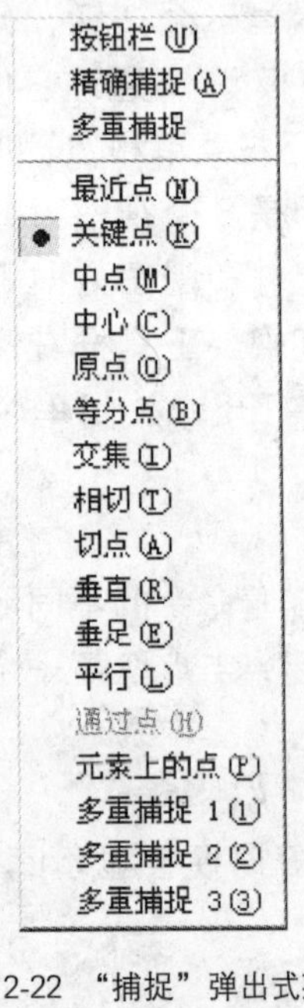

按钮栏 (U)
精确捕捉 (A)
多重捕捉
最近点 (N)
● 关键点 (K)
中点 (M)
中心 (C)
原点 (O)
等分点 (B)
交集 (I)
相切 (T)
切点 (A)
垂直 (R)
垂足 (E)
平行 (L)
通过点 (H)
元素上的点 (P)
多重捕捉 1 (1)
多重捕捉 2 (2)
多重捕捉 3 (3)

图 2-22 “捕捉”弹出式菜单

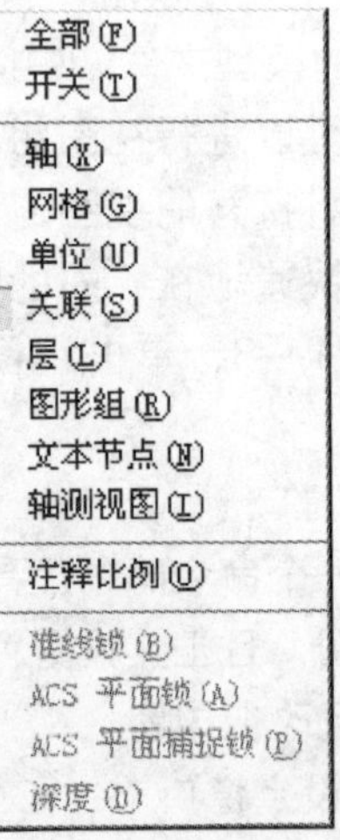

全部 (F)
开关 (T)
轴 (X)
网格 (G)
单位 (U)
✓ 关联 (S)
层 (L)
图形组 (R)
文本节点 (N)
轴测视图 (I)
注释比例 (O)
准线锁 (B)
ACS 平面锁 (A)
ACS 平面捕捉锁 (P)
深度 (D)

图 2-23 “锁”弹出式菜单

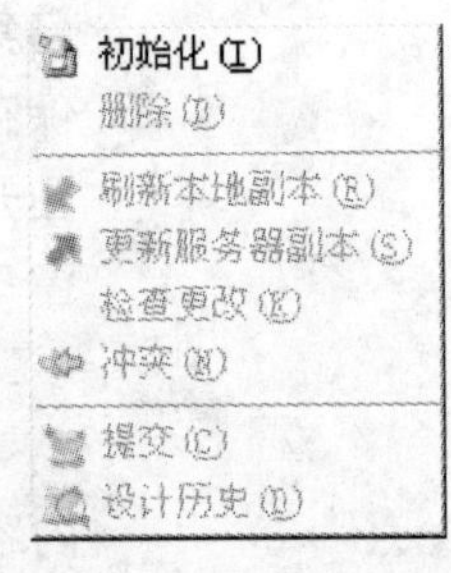


图 2-24 “设计历史”弹出式菜单

* 设计历史——如果设计历史未初始化，则该图标为灰色。如果设计历史已初始化，但有未提交的更改，则滚动条上会叠加一个颜色笔。单击此图标，打开如图 2-24 所示的弹出式菜单。

* 焦点状态——指示焦点位置。

* 数字权利状态——指示文件是否受保护并带有数字签名。

### 2.2.3 打开三维工具框

默认状态下，三维工具框在软件的工作界面不显示，可以打开并移动到合适位置。

1）“三维主工具”和“三维视图控制”工具框

如果要打开或关闭工具框，应用“工具→工具框”菜单命令，将弹出“工具框”对话框，如图 2-25 所示。在该对话框上的“工具框/工具框架”列表框里的各工具框（工具框架）前面的复选框勾选后按“确定”钮便可打开该工具框（工具框架），否则该工具框（工具框架）将关闭。要打开三维工具框，勾选“三维主工具”和“三维视图控制”前的复选框。

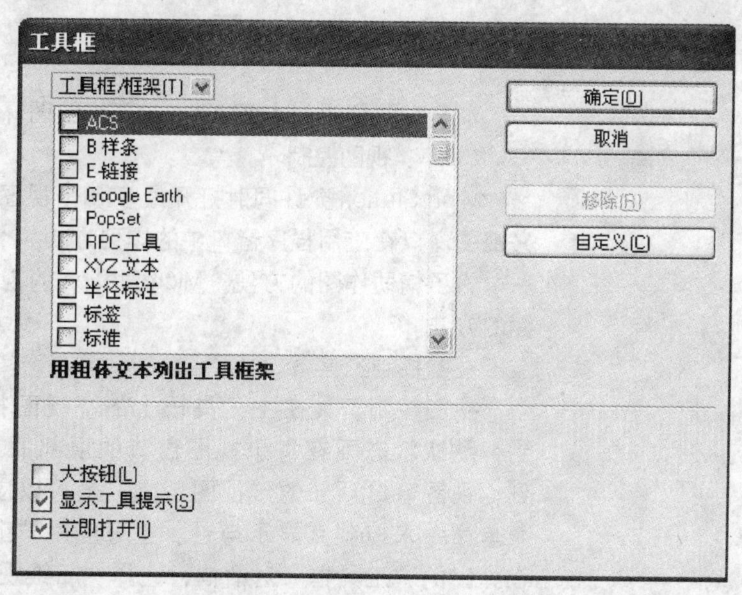


图 2-25 “工具框”对话框

2）移动、固定工具框

工具框既可以固定在工作界面的上、下、左、右四边，也可随意拖动放置到你想放置的其他位置。将鼠标放在工具框的边缘，按住鼠标左键不放拖动鼠标，便可以移动工具框。当拖动工具框至工作界面边缘时，工具框会自动“卡位”，固定在边缘某处。例如要将主工具板在左侧的固定位置移动到中间视图窗口某个位置，使其处于浮动状态，只需将鼠标放置在工具板的上侧，按住鼠标左键便可开始拖动，到合适位置松开鼠标左键，工具框边停靠在此位置，如图 2-26 所示。

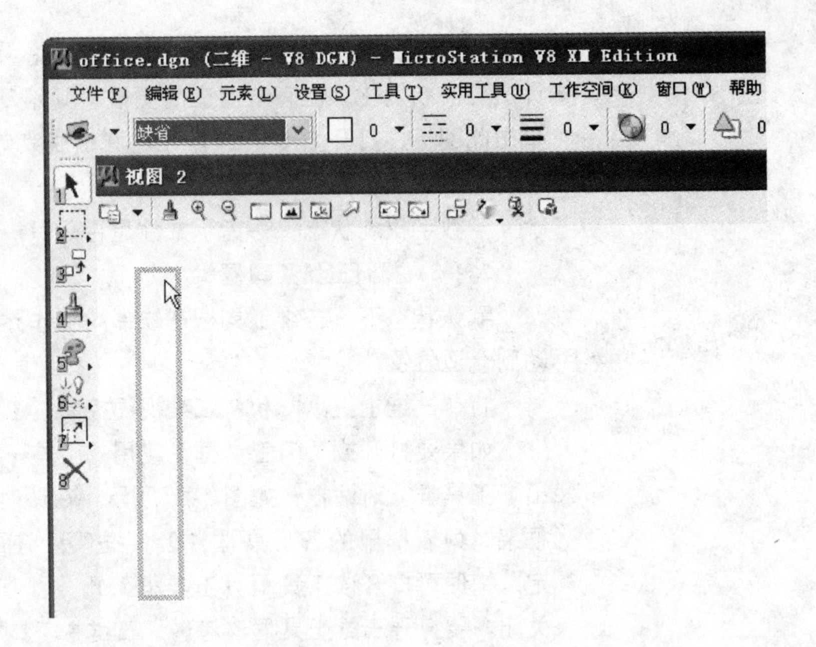


图 2-26 拖动主工具板

## 2.3 MicroStation 操作特点

本节主要介绍 MicroStaiton 的三维绘图环境的一些操作特点。

### 2.3.1 视图控制

MicroStation 允许同时打开最多 8 个视图窗口。此外，还可以自定义视图窗口在应用程序窗口中的排列方式。

为了辅助作图的方便，MicroStation 的视图窗口提供了许多控制视图的方法。

视图控制工具

视图控制工具在主工具板上的“视图控制”子工具框中可以找到，默认状态下在每个视图窗口的顶部的“视图工具框”也可以找到，视图窗口顶部的“视图工具”是可以应用“窗口→视图工具框”菜单命令来控制其显示与否。也可应用“工具→工具框”菜单命令，在弹出的“工具框”对话框，选择“三维视图控制”选项打开“三维视图控制”工具框，如图 2-27 所示。“三维视图控制”工具框如图 2-28 所示。

“三维视图控制”工具框上有对视图进行控制的全部工具，辅助绘图时，放大或缩小你的画面，或旋转你的画面，来观看计算机中的对象。

默认状态下该工具框仅显示的大部分的三维视图控制工具。将鼠标移至“三维视图控制”工具框上按右键，弹出菜单，在该弹出菜单中选择“全部显示”命令，可以显示全部的三维视图控制工具，如图 2-29 所示。

最常用的视图控制工具包括：

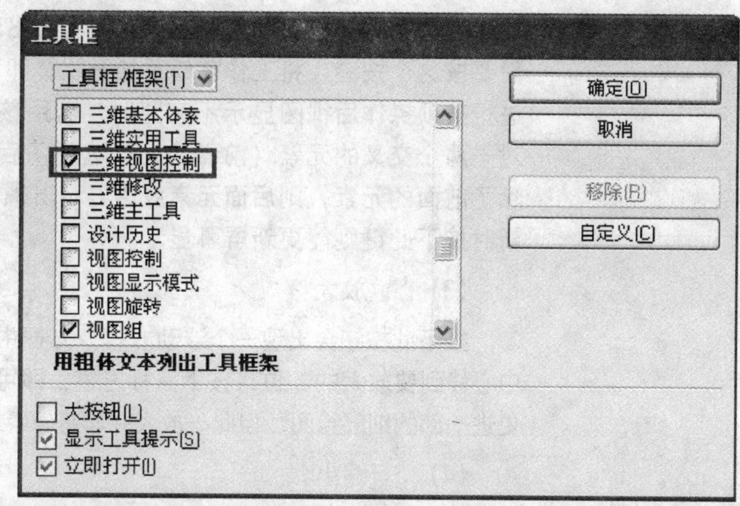


图 2-27 “工具框”对话框

图 2-28 “三维视图控制”工具框

图 2-29 “三维视图控制”工具框（显示所有工具）

(1) 视图属性

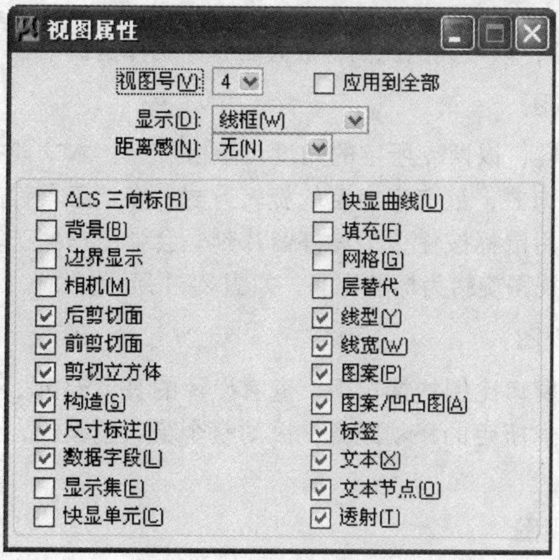

图 2-30 “视图属性”对话框

点击“视图属性”工具图标，则弹出“视图属性”对话框，如图 2-30 所示。

视图具有多种属性，可以为每个视图窗口单独调整这些属性。

• 一些视图属性设置确定是否显示模型的某些部分（特定层上的元素、文本、填充）和绘图辅助工具（如网格）。

• 另一些视图属性设置则确定模型的显示方式，例如是否显示背景图像或动态更新（其中许多视图属性在“新建用户”工作空间用户界面中不能使用）。

若为某个视图单独设置视图属性，其方法如下：

A. 点击“视图属性”工具图标，打开“视图属性”对话框。

B. 在“视图属性”对话框上的“视图号”选项菜单中选择要更改其属性的视图号。

C. 通过单击相应项左侧的复选框打开或关闭所需的视图属性。

若要将设置的视图属性应用到所有的视图窗口，则勾选“视图属性”对话框上的“应用到全部”。

(2) 更新视图

当经过许多绘图动作时，窗口内容会出现一些残留的影像，这时就需要按这个按键，将工作窗口重绘一次，即可消除窗口中的残影。或者进行某项操作后视图显示不完整时，需用该工具更新屏幕显示。例如，对于两个交叉的元素（前面的元素遮住了后面元素的一部分），如果删除了前面的元素，则后面元素应该显示出来的被遮部分可能不会自动刷新时按下此键则能更新屏幕显示。

(3) 放大

按下此按钮会出现一个浮动方框，方框中有一个符号“X”，将此方框中心移到要放大的部位，按下鼠标左键，即可将该部位图面放大，以便做更进一部的细部绘图。但此一放大并非将像素放大，尽量将窗口画面放大。

(4) 缩小

按下此按钮会将窗口画面缩小。而放大缩小的倍率，到工具设置箱中设定即可。

(5) 窗口区域

用鼠标左键设定欲放大方框之对角线，便可将范围内影像放大到充满整个工作窗口，以便做细部绘图。

(6) 全景视图

将窗口内所有的内容，以最大的比例，放大到整个工作窗口中。

(7) 旋转视图

将窗口中的内容，以两点所定的角度，予以旋转，本功能提供许多内定的旋转方式，欲选定内定的旋转方式，在“工具设置箱”中设定即可。用鼠标按住该工具停留片刻，会弹出一些工具图标，可以快速将视图旋转为标准视图，如图 2-31 所示。

图 2-31 “旋转视图”子工具框

(8) 平摇视图

在不改变视图窗口比例的情况下，查看设计的其他部分。按下鼠标左键，以两点所定的移动距离，挪动整个窗口的画面，达到最佳的绘图位置。

(9) 前续视图

用法与“撤消”功能类似，用于取消上一视图操作，恢复前次观察范围的视景。

(10) 后续视图

仅在使用“前续视图”工具后有效。按下此按钮，恢复上一撤销的视图操作。

(11) 更改视图透视

用于改变视图的透视角度。在视图中设置透视与打开视图相机相同，都使用“三点”投影。如图 2-32 所示，应用“更改视图透视”工

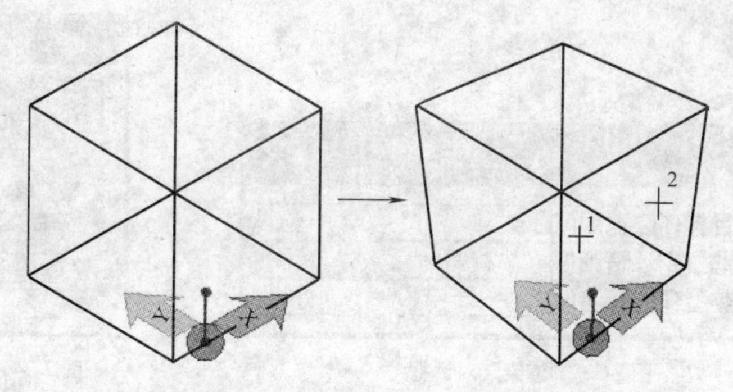

图 2-32 更改视图透视

具，以 1 点为“原点”，2 点为目标点改变轴测图的透视效果。

(12) 设置显示深度

用于以图形的方式设置视图的显示深度——视图中显示立方体的前剪切面和后剪切面（边界）。每个剪切面的位置是沿视图的 Z 轴测量的。仅显示前剪切面与后剪切面之间的元素或部分元素。具体功能在后面章节有详细介绍。

(13) 设置激活深度

用于以图形的方式设置视图的激活深度——平行于一个视图屏幕的平面，缺省情况下在该平面上输入数据点。沿视图的 Z 轴测量“激活深度”的值。

“激活深度”必须在视图的显示深度内，可以使用“设置显示深度”视图控制设置该深度。

(14) 显示显示深度

用于显示视图的显示深度设置。关于显示显示深度在后面章节有详细介绍。

(15) 显示激活深度

用于显示视图的激活深度设置。

(16) 相机设置

用于直接调整虚拟相机。

(17) 渲染

用于请求屏幕渲染。“渲染”设置窗口中包含用于确定渲染目标、渲染模式和着色类型的控件，如图 2-33 所示。

对于高级渲染模式（光线跟踪、辐射解决方案和微粒跟踪），可以使用打开设置图标打开所选渲染模式的设置对话框。同时，还会展开“渲染”设置窗口，以显示对应于所选渲染模式的其他选项，如图 2-34 所示。这些选项包括用于执行常用任务的按钮，如用于清除现有解决方案、创建新的解决方案、在其他视图中显示当前解决方案以及“重置”后继续。此外，通过“亮度”和“对比度”滑块，还可以交互式地调整最近渲染的“光线跟踪”（启用了“现实世界的光”的情况下）、“辐射”

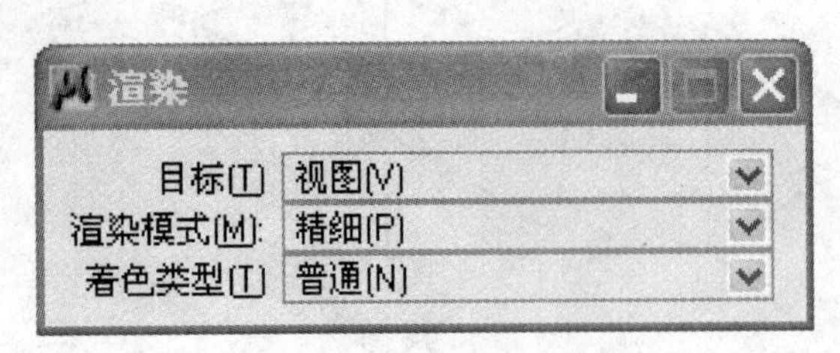

图 2-33 “渲染”对话框

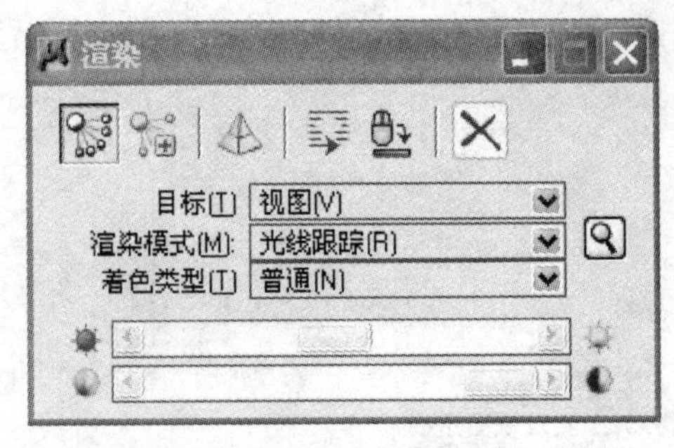

图 2-34 “渲染”对话框（高级渲染模式）

或“微粒跟踪”图像。

(18) 视图显示模式

用于设置 MicroStation 中任何视图的显示模式。如果未选择视图，则将所选模式应用于激活视图。关于视图显示模式在后面章节有详细介绍。

(19) 剪切立方体

用于将视图中显示的立方体限制在剪切元素内的区域中。这个工具对在设计时限定显示立方体很有帮助，可以让感兴趣的立方体部分不受其他几何图形的影响。当对视图应用剪切立方体时，该视图中只显示(或捕捉)剪切立方体内的元素。可以对每个视图应用不同的剪切立方体。

剪切元素可包括任何实体（球体或特征实体除外）或闭合立体、圆柱体或闭合平面元素（多边形、圆、椭圆、复杂多边形、开孔)。在选择平面元素或者使用按点剪切元素的选项时，通过在整个模型中延展该平面元素可以生成剪切立方体。因为延展方向正交于元素所在的平面，所以可在任何视图中选择平面元素。同样，可以在任何视图（可使用“精确绘图”设置剪切元素的正确方向）中绘制按点定义的剪切元素。

如果随后移动或修改剪切元素，那么剪切立方体也将移动或修改。如果删除某个剪切元素，剪切立方体也将删除。可使用标准 MicroStation 工具操作 / 修改剪切元素。

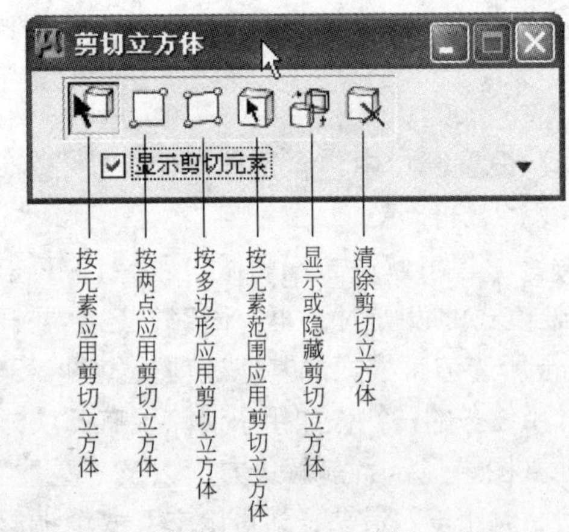

图 2-35 “剪切立方体”工具设置窗口

对视图进行立方体剪切后，可通过“视图属性”对话框中的“剪切立方体”复选框打开或关闭它。同样，也可以通过工具设置中的“显示或隐藏剪切立方体元素”图标来开关剪切元素的显示。

剪切立方体的工具设置窗口如图 2-35 所示。

(20) 剪切掩盖

用于掩盖视图中位于剪切元素范围内的元素的显示。当对视图应用剪切掩盖时，该视图中只显示(或捕捉到）位于剪切元素范围之外的元素。可以对不同视图应用不同的剪切掩盖。

剪切元素可包括任何实体（球体或特征实体除外）或闭合立体、圆柱体或闭合平面元素（多边形、圆、椭圆、复杂多边形、开孔）。此外，可以选择单元作为剪切元素，在这种情况下，可有效进行掩盖的每个单元组件都将生成单独的掩盖立方体。

如果选择平面元素，则通过在整个模型中延展平面元素生成剪切立方体。因为延展方向正交于元素所在的平面，所以可在任何视图中选择平面元素。

如果随后移动或修改剪切元素，那么剪切掩盖也将移动或修改。如果删除某个剪切元素，剪切掩盖也将删除。可使用标准 MicroStation 工具操作/修改剪切元素。

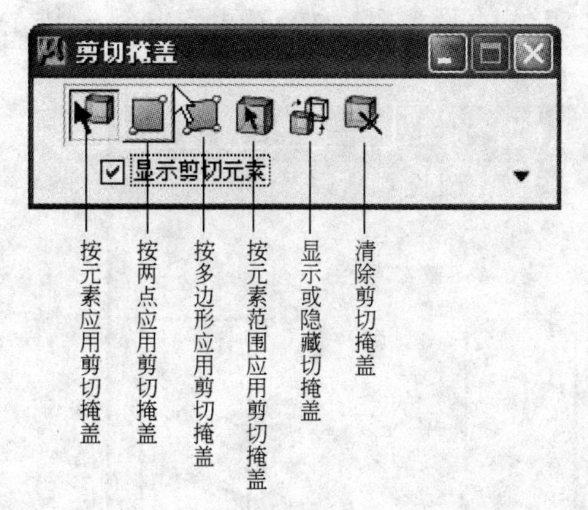


图 2-36 “剪切掩盖”工具设置窗口

对视图进行剪切掩盖后，可通过视图属性对话框（设置>视图属性）中的“剪切立方体”复选框打开或关闭它。同样，也可以通过工具设置中的“显示或隐藏剪切掩盖元素”图标开关剪切元素的显示。

“剪切掩盖”工具设置窗口如图 2-36 所示。

### 2.3.2 显示控制

1）显示深度控制

（1）设置显示深度

在二维设计中，所有元素都画在一个平面上，仅显示视图窗口区域内的元素。查看该区域外的元素，可以进行放大操作。

在三维设计中，可以使用同样的工具，但情况要复杂许多。在三维设计中，当构造设计时，视图内可能有位于另一个部件后面的不同部件，这样会引起屏幕上线条的混乱。然而，可以控制查看模型的位置以及所查看视图的深度。MicroStation 三维视图显示设计文件的一个特定的体。也就是说，每个视图显示一个带有定义视图深度或显示深度的视图区域。前后剪切面定义的深度在任何视图内均可见。使用设置显示深度工具，可以控制这些剪切面的位置，因此，就能调节视图的显示深度，每个剪切面的位置是沿视图的 $Z$ 轴测量的。位于前剪切面之前的所有元素均不显示在视图中。同样地，位于后剪切面的所有元素也不显示。

设置显示深度的步骤如下：

A. 确保至少打开了两个视图。这有助于打开一个与正在设置“显示深度”的视图正交的视图，以及一个轴测视图。

B. 选择“设置显示深度”视图工具 。

C. 选择要设置“显示深度”的视图。如果已打开轴测视图，则动态内容（如图所示）指明所选视图的“显示深度”。当在不同的视图中移动指针时，会有一个多边形指明第一深度边界放置的位置。

D. 定义前剪切面。

E. 在除正在设置“显示深度”视图之外的视图中，输入一个数据点定义后剪切面。如果将前、后剪切面指定为同一平面，则会显示消息且不会更改“显示深度”。

【例 2-2】 设置显示深度的练习

打开练习设计文件 ex02-02b. dgn。该设计文件存有四个打开的视图——顶视图、轴测视图、前视图和右视图。它包含了许多实体。在顶视图被排成了 3 条。但在视图 3（前视图）观看图形时，线条呈现混乱的状态，如图 2-37 所示。这是因为前后元素的轮廓线叠加在一起显示的原因。此时在前视图可以应用“设置显示深度”工具改变显示深度，控制仅显示某一排实体的投影线，如仅显示中间一排的实体。

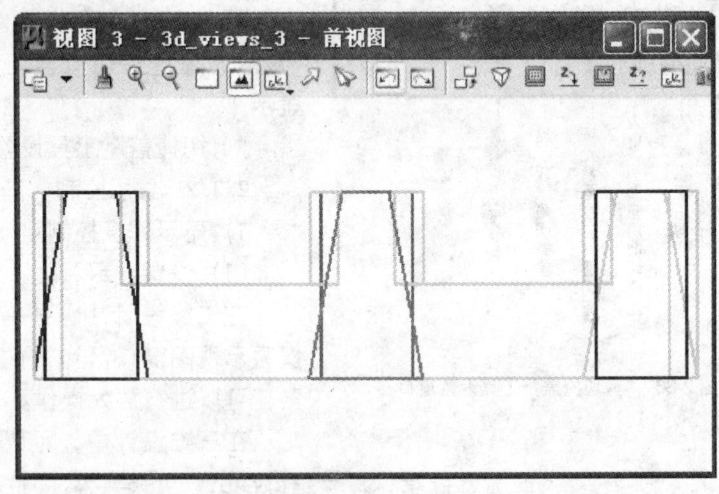


图 2-37 前视图初始显示状态

在前视图设置显示深度的步骤如下：

(1) 在视图顶部的“视图控制”工具框中选择“设置显示深度”工具。如果工具框中不显示该工具，可用鼠标右键单击工具框，在弹出的菜单中选择“设置显示深度”或“全部显示”，则该工具就会出现在工具框中。

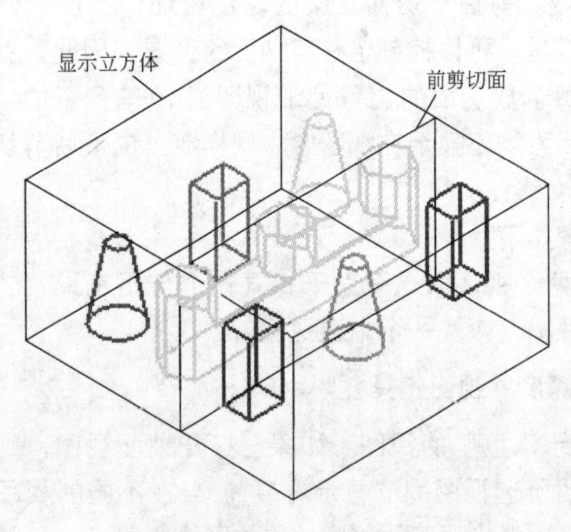


图 2-38 定义前剪切面位置

(2) 在前视图（视图 3）内单击鼠标左键放置一个数据点。此时轴测视图显示所选择的显示立方体。除了在前视图外移动鼠标指针时可以在轴测视图观察到前剪切面的移动，如图 2-38 所示。此时寻找合适的位置便可定义前剪切面的位置。

(3) 在顶视图内的点 1 处单击鼠标左键放置一个数据点，将前剪切面定义在此位置。此时轴测视图可以看到调节好的前剪切面位置。

(4) 在顶视图内的点 2 处单击鼠标左键

放置一个数据点，定义后剪切面，此时前视图（视图3）更新，仅显示中间一排实体，如图2-39所示。

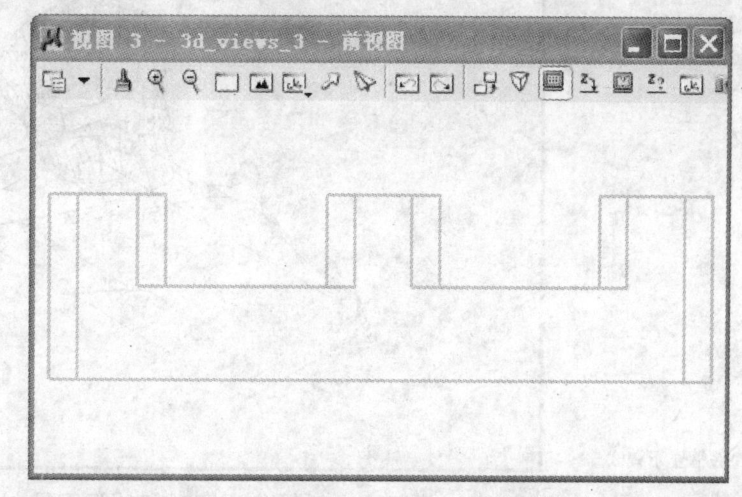


图2-39　定义“显示深度”后的前视图显示状态

读者可自行练习改变视图4（右视图）的显示深度。将前剪切面定义在顶视图的点3位置，后剪切面定义在点4位置，看看结果如何。

(2) 显示显示深度

任何时候，可以使用显示显示深度工具检查视图的显示深度的值。在状态栏中该工具显示所选定视图前后剪切面的 Z 值。

其步骤如下：

A. 选择“显示显示深度”视图工具。

B. 选择视图。即会在状态栏中显示视图的“显示深度”设置。

C. 返回第2步以显示另一视图的“显示深度”。

2）视图显示模式

可以使用“视图显示模式”工具来控制视图的显示模式。在 MicroStation 中，视图的显示模式可以有平滑显示模式、线框显示模式、消隐线显示模式、填充消隐线显示模式等四种。利用“视图控制”工具框中的“视图显示模式”工具可以快速在四种显示模式中切换，如图2-40所示。

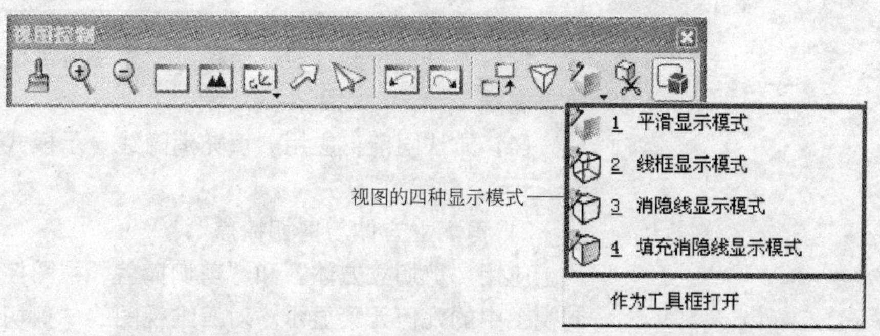


图2-40　视图显示模式

【例2-3】　四种显示模式切换的练习

(1) 打开练习文件 ex02-03b. dgn。视图2初始显示模式为“线框显示模式”，如图2-41所示。

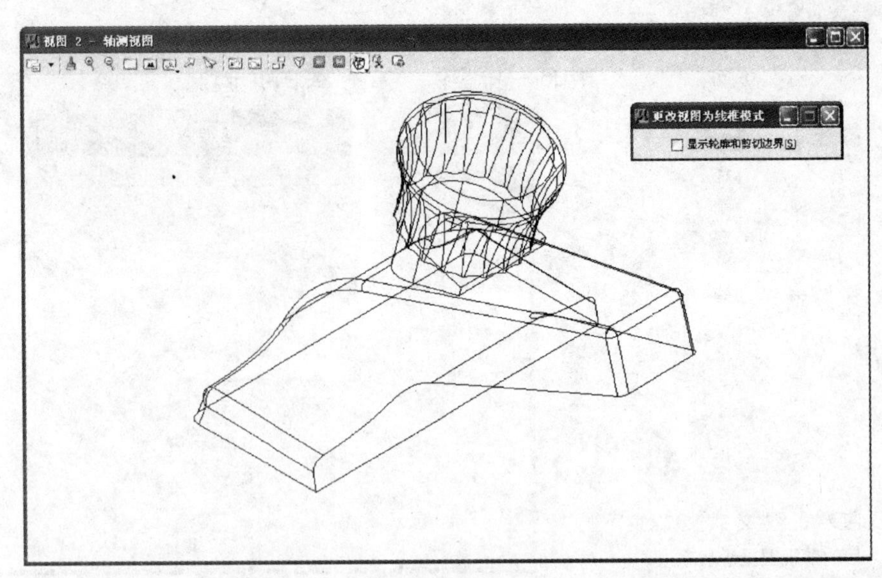


图 2-41　线框显示模式

(2) 用鼠标左键按住视图顶部的视图控制工具框中的"视图显示模式"工具片刻，在弹出的菜单选项中选择"平滑显示模式"，然后在视图 2 中单击鼠标左键，结果如图 2-42 所示。

图 2-42　平滑显示模式

(3) 方法同步骤 (2)，选择"消隐线显示模式"工具，用鼠标左键单击视图 2，结果如图 2-43 所示。

(4) 方法同前，应用"填充消隐线显示模式"工具后的结果如图 2-44 所示。

3) 剪切立方体与剪切掩盖

应用"剪切立方体"和"剪切掩盖"视图控制工具能非常方便地控制视图中的几何元素显示。对三维视图的"剪切立方体"进行设置，使其只显示感兴趣的区域，仅捕捉视图中定义的"剪切立方体"内的元素。对视图应用"剪切掩盖"，只显示剪切掩盖之外的那些元素。

在视图中，可以随时打开或关闭"前剪切面"或"后剪切面"的视

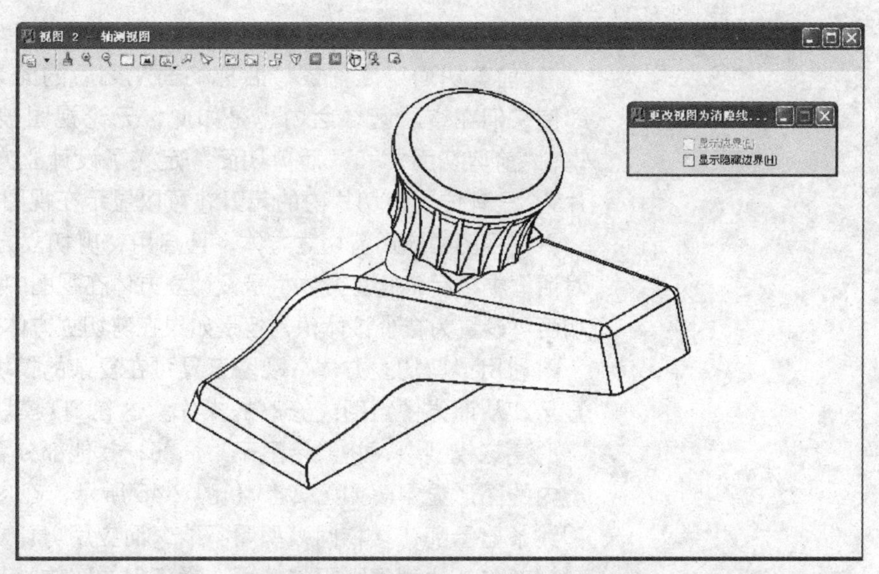


图 2-43　消隐线显示模式

图 2-44　填充消隐线显示模式

图显示限制。如果已经应用了“剪切立方体”，也可以打开或关闭其“剪切立方体”。可以使用视图属性对话框中的三个设置来完成这些工作：

■ 后剪切面——如果选中此项，将激活视图中的后剪切面，后剪切面之外的物体将不可见。

■ 前剪切面——如果选中此项，将激活视图中的前剪切面，前剪切面之外的物体将不可见。

■ 剪切立方体——如果选中此项，且已将剪切立方体应用于视图，则视图体积显示将限制为定义的剪切立方体。

三维视图从前到后的距离即为其“显示深度”。除非已经在“视图属性”对话框中禁用了剪切面，否则这个深度将由剪切面界定。当剪切面处于选中状态时，前剪切面最靠近查看器，后剪切面则离查看器最远。

“前剪切面”之前或“后剪切面”之后的元素都不显示在视图中。即使它们在查看区域之内也是如此，无论视图被拉伸到多远。换句话说，“前剪切面”和“后剪切面”定义了设计立方体总体积的一个“切片”，只有位于该切片内的元素才可以显示在视图中。

在视图中应用剪切立方体，且启用“剪切立方体”（在“视图属性”对话框中）后，此立方体将是设计立方体在视图中显示的最大立方体。剪切面可设置为减少该体积，但是如果在剪切立方体之外进行设置则无效。

利用“剪切立方体”视图工具可在复杂的模块中只对局部区域进行显示，从而方便绘图或修改的操作。这在 3D 模块非常有用，比如在复杂的建筑模型中可将显示限于某局部，其他部分看不见，以简化工作环境内的图形显示。如图 2-45 和图 2-46 所示，在应用剪切立方体之前视图线条显示乱，楼梯间模型看不清，而应用剪切立方体之后，仅显示楼梯间部分，模型清晰可见。可选择任何的实体、封闭的拉伸曲面、封闭的元素（如多边形、圆形、复合多边形……）当作剪切立方体的剪切边界。实际绘图时，你可将不同的剪切元素放置于不同的图层上，或者以参考方式放置，以便有效地管理。

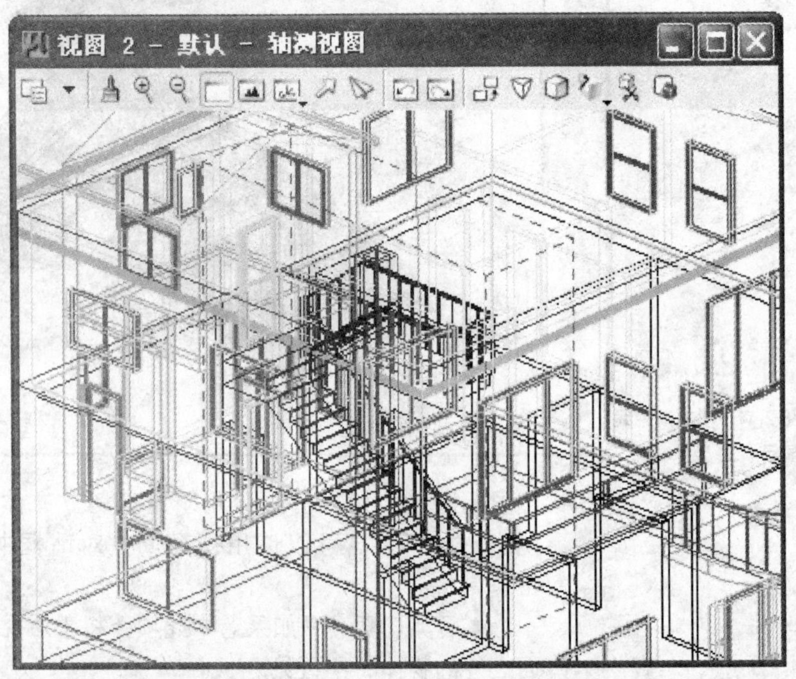


图 2-45　应用剪切立方体之前的视图显示

剪切掩盖与剪切立方体功能相反，是将视图中的图形显示在某剪切元素之外，可以和剪切立方体结合起来使用。这种情况下，仅显示位于剪切立方体内和剪切掩盖外的那些元素。

【例 2-4】　剪切立方体应用的练习

打开练习文件 ex02-04b. dgn，如图 2-47 所示。该设计文件包括一个已经建好的建筑模型，其中各几何元素在各视图的线条比较复杂，很难看清模型的建筑构件。现利用“剪切立方体”视图工具，仅将模型中

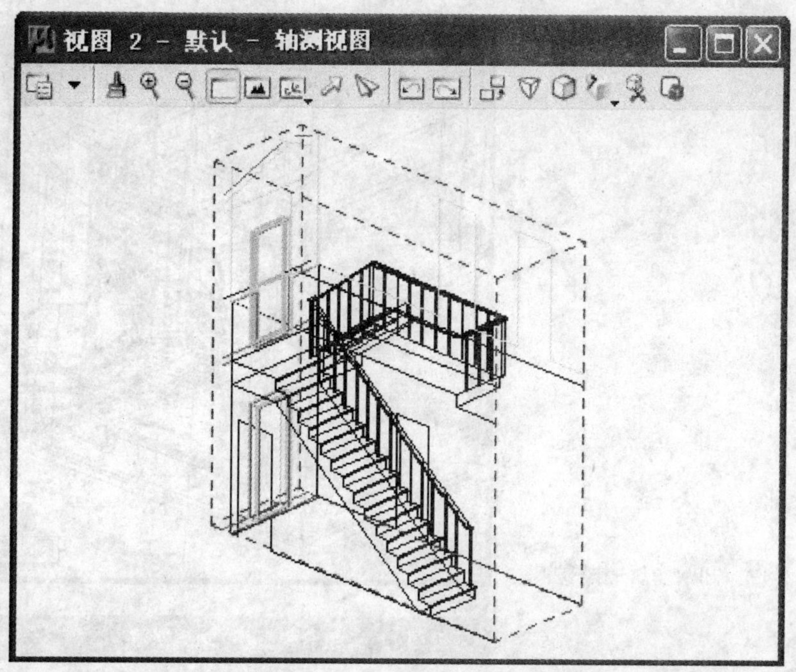


图 2-46　应用剪切立方体之后的视图显示

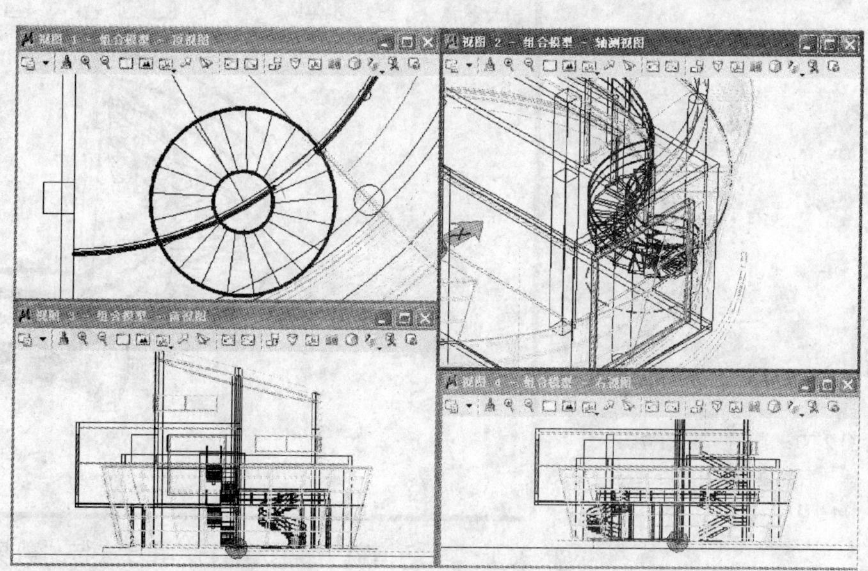


图 2-47　初始显示状态

的旋转楼梯以轴测视图显示。

步骤如下：

（1）选择视图上方的视图控制工具中的“剪切立方体”工具，如图 2-48 所示。

图 2-48　选择“剪切立方体”工具

（2）在轴测视图中选择已经放置好的圆形，如图 2-49 所示。

（3）单击鼠标右键，此时轴测视图仅显示了旋转楼梯模型，如图 2-50 所示。

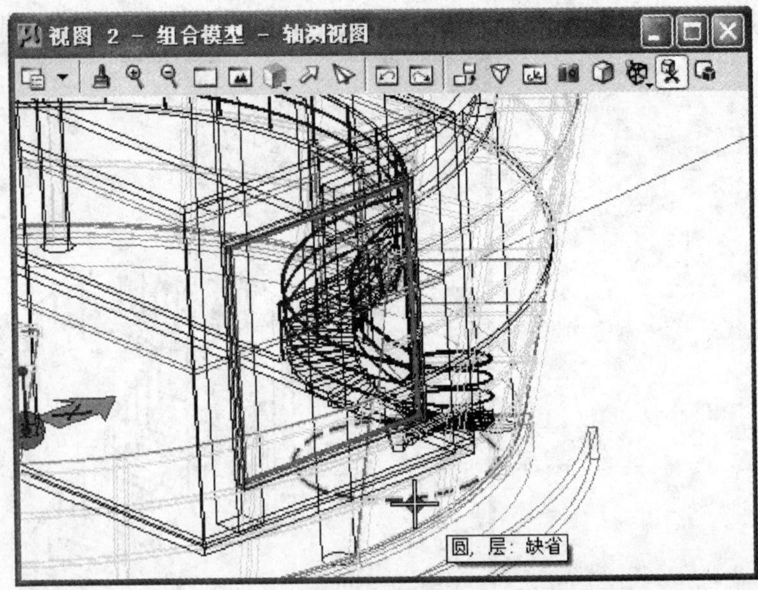


图 2-49　标识“剪切元素”

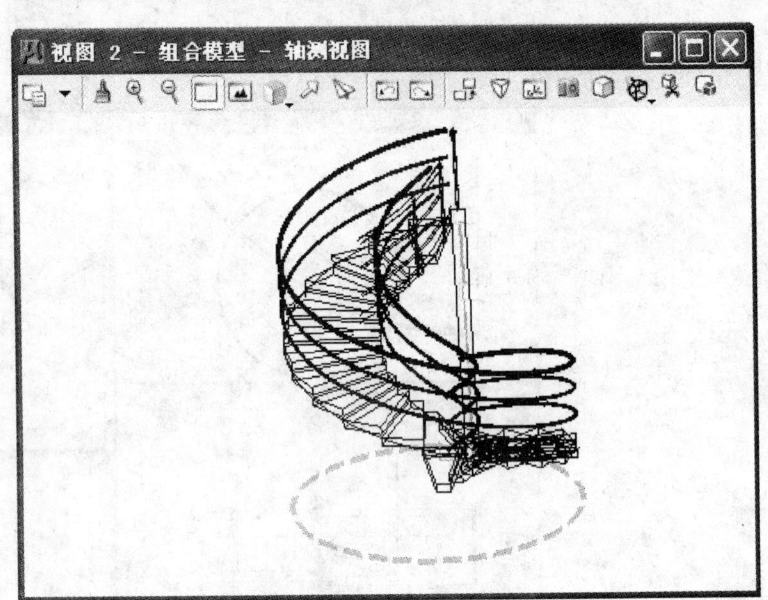


图 2-50　应用“剪切立方体”后的显示效果（旋转楼梯模型）

关于“剪切掩盖”视图工具使用方法与“剪切立方体”工具的使用方法类似，请读者自行练习。

### 2.3.3　三维辅助坐标系

ACS 辅助坐标系统在某些 CAD 绘图软件称为 UCS，MicroStation 允许在使用世界坐标系外另定辅助坐标系统，ACS 分三种：

1）ACS 分类

（1）直角 ACS：绝对坐标值输入方式为 $AX=X$，$Y$，$Z$，如图 2-51 所示。

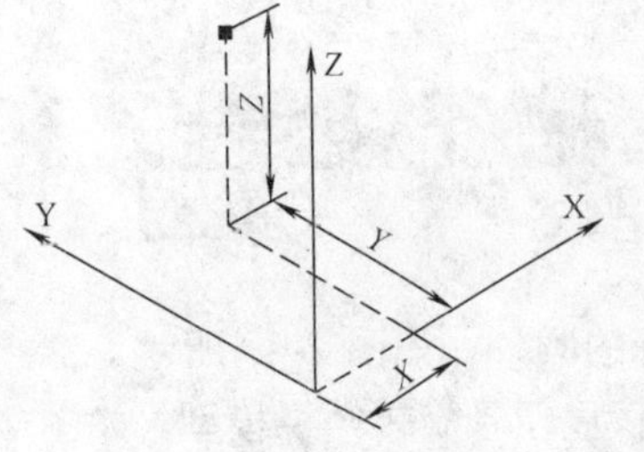


图 2-51　直角坐标系

与设计立方体的坐标系类似，其坐标以（$X$，$Y$，$Z$）形式表示。可以使用“精确绘图”来定义、保存和检索直角坐标 ACS。

（2）圆柱 ACS：绝对坐标值输入方式为 $AX=R$，$q$，$Z$，如图 2-52 所示。

用两个长度（$R$ 和 $Z$）和一个角度（$q$）指定点，其坐标以（$R$，$q$，$Z$）形式表示。在柱辅助坐标系上定位点的过程如下所示：

A. 从原点沿 $X$ 轴移动距离 $R$。

B. 围绕其 $Z$ 轴旋转角度 $q$。

C. 最后与 $Z$ 轴平行移动距离 $Z$。

（3）球形 ACS：绝对坐标值输入方式为 $AX=R$，$q$，$f$，如图 2-53 所示。

用一个长度（$R$）和两个角度（$q$ 和 $f$）指定点，其坐标以（$R$，$q$，$f$）形式表示。在球辅助坐标系上定位点的过程如下所示：

A. 从原点沿 $X$ 轴移动距离 $R$ 以建立半径矢量。

B. 将该矢量围绕 $Z$ 轴旋转角度 $q$。

C. 将矢量向着正 $Z$ 轴旋转，使其与正 $Z$ 轴之间的角度为 $f$。

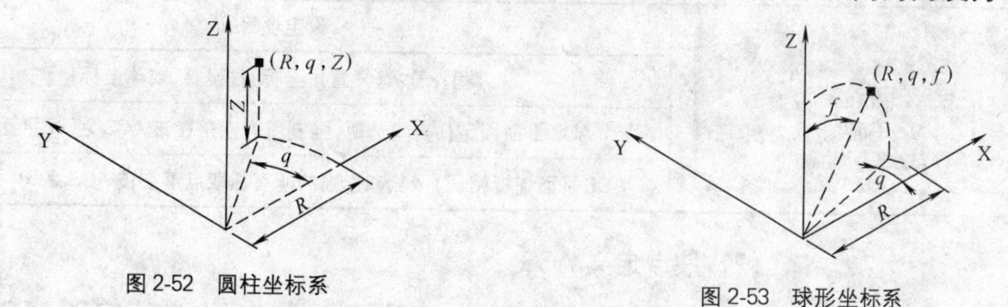


图 2-52　圆柱坐标系

图 2-53　球形坐标系

2）ACS 定义

除了用于使用辅助坐标系的“精确绘图”键盘快捷键之外，MicroStation 还有一个 ACS 工具框和对话框。这是使用柱辅助坐标系或球辅助坐标系的唯一机制。

ACS 的定义法有两种方式，最基本的是从菜单选项调出设定对话框。选择“实用工具→辅助坐标”菜单命令，弹出如图 2-54 所示的对话框。

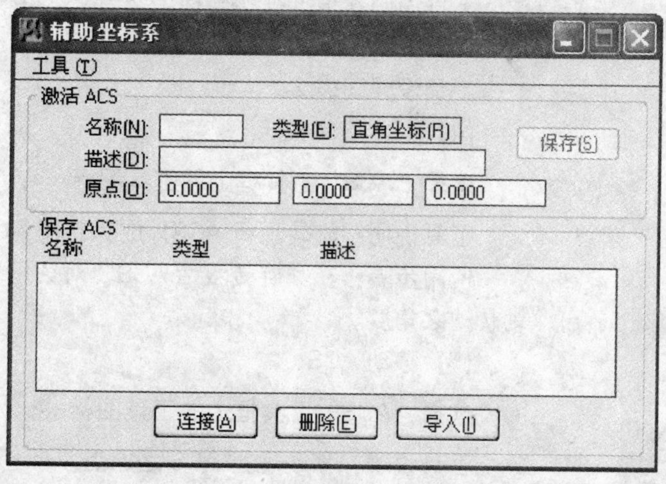


图 2-54　辅助坐标系对话框

在此对话框中，可以储存定义好的 ACS，也可加载储存的 ACS 设定。

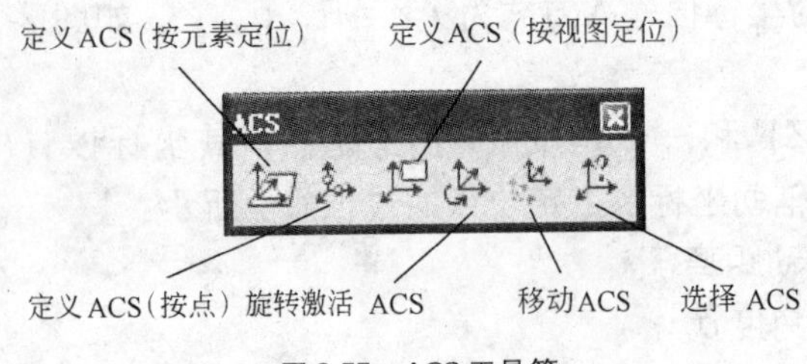


图 2-55　ACS 工具箱

在对话框的菜单选项“工具”下，可以进行 ACS 之定义与设定，其步骤与下节介绍之工具钮相当。

3）ACS 工具箱

选择“工具→辅助坐标”菜单命令，会弹出如图 2-55 所示的工具框。

（1）“按元素定位”定义 ACS

选择“ACS”工具框上的工具图标，可以按元素定位定义 ACS。例如圆，其鼠标左键处之切线方向为 *X* 轴正向。

工具说明见表 2-1。

**工具设定项目说明**　　　　**表 2-1**

| | 设定项目 |
|---|---|
| 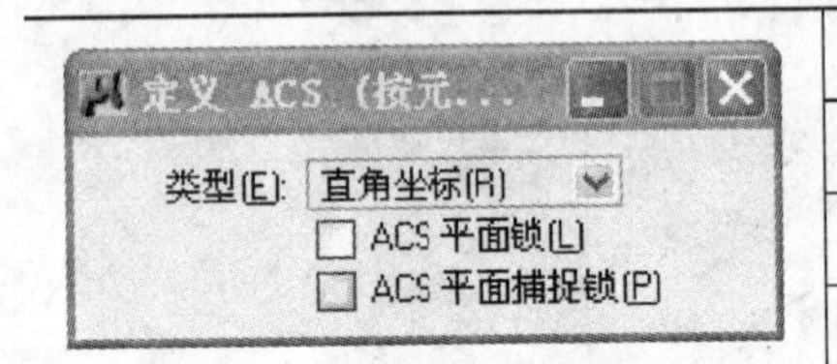  | 类型(E):选择直角坐标、柱坐标、或球坐标 |
| | ACS 平面锁定(L):勾选时,强制所有点落在该 ACS 之 *xy* 平面上 |
| | ACS 平面捕捉锁(P):勾选时,强制所有抓取点落在该 ACS 之 *xy* 平面上 |

（2）按点定义 ACS

选择“ACS”工具框上的工具图标，可以按点定义 ACS。

工具说明：数据点定义 ACS。第一点为原点，第二点为 x 轴方向，第三点为 y 轴方向。

工具设置同表 2-1。

（3）“按视图定位”定义 ACS

选择“ACS”工具框上的工具图标，可以按视图定位定义 ACS。

工具说明：根据视图坐标定义 ACS。用鼠标在该视景按左键即可完成定义。

工具设置同表 2-1。

（4）ACS 旋转设定

选择“ACS”工具框上的工具图标，可以按旋转激活定义 ACS。

工具说明：旋转现行 ACS，成为新的 ACS。原点不变。

使用步骤：在“旋转激活 ACS”对话框中，分别键入欲对 x、y、z 轴转动之角度。

（5）移动 ACS

选择“ACS”工具框上的工具图标，可以移动 ACS。

工具说明：移动现行 ACS 之原点。

步骤：鼠标按左键处即为新原点。

（6）选择 ACS

选择“ACS”工具框上的工具图标，可以选择已经存储的ACS。

工具说明：由储存之ACS中选取新的ACS。

步骤：按下后会出现所有储存ACS的坐标图标，用鼠标选取适当者即可。

【例2-5】 按点定义ACS的练习

(1) 打开设计练习文件ex02-05b. dgn。目前的坐标系如图2-56所示。

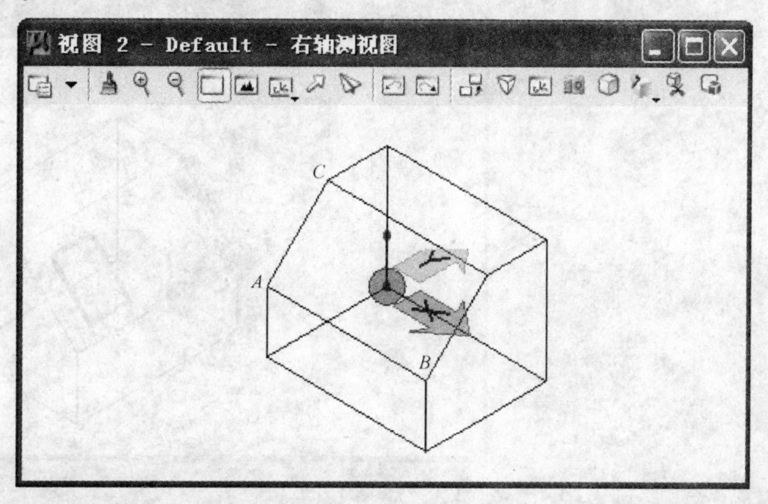


图2-56 初始坐标系

(2) 在ACS工具框上选择“定义ACS（按点）”工具，捕捉如图2-56所示的 *A* 点以定义ACS的原点。

(3) 捕捉如图所示的 *B* 点以定义ACS的 *X* 轴。

(4) 捕捉如图所示的 *C* 点以定义ACS的 *Y* 轴。结果ACS如图2-57所示。

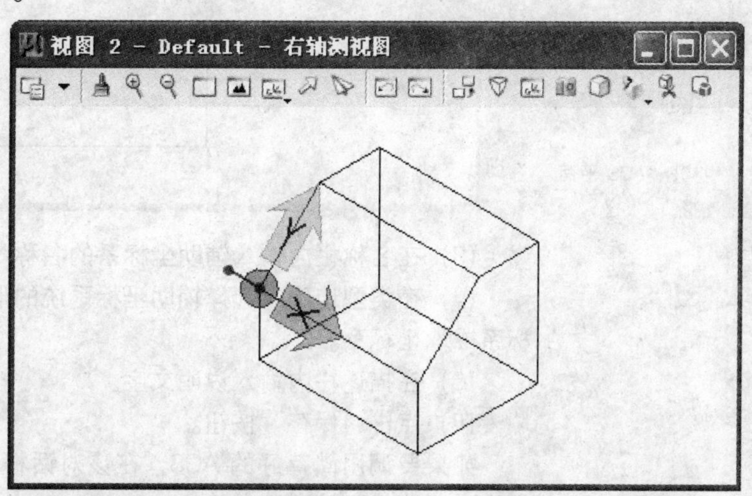


图2-57 定义好的ACS

(5) 要保证所绘几何图形落在ACS平面内，必须在状态栏的“激活锁”打开“ACS平面锁”。单击状态栏的“激活锁”图标，在弹出的菜单中勾选“ACS平面锁”，如图2-58所示。

(6) 打开“ACS平面锁”之后，所绘制的几何图形将落在ACS平面内，如图2-59所示。

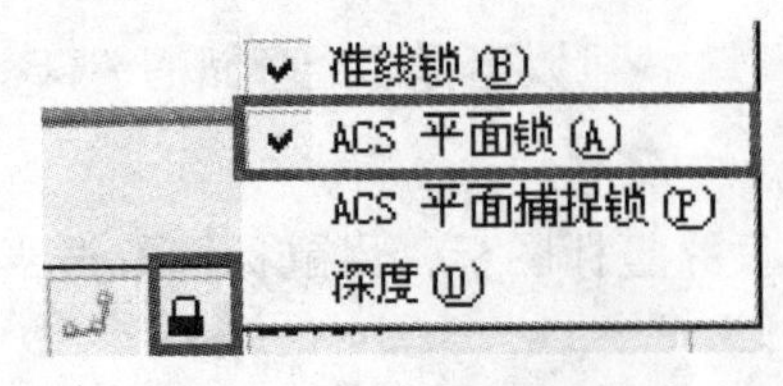


图2-58 打开“ACS”平面锁

4) 储存ACS

储存ACS的步骤如下：

(1) 先利用前面的工具定义一个辅助坐标系统。

(2) 选择“实用工具→辅助坐标”菜单命令，“辅助坐标系”对话框打开，如图2-54所示。

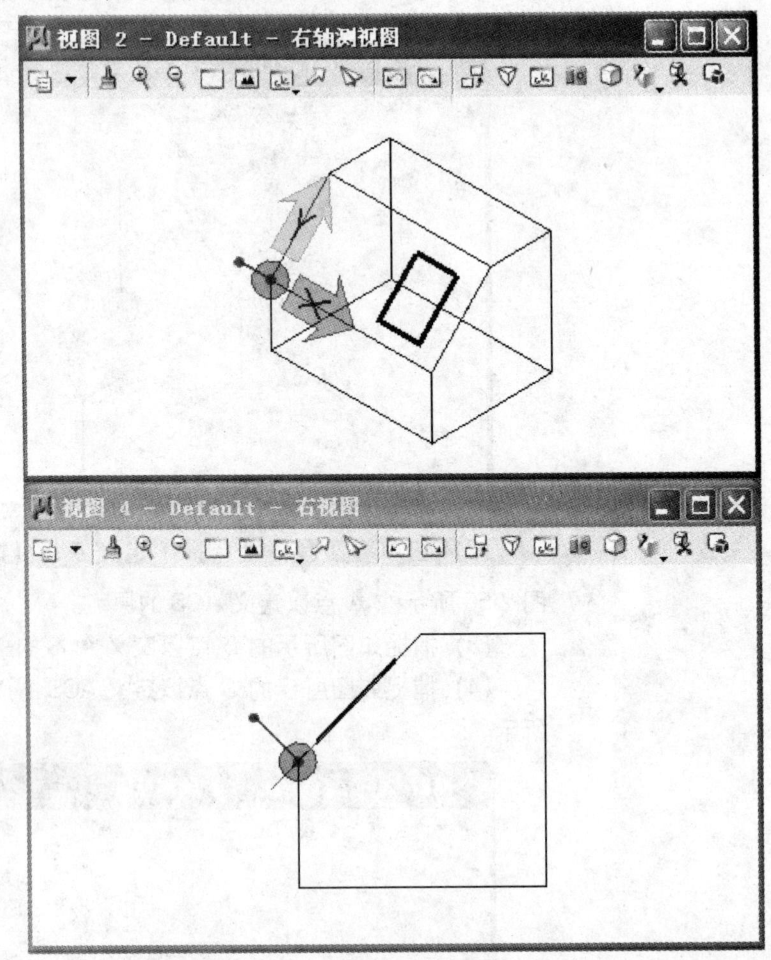


图2-59 打开“ACS平面锁”绘制图形

(3) 在名称栏内输入辅助坐标系的名称

(4) 在类型选项内选择辅助坐标系统的形式，即直角坐标系、柱坐标系或球坐标系。

(5) 在描述栏内输入说明文字。

(6) 点击“保存”按钮。

如果要调用储存好的ACS，在该对话框中选择相应的ACS名称后再点击“连接”按钮。

### 2.3.4 精确绘图

有效地使用“精确绘图”工具，会使三维设计工作变得相当简单。在三维环境中，通常在绘画视图（如“轴测视图”）中可以更容易地将模型形象化。使用“精确绘图”可以在轴测视图中象在标准的正交视图中一样放置元素。这是因为“精确绘图”自动将数据点包含在其绘图平面中，而不管激活视图的方向如何。

图 2-60 “精确绘图”窗口

1）三维环境中的精确绘图窗口

在三维环境中，“直角坐标”和“极坐标”模式下“精确绘图”窗口都有一个用于 Z 轴的字段，如图 2-60 所示。

2）在三维环境中确定绘图平面的方向

要想掌握三维绘图，一定要学会如何确定“精确绘图”的绘图平面方向。例如，通过“精确绘图”可以很轻松地使用轴测视图将非平面形式的复杂链或复杂多边形以任意方向放置，而不必恢复到正交视图。也就是说，本来需要在正交视图的平面内绘图时，只要将绘图平面轴的方向旋转为前视图、顶视图或侧视图的方向，就可以非常轻松、直观地在轴测视图中进行工作。

这一点在用轴测绘图绘制真正的三维绘图时最为明显——如水暖管道图。开始时让管道沿着一个视图轴延伸，并使用“F”、“S”和“T”（分别代表前视图、侧视图和顶视图的方向）等键盘快捷键改变管道的方向，便可以在三维空间中弯曲和转动管道，如图 2-61 所示。

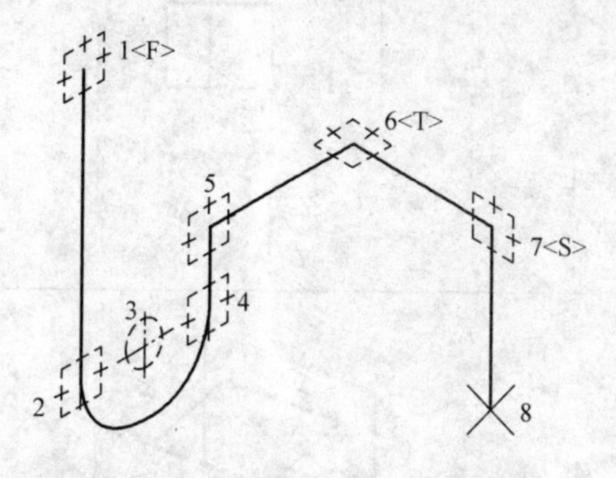


图 2-61 在轴测图中进行三维绘图

这种在绘画视图中操作绘图时严格遵循标准视图轴的能力非常重要，可以使“精确绘图”在切换工具的过程中始终保持当前方向。还可以使用键盘快捷键“V”返回到视图方向。此外，使用其他的键盘快捷键可以旋转“精确绘图”方向标，使之与某个元素的方向一致（“R”、“E”），也可以旋转视图使之与“精确绘图”方向标的方向一致（“R”、“V”）。

表 2-2 概括了“精确绘图”的一些键盘快捷键，使用这些快捷键可以精确调整绘图平面的方向，将轴与希望的方向对齐。

**“精确绘图”快捷键** **表 2-2**

| 键 | 作　用 |
|---|---|
| V | 旋转绘图平面，使其与视图轴对齐 |
| F | 旋转绘图平面，使其与标准前视图中的轴对齐 |
| S | 旋转绘图平面，使其与标准右视图中的轴对齐 |
| T | 旋转绘图平面，使其与标准顶视图中的轴对齐 |
| R，Q | 使用单个点快速（临时）旋转绘图平面 |
| R，A | 通过三个点永久性地旋转绘图平面。因为这将旋转激活 ACS，因此结束使用该工具后，旋转仍将处于激活状态。如果“使用当前原点”处于选中状态，则其工具设置会将绘图平面的原点作为 *X* 轴的原点，因而不必再输入额外的数据点。当然，许多情况下都希望可以将 *X* 轴的原点定义在不同的位置上，而不是使用绘图平面的原点 |
| R，E | 旋转绘图平面，使其与所选元素的方向一致 |
| R，V | 旋转激活视图，使其与绘图平面一致 |
| R，X | 将绘图平面围绕其 *X* 轴旋转 90° |
| R，Y | 将绘图平面围绕其 *Y* 轴旋转 90° |
| R，Z | 将绘图平面围绕其 *Z* 轴旋转 90° |
| E | 连续按 E 键会使绘图平面先围绕其 *X* 轴旋转 90°，然后再围绕其 *Y* 轴旋转 90°，最后返回其最初旋转的位置。这一点在处理绘图平面方向问题上非常有用，尤其是在模型相对于绘图文件的轴旋转时 |

## 2.4 空间绘制二维元素

在 MicroStation 内执行 3D 绘图与 2D 绘图唯一不同的是对种子文件选择的不同，所有 2D 工具在 3D 绘图环境中同样可用。利用“精确绘图”工具，可以在三维绘图环境非常方便的绘制二维元素（线或面）。在空间中绘制准确的绘制二维元素，是快速进行 3D 绘图的基础。

在空间绘制二维元素，其实本质上就是不断地调整绘图平面的方向。常用的绘图平面方向见表 2-3。

**绘图平面方向** **表 2-3**

| 绘图平面轴向 | 激活方式 | 图示说明 |
| --- | --- | --- |
| 正常模式(精准绘图指针坐标轴平行于窗口 *XY* 轴向) | 按快捷键“V” | 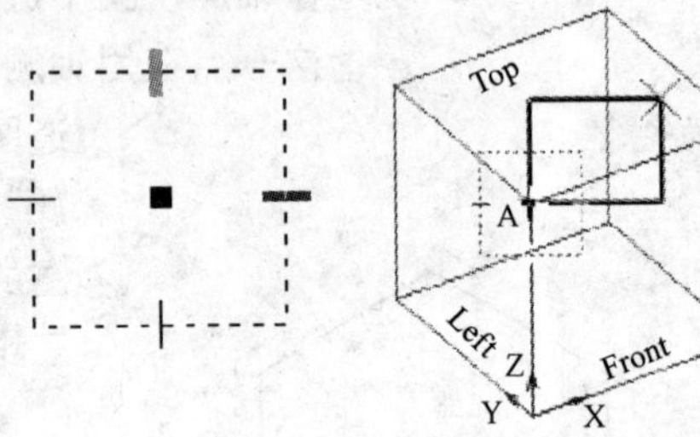 |
| 俯视图轴向 | 按快捷键“T” | 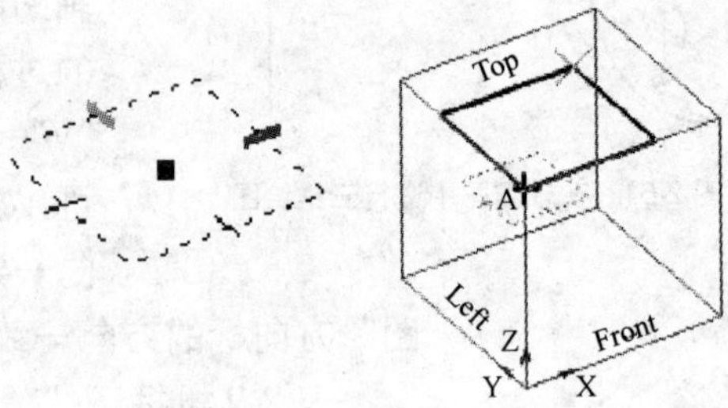 |
| 正视图轴向 | 按快捷键“F” | 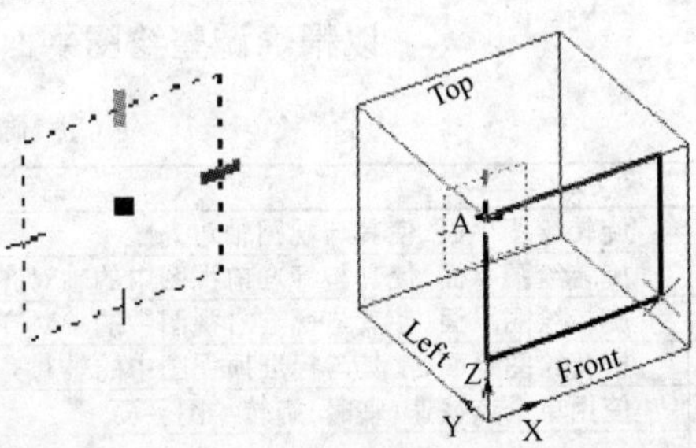 |
| 侧视图(左,右 t)轴向 | 按快捷键“S” | 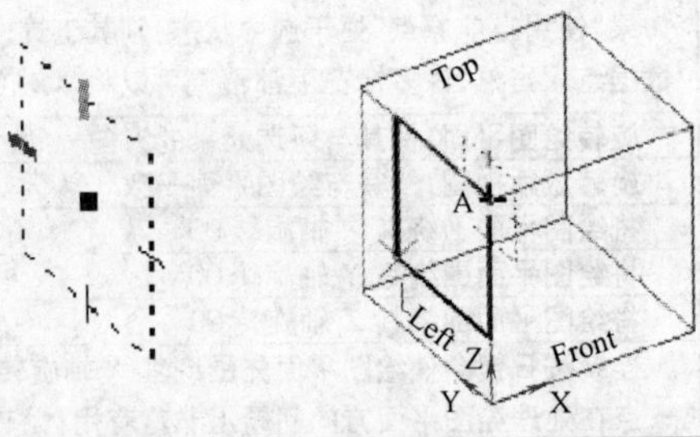 |

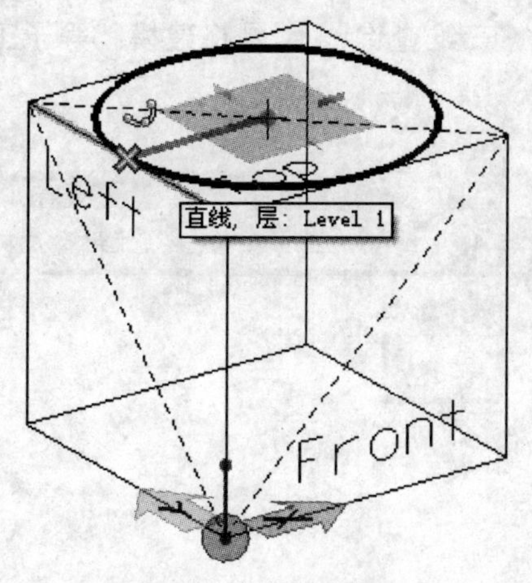


图 2-62　顶部绘制圆形

【例 2-6】 空间绘制二维元素的练习（先打开 ex02-06b. dgn）

(1) 在正方体线架模型的顶部绘制一圆形。按“T”键，捕捉顶部虚线的中点为圆心，然后在移动鼠标捕捉到正方体的上边界中点，如图 2-62 所示。

(2) 在正方体线架模型的左侧面绘制一圆形。按“S”键，捕捉左侧面虚线的中点为圆心，然后在移动鼠标捕捉到正方体的侧边界中点，如图 2-63 所示。

(3) 在正方体线架模型的前方绘制一圆形。按“F”键，捕捉前方虚线的中点为圆心，然后在移动鼠标捕捉到正方体的侧边界中点，如图 2-64 所示。

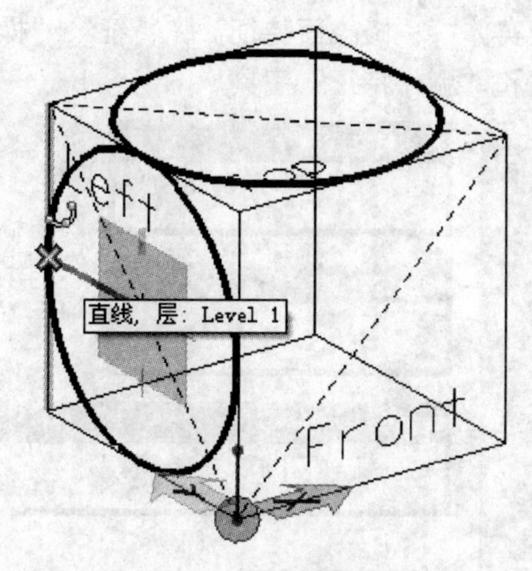


图 2-63　侧边绘制圆形

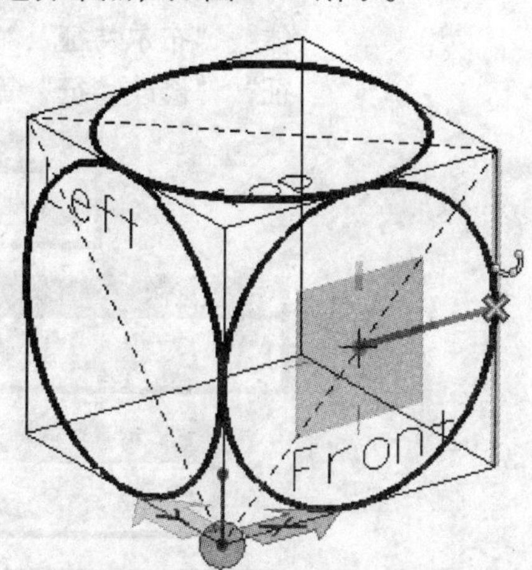


图 2-64　前方绘制圆形

## 2.5　三维命令的结构体系

MicroStation 的三维工具主要包含在下面的工具框中。

1）“三维主工具”工具框

“三维主工具”工具框如图 2-65 所示。该工具框主要包括“三维基本体素”、“三维构造”、“三维修改”、“三维实用工具”等子工具框。

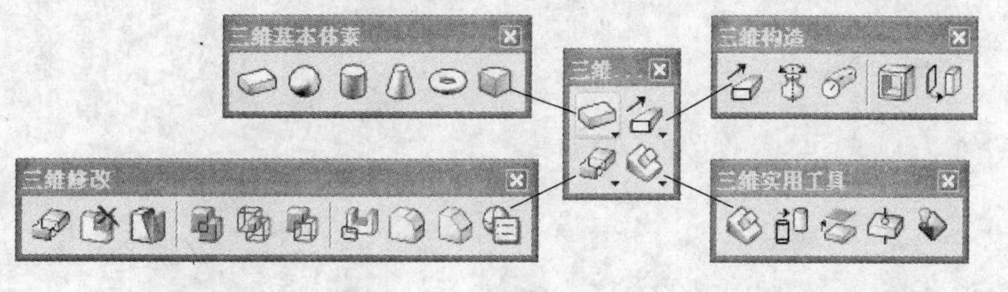


图 2-65　“三维主工具”工具框

2）“表面模型”工具框

“表面模型”工具框如图 2-66 所示。该工具框主要包括“创建表面”、“修改表面”、“表面倒角”、“三维查询”、“网格建模”等子工具框。

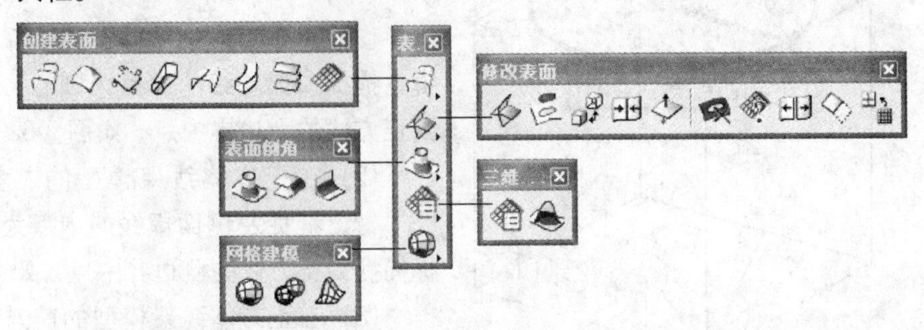


图 2-66 “表面模型”工具框

3)“特征模型”工具框

“特征模型”工具框如图 2-67 所示。该工具框包含“基本特征实体”、“布尔特征”、“轮廓特征实体”、“修改面特征”、“特征”、“操作特征”、“修改特征”等子工具框和“删除特征”工具。

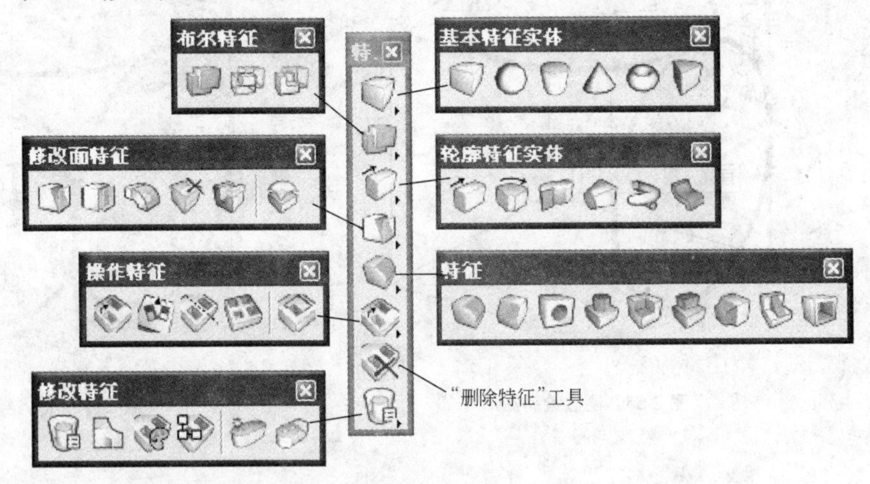


图 2-67 “特征模型”工具框

4)“三维视图控制”工具框

该工具框包括所有的三维视图控制工具，以辅助三维绘图。“三维视图控制”工具框如图 2-68 所示。

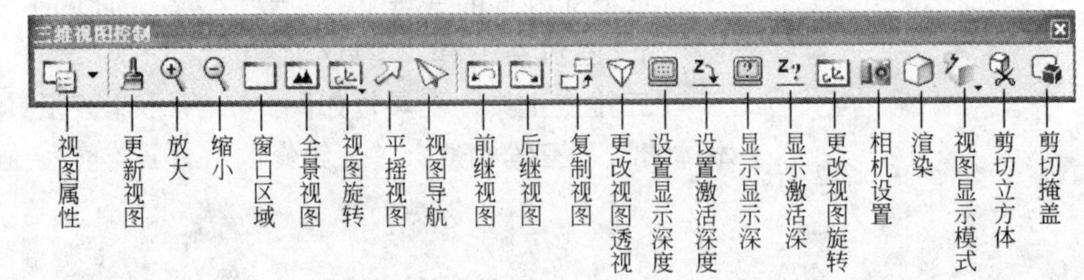


图 2-68 “三维视图控制”工具框

# 3　三维实体建模与编辑

一般三维模型可以分为实体模型和表面模型。与表面模型相比，实体模型除了具有线和面的特征，而且还具有体的特征，各实体对象间可以进行各种布尔运算操作，可创建更复杂的三维实体模型。

本章内容主要包括三维模型的绘制编辑以及特征模型特殊的绘制及编辑方式。

## 3.1　三维基本体素绘制

对于立方体、圆柱、球、圆锥这些基本的立体单位，MicroStation提供了专门的绘图工具，比如立方体不需要先画一个四方形再拉伸成四方块。而基本体素绘制方法大概有两种：一是以精准绘图工具来绘制(建议采用此方法)；二是给定必要长、宽、高或半径值参数来绘制。

"三维基本体素"工具栏如图3-1所示。

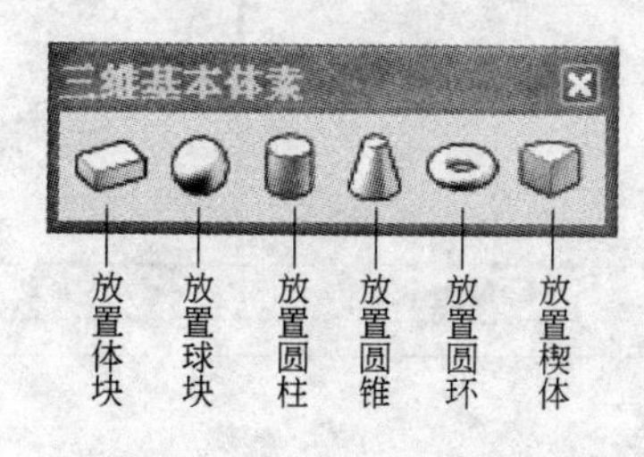


图3-1　"三维基本体素"工具栏

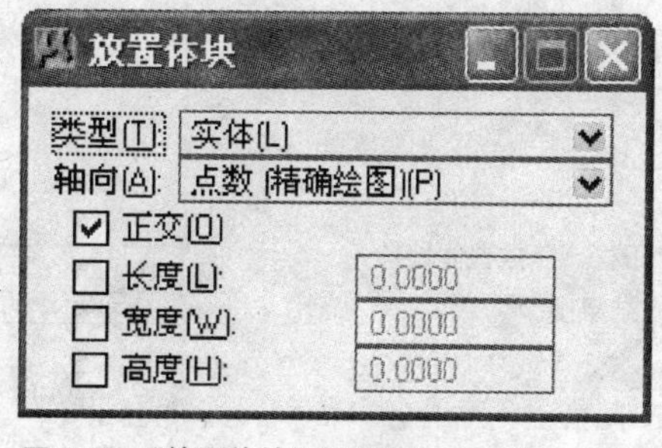


图3-2　"放置体块"对话框

下面对各工具按钮的具体使用进行介绍：

1) 放置体块按钮

单击"三维基本体素"工具栏的"放置体块"按钮，打开如图3-2所示"放置体块"对话框，用于放置有矩形横截面的立方体。

各条目说明如下：

- 类型：选择曲面或实体。
- 轴：高度的单位。
- 正交（O）：选中时，则为直角立方体。
- 长度（L）：选中时，设置长度。
- 宽度（W）：选中时，设置宽度。
- 高（H）：选中时，设置高度。

【例 3-1】 用精确绘图工具放置体块练习（练习文件 ex03-01b. dgn）。

（1）选择“放置体块”工具，打开精准绘图工具，选中“正交”选项，其他选项关闭；

（2）抓取视图 1 选择顶视图适当的位置为立方体原点，再按鼠标左键完成；

（3）移光标水平向右后输入长度 1，再按鼠标左键完成；

（4）移光标垂直向上后输入宽度 1，再按鼠标左键完成；

（5）移光标至视图 3（或 4）垂直向上在反白轴线显示状态下，输入高度 3，再按鼠标左键完成。

结果如图 3-3 所示。

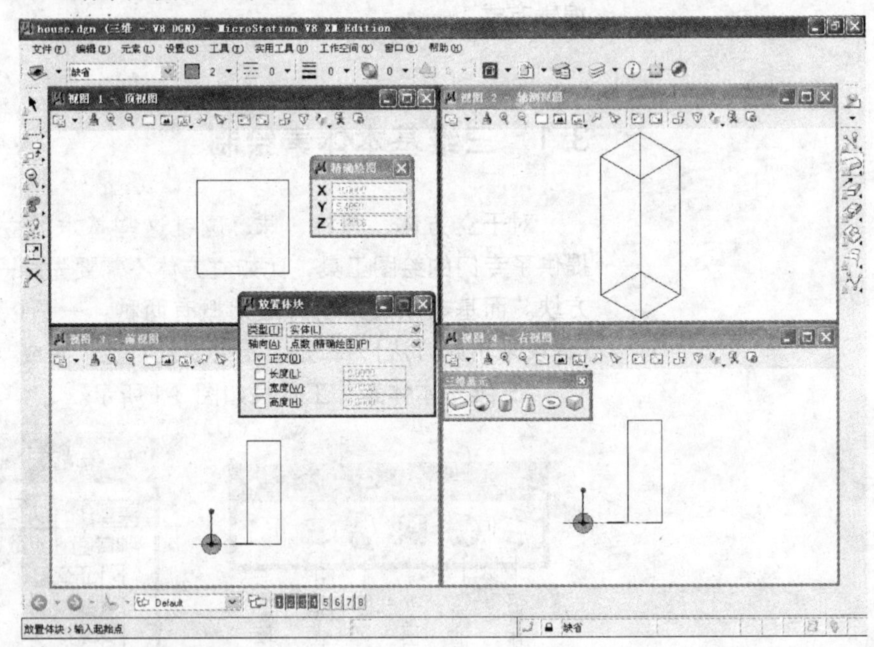


图 3-3 放置体块练习结果图

2）放置球体

单击“三维基本体素”工具栏的“放置球体”按钮，将打开如图 3-4 所示“放置球”对话框，用于绘制球体。

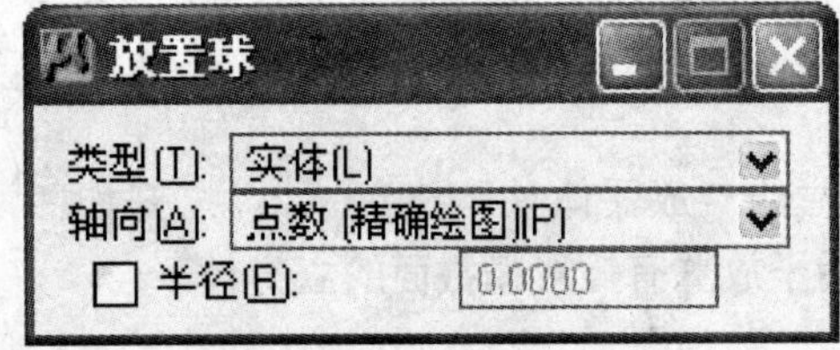


图 3-4 “放置球”对话框

“放置球”对话框中各条目说明如下：

• 类型：设置球体为表面或是实体。
• 轴向：设置球的直径轴方向。
• 半径：选中时，可输入球半径值。

3）放置圆柱

单击“三维基本体素”工具栏的“放置圆柱”按钮，打开“放置圆柱”对话框，用于绘制圆柱体。

“放置圆柱”对话框如图 3-5 所示。

“放置圆柱”对话框中各条目说明如下：

• 类型：为曲面或是实体。

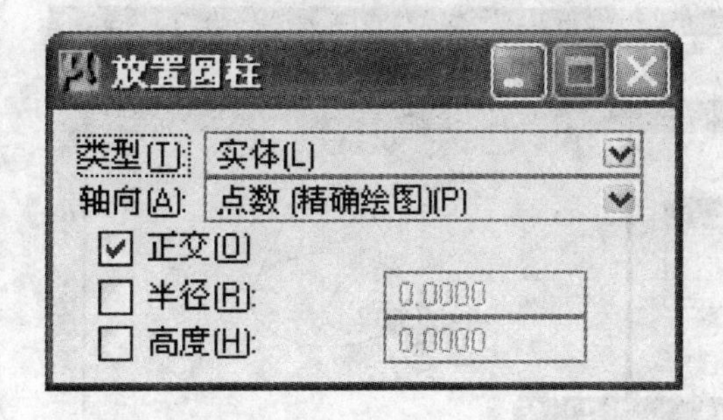


图 3-5 “放置圆柱”对话框

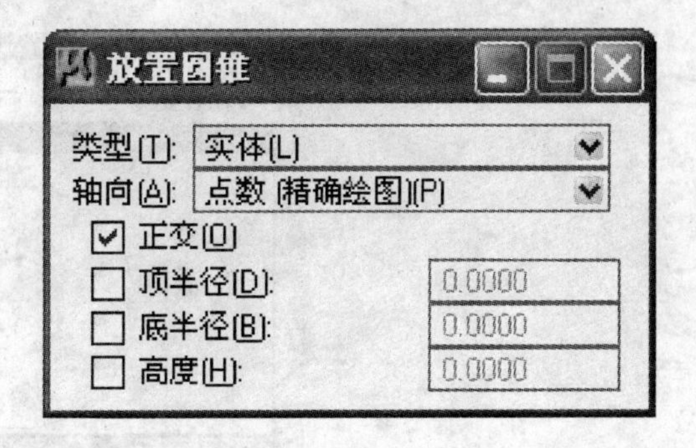


图 3-6 “放置圆锥”对话框

- 轴向：高度的方向。
- 正交：选中时，轴与底面垂直。
- 长度：选中时，可设置长度。
- 半径：选中时，可设置半径。
- 高：选中时，可设置高度。

4）放置圆锥

单击“三维基本体素”工具栏的“放置圆锥”按钮，打开“放置圆锥”对话框，用于绘制圆锥体。“放置圆锥”对话框如图 3-6 所示。

“放置圆锥”对话框中各条目说明如下：

- 类型：为曲面（surface）或是实体（solid）。
- 轴向：设置圆锥轴的方向。
- 正交：选中时，轴与底面垂直。
- 顶半径：选中时，可设置顶面半径。
- 底半径：选中时，可设置底面半径。
- 高：选中时，可设置高度。

【例 3-2】 绘制一个底半径 5、顶半径 2、高度 8 之直立圆锥（练习文件 ex03-02b. dgn）。

(1) 选择“放置圆锥”工具，除了参数“正交（O）”以外其他关闭；

(2) 移光标至视图 1 任意处，按鼠标左键定圆锥中心原点；

(3) 移光标水平向右后输入 5，按鼠标左键定义圆锥底半径；

(4) 移光标至视图 3（或 4）垂直向上在反白轴线显示状态下，输入高度 8，按鼠标左键定义圆锥高度；

(5) 移动光标水平向右后输入 2，按鼠标左键定义顶半径。

结果如图 3-7 所示。

5）放置圆环

单击“三维基本体素”工具栏的“放置圆环”按钮打开图 3-8 所示“放置圆环”对话框。使用该工具可以生成整个圆环或圆环的一段。

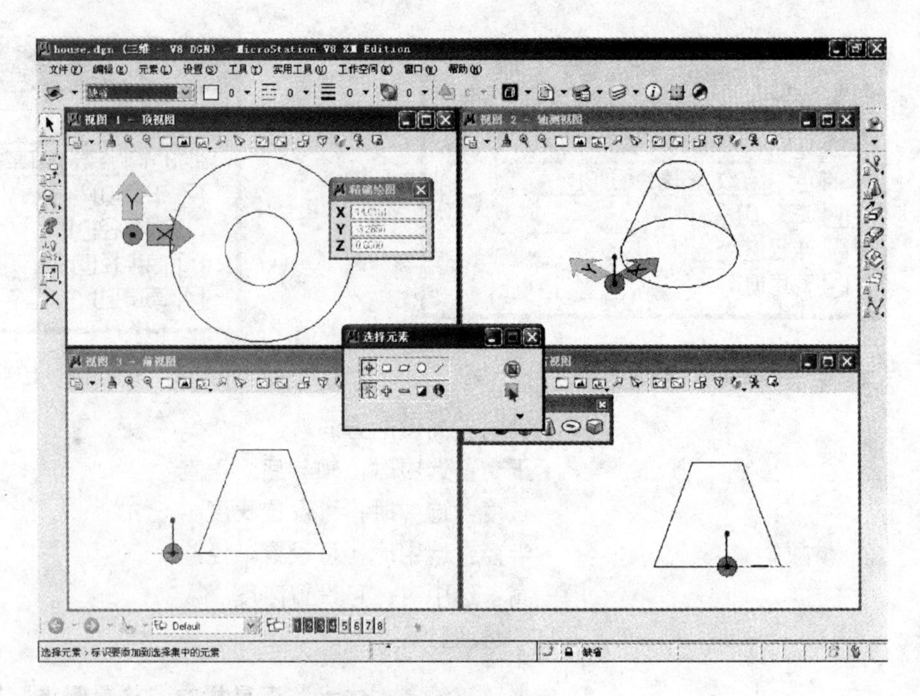

图 3-7　放置圆锥练习

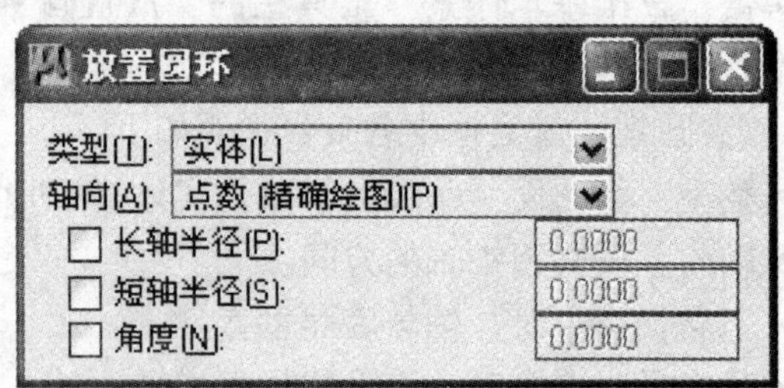


图 3-8 “放置圆环”对话框

“放置圆环”对话框中各条目说明如下：

- 类型：为曲面或是实体。
- 轴向：回旋的方向。
- 长轴半径：选中时，设置长轴半径。
- 短轴半径：选中时，设置短轴半径。
- 角度：选中时，设置扫描角度。

【例 3-3】 画一个长轴半径 5、短轴半径 2、角度 90°之环状体（练习文件 ex03-03. dgn）。

(1) 选择“放置环状”工具，并将参数“长轴半径（P）”设置为 5，“短轴半径（S）”设置为 2，“角度（N）”设置为 90；

(2) 在窗口一内任意处按鼠标左键定义起点；

(3) 定义环面体圆心位置；

(4) 选择放置方向。

结果如图 3-9 所示。

6) 放置楔体

单击“三维基本体素”工具栏的“放置楔体”按钮打开图 3-10

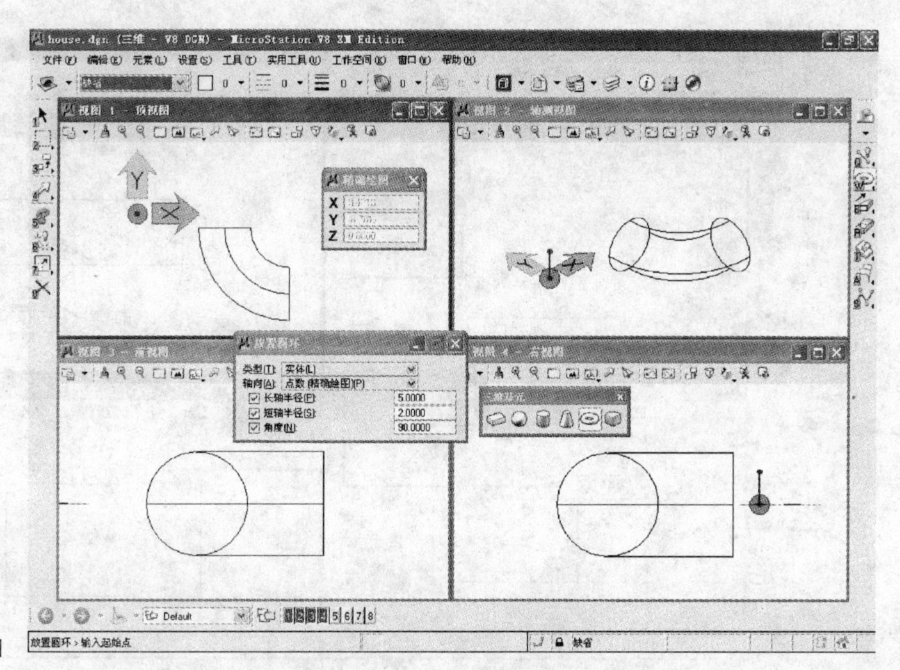


图 3-9 放置圆环练习结果图

放置楔体
类型(T): 实体(L)
轴向(A): 绘图 Z 轴(W)
半径(R): 72.5401
角度(N): 232.3502
高度(H): 0.0000

图 3-10 “放置楔体”对话框

所示的“放置楔体”对话框，用于绘制楔体。

“放置楔体”对话框中条目说明如下：

• 类型（T）：为曲面或是实体。

• 轴向（A）：设置转轴的方向。

• 半径（R）：选中时，设置半径。

• 角度（N）：选中时，设置掠角。

• 高度（H）：选中时，设置高度。

【例 3-4】 绘制一个半径是 5、角度是 45°、高度为 2 之楔形体（练习文件 ex03-04b. dgn）。

（1）选择“放置楔体”工具，参数“半径（R）”设置为 5，“角度（N）”设置为 45，“高度（H）”设置为 2；

（2）在视图 1 内任意处按鼠标左键定义起点；

（3）定义圆心位置方向；

（4）指定底面放置方向；

（5）指定高度方向。

结果如图 3-11 所示。

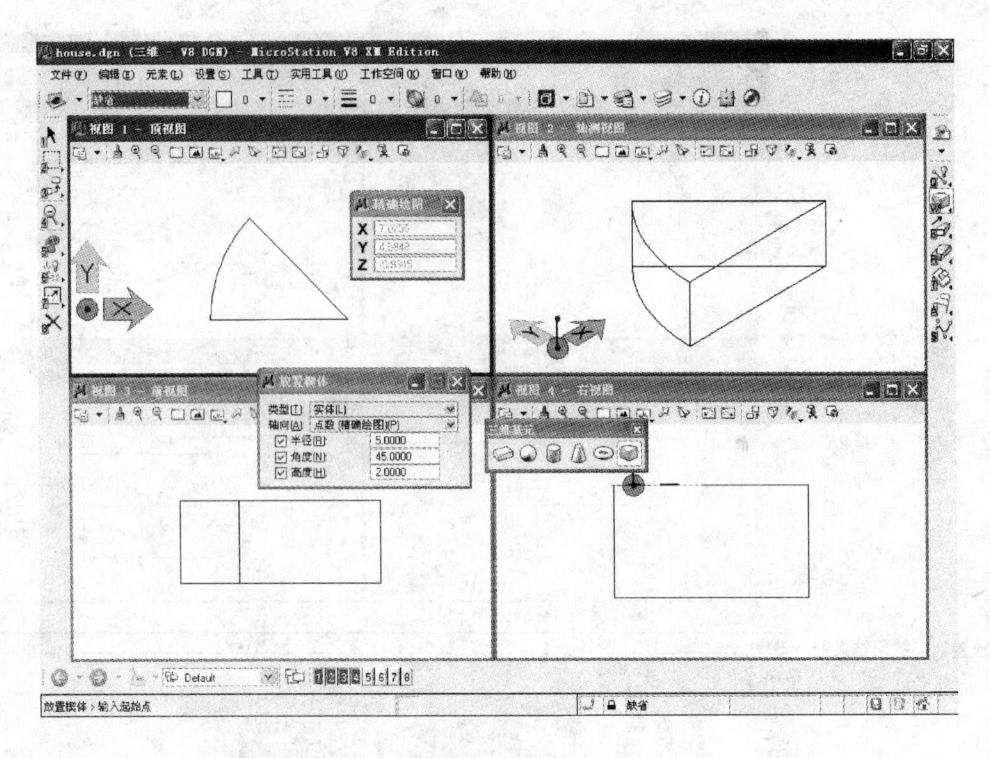

图 3-11　放置楔体练习结果图

## 3.2　三维构造元素绘制

绘制三维构造元素，需使用“三维构造”工具栏，选择菜单“工具→三维主工具→三维构造”将打开如图 3-12 所示“三维构造”工具栏。

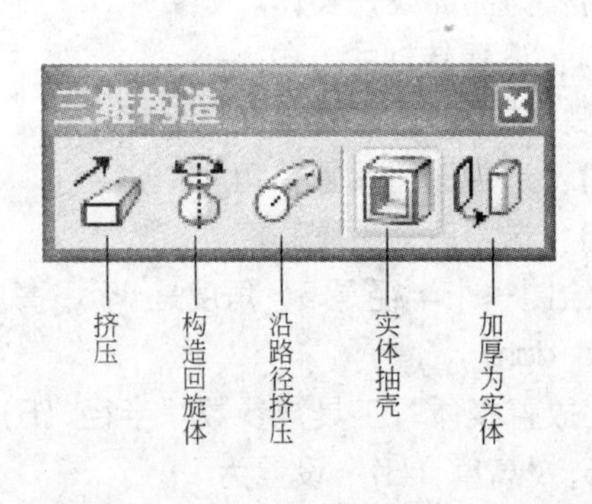


图 3-12　“三维构造”工具栏

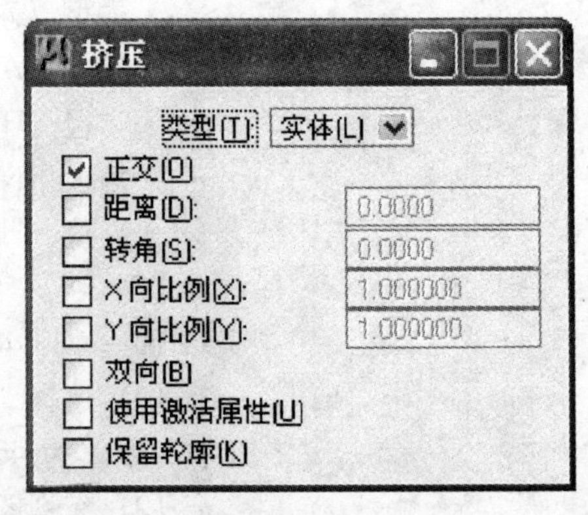


图 3-13　“挤压”对话框

1）挤压

单击“三维构造”工具栏上的“挤压”图标，打开如图 3-13 所示“挤压”对话框，激活该工具，用于创建表面或实体——通过按定义的距离线性挤压剖面元素：直线、线串、圆弧、椭圆、文本、多线、复杂链、复杂多边形或 B 样条曲线，生成复杂的三维元素。连接关键点的直线表示原始剖面元素及其挤压体素之间形成的表面。

“挤压”对话框各选项说明如下：

• 类型：选择绘制类型。

• 正交（O）：选中时，边界元素将被垂直投影。

• 距离（D）：选中时，设置拉伸距离。

• 转角（S）：选中时，将设置轴向旋转角度。

• X 向比例（X）：选中时，设置 X 轴拉伸截面比例。

• Y 向比例（Y）：选中时，设置 Y 轴拉伸截面比例。

• 双向（B）：选中时，两边同时拉伸。

【例 3-5】 挤压构造实体或表面（练习文件 ex03-05b. dgn）。

（1）在视图绘制一直径为 2 的圆形作为截面轮廓；

（2）选择延“挤压”工具，将类型（T）设置为实体（L）、转角（S）设置为 30、打开“正交（O）”，其他设置项关掉，在视图 2 选择截面轮廓；

（3）移光标垂直往上拉伸，在反白直线出现状况下输入 5，再按左键接受；

（4）全景放大各个视图，结果如图 3-14（*a*）所示；

（5）选择“编辑→撤消”下拉菜单，返回未挤压状态；

（6）再选“挤压”工具，设置“X 向比例（X）”与“Y 向比例（X）”为 1.414、打开“正交（O）”，其他选项设置关掉后选择截面元素；

（7）移光标垂直往上拉伸，在反白直线出现状况下输入 5，再按左键接受；

（8）全景放大各个视图，结果如 3-14（*b*）所示。

2）构造回旋体

单击“三维构造”工具栏上的“构造回旋体”图标，打开如图 3-15 所示“构造回旋表面”对话框，用于创建回旋表面或回旋实体，通过绕旋转轴旋转剖面元素如线、线串、弧、椭圆、多边形、复杂链、复杂多边形或 B 样条曲线等而生成的如图 3-16 所示的复杂三维元素。

“构造回旋表面”对话框各选项说明如下：

• 类型：为曲面或是实体。

• 轴向：设置旋转轴的方向。

• 角度：选中时，设置旋转角度。

• 使用激活属性：选中时，使用激活属性通过元素创建回转表面或实体。

• 保留轮廓：选中时，原始的轮廓元素会保留。

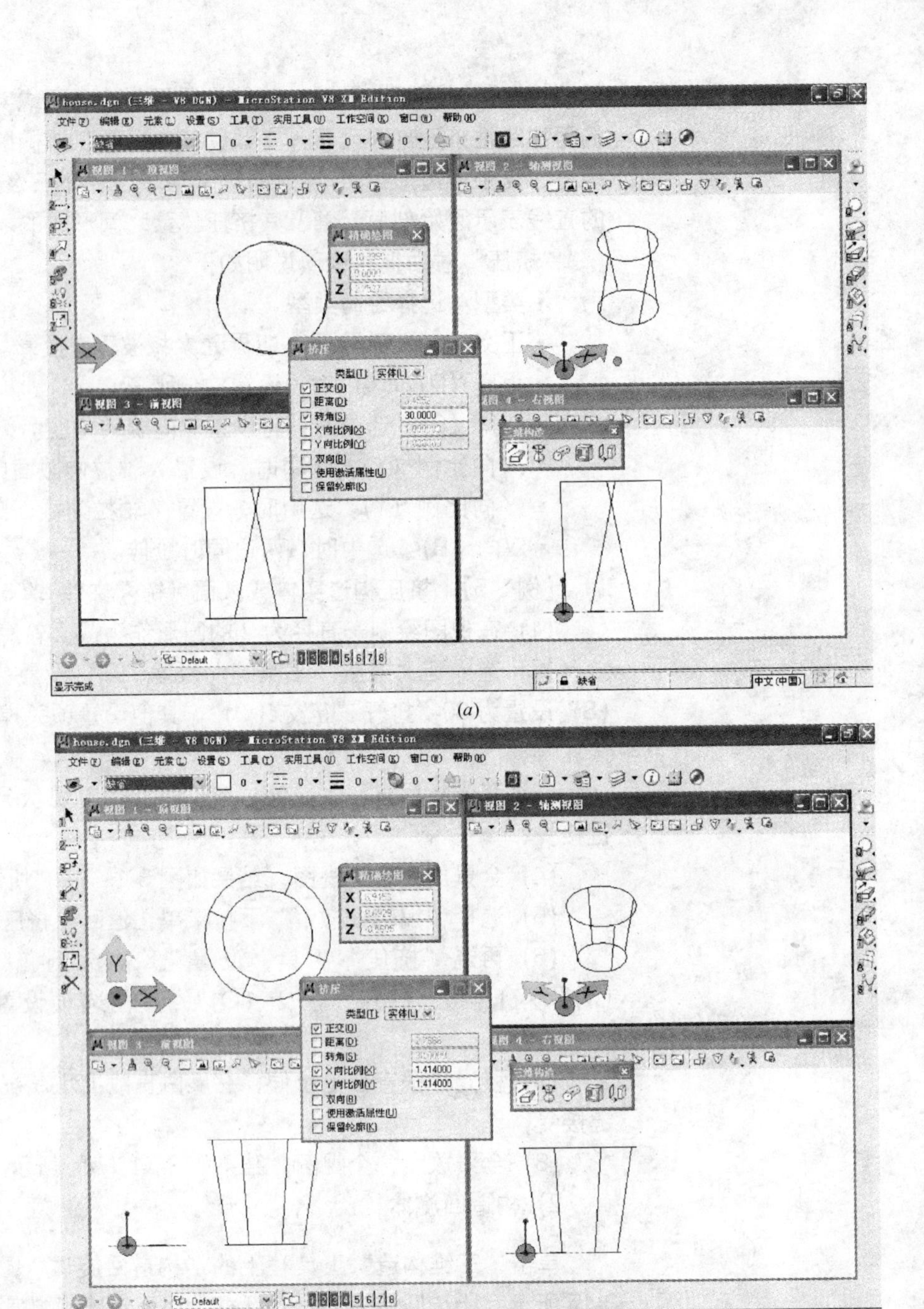


图 3-14 挤压实体

构造回转表面

类型(T): 实体(L)

轴向(A): 点数 (精确绘图)(P)

角度(N): 90.0000

☐ 使用激活属性(U)

☐ 保留轮廓(K)

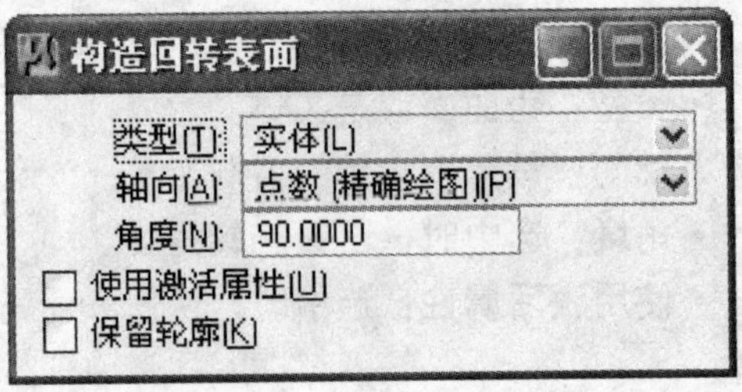

图 3-15 “构造回旋表面”对话框

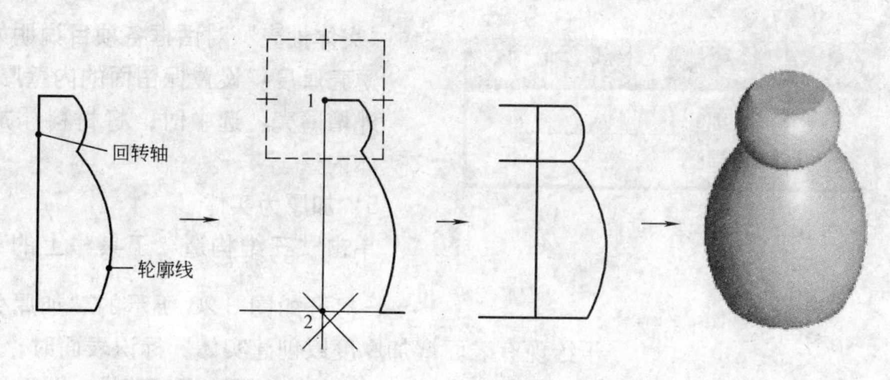


图 3-16 构造回转表面/实体示意图

3）沿路径挤压

单击“三维构造”工具栏上的“沿路径挤压”图标，打开如图3-17 所示“沿路径挤压”对话框。通过沿路径挤压剖面元素如直线、线串、圆弧、椭圆、复杂链、复杂多边形或 B 样条曲线表面或实体，如图 3-18 所示。

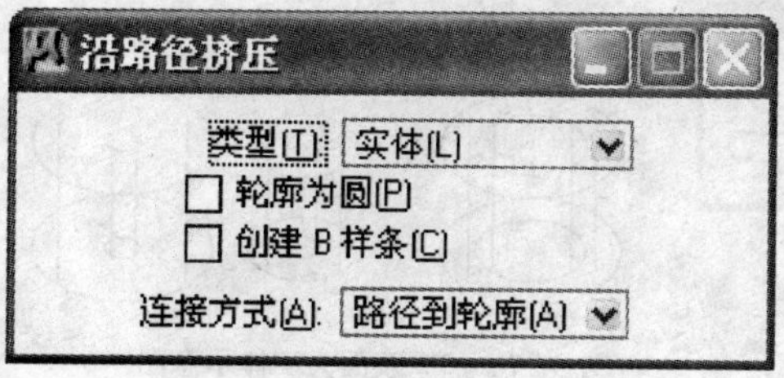

沿路径挤压
类型(T): 实体(L)
轮廓为圆(P)
创建 B 样条(C)
连接方式(A): 路径到轮廓(A)

图 3-17 “沿路径挤压”对话框

“沿路径挤压”对话框各选项说明如下：

• 类型：为曲面或是实体。

• 轮廓为圆：选中时，将打开新的对话框用于设置“内半径”和“外半径”，该设置用于生成带有圆形横截面的管。

• 创建 B 样条：管子内径。

连接方式：设置轮廓到路径的连接模式，仅适用于未选中“轮廓为圆”的情况。

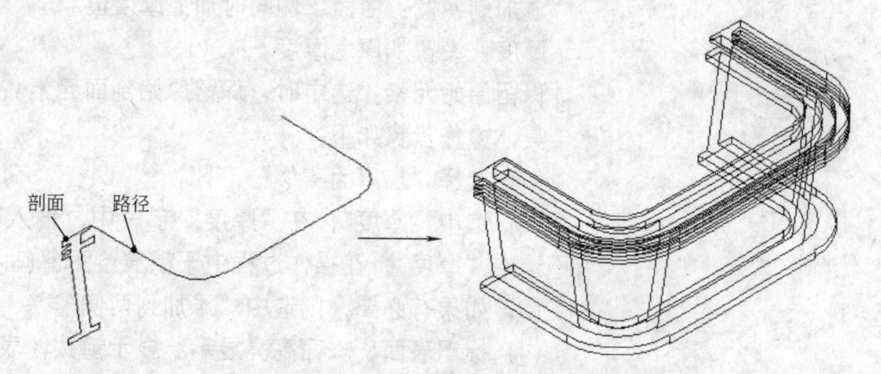


图 3-18 沿路径挤压

路径到轮廓：沿路径元素定义的路径，从轮廓当前位置开始挤压轮廓。

轮廓到路径：将轮廓连接到路径元素，然后沿路径挤压。

4）实体抽壳

单击“三维构造”工具栏上的“实体抽壳”图标，打开如图 3-19 所示“实体抽壳”对话框，用于创建有定义厚度面的空心实体也可移除一个或多个选择面以创建一个空心实体。可对标准实体和按某些方式修改过的实体进行抽壳。

图 3-19 “实体抽壳”对话框

“实体抽壳”对话框各项目说明如下：

薄壳厚度：设置保留面的内壁厚度。

外增薄壳：选中时，将材料添加到外侧；原实体定义实体内壁。

5）加厚为实体

单击“三维构造”工具栏上的“加厚为实体”图标，打开如图 3-20 所示的“加厚为实体”对话框，用于给现有表面增加厚度以创建实体。标识表面时，箭头显示要增加厚度的厚度值和方向，如果选中“添加到两侧”，则箭头同时显示两个方向，如图 3-21 所示。如果未选中“厚度”，则在屏幕上移动鼠标定义厚度值。

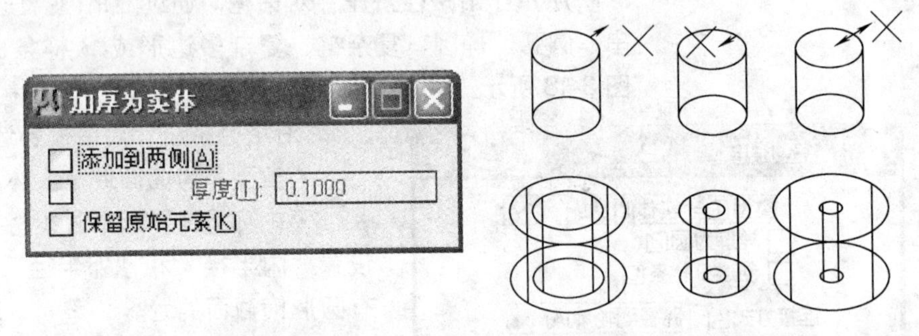


图 3-20 “加厚为实体”对话框

图 3-21 加厚表面为实体示意图

“加厚为实体”对话框选项说明如下：

添加到两侧：曲面二侧同时加上厚度值。

厚度：设置加厚之厚度。

保留原始元素：选中时，保留原始剖面元素。

具体操作步骤如下：

(1) 选择“加厚为实体”工具。

(2) 选中“厚度”，在“厚度”字段中，输入要增加的厚度值；或者不选中“厚度”，在操作过程中于精准绘图窗口内输入加厚之厚度值。

(3) 如果有必要，则选中“添加到两侧”。

(4) 标识表面，表面高亮显示。显示箭头，表示要增加厚度的厚度值和方向。

(5) 如果未选中“添加到两侧”，则使用箭头作为指引，移动指针选择要增加厚度的一侧。

(6) 按鼠标左键接受。

## 3.3 三维模型编辑

本节内容主要介绍三维修改工具和三维实用工具。

### 3.3.1 三维修改

“三维修改”工具栏如图 3-22 所示，下面将具体介绍各工具的使用方法。

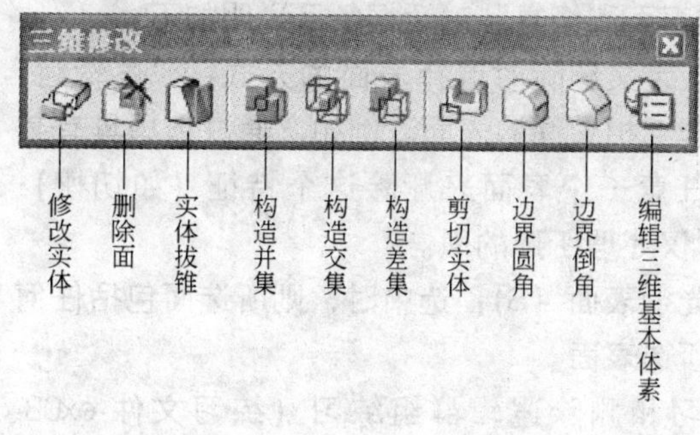


图 3-22“三维修改”工具栏

1）修改实体

“修改实体”工具用于重新定位相对于实体中心而言的实体内表面（负面）或外表面（正面）。移动的方向与所选表面垂直。可以按以下两种方式选择要修改的表面：一是选择实体后，将屏幕指针移动到实体上时，会高亮显示距离指针最近的面，使用数据点选择高亮显示的面，并保持高亮显示状态；二是要选择隐藏在其他表面后的表面，首先在（视图中）该表面上输入数据点，这样会高亮显示最近的表面。然后执行“重置”（按鼠标右键），直到需要的面高亮显示为止。在修改实体的操作中只需要重新设置距离值。

【例 3-6】 修改实体练习（练习文件 ex03-08b. dgn）。

（1）先将视图 2 放大至全屏幕；

（2）选择“修改实体”工具后选择实体；

（3）移光标至欲修改的圆柱面上（此时圆柱面变色），再按鼠标左键（如果选错面按鼠标右键切换）；

（4）移光标垂直向上后输入 2 再按鼠标左键，将圆柱拉高 2mm，如图 3-23 所示；

（5）请自行更改凹槽高度。

2）删除表面和修复

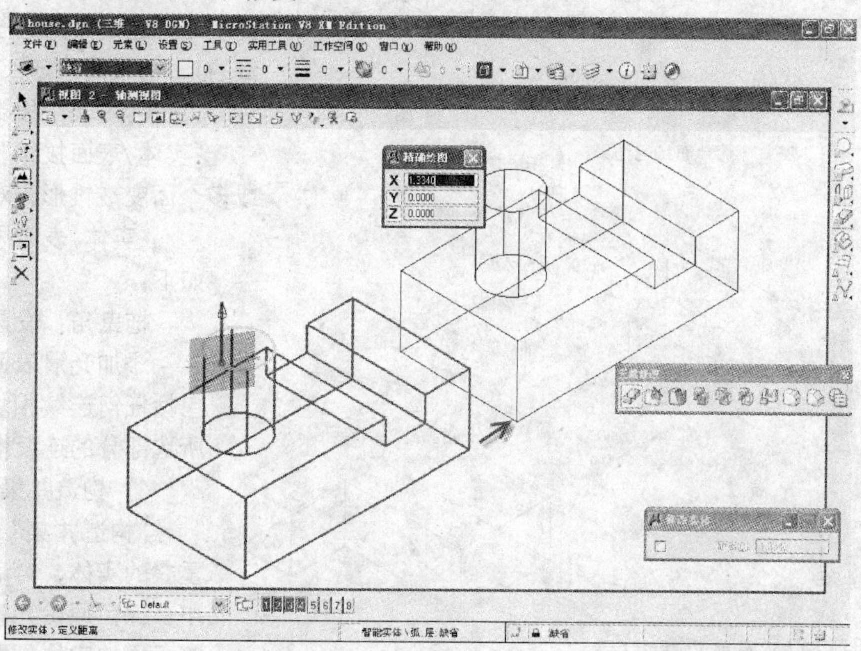


图 3-23 修改实体界面

“删除表面和修复”用于删除实体的现有表面或特征，然后修复(关闭）打开的元素。另外，使用“逻辑组”选项可以通过标识任意一个特征表面来删除与特征相关联的全部表面。对话框如图 3-24 所示。

图 3-24 “删除表面和修复”对话框

“删除表面和修复”对话框条目说明如下：

方法：定义删除时选择表面的方式：“逻辑组”表明处理全部相关联的表面。例如，通过选择具有某种特征的任意一个表面来删除这个特征（如切槽）；“面”表明仅处理所选的面。

添加光滑表面（S)：选中时，则所选面包括任何连续相切的面，否则仅考虑所选表面。

【例 3-7】 删除单面练习和删除逻辑群组练习（练习文件 ex03-09b. dgn)。

(1) 删除单面练习，选择“删除面”工具；

(2) 设置参数“方法”为“面”；

(3) 选择实体；

(4) 选择视图 2 左下角倒圆处（可按住【Ctrl】键不放再选择其他要删除的特征)；

(5) 按鼠标左键完成，结果如图 3-25 所示；

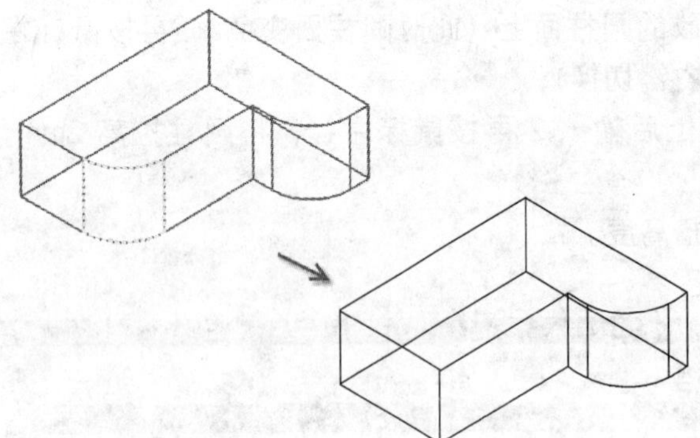

图 3-25 删除单面练习结果

(6) 删除逻辑群组练习，选择“编辑→撤消”下拉菜单命令，返回未修改状态；

(7) 选择“删除面”工具，设置参数“方法”为“逻辑群组”；

(8) 选择实体，选择视图 2 左下角倒圆处；

(9) 按鼠标左键完成（此时很多倒圆角都不见，这是因为这些倒圆角当初都是一起倒的)，结果如图 3-26 所示。

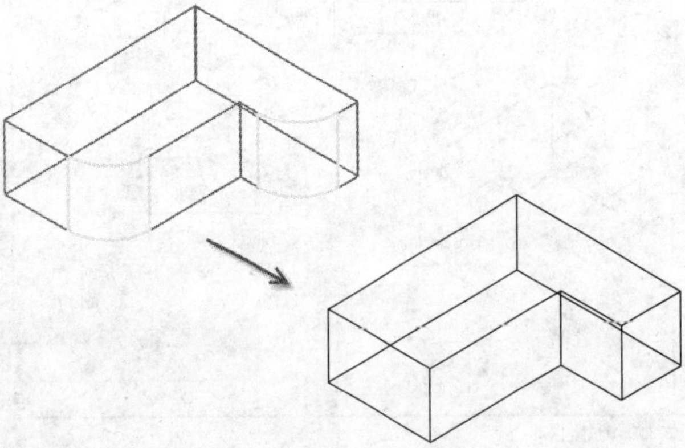

图 3-26 删除逻辑群组结果

3) 实体/表面拔锥

“实体/表面拔锥”用于将实体的一个面或多个面变成锥形，对话框如图 3-27 所示。

“实体/表面拔锥”对话框条目说明如下：

拖曳角：设置锥形的角度。

添加光滑表面：选中时，则所选面包括任何连续相切的面；否则，则只将所选部分的连续相切面变成锥形。

4) 构造并集

“构造并集”用于合并两个或多个重叠的实体，对话框如图 3-28 所示。其中“保留原始元素”用于设置在布尔运算后原始实体是否保留。

图 3-27 “实体/表面拔锥”对话框

图 3-28 “构造并集”对话框

5）构造交集

“构造交集”用于构造作为两个或多个重叠实体的交集的实体，对话框如图 3-29 所示。通常，可以使用此工具从对象的投影主视图和侧视图来创建实体。

“构造交集”对话框中“保留原始元素”用于设置在布尔运算后原始实体是否保留。

【例 3-8】 构造交集的练习（练习文件 ex03-10b. dgn）。

(1) 选择“构造交集”工具；

(2) 选择第一个实体；

(3) 选择第二个实体，此时交集动态显示；

(4) 按鼠标左键接受，结果如图 3-30所示。

图 3-29 “构造交集”对话框

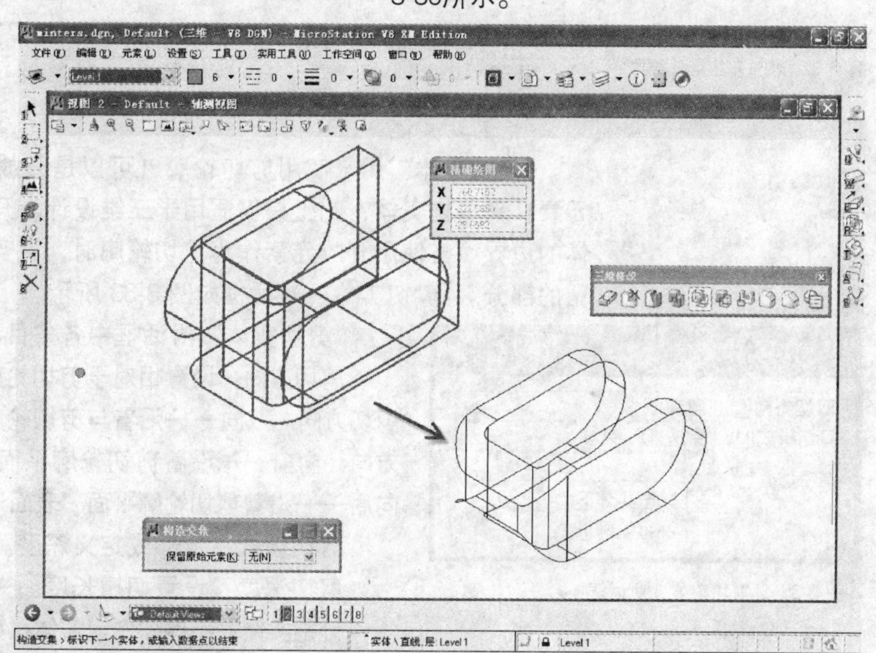


图 3-30 构造交集操作结果

图 3-31 “构造差集”对话框

6）构造差集

“构造差集”用于从一个实体中减去另一个或多个重叠实体，对话框如图 3-31 所示，其中“保留原始元素”选项书用来设置布尔运算后原始实体是保留。

【例 3-9】 构造差集的练习（练习文件 ex03-11b. dgn）。

(1) 选择“构造差集”工具；

（2）选择要被减的实体；

（3）选择要相减的实体；

（4）按鼠标左键接受，结果如图 3-32 所示。

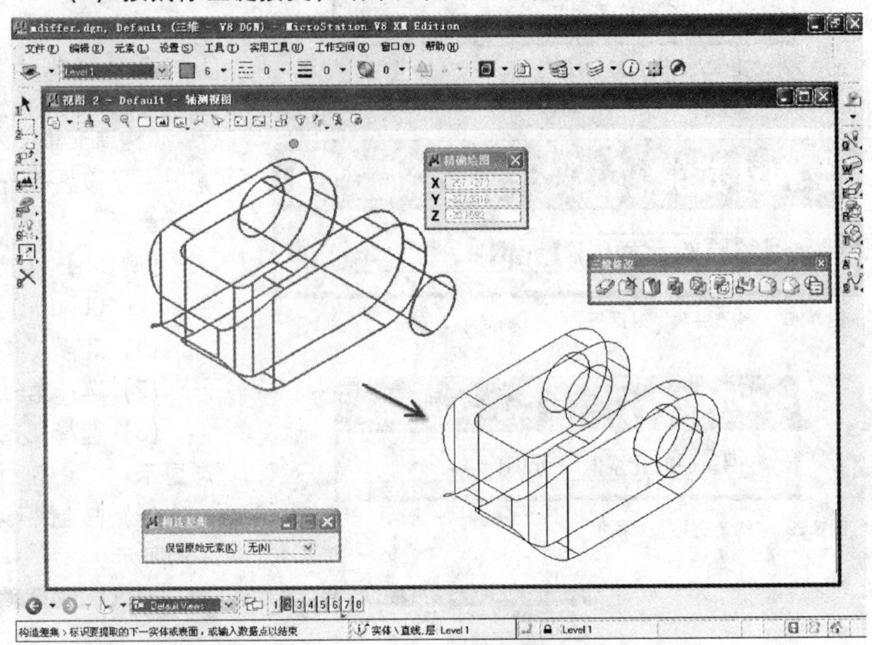

图 3-32　构造差集操作结果

7）剪切实体

“剪切实体”用于使用剪切轮廓（可以是开放元素，也可以是闭合元素）来剪切实体，此工具仅适用于三维设计。开放元素必须延伸至实体的边界。当使用开放元素作为剪切轮廓时，由实体的标识点确定要保留的部分。“剪切实体”对话框如图 3-33 所示。

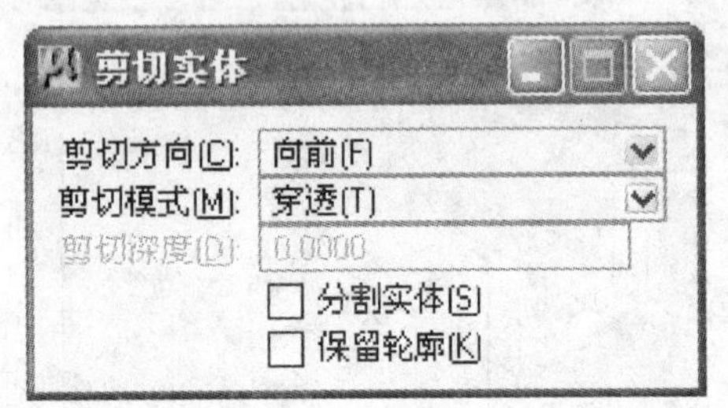

图 3-33　“剪切实体”对话框

“剪切实体”对话框中各条目说明如下：

剪切方向：设置相对于剪切轮廓平面“表面法线”的剪切方向。双向——沿着与剪切轮廓平面垂直的前后两个方向；向前——沿着剪切轮廓平面的“表面法线”方向；向后——沿着剪切轮廓平面“表面法线”的相反方向。

剪切模式：全部或定义深度。

剪切深度：设置切槽长度。

分割实体：不删除任何实体材料，仅将实体分割开。

保留轮廓：剪切轮廓仍保留。

【例 3-10】 剪切实体的练习（练习文件 ex03-12b. dgn）。

（1）选择“切割实体”工具设并置参数“剪切方向（C）”设置为双向（O）、“切割模式（M）”设置为穿透（T）；

（2）选择要开槽之实体；

（3）选择切槽轮廓圆形；

（4）按鼠标左键完成，结果如图 3-34 所示。

（5）重复命令，用其他几何图形进行切割。

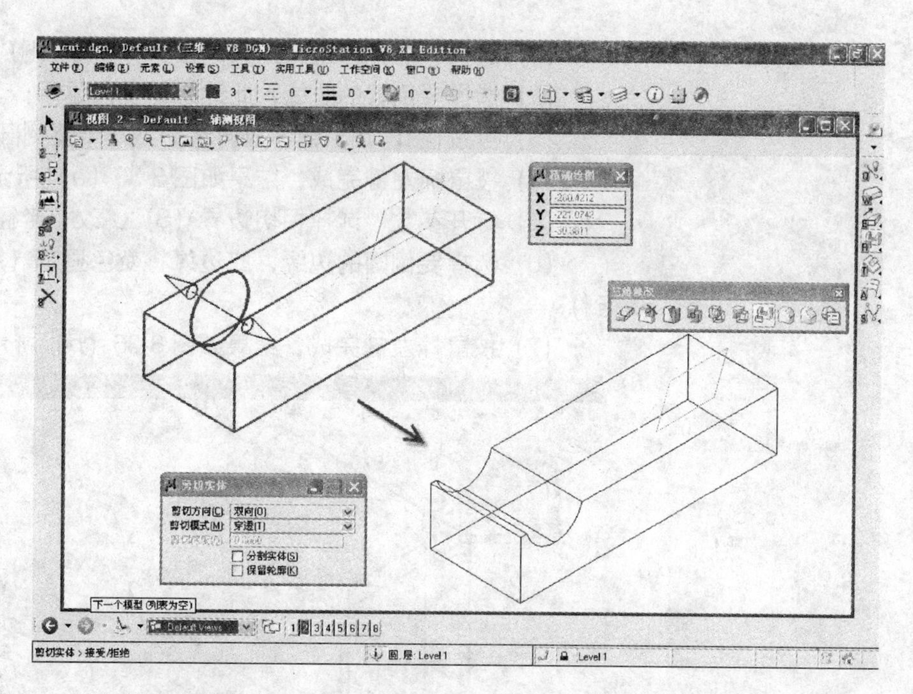

图 3-34　剪切实体

8）边界圆角

“边界圆角”工具用于对实体、投影表面或回转表面的一条或多条边界进行倒角或圆角操作。“边界圆角”对话框如图 3-35 所示。

图 3-35　“边界圆角”对话框

“边界圆角”对话框中条目说明如下：

半径：设置倒圆半径。

选择相切边界：选中时，所有平滑相接的边会一起被倒角。

【例 3-11】　边界圆角练习（练习文件 ex03-13b. dgn）。

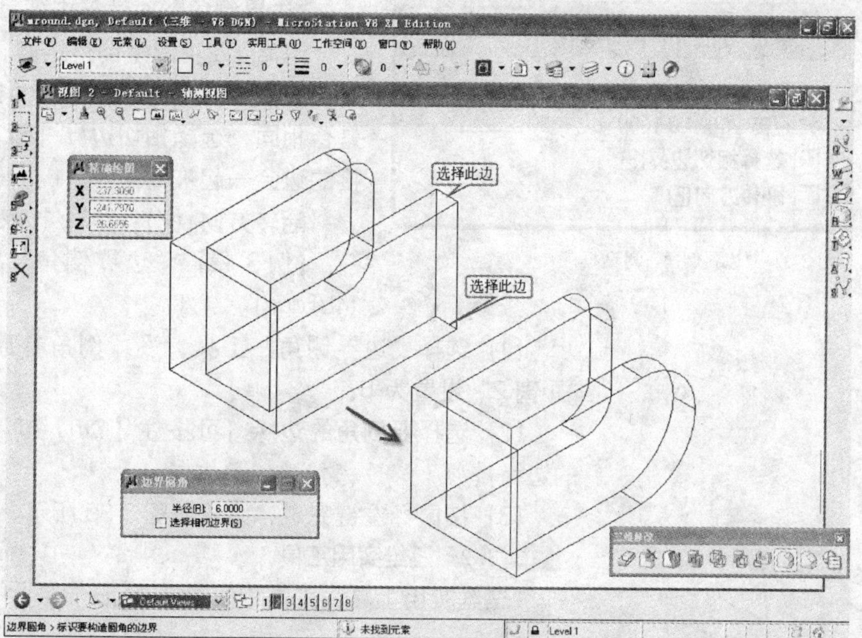


图 3-36　(*a*) 边界圆角操作结果

(1) 选择“边界圆角”工具，设置“半径 (R)”为 6；

(2) 选择要倒圆的边缘，此边缘将变色显示；

(3) 可按住【Ctrl】键不放再选择下一个要倒圆的边缘；

(4) 按鼠标左键完成，结果如图 3-36 (*a*) 所示；

(5) 打开参数“选择相切边界 (S)”，改“半径 (R)”设置为 2；

(6) 选择要倒圆的边缘，此边缘将变色显示 (所有相切线都会被选到)；

(7) 按鼠标左键完成，结果如图 3-36 (*b*) 所示。

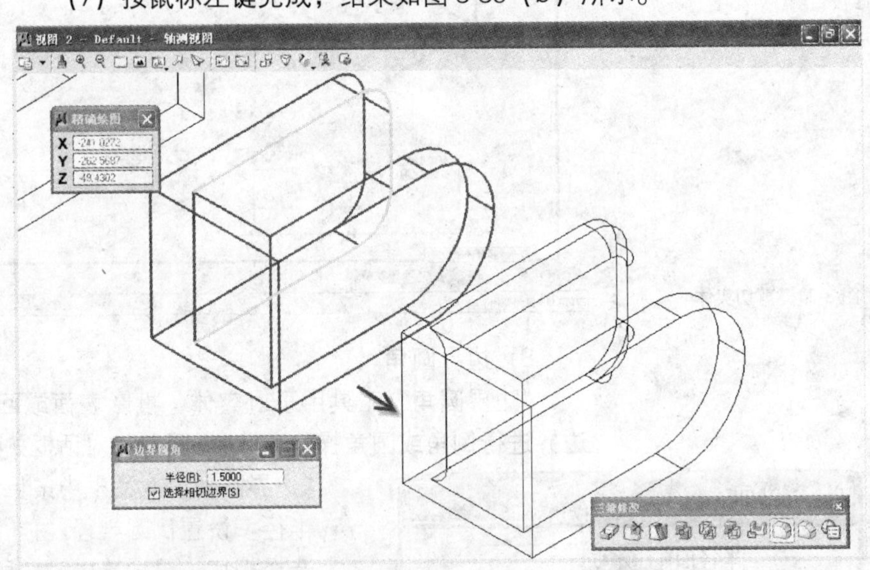


图 3-36 (*b*) 边界圆角操作结果

9) 边界倒角

“边界倒角”对话框用于对实体、投影表面或回转表面的一条或多条边界进行倒角。对话框如图 3-37 所示。

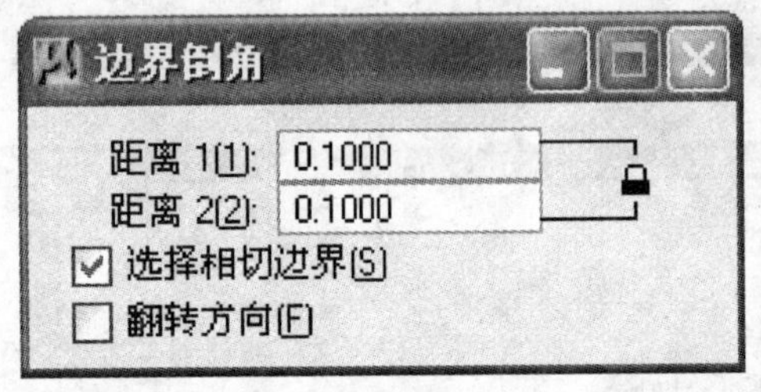


图 3-37 “边界倒角”对话框

“边界倒角”对话框中条目说明如下：

距离 1/2：设置倒角距离。

锁控件：点击对话框上的锁图标，控制两个距离是否相同，选择相切边界 (S)：选中时，所有平滑相接的边会一起被倒角。

翻转方向 (F)：距离 1、2 颠倒。

【例 3-12】“边界倒角”练习 (练习文件 ex03-14b. dgn)。

(1) 选择“边界倒角”工具，设置倒角参数“距离 1”设置为 2、“距离 2”设置为 5；

(2) 选择要倒角的边缘 (可按住【Ctrl】键不放再选择其他要倒角的边缘)；

(3) 按鼠标左键完成，结果如图 3-38 所示。

### 3.3.2 三维实用工具

“三维实用工具”工具栏如图 3-39 所示。

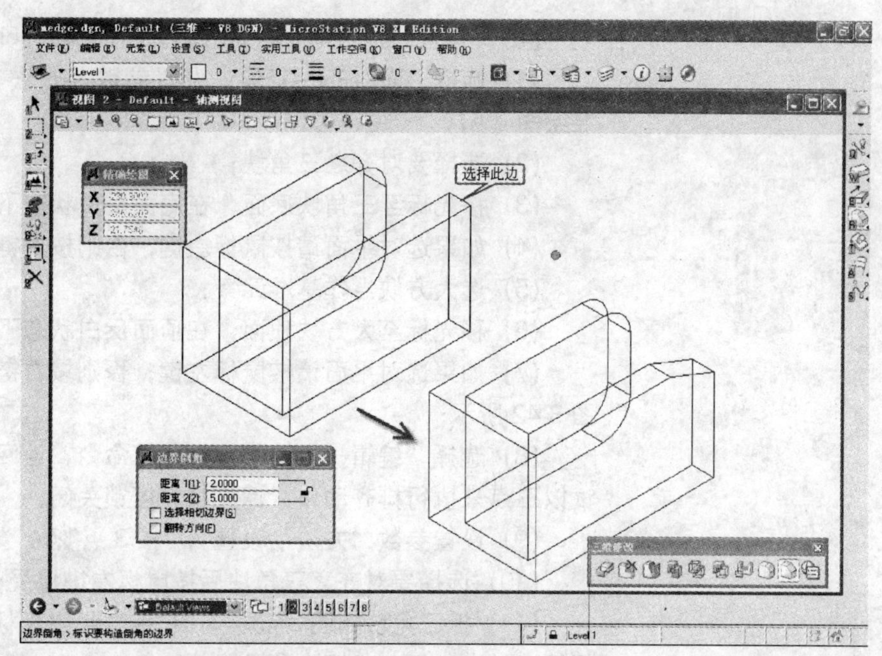


图 3-38　边界倒角

1）面对齐

单击“三维实用工具”工具栏中的“面对齐”工具用于重新定位元素，将所选第一个元素的表面与所选第二个元素的表面对齐。点击“面对齐”按钮将打开如图 3-40 所示的对话框。

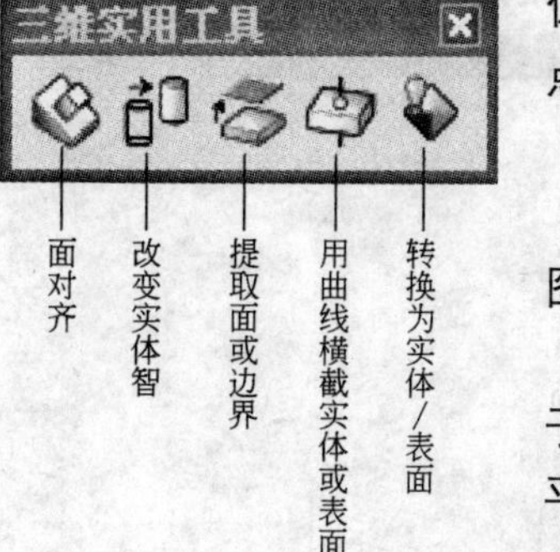


图 3-39　“三维实用工具”工具栏

“面对齐”对话框中各条目说明如下：

• 方法：设置选择表面平面的方式，使用精确绘图，“精确绘图”的绘图平面用于定义表面的方向；按三点定义平面的方向。

当选择“按三点”方式时，将打开如图 3-41 所示对话框，用于进一步设置，其中“辅助坐标系用于”：用于设置计算所选表面平面方向的方式：

• 都不用：按三点定义两个表面的方向。

• 元素：从辅助坐标系中获取第一个元素的方向。如果没有激活辅助坐标系统，则使用设计文件坐标系统。

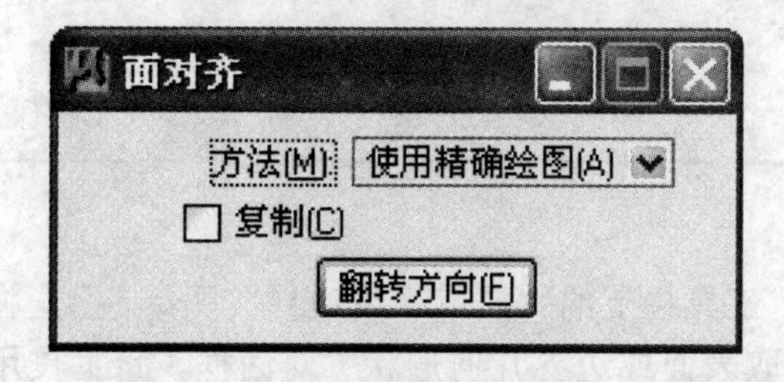


图 3-40　“面对齐”对话框 1

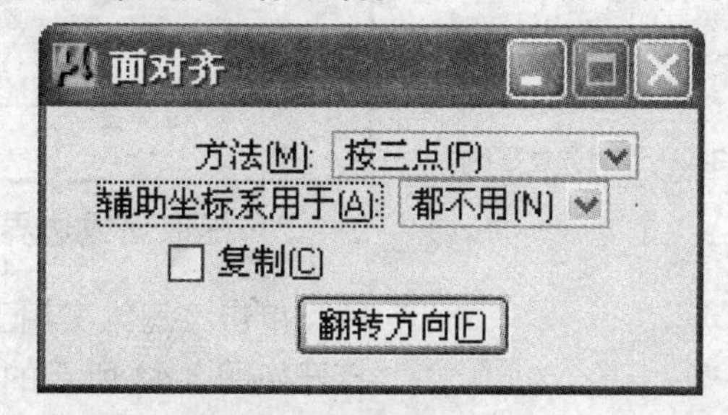


图 3-41　“面对齐”对话框 2

• 放置：从辅助坐标系中获取第一个元素的放置方向。如果没有激活辅助坐标系统，则使用设计文件坐标系统。

• 复制：选中时，同时将元素复制。

• 翻转方向：选中时，对齐对象上下颠倒。

【例 3-13】 面对齐的练习（练习文件 ex03-15b. dgn）。

（1）选择“面对齐”工具，设置参数“方法（M）”设置为使用精准绘图（A）；

（2）选择要对齐之三角块；

（3）移光标至三角块底面，在底面反白状态下按鼠标左键做选取；

（4）如果选对平面请按鼠标左键，否则按右键切换至另一平面；

（5）选大方块当作基准元素；

（6）移光标至大方块顶面，在顶面反白状态下按鼠标左键做选取；

（7）如果选对平面请按鼠标左键，否则按右键切换至另一平面，如图 3-42 所示；

（8）选择“编辑→撤消”下拉菜单命令，返回初始状态，接下来尝试以三点来执行排齐动作，请先将深度锁关闭；

（9）设置参数“方法”设置为“按 3 点”；

（10）选择要对齐之三角块后按鼠标左键接受；

（11）抓三角块如图 3-43 所示 A 点当起始坐标原点，B 点当起始坐标第一轴点，C 点当起始坐标第二轴点；

（12）抓大方块如图 3-43 所示 D 点当目标坐标原点，E 点当目标坐标第一轴点，F 点当目标坐标第二轴点，结果如图 3-43 所示。

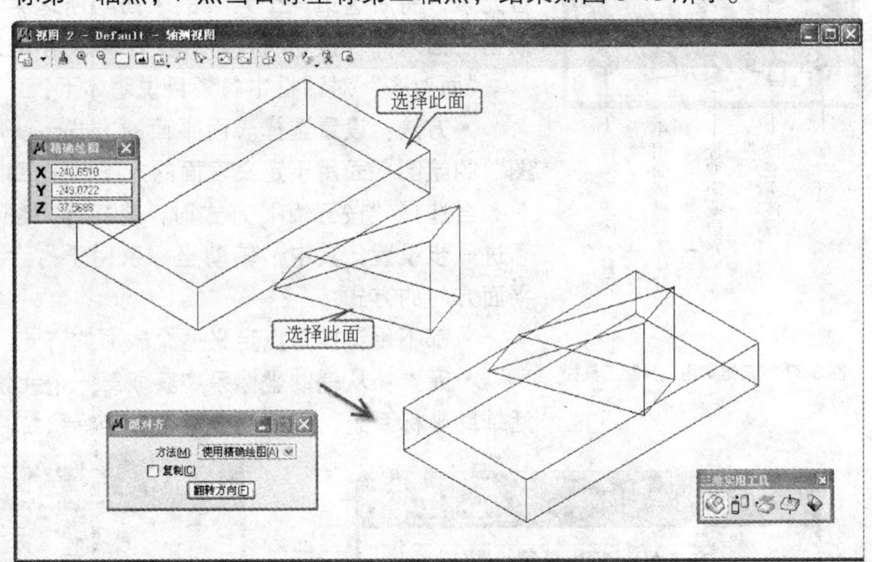


图 3-42 面对齐过程图 1

2）提取面或边界

单击“三维实用工具”工具栏上的“提取面或边界”图标，将打开如图 3-44 所示的“提取表面或边界几何形状”对话框。此工具用于从实体或表面提取面或边界。工具设置允许定义提取的面或边界的线符（层、颜色、线宽和线型）。

“提取表面或边界几何形状”对话框中各条目的说明如下：

• 提取（E）：设置要提取的元素的类型：

面：从实体或表面提取选择的面。

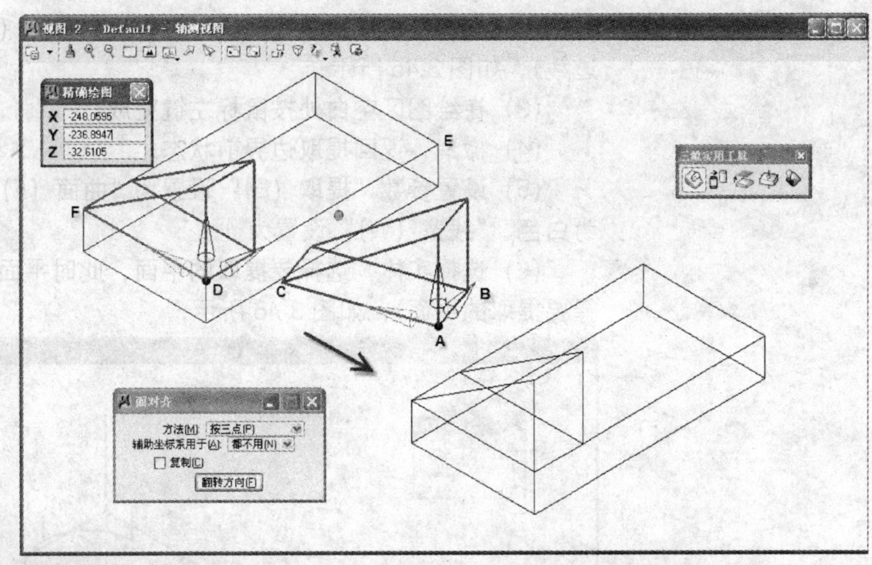


图 3-43　面对齐操作结果图

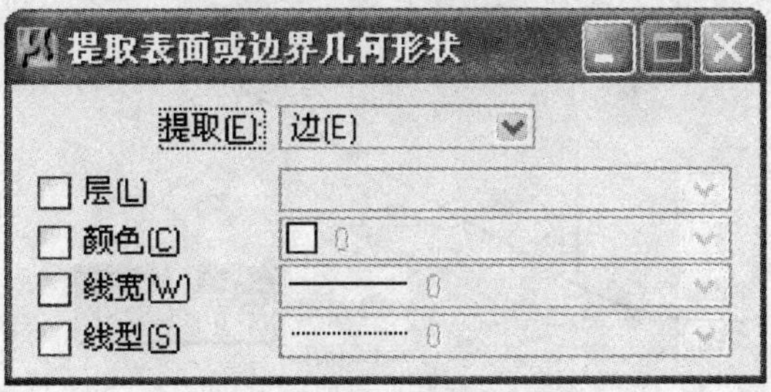

提取表面或边界几何形状
提取(E) 边(E)
层(L)
颜色(C) 0
线宽(W) 0
线型(S) 0

图 3-44 “提取表面或边界几何形状”对话框

边：从实体或表面提取选择的边界。

未修剪表面：提取未修剪的表面。即修改前的原始表面。

• 图层（L)：选中时，设置放置所提取元素的层。

• 颜色（C)：选中时，设置所提取元素的颜色。

• 线宽（W)：选中时，将设置所提取元素的线宽。

• 线型（S)：选中时，将设置所提取元素的线型。

【例 3-14】 提取面或边界的练习（练习文件 ex03-16b. dgn)。

(1) 选择“提取面或边界”工具，将参数“提取（E)”设置为“边(E)”、“颜色（C)”设置为白色、“线宽（W)”设置为 4；

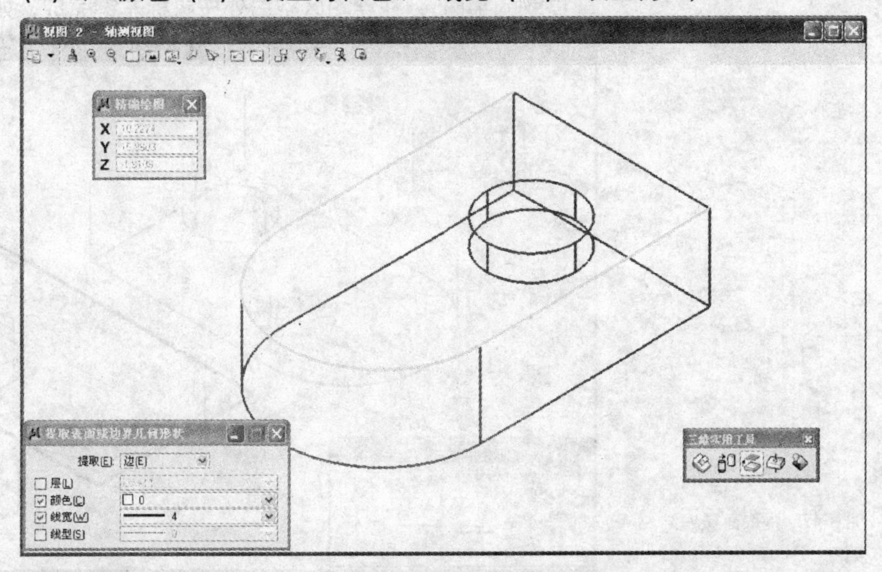


图 3-45　提取边界操作过程图 1

（2）选择要提取的边线，此时边线反白显示（可继续选择要提取的边线），如图 3-45 所示；

（3）在绘图区空白处按鼠标左键完成；

（4）撤消，返回提取边界前状态；

（5）设置参数“提取（E）”设置为“曲面（F）”、“颜色（C）”设置为白色、“线宽（W）”设置为 4；

（6）选择实体，选择要提取的平面，此时平面反白显示（可继续选择要提取的平面），如图 3-46 所示；

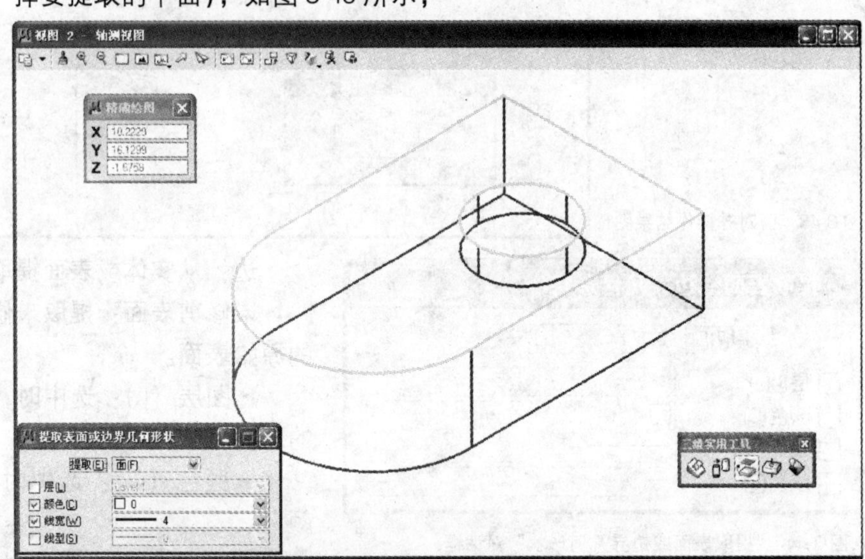


图 3-46　提取边界操作过程图 2

（7）在绘图区空白处按鼠标左键完成；

（8）撤消，返回提取平面前状态；

（9）设置参数“提取（E）”设置为“未修剪表面（U）”、“颜色（C）”设置为白色、“线宽（W）”设置为 4；

（10）选择实体，选择要提取之平面，此时平面反白显示（可继续选择要提取的平面），在绘图区空白处按鼠标左键完成，如图 3-47 所示。

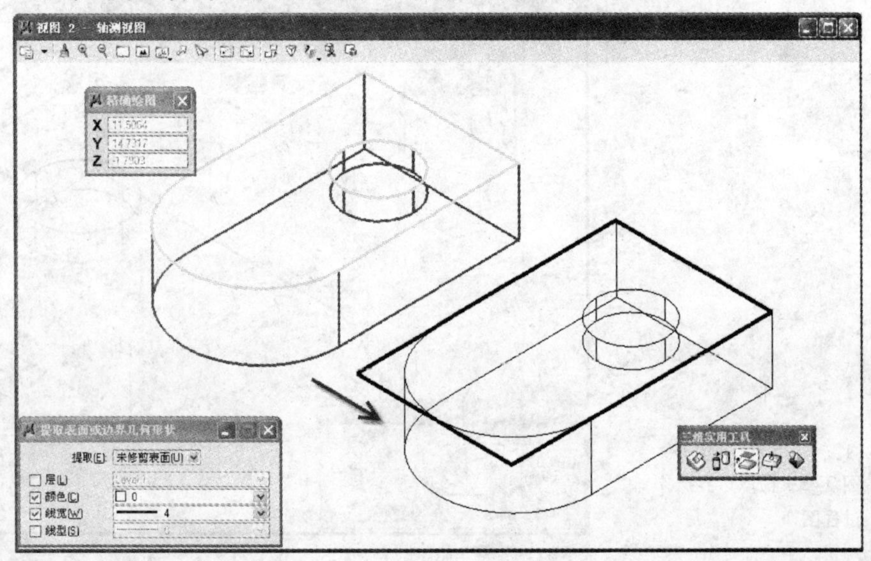


图 3-47　提取面操作结果图

图 3-48 “用曲线横截实体或表面”对话框

3）用曲线横截实体或表面

单击“三维实用工具”工具栏上的“用曲线横截实体或表面”图标，将打开如图 3-48 所示“用曲线横截实体或表面”对话框。此工具用于查找实体/表面与线性元素（曲线）之间的交点。

“用曲线横截实体或表面”对话框中各条目说明如下：

交点（P）：选中时，产生相交之贯穿点。

交点法线（N）：选中时，产生相交之贯穿点的法线。

## 3.4 特征模型的创建与操作

### 3.4.1 基于特征的实体模型概述

使用 MicroStation 的“特征模型”工具可创建基于特征的参数化实体。使用这些工具创建的实体模型的每一部分都是一个“特征”。用于创建这些特征的参数存储在设计中，可使用“修改参数化实体或特征”工具进行编辑，也可以通过先用“选择元素”工具选择特征再拖动该特征的一个或多个图柄来交互式地编辑特征。

在三维环境中工作时，MicroStation 的基于特征的实体工具提供标准三维工具所不能提供的编辑灵活性。

例如当将某个特征（如孔）移动到实体上的其他位置时，该孔可以正确地自动调整相对于鼠标指针掠过的以前创建的表面的方向，完成移动后，将自动重新生成实体以反映更改，如图 3-49 所示。

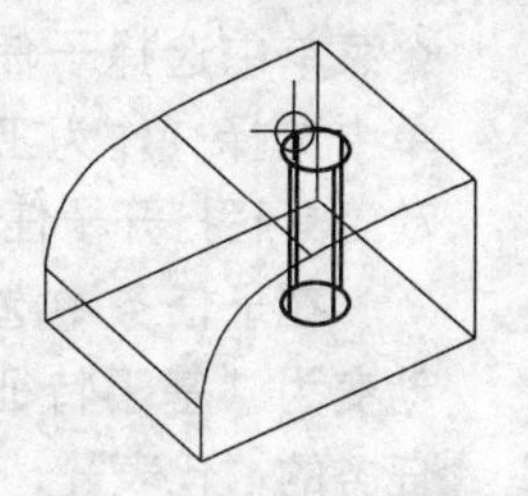
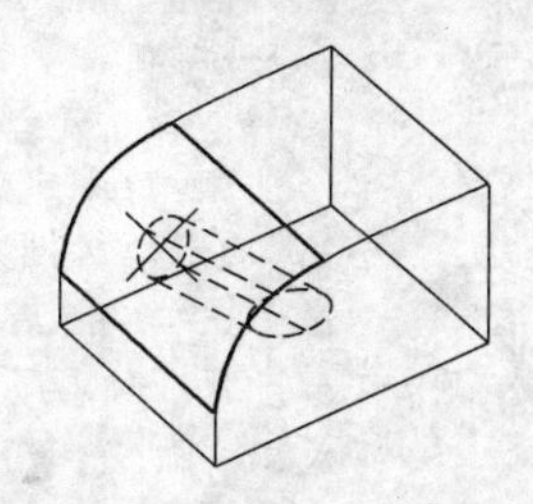
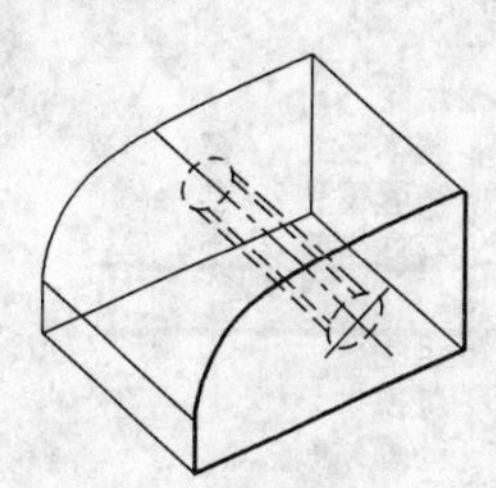

图 3-49 移动特征

当创建基于特征的实体时，可以像现实生活中那样构造模型。例如，可以从一个或多个基本特征（体块、球体、圆锥、圆柱、圆环、楔体、挤压体或回转体）开始。可以使用“布尔特征”工具对它们进行合并、提取或相交操作，然后添加最后一笔，如过渡面、孔、切槽和凸台。可以使用编辑工具来修改基本实体以及添加的特征。类似地，也可以使用特征操作工具来重新排列、复制或删除实体的特征。

所有特征的参数是可编辑的。例如，如果使用“特征模型”工具创建具有一个倒角边界、一个圆角边界和一个埋头孔的体块特征，那么实体的每个特征都是可编辑的，如图 3-50 所示。根据需要调整设置并单

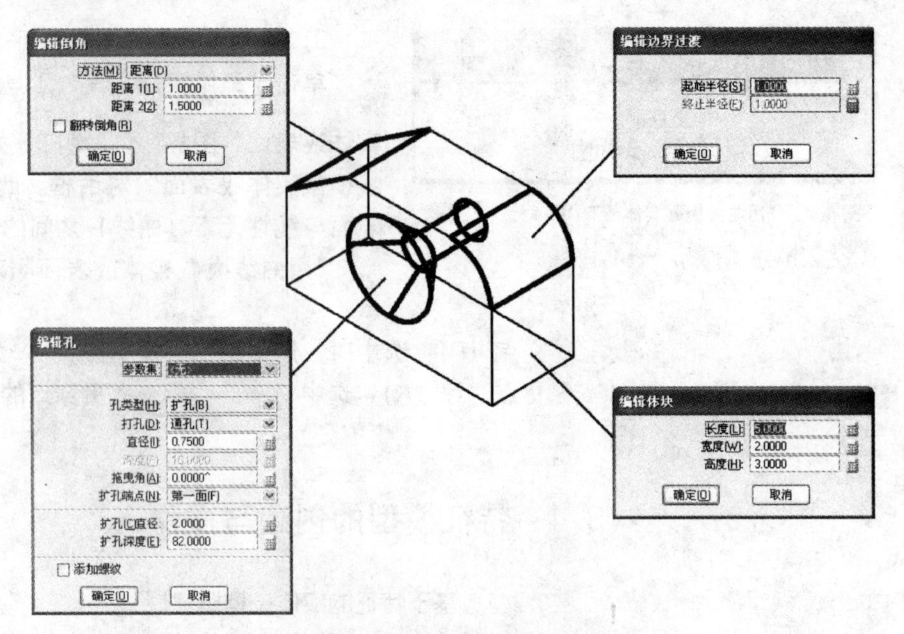


图 3-50 编辑特征

击“确定”之后，将重新生成实体以反映所做更改。

### 3.4.2 基于特征的实体模型任务

“基于特征的实体模型”任务包含用于创建和操作特征的工具。点击“任务导航”工具栏上的“任务列表”按钮，在弹出的菜单中选择“基于功能的实体建模”，则将在“任务导航”工具栏上出现“基于特征的实体模型”任务工具，如图 3-51 所示。

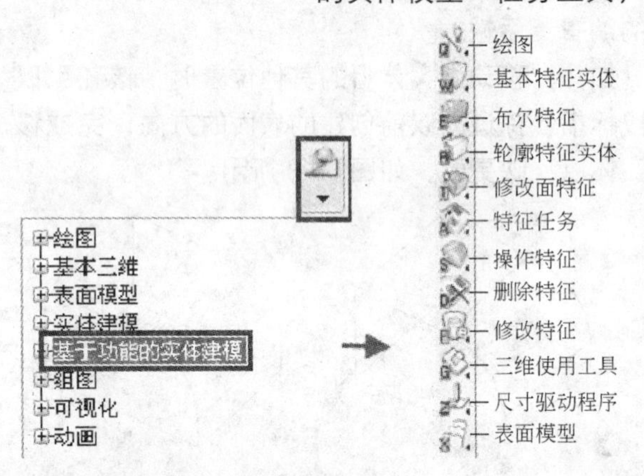


图 3-51 基于特征的实体模型任务

除了“删除特征”工具之外，“基于特征的实体模型”任务中的每个工具也都属于一个“子”任务。指向工具并按下数据按钮时，会打开一个下拉菜单，可以从这个菜单中选择子任务中的工具。从下拉菜单中选择“作为工具栏打开”可以当作浮动工具栏打开子任务。

在子任务中选择工具时，该工具会自动变为“基于特征的实体模型”任务中子任务的“代表”。

1）创建参数化基本特征

用于创建三维参数化基本特征（体块、球体、圆柱、圆锥、圆环或楔体）的工具位于“基本特征实体”工具栏中。“基本特征实体”工具栏如图 3-52 所示。

与标准的三维基本工具非常类似，不同的是，这些工具中没有关于实体/表面的“类型”设置，因为所有的参数化基本特征都是实体。此外，可使用“修改实体或特征”工具全面地编辑参数化特征实体。

2）轮廓特征实体

很多实体和特征都可以通过轮廓来创建。用于创建这些实体的工具位于“轮廓特征实体”任务中。“轮廓特征实体”工具栏如图 3-53 所示。

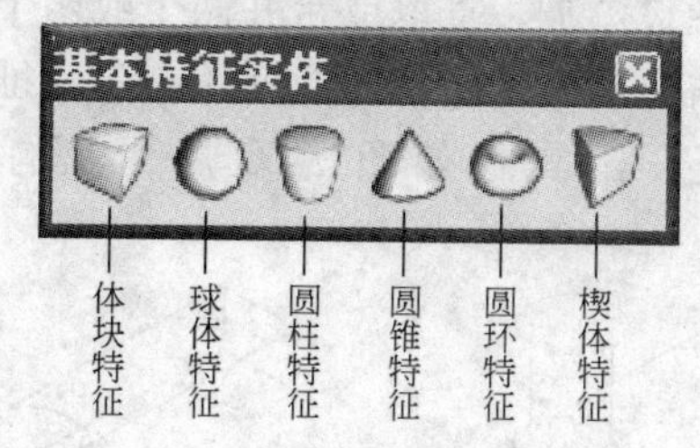


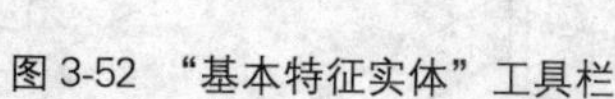

图 3-52 “基本特征实体”工具栏

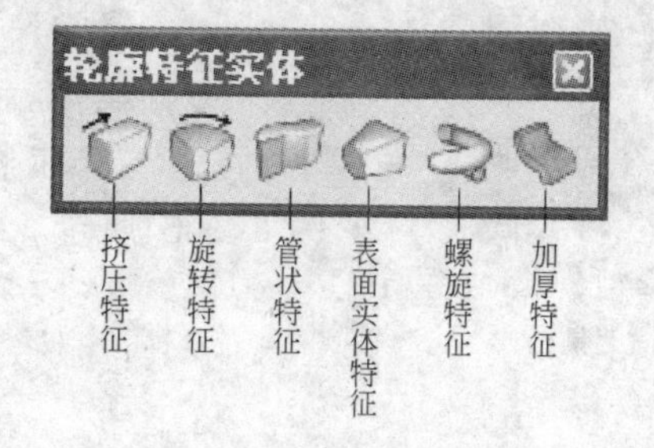


图 3-53 “轮廓特征实体”工具栏

使用这些工具创建的实体可通过“修改实体或特征”工具进行编辑。同时，也可以使用“修改轮廓”工具调整创建实体时所使用的轮廓。

（1）挤压轮廓——挤压特征工具（图 3-54）

（2）旋转轮廓——旋转特征工具（图 3-55）

图 3-54 挤压轮廓

图 3-55 旋转轮廓

（3）沿轨迹曲线挤压轮廓——管状特征工具（图 3-56）

（4）多个截面轮廓定义形状来构造实体或表面——表面实体特征工具（图 3-57）

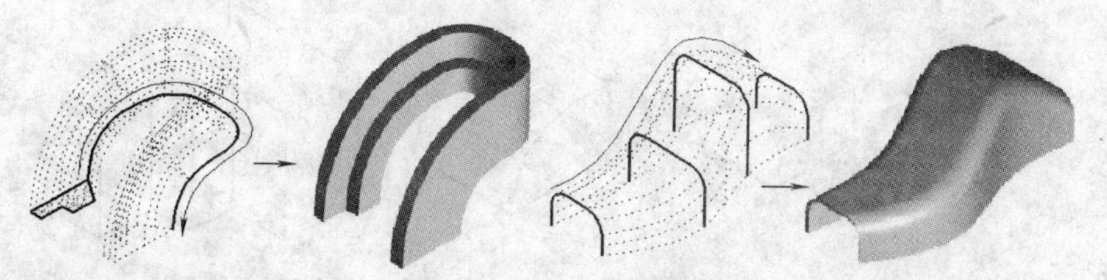

图 3-56 沿轨迹曲线挤压轮廓

图 3-57 截面轮廓构造实体 /表面

（5）以任何轮廓构造螺旋实体——螺旋特征工具（图 3-58）

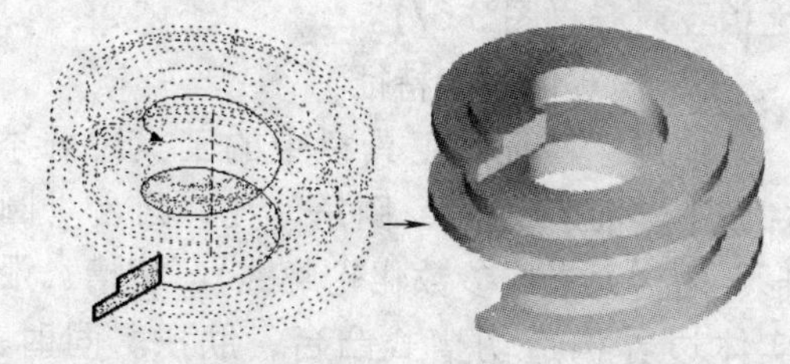

图 3-58 构造螺旋实体

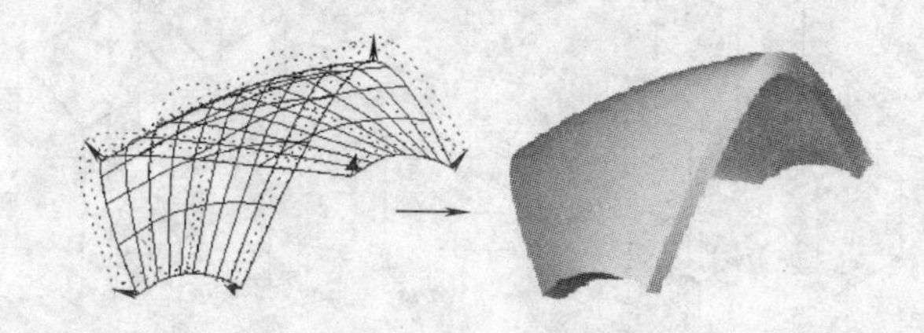

图 3-59 加厚表面

(6) 增加现有表面的厚度——加厚特征工具（图 3-59）

3）布尔特征任务

通常，可通过添加、提取或合并两个或两个以上的现有实体来创建复杂实体。要执行此类操作，可以使用布尔特征任务中的工具。

“布尔特征”工具栏如图 3-60 所示。构造布尔特征实体如图 3-61所示。

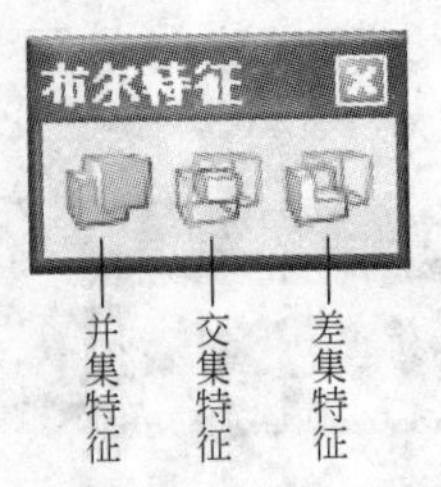


图 3-60 “布尔特征”工具栏

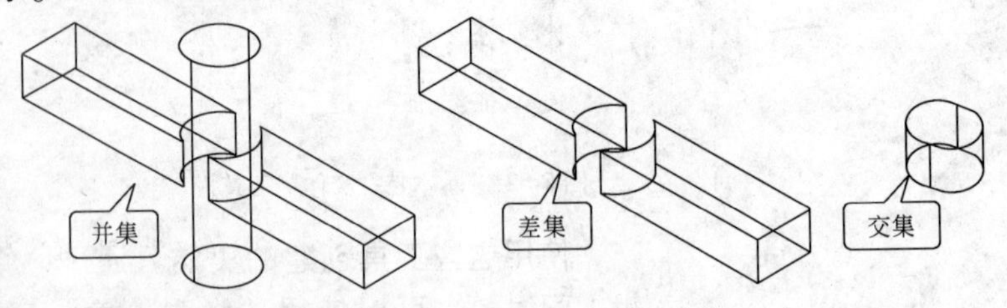


图 3-61 构造布尔特征实体

4）修改面特征任务

使用修改面特征任务中的一些工具，可以操作实体上的面。“修改面特征”工具栏如图 3-62 所示。

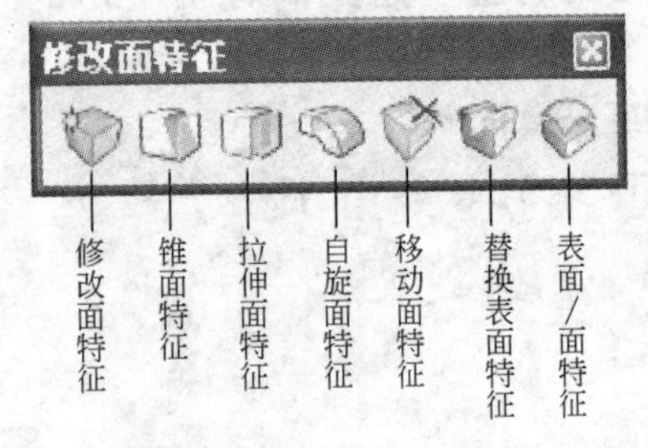


图 3-62 “修改面特征”工具栏

使用这些工具，可以作以下一些操作：

(1) 向面添加锥形（图 3-63)。

(2) 延伸面（图 3-64)。

(3) 旋转面（图 3-65)。

(4) 移除面（图 3-66)。

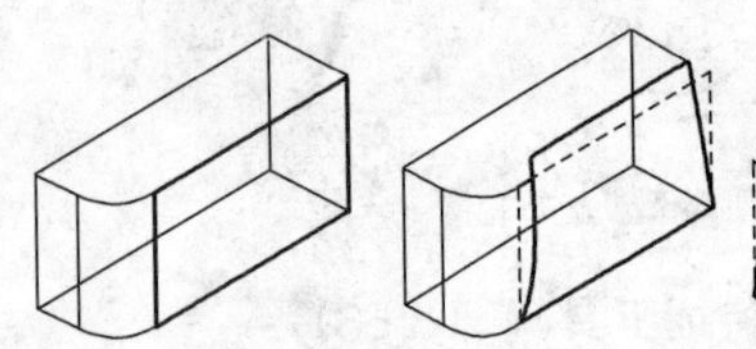

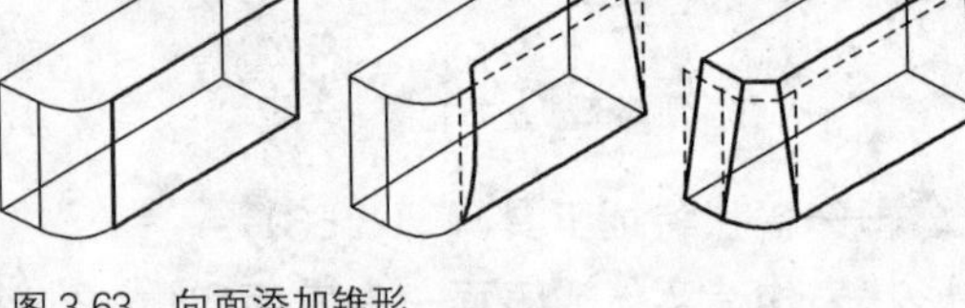

图 3-63 向面添加锥形

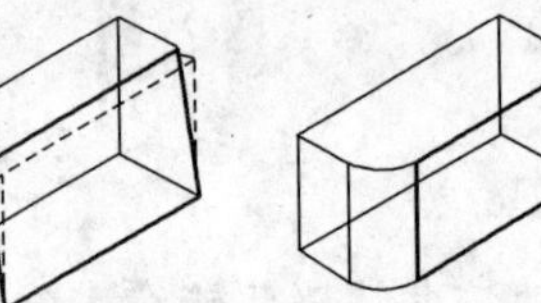

图 3-64 延伸面

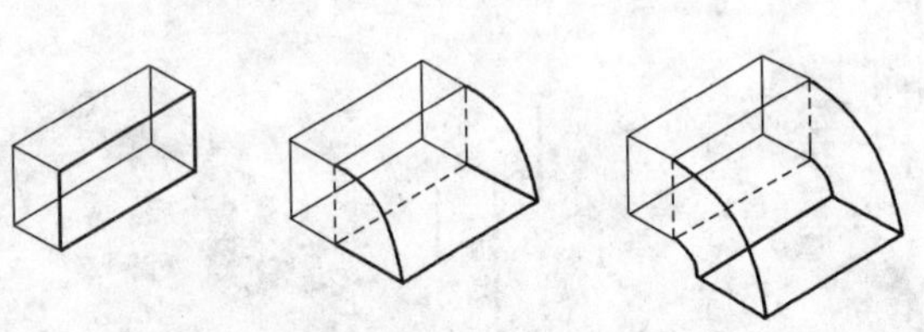

图 3-65 旋转面

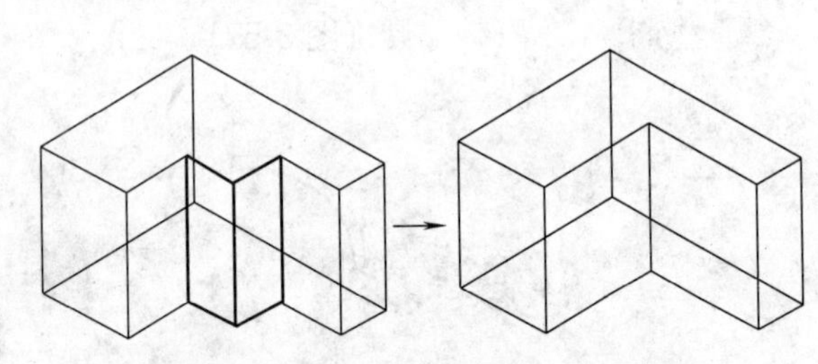

图 3-66 移除面

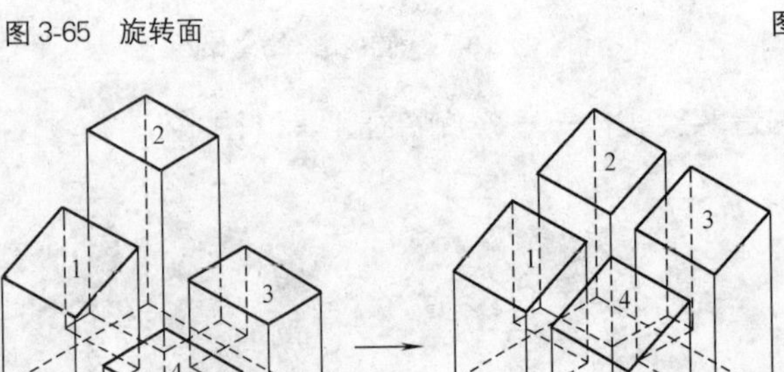


图 3-67 替换表面特征

(5) 通过单项操作替换实体上的面使之相互对齐（图 3-67)。

5）向实体添加特征

使用“特征”工具栏中的工具，可添加以下特征：过渡、倒角、孔、凸台（圆形、闭合元素或参数化轮廓线）、切槽、沿实体边界构造切槽式凸台、肋拱。同时，也可以使用“薄壳特征”工具来“挖空”

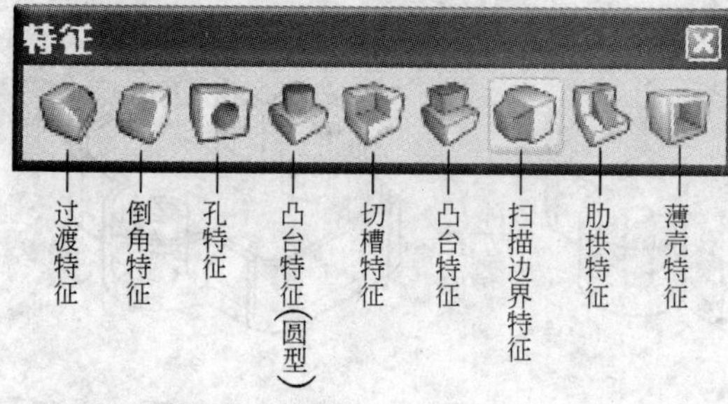


图 3-68 “特征”工具栏

实体。通过这些工具，可以使用简单的实体来构造具有多个特征的实体。“特征”工具栏如图 3-68 所示。

使用这些工具，可以向实体添加以下特征：

(1) 过渡和倒角（图 3-69)。

(2) 孔和凸台（图 3-70)。

(3) 切槽和凸台——轮廓可以在实体上创建切槽和凸台（图 3-71)。

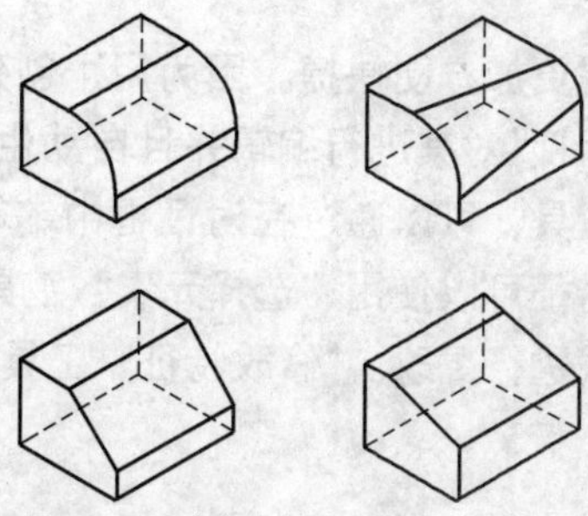

图 3-69 过渡和倒角特征

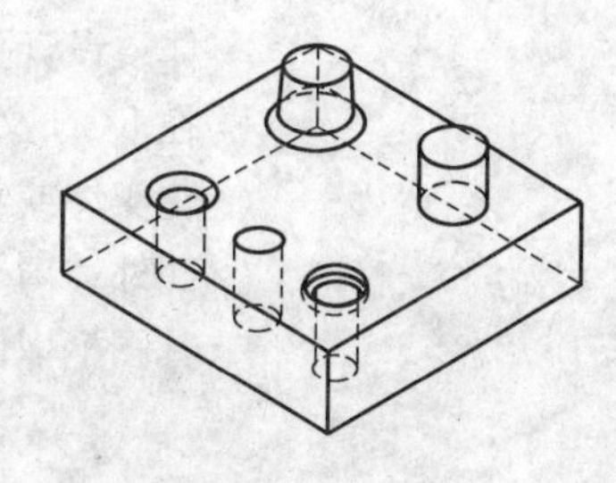

图 3-70 孔和凸台特征

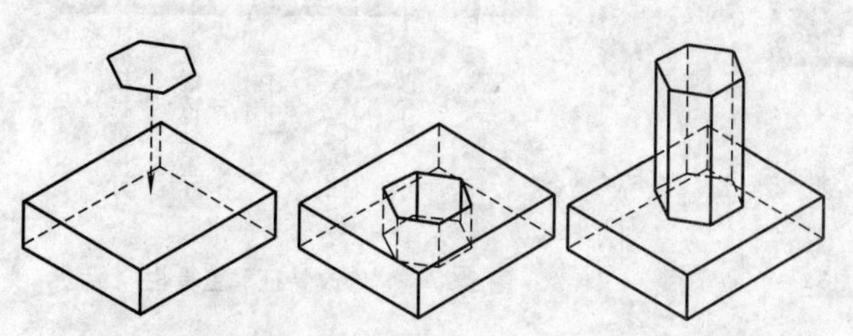

图 3-71 用轮廓创建切槽和凸台

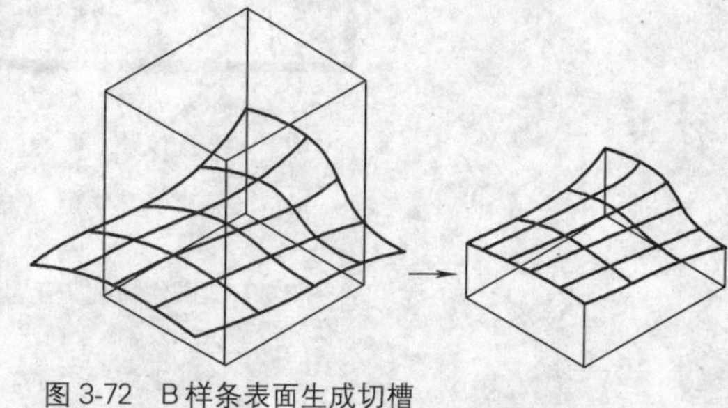

图 3-72 B 样条表面生成切槽

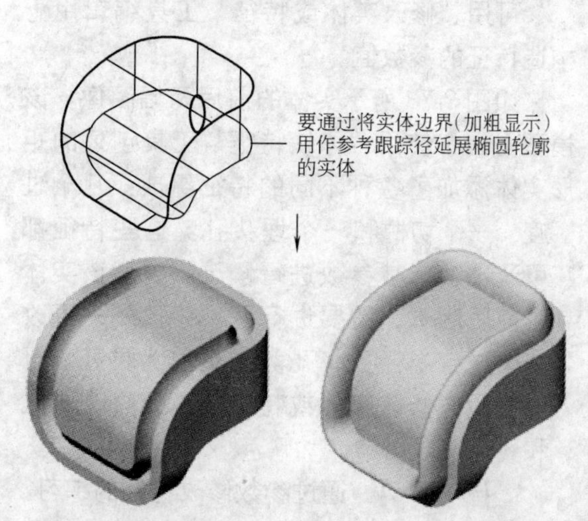


图 3-73 延展轮廓以生成切槽（左图）或凸台（右图）

各种元素都可以作为“轮廓”来生成切槽或凸台，包括 B 样条表面（图 3-72)。

(4) 延展边界——通过将边界用作参考跟踪路径围绕实体延展轮廓以生成切槽或凸台（图 3-73)。

(5) 肋拱（图 3-74)。

(6) 薄壳实体（图 3-75)。

6) 操作特征

与操作单个元素的方式相似，可以使用操作特征任务中的工具在实体上移动、复制、旋转、镜像现有特征或创建一组特征。还可以使用另一种工具来向特征添加一个或多个约束。“操作特征”工具栏如图 3-76 所示。

7) 修改特征

在设计过程中，经常会做一些设计更改。使用基于特征的参数化实

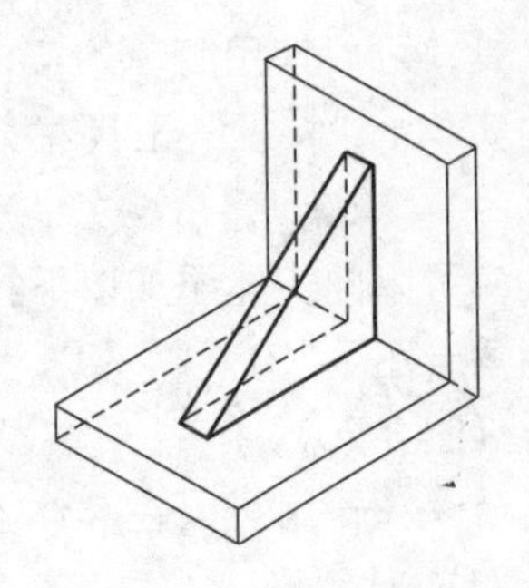

图 3-74　添加肋拱特征

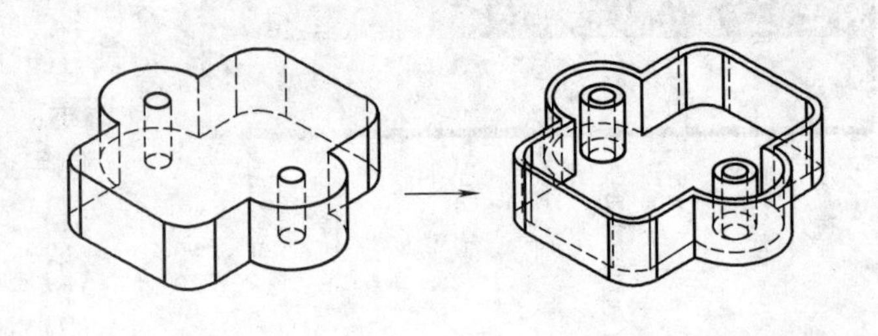

图 3-75　薄壳实体

体，设计更改变得更加方便快捷。因为用于创建实体/特征的参数将保留在 DGN 文件中，可以对其进行编辑并且自动生成实体。使用“修改参数化实体或特征”工具，可以通过在对话框中编辑参数来修改实体或特征。此外，对于许多特征可以使用“选择元素”工具选择实体或特征，并使用其图柄以图形方式进行更改。“修改特征”工具栏如图 3-77 所示。

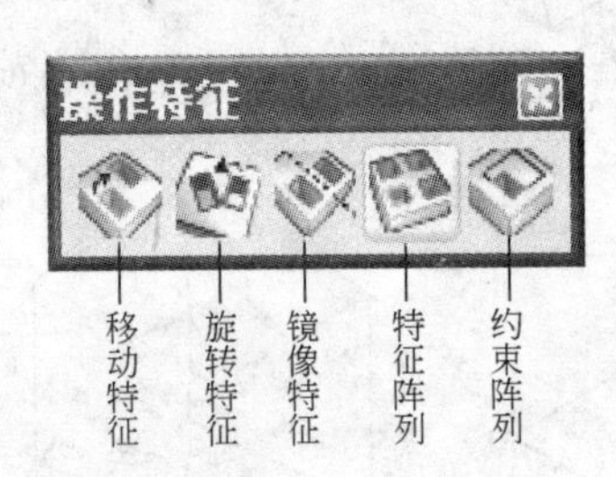


图 3-76 “操作特征”工具栏

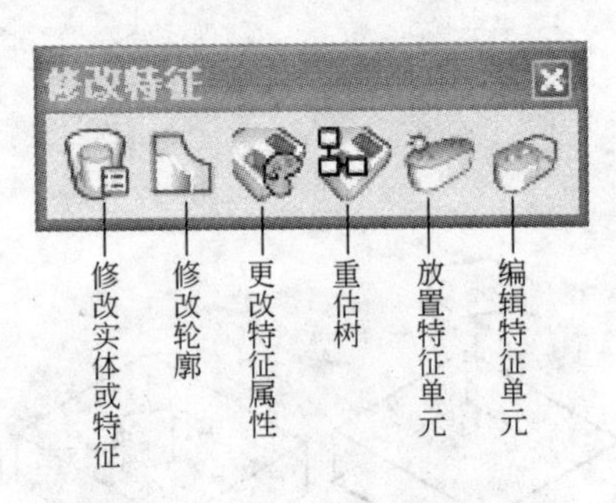


图 3-77 “修改特征”工具栏

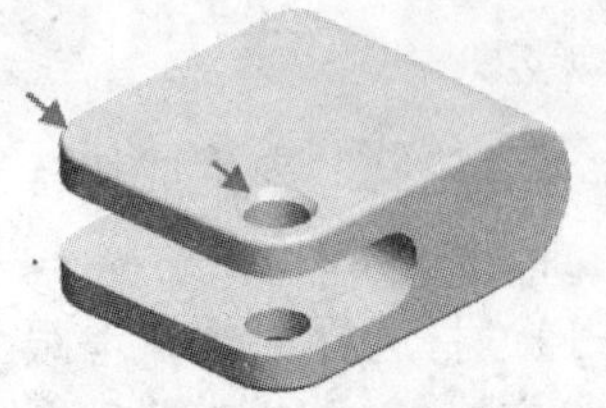
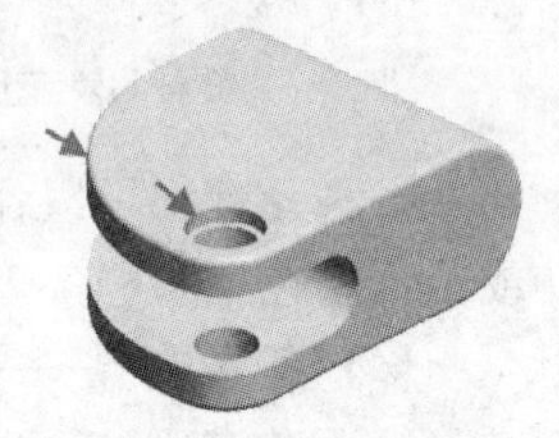

图 3-78　修改特征前后比较

(1) 通过特征的参数修改特征

可用“修改实体或特征”工具编辑用于构造特征的参数值。

如图 3-78 所示实体的前后两幅图像。该模型由一个使用“体块特征”工具创建的矩形实体添加了各种不同的特征组成：几个过渡、一个切槽和一个埋头孔。这些特征都可通过编辑其参数进行修改。观察该实体的前后版本，需要进行两项修改——更改一个过渡半径并将孔类型更改为扩孔。可以使用“修改实体或特征”工具修改过渡和孔。

图 3-79　初始模型

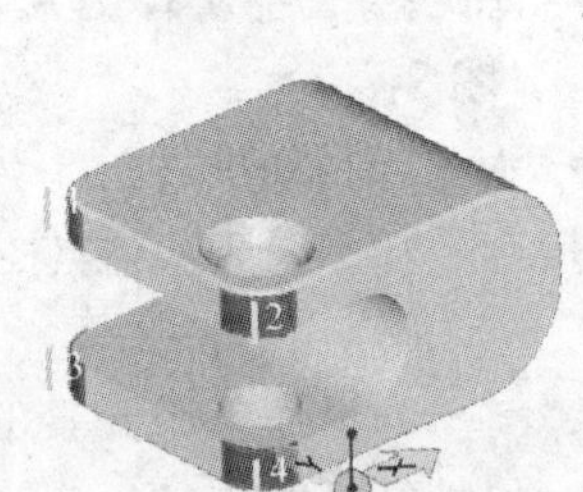

图 3-80　选择“过渡边界”特征

【例 3-15】　通过参数修改特征的练习

A. 打开练习文件 ex03-17b. dgn，如图 3-79 所示；

B. 在“修改特征”工具栏上选择“修改参数化实体或特征”工具；

C. 标识如图 3-80 所示的 1、2、3、4 处任一过渡，并按鼠标左键接受以打开“编辑边界过渡”对话框；

D. 在“编辑边界过渡”对话框中，选中“显示所有边界”，此时对话框将展开以分别显示各个边界，并带有与在模型相关过渡上动态显示的编号相对应的标识号，如图 3-81 所示；

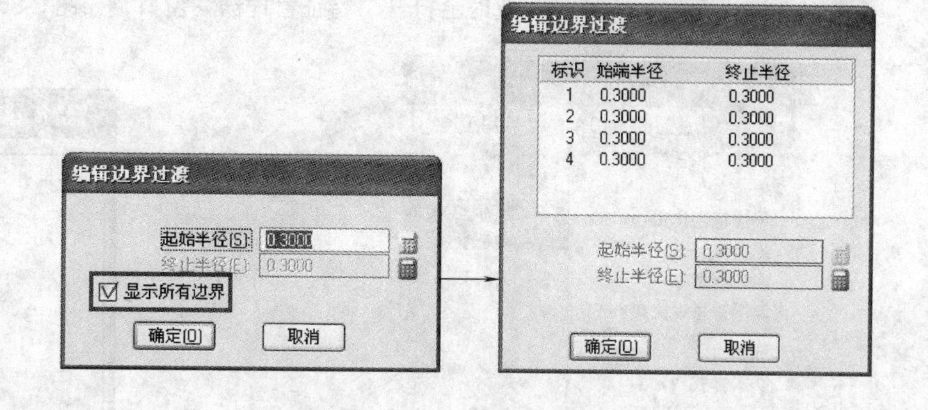


图 3-81 编辑边界过渡

E. 在“编辑边界过渡”列表框中，选择要修改的边界 1 并编辑列表框下面的输入字段中的“起始半径”值为 1.2；

F. 重复步骤 5，编辑边界 3 的“起始半径”值为 1.2，单击“确定”按钮后结果如图 3-82 所示；

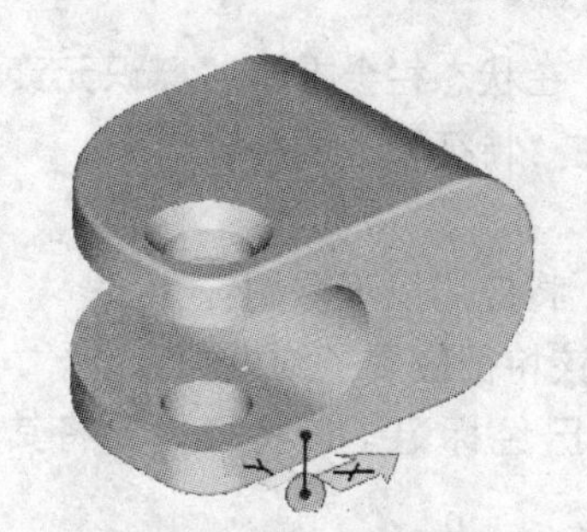

图 3-82 编辑过渡边界后的实体

G. 读者依照上面的方法使用“修改实体或特征”工具修改埋头孔为“扩孔”并修改其他参数。

(2) 使用图柄交互修改实体/特征

可使用“选择元素”工具选择实体或特征，然后使用图柄进行复制、移动或修改。

选择特征后，会出现表明图柄用途的工具提示。如果将指针停留在图柄上，则会出现工具提示，表明该图柄是特征的一部分，如“体块”、“切槽”和“孔”，并且可用于修改特征；或者表明该图柄是移动/复制图柄，如图 3-83 所示。

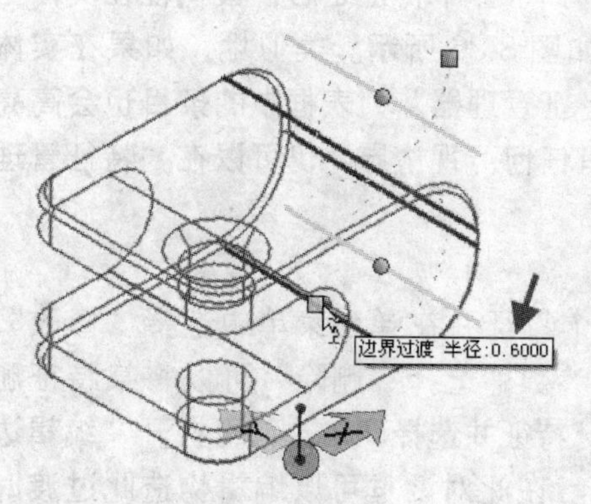


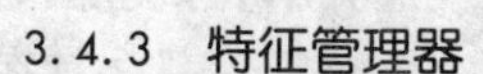

图 3-83 选择特征后出现图柄

3.4.3 特征管理器

1) 特征管理器的功能

“特征管理器”是一种实用工具，使用它可以按特征的添加顺序显示实体中所有特征的列表，即显示实体的特征树。使用“特征管理器”，可以选择一个特征并可进行以下操作：

(1) 显示其详细信息，即分析特征。

(2) 修改特征。

(3) 显示添加所选特征之前的实体（即关闭在所选

特征之后创建的所有特征的显示）。

(4) 重新排列实体上的特征顺序。

(5) 标识“隐藏的”实体/特征。

2) 使用特征管理器

(1) 打开特征管理器

执行“元素→特征模型→特征管理器”下拉菜单命令，如图3-84所示。此时会打开“特征管理器”窗口，如图3-85所示。

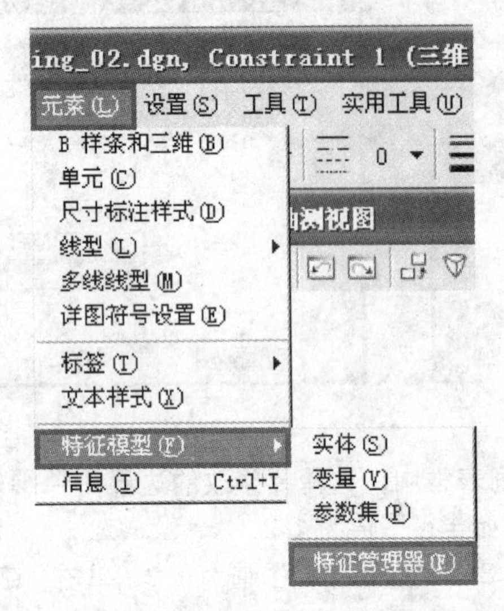


图3-84 选择“特征管理器”命令

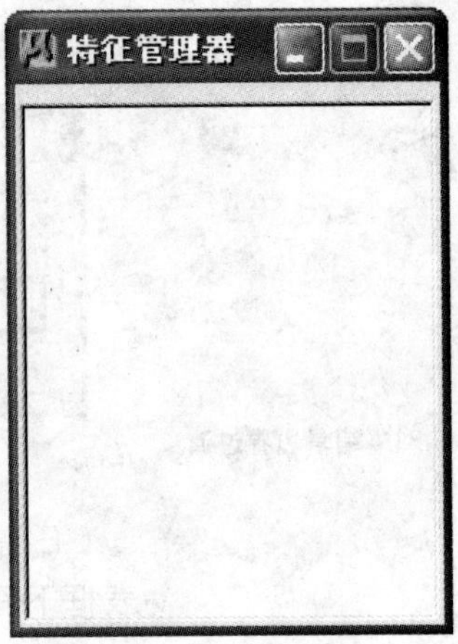

图3-85 特征管理器

第一次打开“特征管理器”窗口时，在状态栏会提示“标识元素”。选择一个实体之后，其特征树便会显示在“特征管理器”窗口中。

(2) 特征树中的特征显示

在“特征管理器”中显示特征树时，将应用以下惯例：

A. 后跟星号（*）的特征——表示该特征应用了约束。

B. 以黄色高亮显示的特征——表示已经标记了该特征，要将其在树中移动。

C. 显示为红色的特征——表示由于某种问题将不能再构造此特征。

在“特征管理器”列表框中选择了一个特征之后，该特征在实体上的任何可视边界都将高亮显示，如图3-86所示。类似地，如果在实体上选择了一个特征，那么其在“特征管理器”列表框中的条目也会高亮显示。如果某个特征在实体上没有任何可视边界，仍可以在“特征管理器”列表框中选择此特征。

(3) 修改和删除特征

鼠标右击“特征管理器”某个特征并在弹出菜单中选择“修改”，可以编辑创建此特征时所使用的参数，选择“删除”可以将某特征删除。例如，右击一个“边界过渡”特征并选择“修改”可打开“编辑边界过渡”对话框，如图3-87所示。在此对话框可以编辑构造此过渡时所使用的参数。

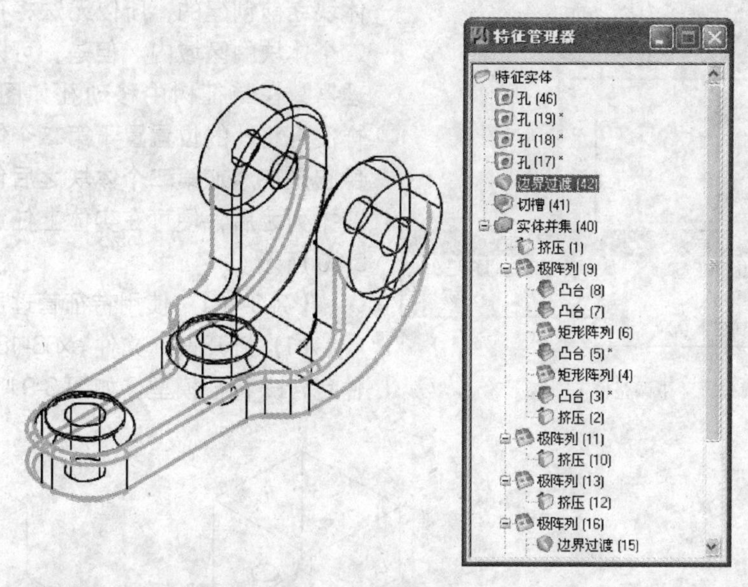


图 3-86　实体特征与特征管理器对应高亮显示

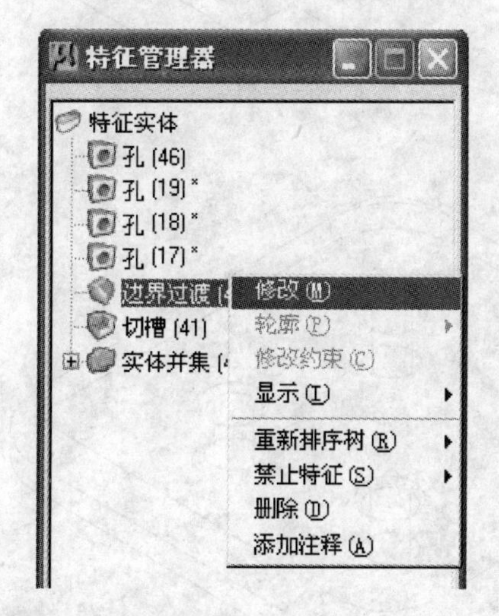


图 3-87　特征管理器

(4) 禁止特征

可以查看或使用禁止了部分特征的实体。例如，可能想要查看实体，而不显示某些特征；或者可能想要禁止沿体块边界的过渡，以便更容易地做出选择以进行操作或修改。使用此功能，可以有效地在实体开发的早期阶段添加各种特征之前查看或使用实体。可以使用“特征管理器”中的选项来禁止特征。

用鼠标右击“特征管理器”某个特征并在弹出菜单中选择“禁止特征”来禁止某特征，例如，用鼠标右击“特征管理器”中某特征并在弹出的菜单中选择“禁止特征→全部在特征上”，实体将更新以不显示在所选特征上面列出的特征。

(5) 更改特征顺序

实体的每个特征的所有相关信息都将按其创建顺序保留在 DGN 文件中。记住这一点非常重要，尤其是在编辑现有的实体 /特征时。例如，不能将特征移动到在其之后创建的实体部分。但是，在这种情况下，可以使用“特征管理器”重新排列这些特征的创建顺序，从而可以根据需要进行移动。

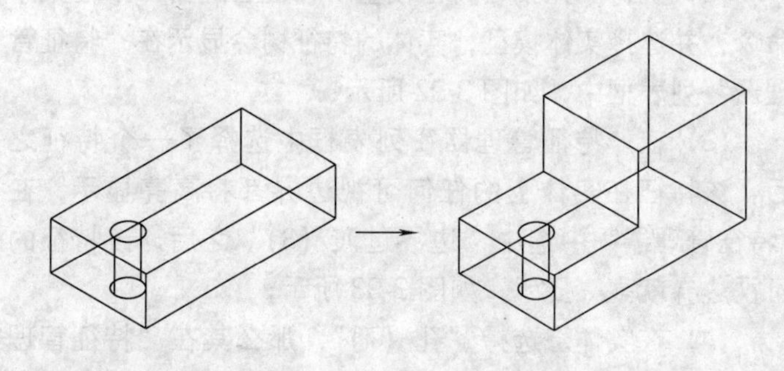

图 3-88　添加实体

比如说有一个带穿透孔的体块，又使用“并集特征”工具向该实体上添加了一个较小的体块，如图 3-88 所示。

因为实体上的孔是在添加第二个

体块之前创建的，所以无法将孔重新定位在第二个体块的区域内。但是，可以使用“特征管理器”在特征树中移动孔如图 3-89 所示。这样便可将孔的位置置于第二个体块之上，就好像它是在添加第二个体块之后创建的一样。重新排列之后，便可在实体上任意移动孔，如图 3-90 所示。

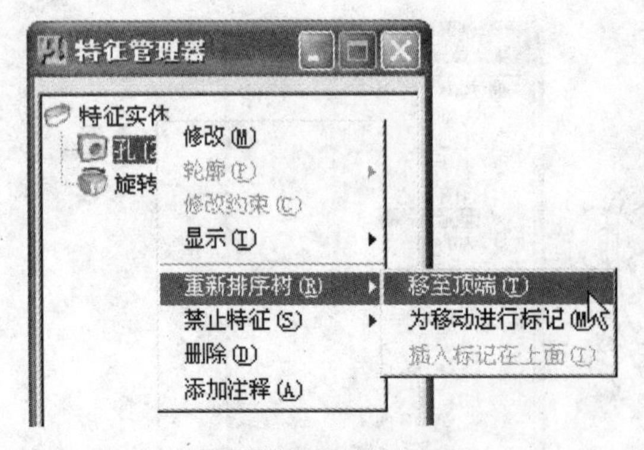


图 3-89 在“特征管理器”中调整特征顺序

【例 3-16】 使用特征管理器的练习

(1) 打开设计文件 ex03-18b. dgn，设计文件包含一特征模型，如图 3-91 所示；

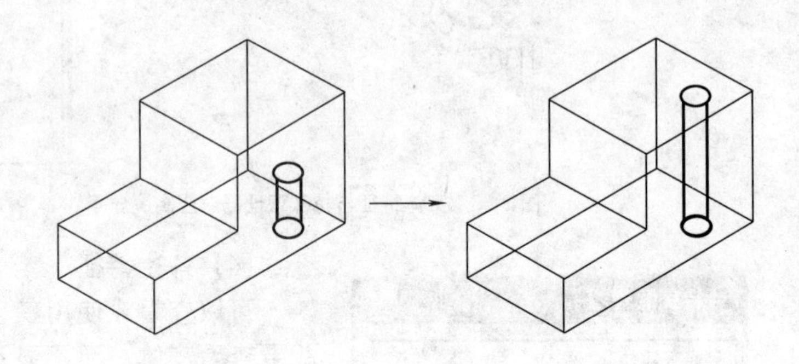

图 3-90 调整特征顺序后的实体

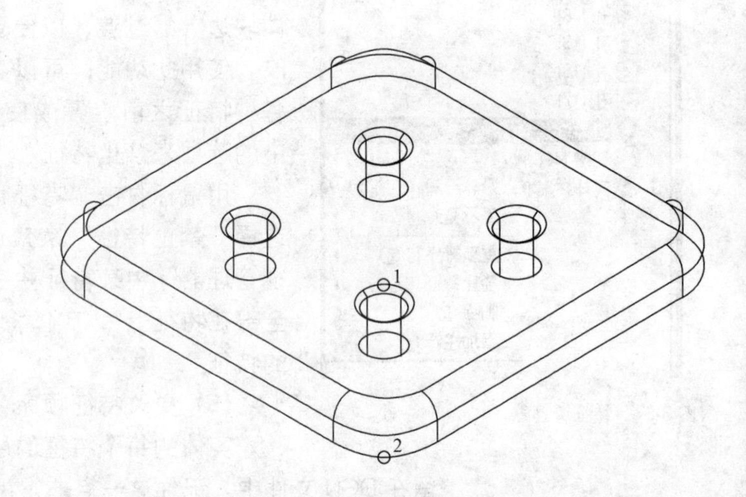


图 3-91 初始实体模型

(2) 执行“元素→特征模型→特征管理器”下拉菜单命令，并选择实体模型，实体的特征树会显示在“特征管理器”列表框中，如图 3-92 所示；

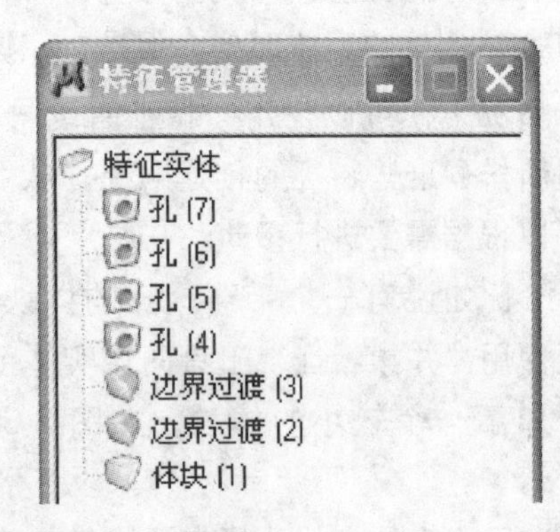


图 3-92 特征管理器

(3) 在“特征管理器”列表框中选择了一个特征之后，该特征在实体上的任何可视边界都将高亮显示，在“特征管理器”中选中“边界过渡 (3)”之后，该特征的可视边界就高亮显示，如图 3-93 所示；

(4) 在实体上选择“孔 (7)”，那么其在“特征管理器”列表框中的条目也会高亮显示，如图 3-94 所示；

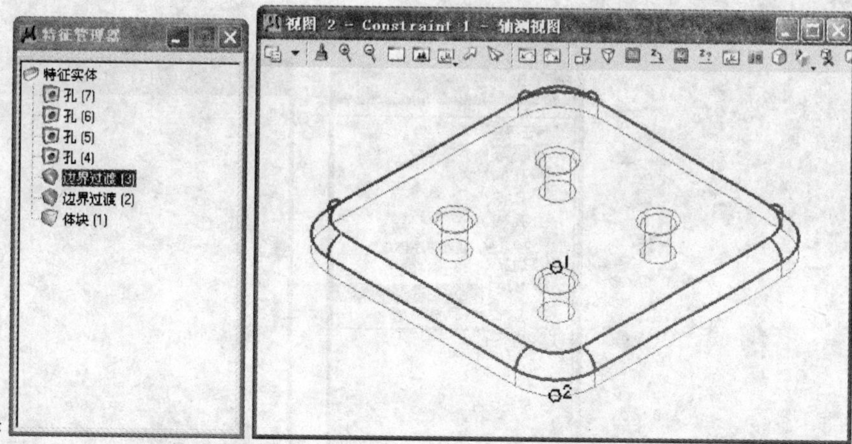


图 3-93 选择“特征管理器”中特征后实体上对应高亮显示

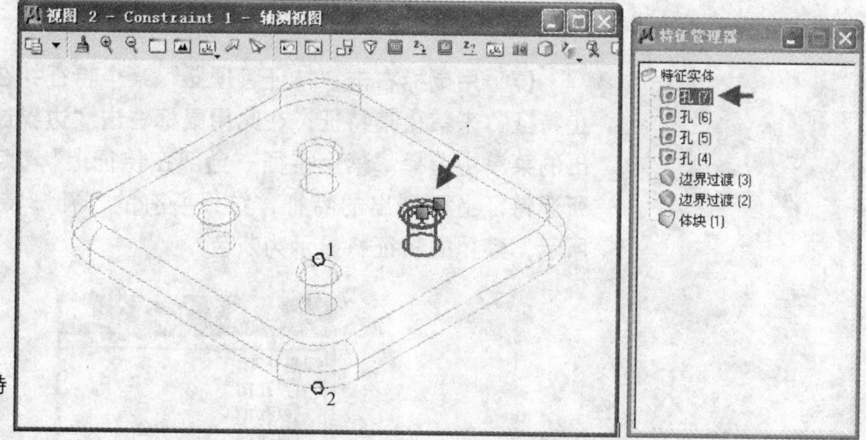


图 3-94 选择实体上特征后“特征管理器”中对应高亮显示

(5) 鼠标右击“边界过渡 (3)”特征并选择“修改”可打开“编辑边界过渡”对话框，如图 3-95 所示，在此对话框可以编辑构造此过渡时所使用的参数；

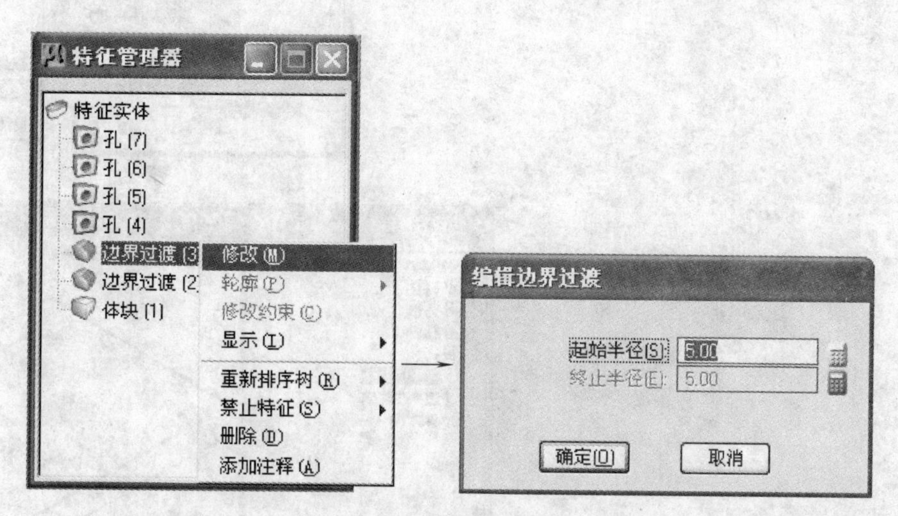


图 3-95 编辑特征

(6) 也可以用鼠标右击“特征管理器”某个特征并在弹出菜单中选择“删除”来删除某特征，如删除特征“孔 (7)”，如图 3-96 所示；

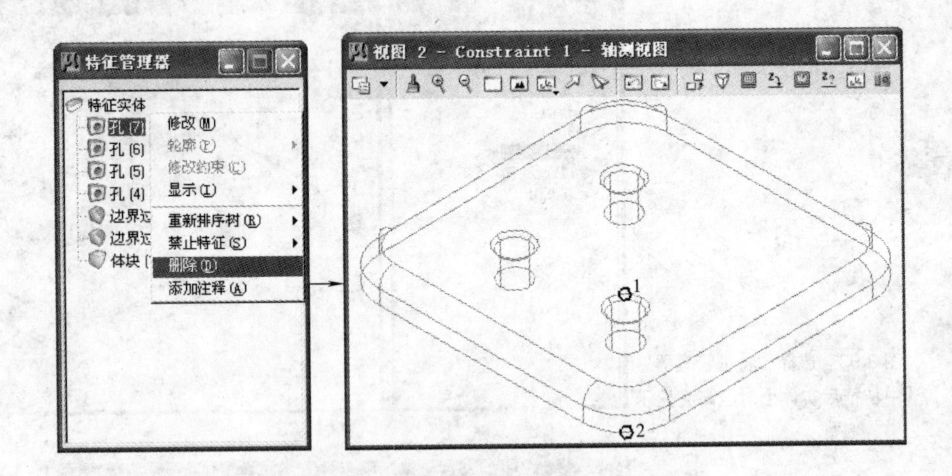


图 3-96　删除特征

(7) 用鼠标右击“特征管理器”某个特征并在弹出菜单中选择“禁止特征”来禁止某特征，在此用鼠标右击“边界过渡 (3)”特征并在弹出的菜单中选择“禁止特征→全部在特征上”，实体将更新以不显示在所选特征上面列出的特征，结果所有的“孔”特征被禁止，如图 3-97 所示，禁止的特征将显示为灰色。

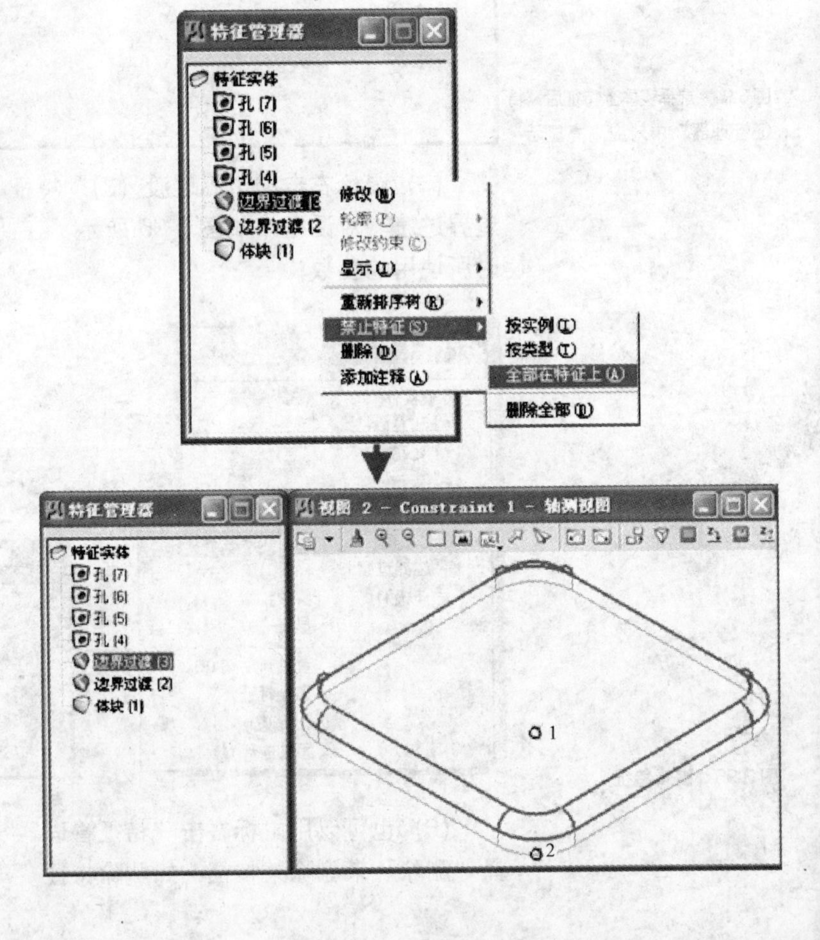


图 3-97　禁止特征

## 3.5 应用实例

下面绘制一简易转椅来进一步掌握和熟悉三维实体建模与编辑命令：

1）第一步：准备绘图（可直接打开设计练习文件 ex03-19b. dgn）

(1) 建立新文档，种子文件选择 seed3d. dgn，打开视图 1、2、3、4 并将它们平铺（选择“窗口→平铺”菜单命令），如图 3-98 所示。

(2) 应用“设置→设计文件”菜单命令，在打开的“文件设置”对话框左侧的“种类”选项中选择“工作单位”，在右侧的“修改工作单位设置”中将主单位和子单位都设为 Milimeters，将精度设为“0 (0)”，如图 3-99 所示。

(3) 激活深度锁，单击状态栏的“激活锁”图标，在弹出的菜单中选中“深度”，如图 3-100 所示。

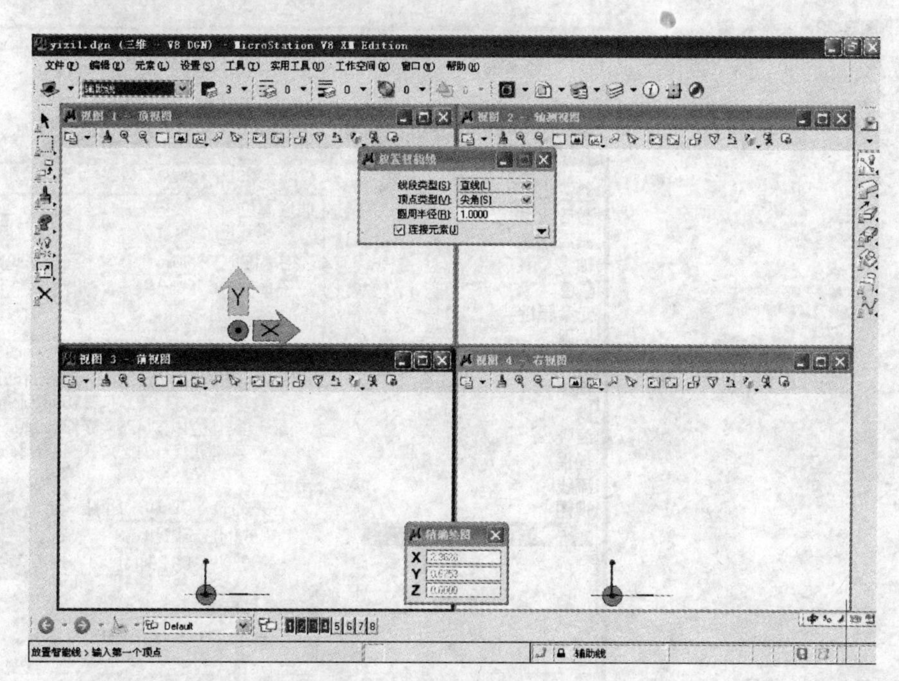

图 3-98 平铺视图窗口

2）第二步：图层设置

为了方便图形管理，设置 3 个新图层，分别为“椅子下部”、“辅助线”、“椅子上部”。

(1) 应用“设置→层→层管理器”菜单命令，打开“层管理器”对话框。

(2) 点击“层管理器”对话框上的“新建层”工具图标建立新层，将新层命名为“辅助线”，颜色定为红色。

(3) 同步骤 2，建立层“椅子下部”，颜色设置为绿色；建立层“椅子上部”，颜色设置为蓝色，如图 3-101 所示。

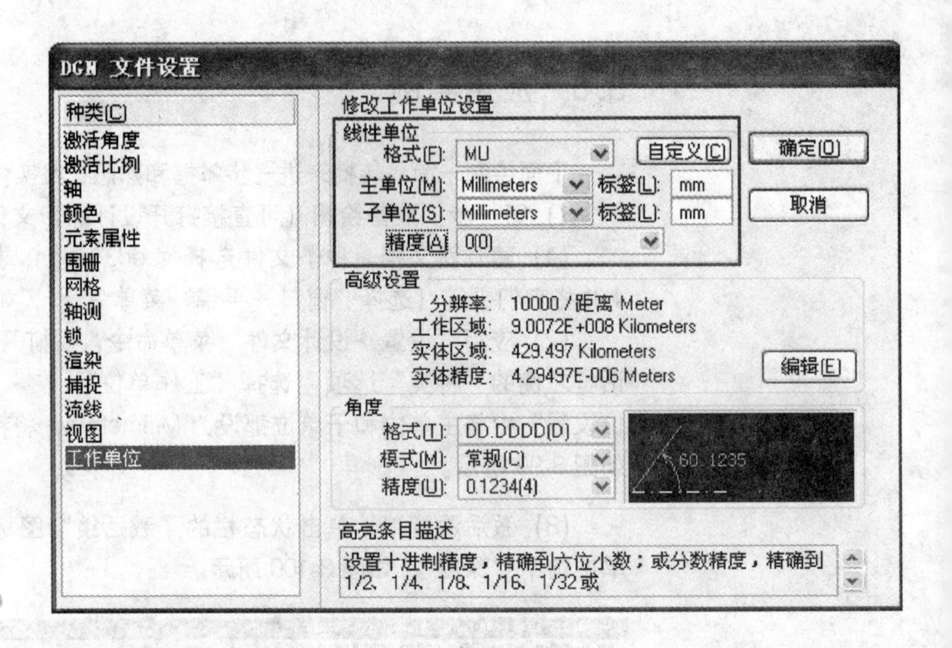


图 3-99 文件设置

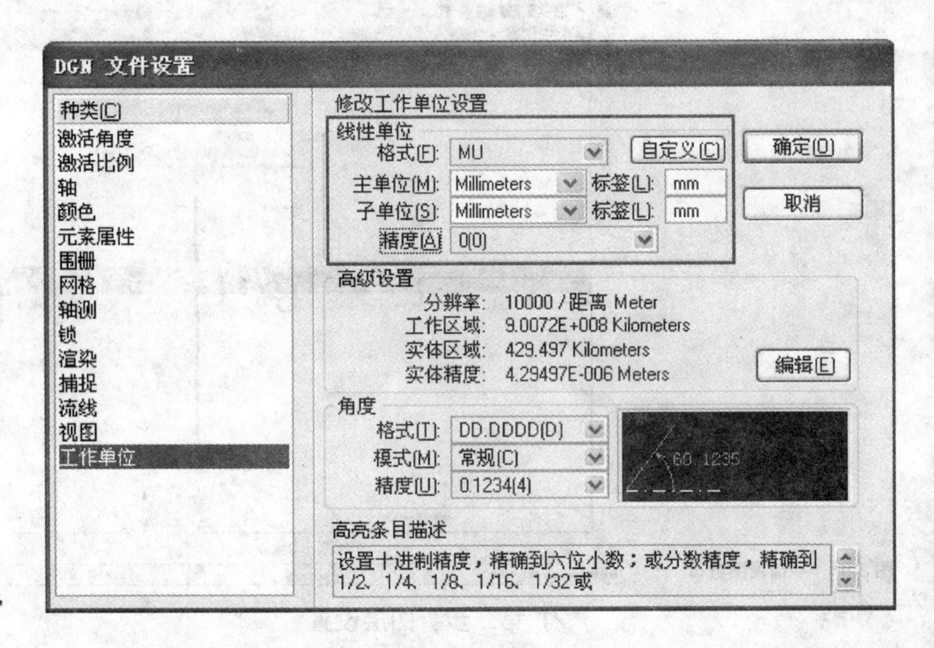


图 3-100 打开“深度锁”

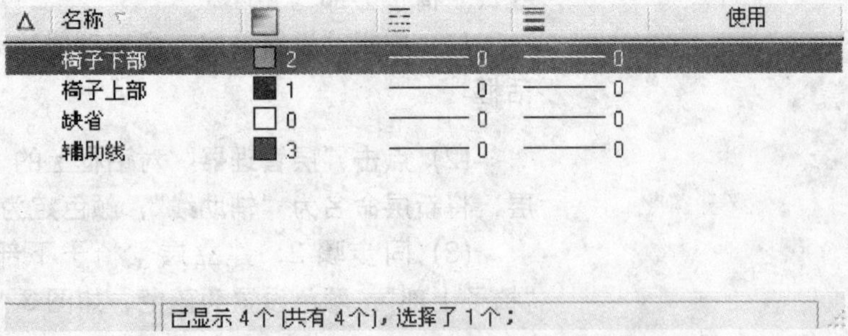

| △ | 名称 | | | | 使用 |
|---|---|---|---|---|---|
| | 椅子下部 | 2 | 0 | 0 | |
| | 椅子上部 | 1 | 0 | 0 | |
| | 缺省 | 0 | 0 | 0 | |
| | 辅助线 | 3 | 0 | 0 | |

已显示 4 个 (共有 4 个)，选择了 1 个；

图 3-101 层设置

3）第三步：绘制辅助线

(1) 在“属性”工具栏内将“辅助线”层设为激活层，将激活色、激活线型、激活线宽都设置为“按层”，如图 3-102 所示。

图 3-102 设置激活色、激活线型、激活线宽

(2) 在“任务导航”工具栏点击“放置智能线”工具图标，用鼠标单击“精确绘图”窗口然后按 M 键，弹出“数据点输入”对话框，如图 3-103 所示。

图 3-103 “数据点键入”对话框

(3) 在“数据点键入”窗口输入 (0，0，0) 后按【Enter】键，定义辅助线起点。

(4) 在“数据点键入”窗口输入 (0，0，300) 后按【Enter】键，定义辅助线起点。

(5) 按鼠标右键命令并关闭“数据点键入”窗口。

4）第四步：绘制基座

(1) 在“属性”工具栏将层“椅子下部”层设为激活层。

(2) 在“任务导航”工具栏选择“放置正多边形”工具，如图 3-104 所示。

(3) 在“放置正多边形”工具设置窗口将“方法”设置为“圆内接”，“边”设置为 6，将“半径”设置为 150，如图 3-105 所示。

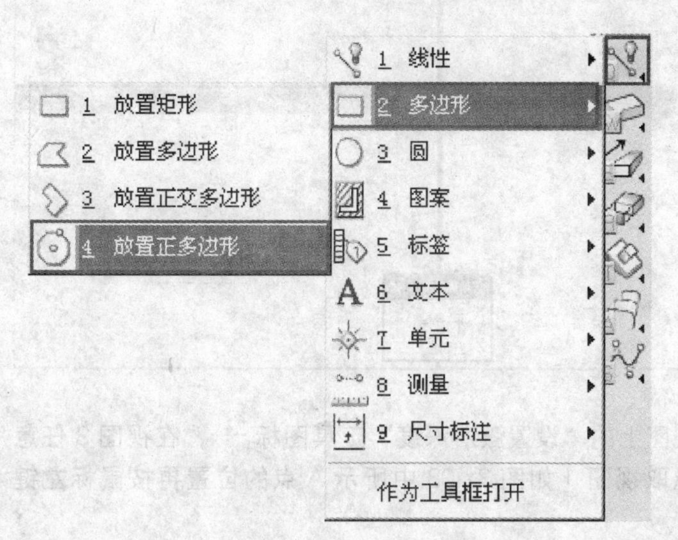


图 3-104 选择“放置正多边形”工具

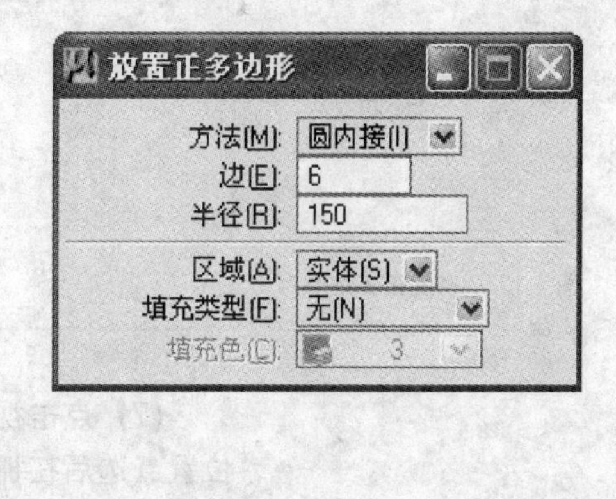


图 3-105 “放置正多边形”工具设置窗口

(4) 视图 1 捕捉红色参考线端点后按鼠标左键，将视图缩放至适当大小结果如图 3-106 所示。

(5) 在“任务导航”工具栏点击“挤压”工具图标。

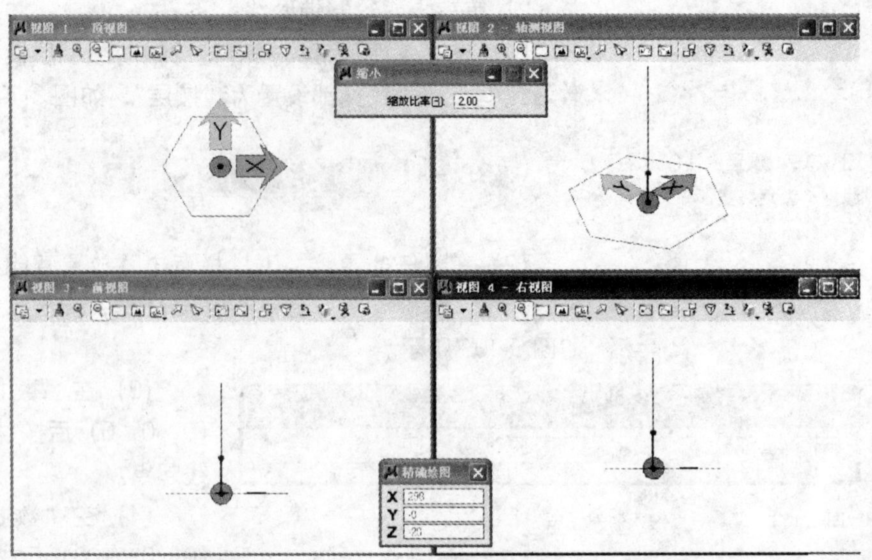

图 3-106　绘制好的辅助线和正多边形

(6) 在视图 3 选择刚才绘制的正六边形，然后向下移动鼠标光标后在“精确绘图”对话框输入 150 后按鼠标左键，结果如图 3-107 所示。

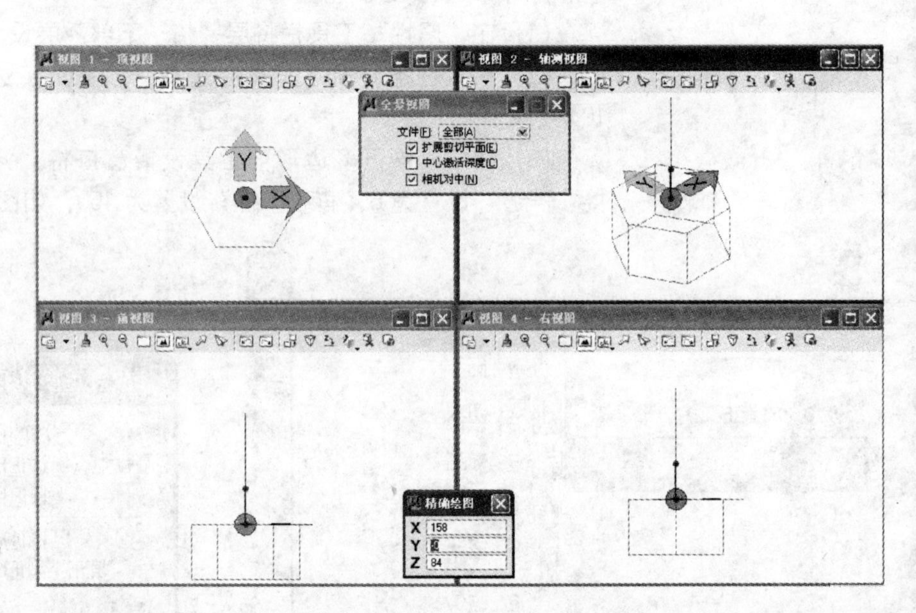

图 3-107　挤压正多边形为实体

(7) 点击视图上的“设置激活深度”工具图标，在视图 3 任意位置点选后在抓取视图 1 如图 3-108 中所示 A 点的位置再按鼠标左键完成。

(8) 选择放置矩形工具，如图 3-109 所示。

(9) 在视图 3 抓取如图 3-110 所示的 B、C 点作矩形。

(10) 选择“挤压”工具，在工具设置窗口将“类型”设置为“实体”，打开“正交”，将“X 向比例”和“Y 向比例”设置为 0.7，如图 3-111 所示。

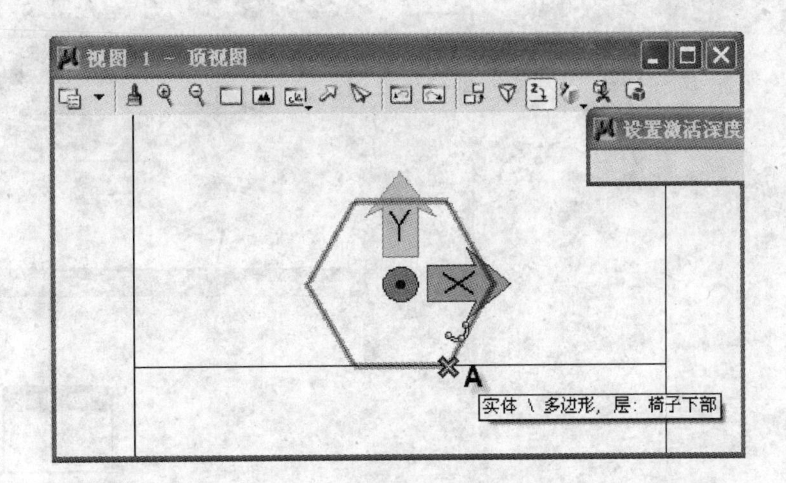


图 3-108　设置激活深度

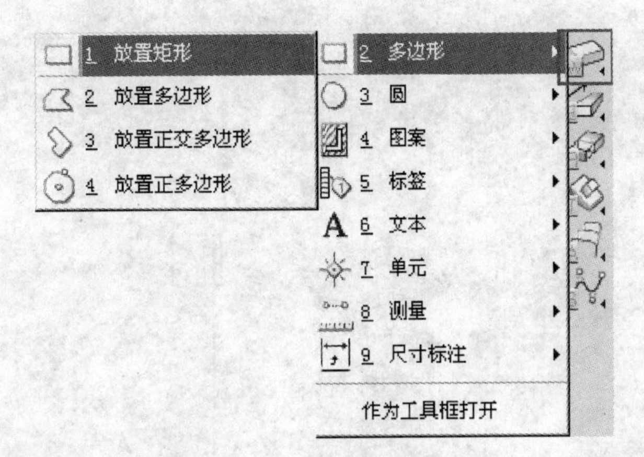


图 3-109　选择“放置矩形”工具

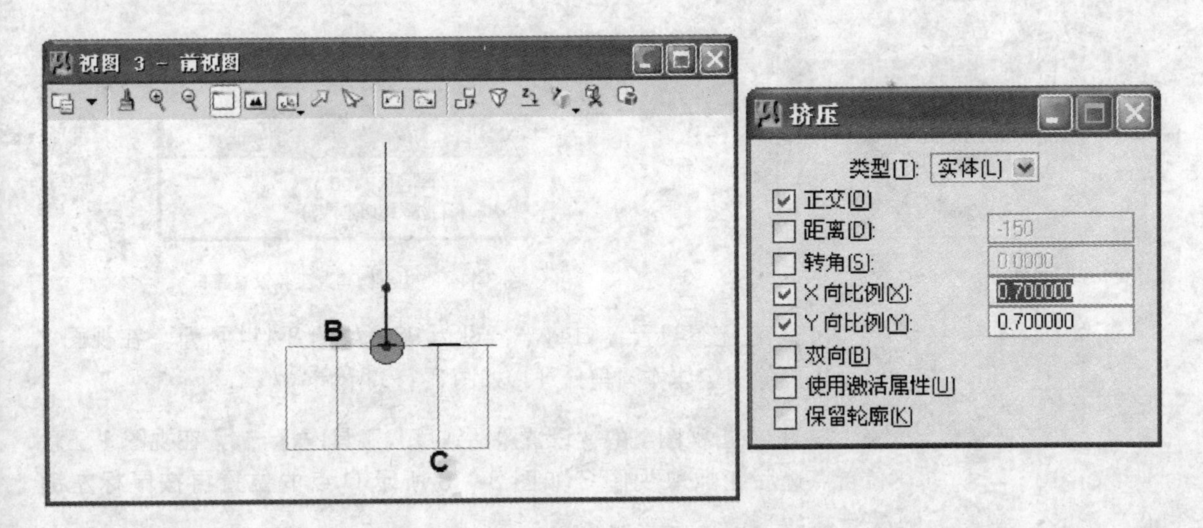


图 3-110　放置矩形

图 3-111　“挤压”工具设置窗口

（11）在视图 3 捕捉刚才绘制的矩形下边线的中点，然后将光标移到视图 1 向下移动后输入 400 按鼠标左键，结果如图 3-112 所示。

（12）选择“边界圆角”工具，如图 3-113 所示。

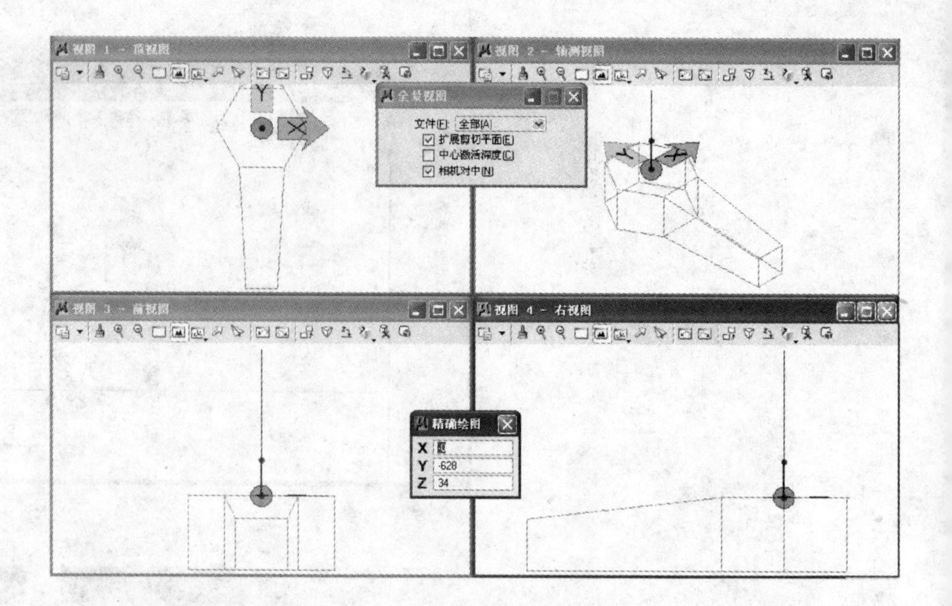


图 3-112 挤压多边形

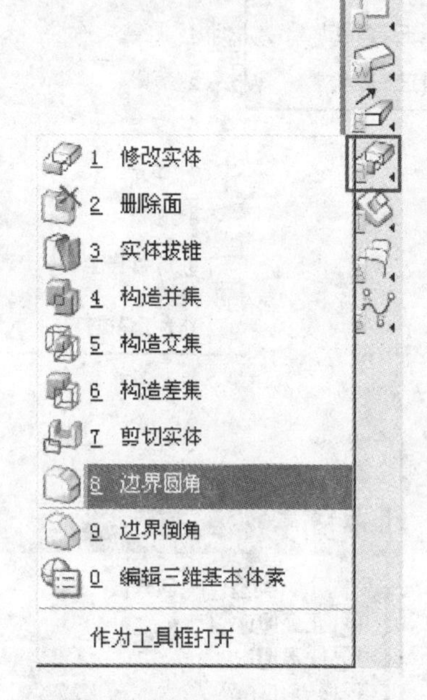


图 3-113 选择“边界圆角”工具

图 3-114 “边界圆角”工具设置窗口

（13）在工具设置窗口将半径设为 30，如图 3-114 所示。在视图 2 对刚才拉伸的实体作圆角处理，如图 3-115 所示。

（14）点击视图上的“设置激活深度”工具图标，在视图 1 任意位置点选后在抓取视图 3 如图 3-116 所示 D 点的位置再按鼠标左键完成。

（15）选择“放置球体”工具，如图 3-117 所示。

（16）在工具设置窗口将“半径”设为 50，如图 3-118 所示。

（17）捕捉视图 1 支架端点位置中点按鼠标左键，结果如图 3-119 所示。

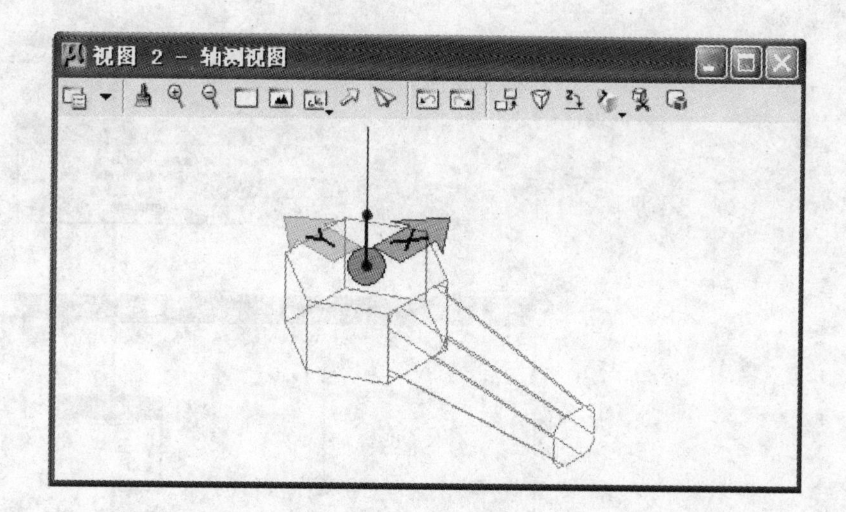


图 3-115　边界圆角

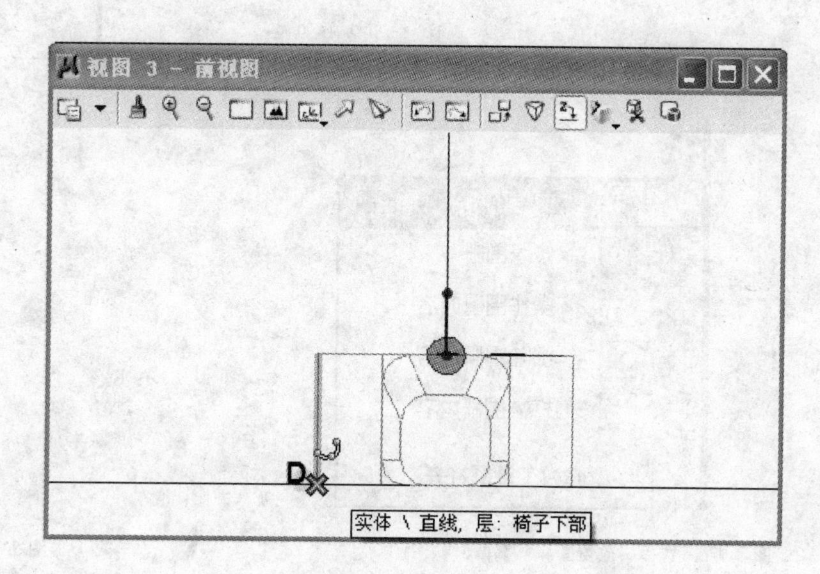


图 3-116　设置激活深度

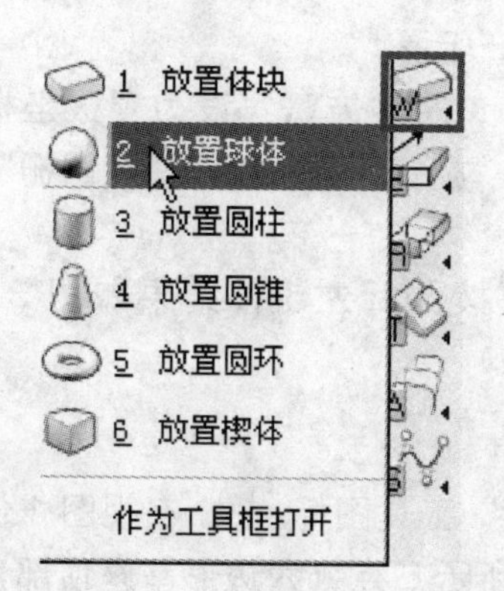


图 3-117　选择“放置球体”工具

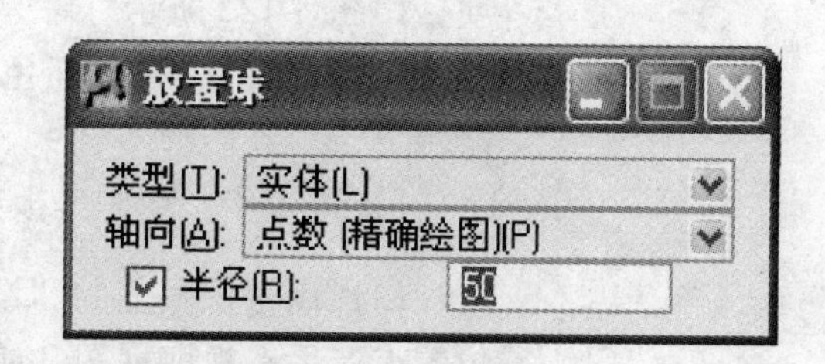


图 3-118　“放置球”参数设置

5）第五步：将支架复制

（1）选择“放置围栅”工具，如图 3-120 所示。在视图 1 放置一围栅框选支架和球体，如图 3-121 所示。

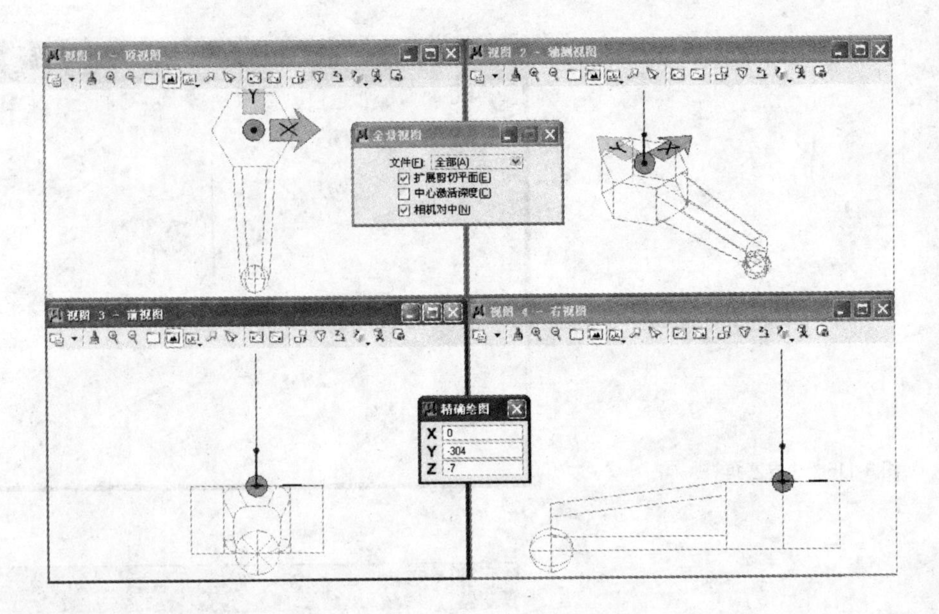


图 3-119 放置球体

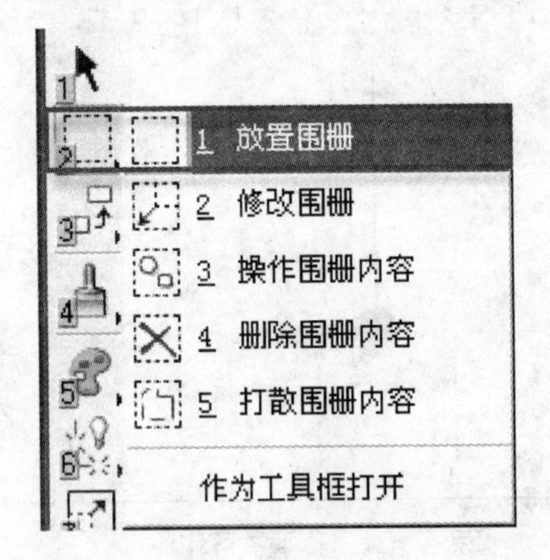


图 3-120 选择“放置围栅”工具

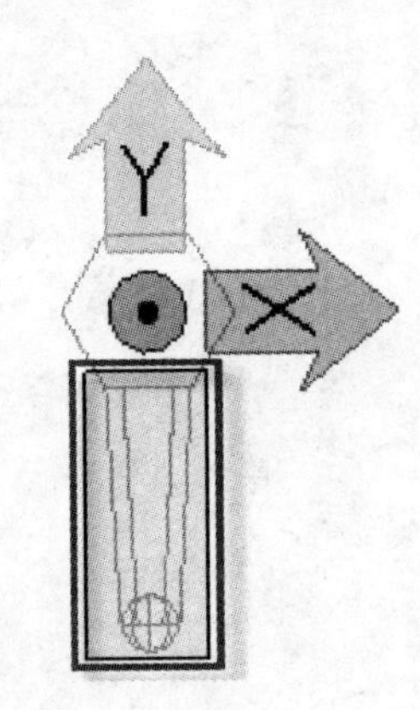


图 3-121 放置围栅

(2) 选择“阵列”工具，如图 3-122 所示。

(3) 在“构造阵列”工具设置窗口，将“方法”设为“极坐标”，“项”设为 6，“增量角”设为 60，打开“旋转元素”和“使用围栅”选项，如图 3-123 所示。

(4) 捕捉视图 1 红色辅助线端点按鼠标左键，结果如图 3-124 所示。

6) 第六步：绘制坐板支柱

(1) 点击视图上的“设置激活深度”工具图标，在视图 1 任意位置点选后在抓取视图 3 如图 3-125 中所示 E 点（六边形基座顶部）的位置再按鼠标左键完成。

(2) 选择“放置圆柱”命令，如图 3-126 所示。

(3) 在工具设置窗口将“半径”设置为 70，“高度”设置为 300，如图 3-127 所示。

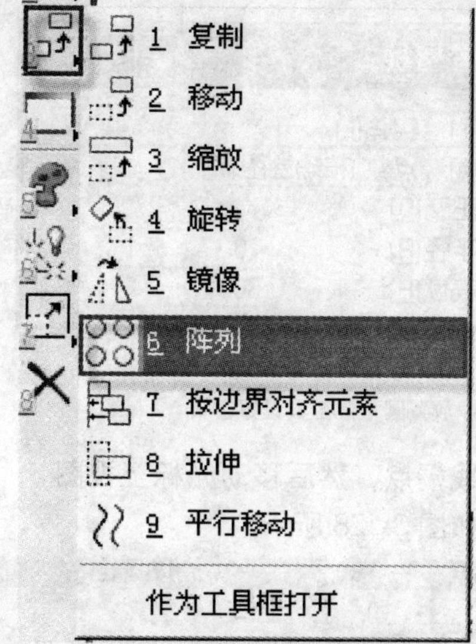


图 3-122 选择“阵列”工具

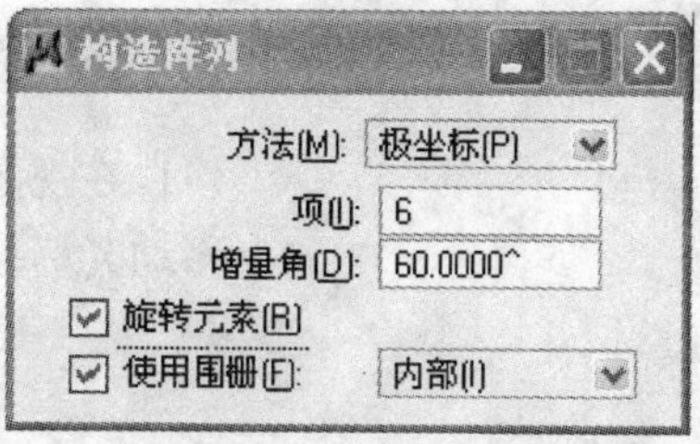

构造阵列

方法(M): 极坐标(P)

项(I): 6

增量角(D): 60.0000^

旋转元素(R)

使用围栅(F): 内部(I)

图 3-123 “构造阵列”工具设置窗口

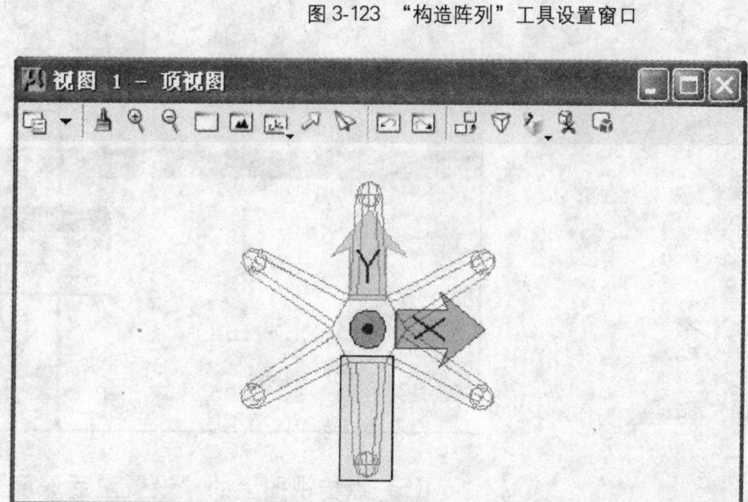


图 3-124 构造阵列

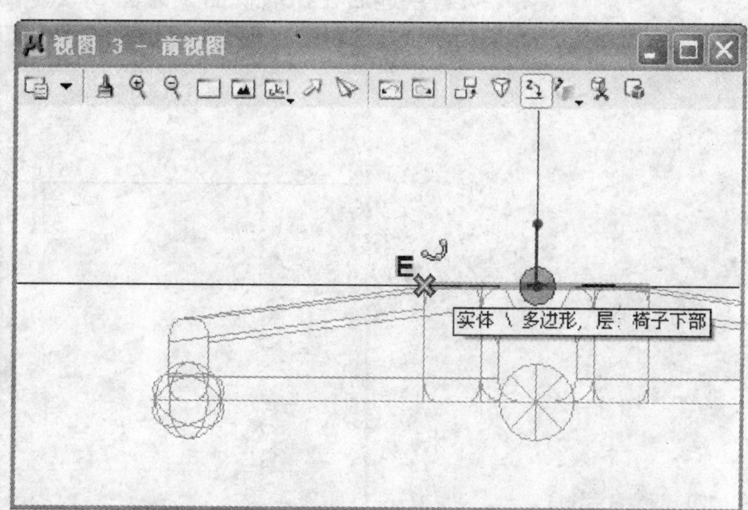


图 3-125 设置激活深度

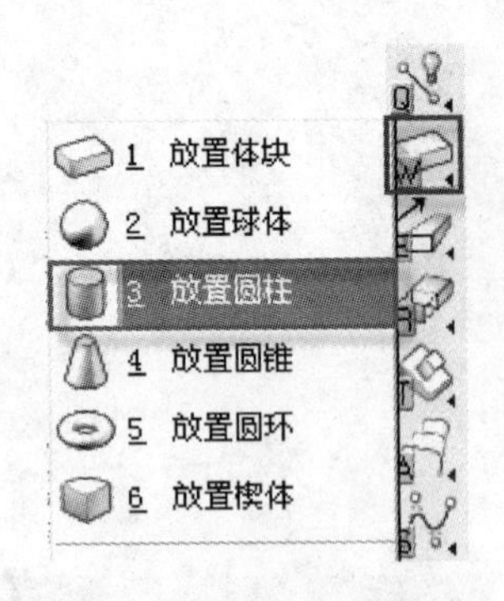


图 3-126 选择“放置圆柱”工具

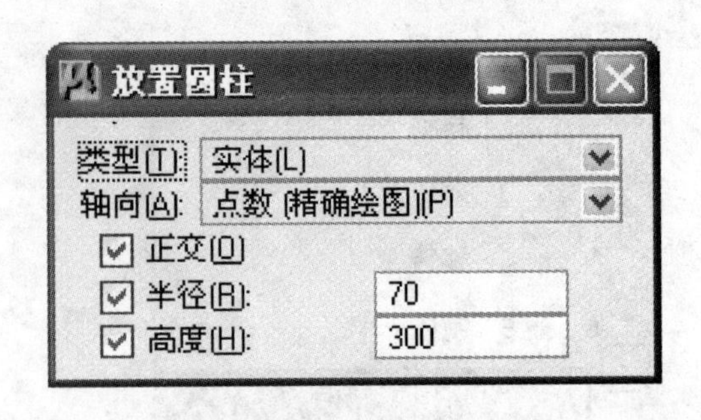


图 3-127 “放置圆柱”工具设置窗口

（4）在视图 1 捕捉红色辅助线端点，然后移动光标至视图 3，垂直向上移动光标按鼠标左键，结果如图 3-128 所示。

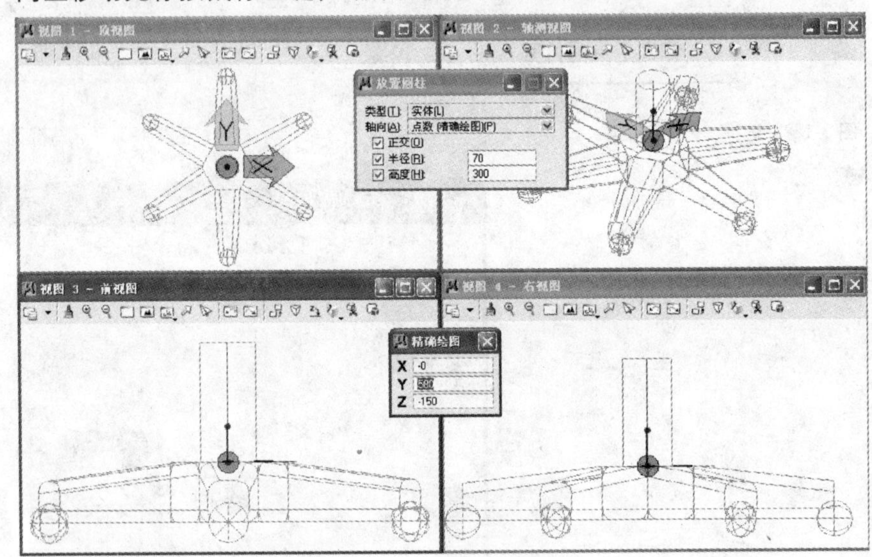

图 3-128 放置圆柱

（5）点击视图上的“设置激活深度”工具图标，在视图 1 任意位置点选后在抓取视图 3 如图 3-129 中所示 F 点（红色辅助线的上端

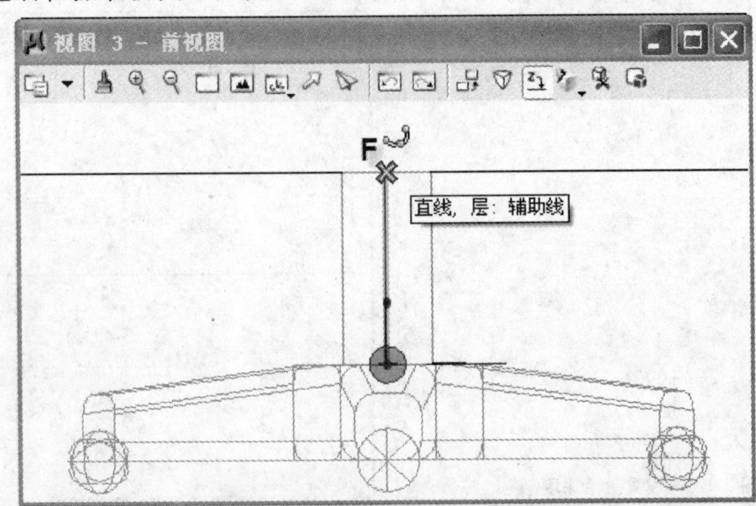


图 3-129 设置激活深度

点）的位置再按鼠标左键完成。

（6）选择“放置圆锥”工具，如图 3-130 所示。

（7）在工具设置窗口将“顶半径”设为 120，“底半径”设为 100，“高度”设为 100，如图 3-131 所示。

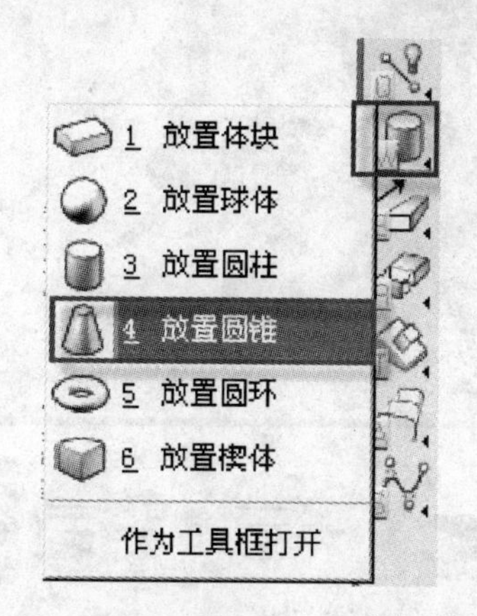


图 3-130 选择“放置圆锥”工具

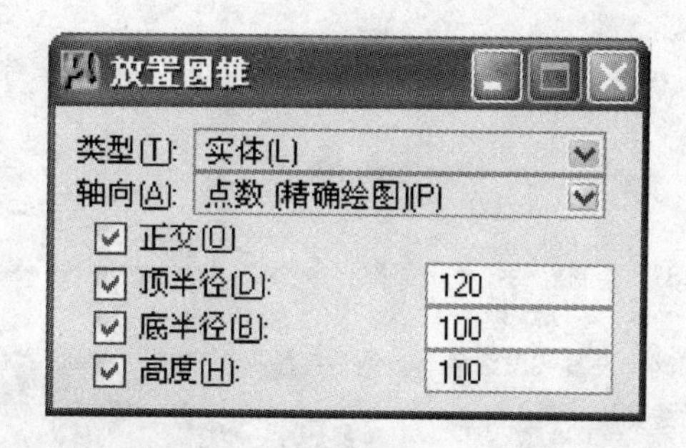


图 3-131 “放置圆锥”工具设置窗口

（8）在视图 1 捕捉红色辅助线的端点，将光标移至视图 3，垂直向上移动光标按鼠标左键，结果如图 3-132 所示。

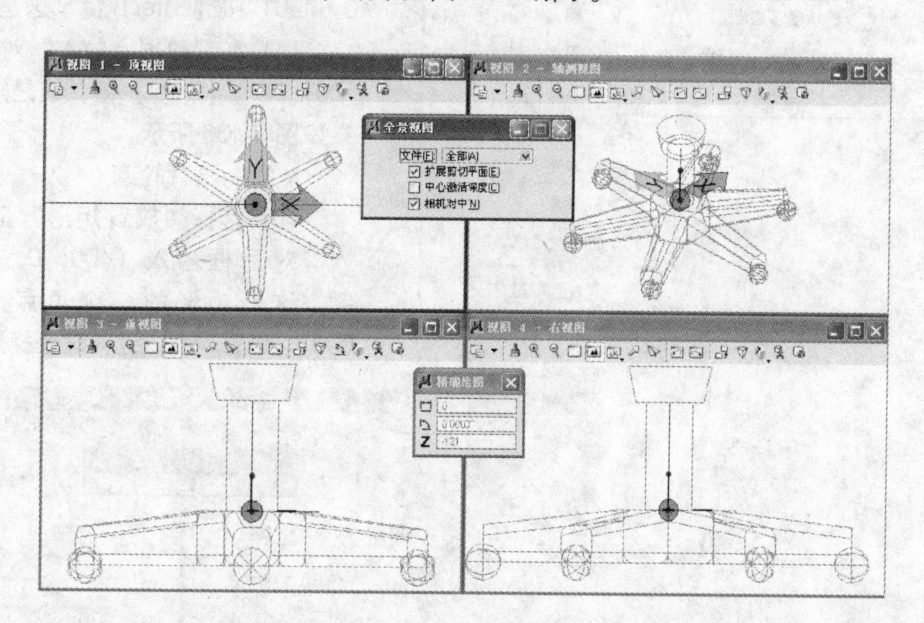

图 3-132 放置圆锥

此时椅子的下部分就绘制完成。点击视图 2 的“显示模式”工具图标，在弹出的菜单中选择“平滑显示模式”命令，视图 2 所平滑显示，如图 3-133 所示。

7）第七步：绘制座板与椅背

■ 绘制座板轮廓

（1）在“属性”工具栏将层“椅子上部”设为激活层，将“激活色”、“激活线型”、“激活线宽”设为“按层”，如图 3-134 所示。

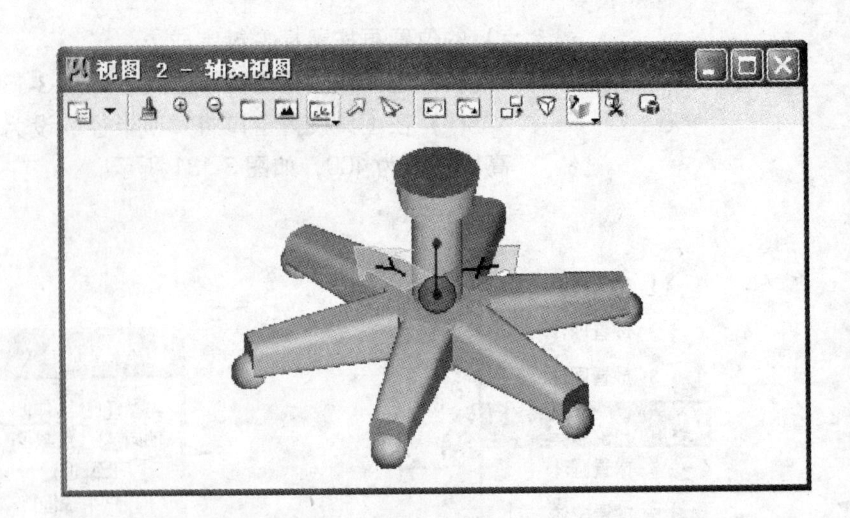


图 3-133　绘制好的椅子下面部分

图 3-134　设置“激活色”、“激活线型”、“激活线宽”

(2) 选择放置矩形工具，如图 3-135 所示。

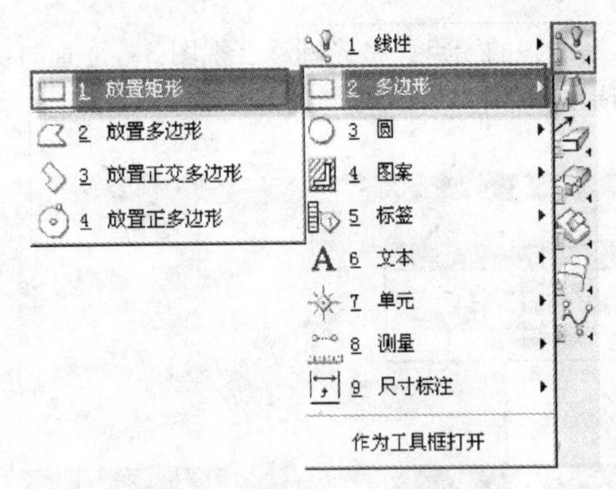


图 3-135　选择“放置矩形”工具

(3) 激活“精确绘图”窗口，按 M 键打开“数据点输入”对话框，在对话框输入（－400，0，400）按【Enter】键，这是矩形的一个角点。

(4) 在“数据点输入”对话框输入（400，0，500）按按【Enter】键，这是矩形的另一角点，结果如图 3-136 所示。

■ 绘制椅背轮廓

(5) 选择“放置矩形”工具，在“数据点输入”对话框输入（400，0，400）按按【Enter】键，这是矩形的一个角点。再输入（480，0，900）按【Enter】键，这是矩形的另一个角点。

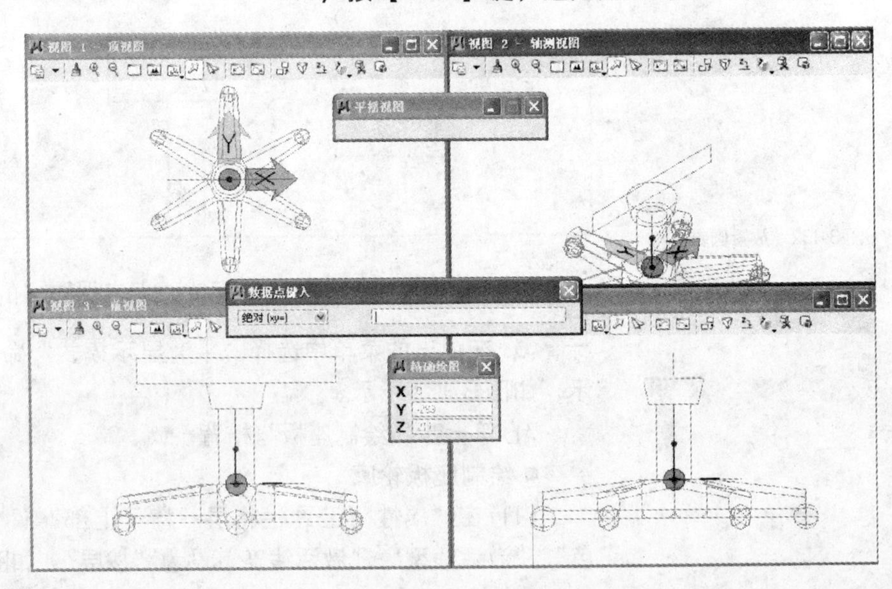


图 3-136　放置矩形

(6) 确认当前选择的是“放置矩形”工具，在“数据点输入”对话框输入 (400，0，750) 按【Enter】键，这是矩形的一个角点。再输入 (480，0，1450) 按【Enter】键，这是矩形的另一个角点。关闭“数据点输入”对话框，绘制结果如图 3-137 所示。

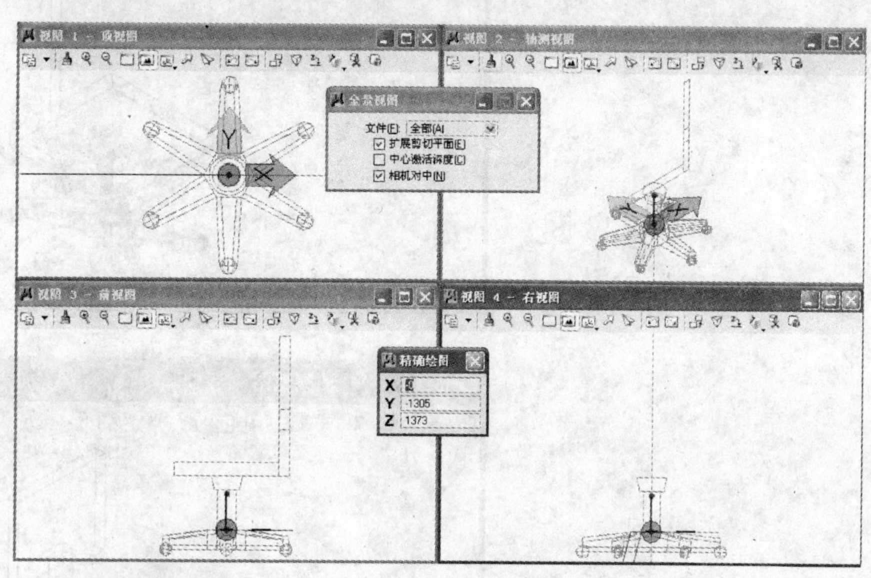


图 3-137　放置矩形

■ 建构实体

(7) 选择“挤压”工具，如图 3-138 所示。

(8) 在工具设置窗口将“类型”设为“实体”，打开“正交”和“双向”选项，设置“距离”为 400，如图 3-139 所示。

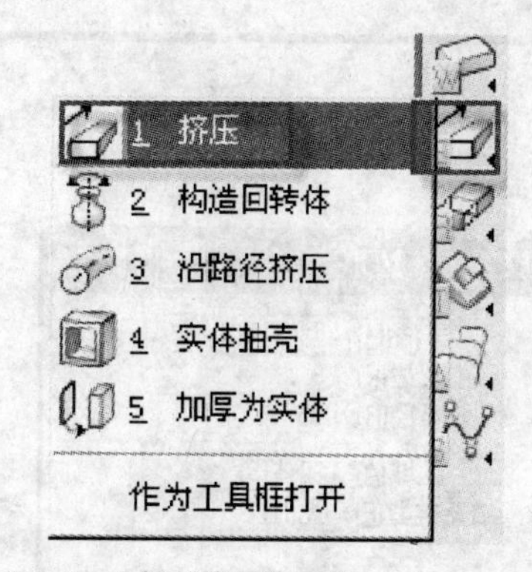


图 3-138　选择“挤压”工具

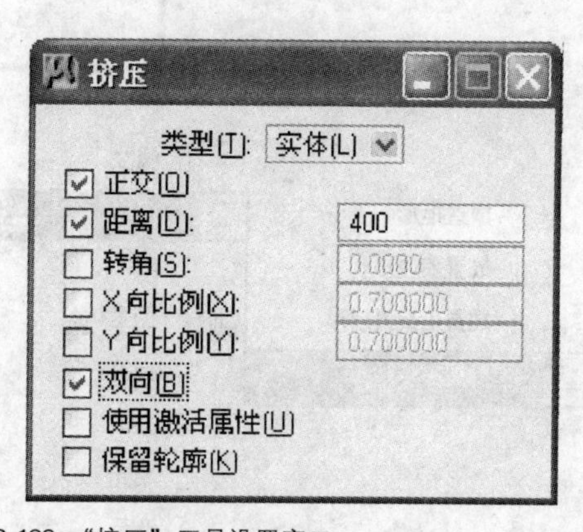


图 3-139　“挤压”工具设置窗口

(9) 选择座板轮廓，按鼠标左键完成，如图 3-140 所示。

(10) 方法同前，继续使用“挤压”工具将椅背两个矩形挤压成实体，在工具设置窗口将类型设为“实体”，打开“正交”和“双向”选项，分别将距离为 100 和 360，挤压结果如图 3-141 所示。

■ 椅背钻孔

(11) 选择“放置正多边形”工具，如图 3-142 所示。在工具设置窗口将“边”设为 6，“半径”设为 75，如图 3-143 所示。

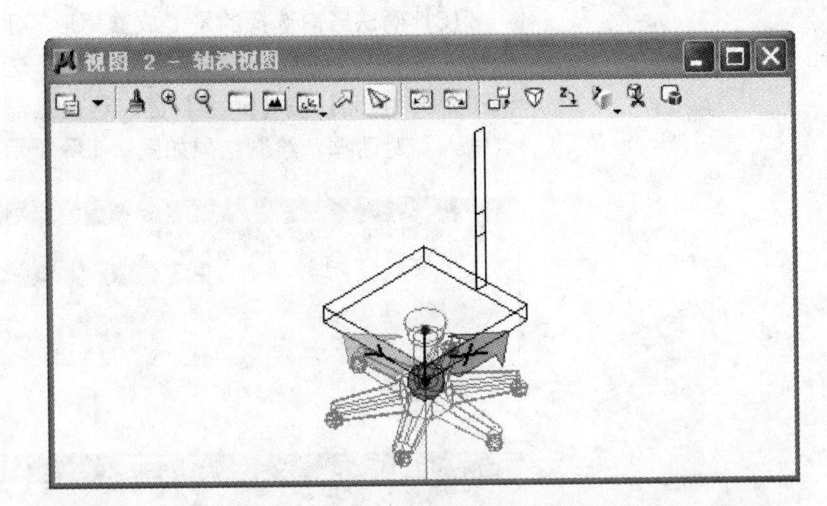


图 3-140　挤压坐板轮廓

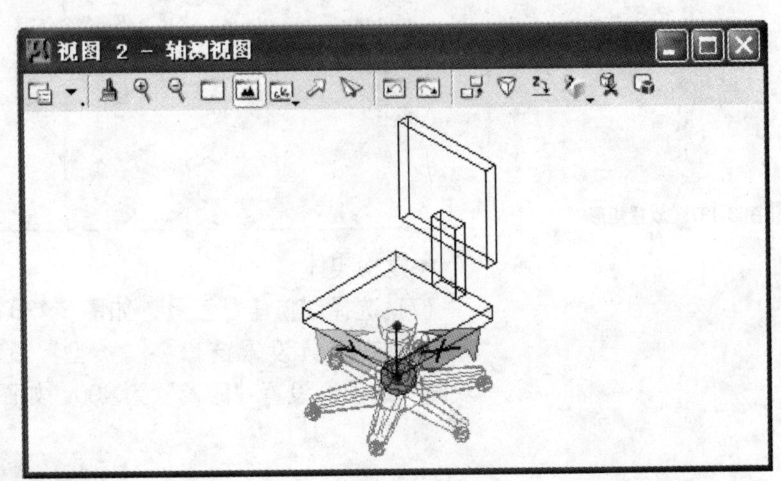


图 3-141　挤压椅背轮廓

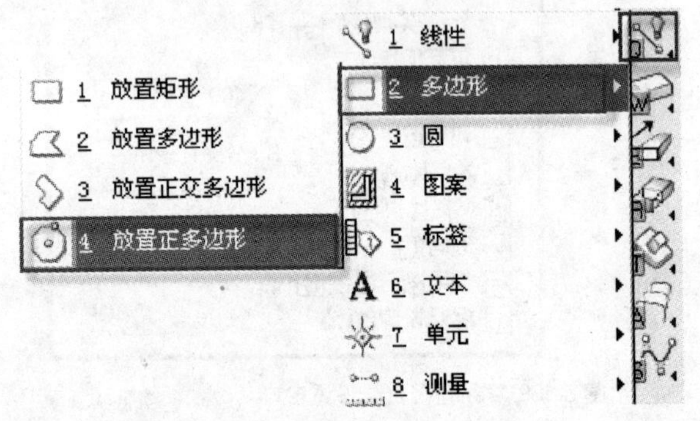


图 3-142　选择“放置正多边形”工具

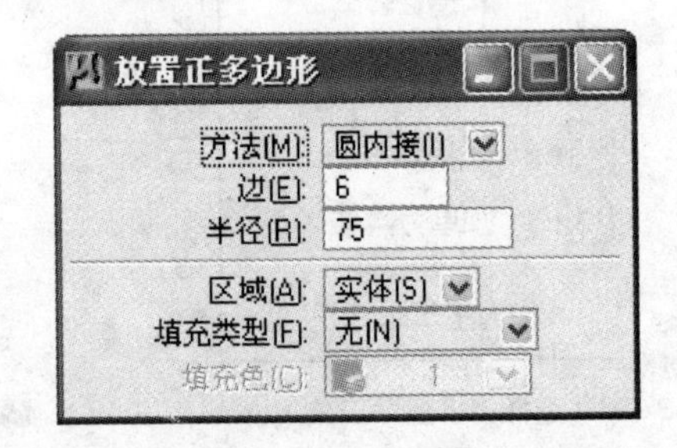


图 3-143　“放置正多边形”工具设置窗口

(12) 在视图 4 绘制几个正六边形并调整好位置，如图 3-144 所示。

(13) 选择“剪切实体”工具，如图 3-145 所示。工具设置窗口如图 3-146 所示。

(14) 先选择椅背实体再选择其中一多边形，按鼠标左键剪切完成，重复操作直至将所有的六边形剪切完毕，结果如图 3-147 所示。

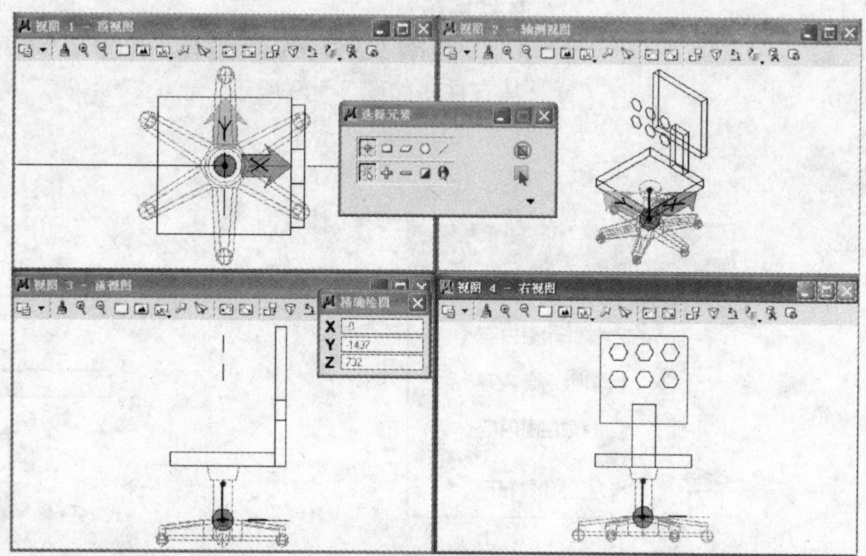


图 3-144　放置正六边形并调整好位置

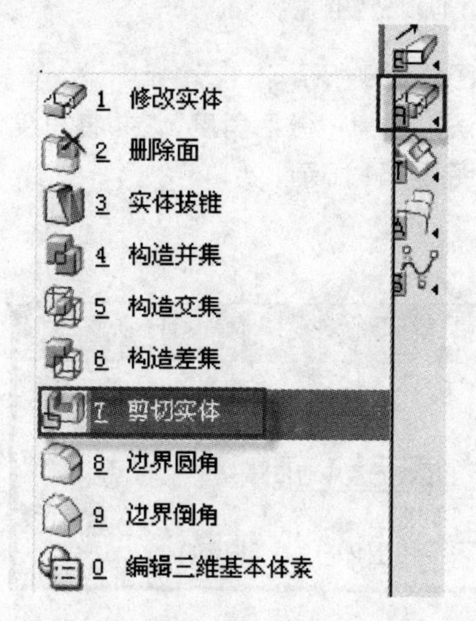


图 3-145　选择“剪切实体”工具

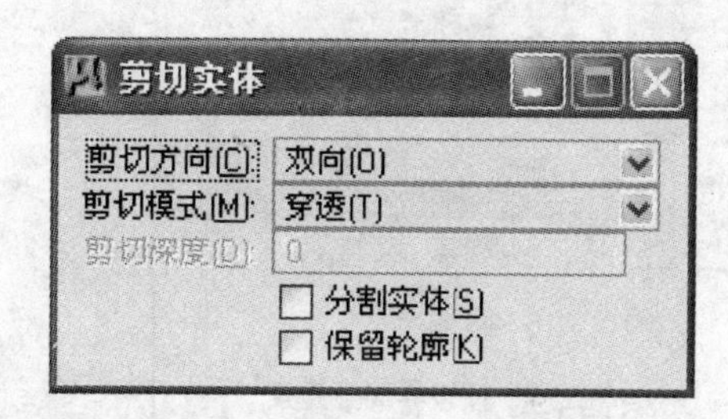


图 3-146　“剪切实体”工具设置窗口

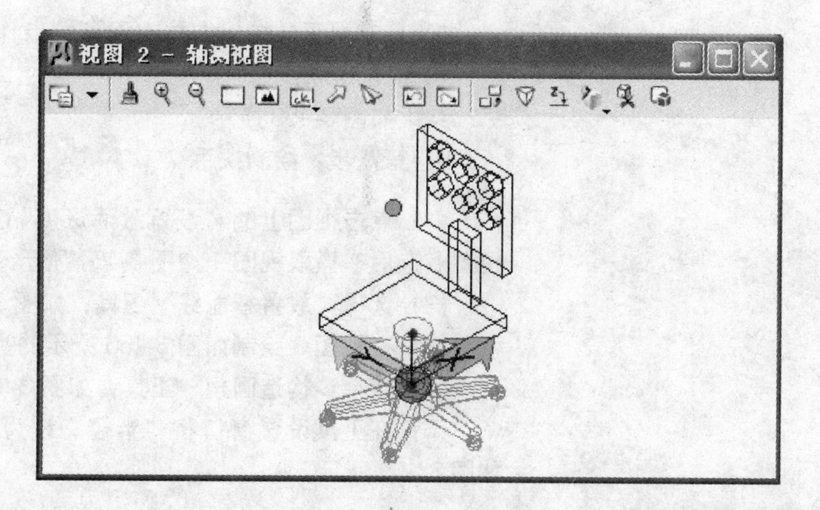


图 3-147　剪切实体

■ 倾斜椅背

(15) 选择“放置围栅”工具，如图 3-148 所示。在视图 3 框选椅背及其支柱，如图 3-149 所示。

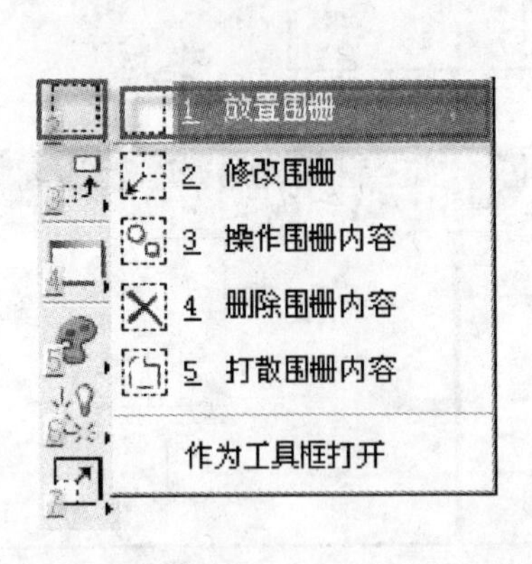


图 3-148　选择“放置围栅”工具

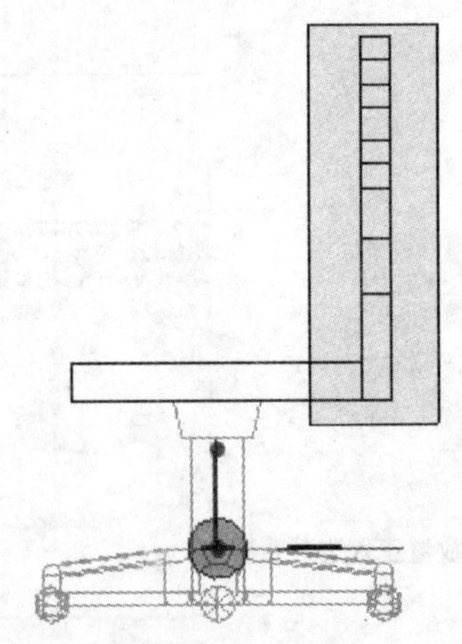

图 3-149　放置围栅

(16) 选择“旋转”工具，如图 3-150 所示。

(17) 在工具设置窗口将“方法”设为“激活角度”，并将角度设为 345，打开“使用围栅”选项，如图 3-151 所示。

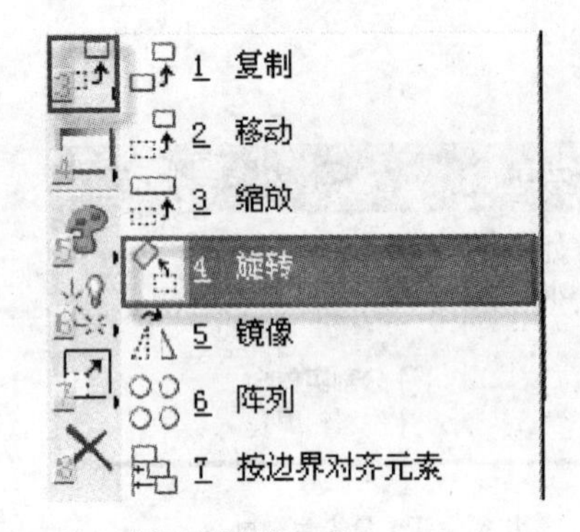


图 3-150　选择“旋转”工具

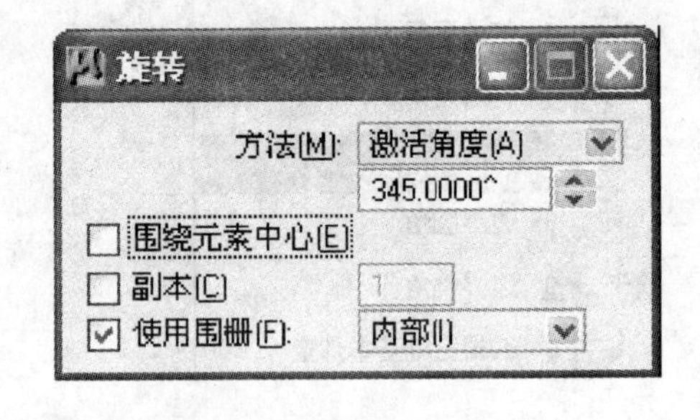


图 3-151　“旋转”工具设置窗口

(18) 在视图 3 捕捉支柱右下角端点作为旋转中心，按鼠标左键完成，如图 3-152 所示。

结果如图 3-153 所示。

8) 第八步：绘制扶手

(1) 点击视图上的“设置激活深度”工具图标，在视图 3 任意位置点选后在抓取视图 1 如图 3-154 所示 G 点位置再按鼠标左键完成。

(2) 选择“放置智能线”工具，如图 3-155 所示。

(3) 在视图 3 绘制如图 3-156 所示的折线。

(4) 选择“构造圆角”工具，如图 3-157 所示。

(5) 在工具设置窗口将“半径”设为 100，“截短”设为“双向”，如图 3-158 所示。

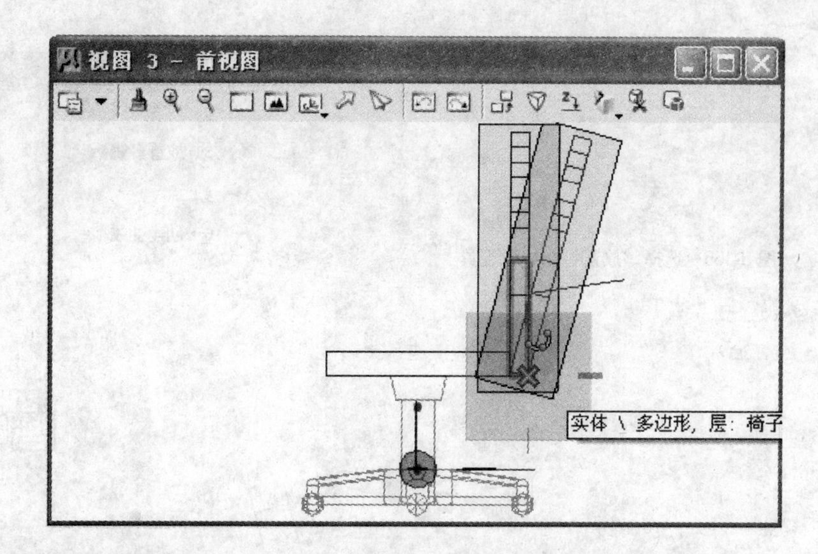


图 3-152　旋转椅背

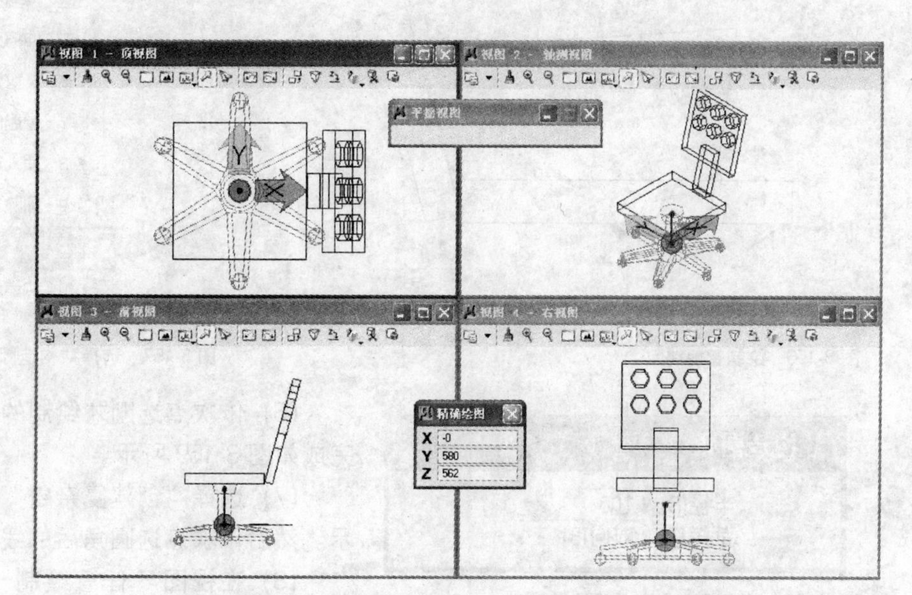


图 3-153　绘制完成的椅子部分

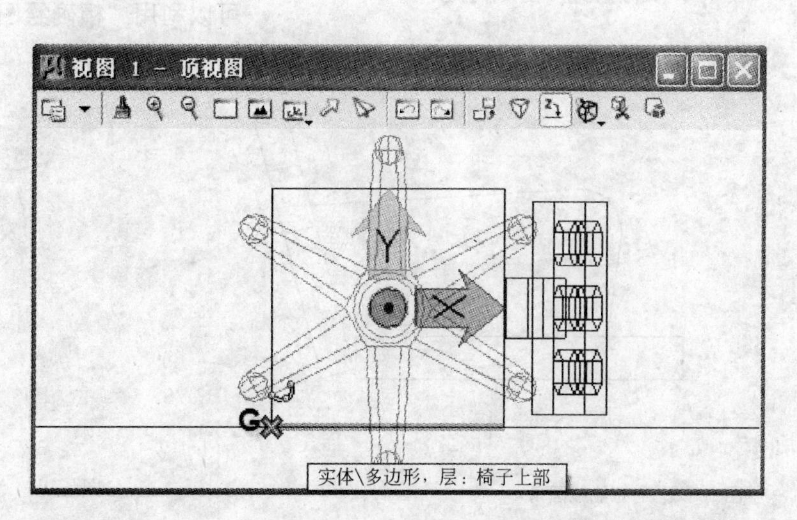


图 3-154　设置激活深度

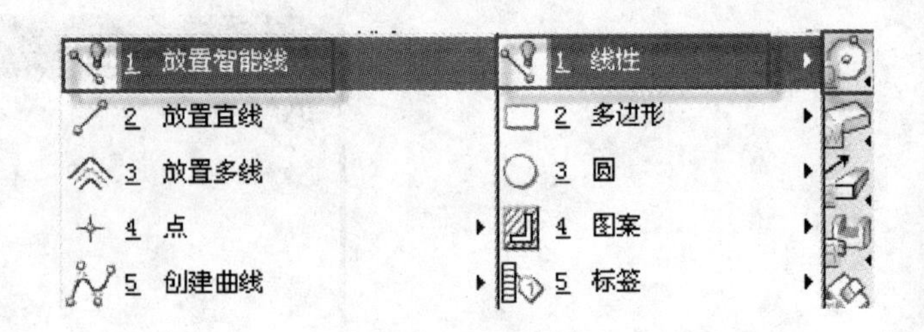


图 3-155 选择“放置智能线”工具

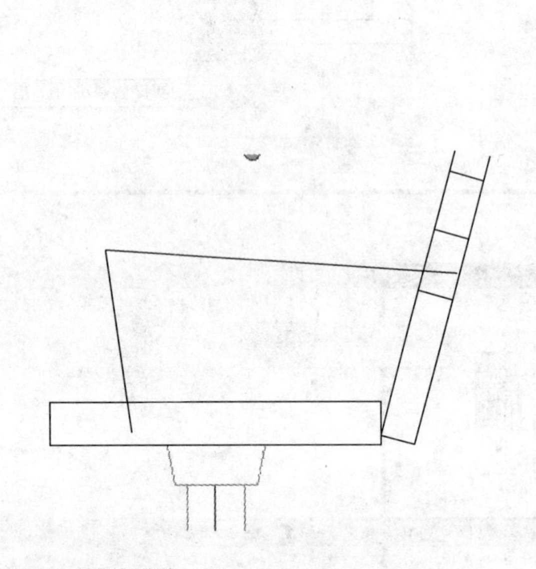

图 3-156 绘制智能线

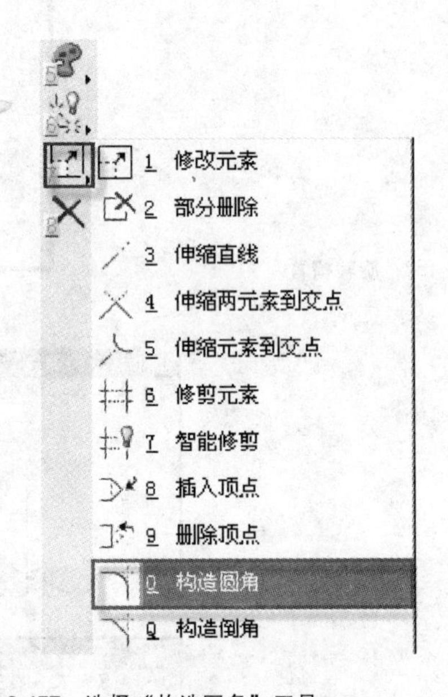


图 3-157 选择“构造圆角”工具

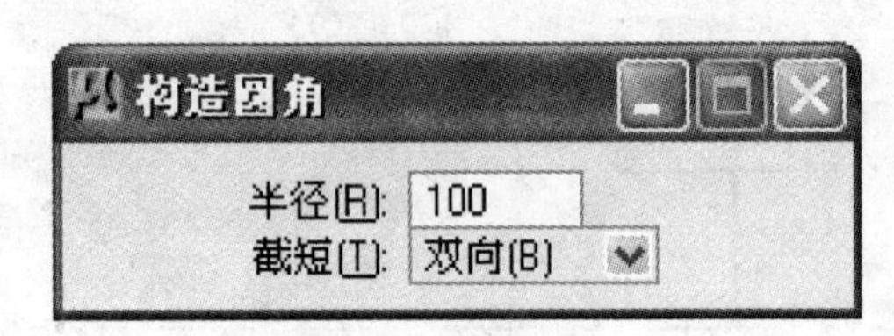


图 3-158 “构造圆角”工具设置窗口

(6) 依次点选刚才绘制的折线的两条边，圆角完成如图 3-159 所示。

(7) 选择“创建复杂链”工具，如图 3-160 所示。然后依次点选圆角后的线段，使其成为线串。

(8) 在视图 3 任意绘制一个 80 × 30 的矩形，可以利用“精确绘图”窗口来绘制。

图 3-159 将智能线圆角

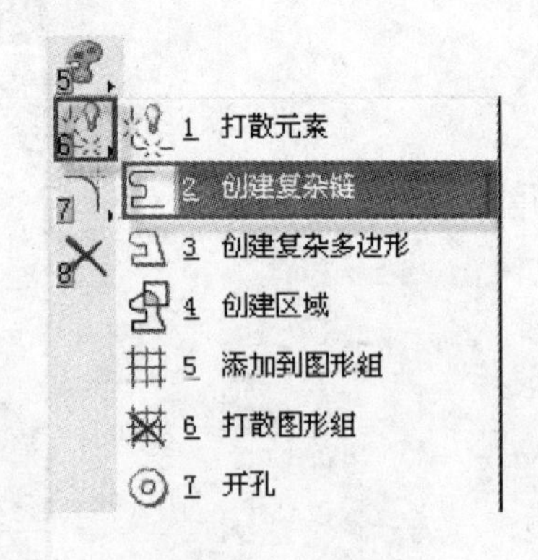


图 3-160 选择“创建复杂链”工具

(9) 选择“沿路径挤压”工具，如图 3-161 所示。

(10) 在工具设置窗口将“类型”设为“实体”，“连接方式”设为“轮廓到路径”，如图 3-162 所示。

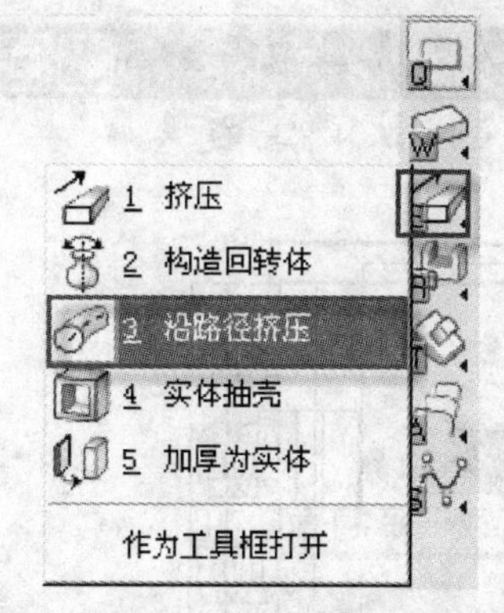


图 3-161 选择“沿路径挤压”工具

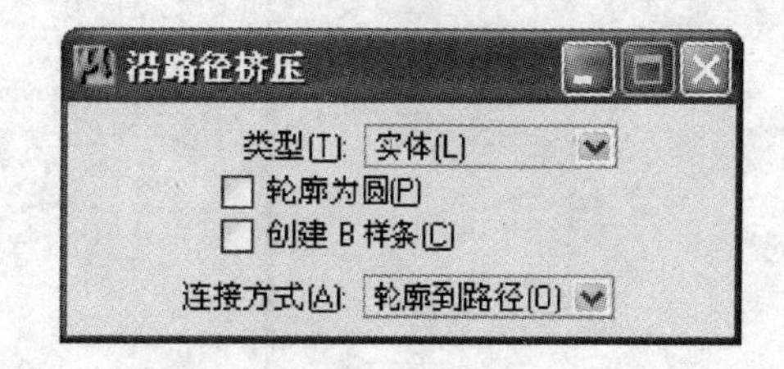


图 3-162 “沿路径挤压”工具设置窗口

(11) 选择线串作为路径，矩形作为轮廓，按鼠标左键完成，如图 3-163 所示。

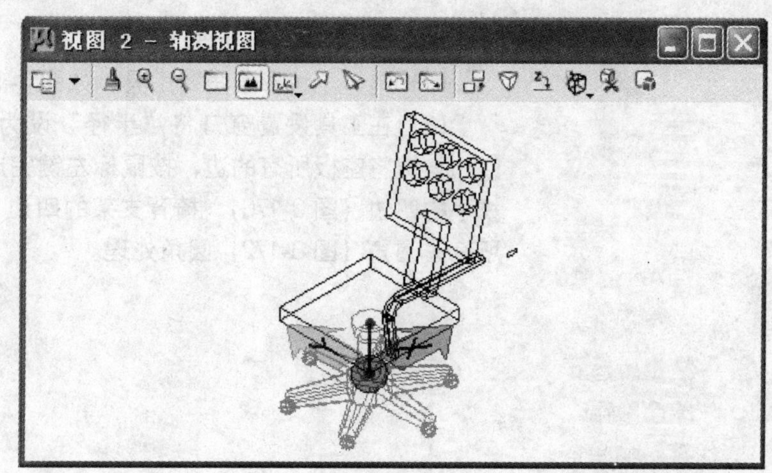


图 3-163 沿路径挤压生成扶手

(12) 选择“镜像”工具，如图 3-164 所示。

(13) 在工具设置窗口将“镜像关于”设为“水平”，打开“复制”选项，如图 3-165 所示。

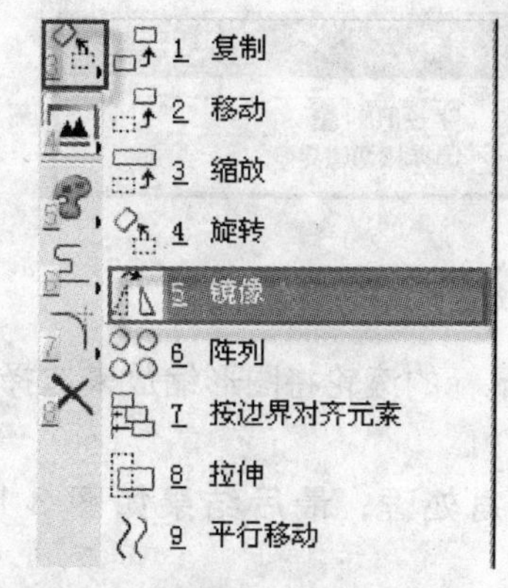


图 3-164 选择“镜像”工具

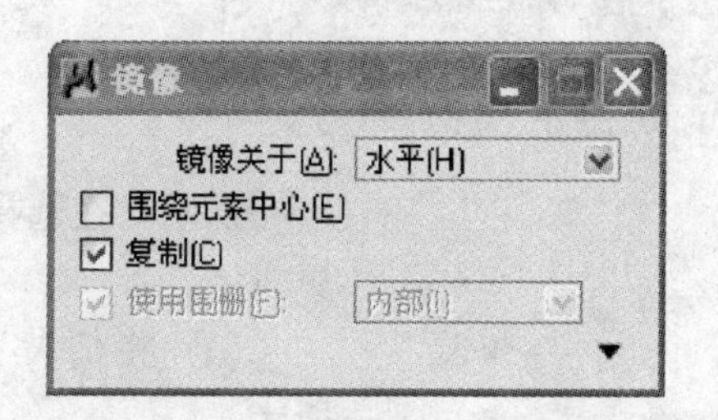


图 3-165 “镜像”工具设置窗口

(14) 在视图 1 捕捉座板中心当镜像中心按鼠标左键完成，如图 3-166 所示。

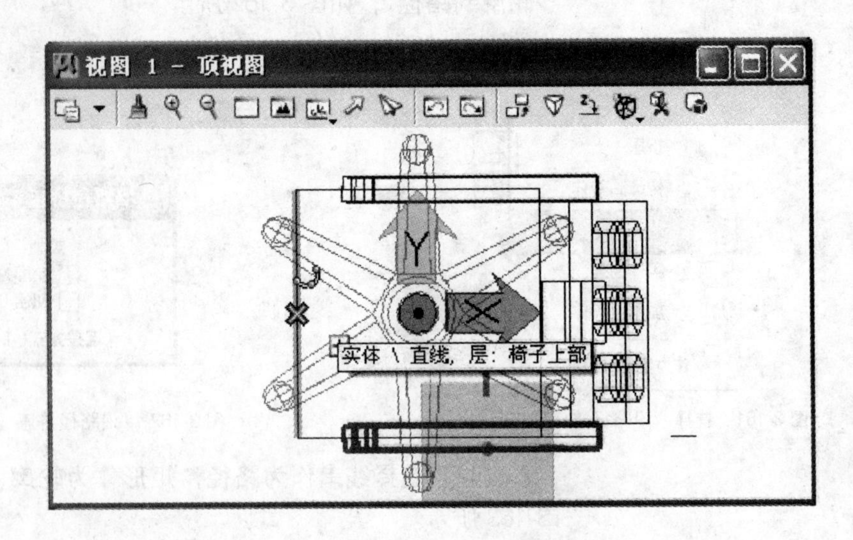


图 3-166 镜像椅子扶手

9) 第九步：圆角处理

(1) 选择“边界圆角”工具，如图 3-167 所示。

(2) 在工具设置窗口将“半径”设为 20，如图 3-168 所示。按住【Ctrl】键将座板所有的边，按鼠标左键完成，如图 3-169 所示。同样将扶手的四边（图 3-170）、椅背支架的四边（图 3-171）以及椅背背板的所有边圆角（图 3-172）圆角处理。

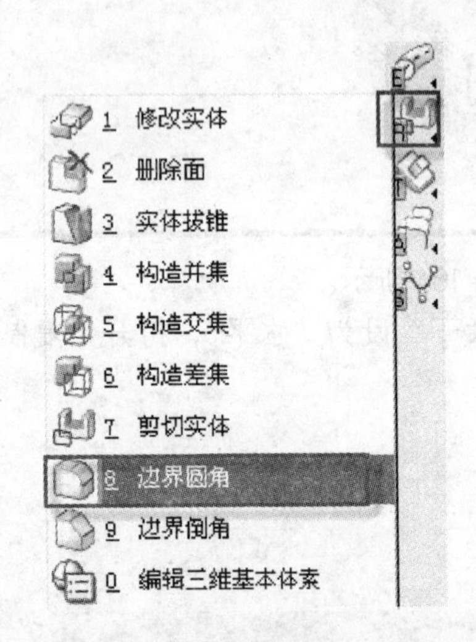


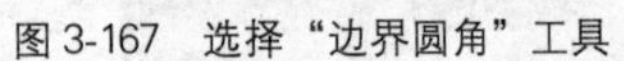

图 3-167 选择“边界圆角”工具

图 3-168 “边界圆角”工具设置窗口

说明：在选择边线的时候可以配合鼠标的滚轮将图形缩放来选择会更方便。

(3) 将椅背背板的空洞边缘也圆角处理，最后结果如图 3-173 所示。

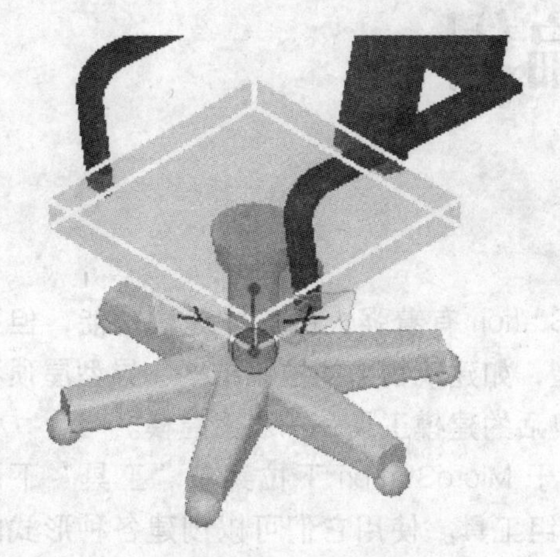

图 3-169　将椅子坐板圆角

图 3-170　将椅子扶手圆角

图 3-171　将椅子支架圆角

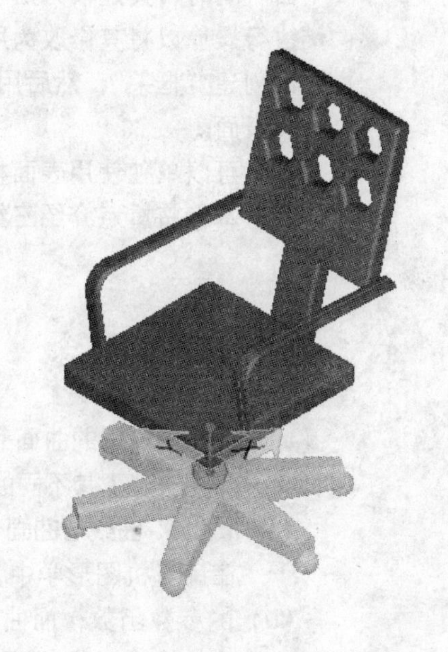

图 3-172　将椅子椅背圆角

图 3-173　最终绘制完成的椅子

【参考文献】

1. Bentley 研究所编著 · MicroStation 三维工程设计应用教程 · 北京：中国建筑工业出版社，2001.

2. 中京工程设计软件技术有限公司编著 · MicroStation V8 中文版实用手册 · 北京：清华大学出版社，2002.

# 4　三维表面建模与编辑

由前面的介绍可知，MicroStation 有着强大的实体建模功能，但工程中有时会遇到更为复杂的模型，如建筑物上的拉膜结构、异型屋顶和地形面等，此时需要使用更加灵活的建模工具——表面建模。

所谓表面建模工具是指位于 MicroStation 下拉菜单“工具”下的“表面模型”任务中所包含的一组工具。使用它们可以创建各种形式的表面，从非常简单的表面到复杂的 B 样条表面，若需要还可创建网格表面。同时，其建模方法也很丰富。即可以先创建简单的表面，然后对其执行操作以将其修改为所需的形状；也可以使用其他工具通过轮廓或截面创建“框架”，然后用表面覆盖此框架；还可以从轮廓直接挤压或旋转表面。

可以单独使用表面模型工具，也可将其与实体模型工具结合使用。

本章将重点介绍三维表面模型的创建和编辑。

## 4.1　基本概念

工程中使用的曲面有多种，其不同的曲面形式源于其不同的数学定义，也就决定了其不同的建模方法。本节介绍几个常用工程曲面的概念：

### 4.1.1　曲线与曲面

在计算机图形学中，曲线被表达为一个可将直线转换为曲线的变量（*u*）的参数函数；而曲面则是两个变量（*u*，*v*）的参数函数，它可将二维面转换为三维空间。曲面是由许多被称为 patches 的小面组成。如果 *u* 和 *v* 有一个是固定值，就可在曲面上创造一个等参数（isoparameter）曲线。

### 4.1.2　空间 B 样条曲线

在手工绘图的年代，为了绘制复杂曲线，绘图员常使用一种可以弯曲的木尺，利用其弹性弯出一条由指定数据点控制的曲线，作为绘图的模板，样条（spline）的概念由此产生。在 CAD 系统中可以采用样条曲线描述设计对象的曲线特征，事实上在工业领域样条曲线很早就被应用到各个领域：飞机、船体放样等的工作之中。

在常用的三维建模软件中，样条曲线由参照点和切线标识值（handles）确定。这条线不是简单的几个点的连线，它的每个顶点都有着不同的大小（位置）和方向。如果其中一个点改变位置与方向，其他点依据彼此的相关性（dependency）也随之改变。在此情况下，该曲线就是一种作用效应（action），而不是此种效应的简单轨迹。

通常，对于样条曲线的研究主要关注两个问题：

（1）间断点的数量和位置；

（2）曲线所采用的数学形式。

实际上，MicroStation 中也有各种各样的数学曲线样板，利用它们，用户无需了解曲线的数学原理便可在设计平面上以数据点为基准放置曲线（当然，如果需要也可以根据复杂的数学公式创建曲线）。MicroStation 的曲线板中包括多种曲线，其中 B 样条曲线是其中最为广泛使用的一种。其突出优点是：对局部的修改不会引起样条形状变化的远距离传播，也就是说修改样条的某些部分时，不会过多地影响曲线的其他部分。

1）点曲线

点曲线基于相对简单的数学公式——没有控制曲线形状的设置。放置点曲线时，它将随着数据点的输入而动态显示。且使用时用户可以灵活采用多种方式放置激活点：直接放置或利用其他元素以进行捕捉或使用“精确绘图”输入数据点。

2）B 样条曲线

B 样条曲线在数学上要比点曲线复杂得多，它是一种非常灵活的曲线，曲线的局部形状受相应顶点的控制很直观。这些顶点控制技术如果运用得好，可以使整个 B 样条曲线在某些部位满足一些特殊的技术要求。如：

- 可以在曲线中构造一段直线；
- 使曲线与特征多边形相切；
- 使曲线通过指定点；
- 指定曲线的端点；
- 指定曲线端点的约束条件。

3）贝赛尔曲线与复合曲线

贝赛尔曲线是具有相同极点数与阶数的 B 样条曲线。因此，有四个极点的四阶 B 样条曲线便是四阶贝赛尔曲线。贝赛尔曲线既可以控制曲线的起点和终点还可以控制这些位置上的切线，因此很通用。

而 MicroStation 中的复合曲线则是由线段、弧和贝赛尔曲线组合而成。

### 4.1.3 B样条曲面

在数学上，可以很容易将参数曲线段拓展为参数曲面片。因为无论是前面的贝赛尔曲线还是 B 样条曲线，它们都是由特征多边形控制的。而曲面则是由两个方向（比如 $u$ 和 $v$）的特征多边形来决定，这两个方向的特征多边形将构成特征网格。

B 样条曲面是从 B 样条曲线拓展而来的。给定了（$m+1$）（$n+1$）个空间点列 $b$，$i$，$j$（$i=0$，1，2，…，$n$；$j=0$，1，2，…，$m$）后，就可以定义 $m\times n$ 次 B 样条曲面片。B 曲面又有很多优越的性质，最重要的就是实现了曲面片之间的光滑连接问题。

在实际应用中，最为重要的一种曲面是双三次B样条曲面片，此时$m=n=3$。

整个B样条曲面是由B样条曲面片连接而成的（这正如B样条曲线），并且在连接处达到了$C^2$连续，这一点是由三次B样条基函数族$F_i$，$j$（$u$）的连续性保证的。所以，双三次B样条曲面的突出特点就在于相当轻松地解决了曲面片之间的连接问题。

#### 4.1.4 NURBS曲面

所谓NURBS是Non-Uniform Rational B-Splines（非均匀有理B样条曲线）的缩写，它纯粹是计算机图形学的一个数学概念。它表明可以生成从一根简单的两维线段、圆、弧或者四方形，到复杂的不规则三维有机形（free-forms-organic）的面。NURBS建模技术是最近几年来三维动画最主要的建模方法之一，特别适合于创建光滑的、复杂的模型，而且在应用的广泛性和模型的细节逼真性方面具有其他技术无可比拟的优势。但由于NURBS建模必须使用曲面片作为其基本的建模单元，所以它也有以下局限性：

- NURBS曲面只有有限的几种拓扑结构，导致它很难制作成拓扑结构很复杂的物体（例如带空洞的物体）；
- NURBS曲面片的基本结构是网格状的，若模型比较复杂，会导致控制点急剧增加而难于控制；
- 构造复杂模型时经常需要裁剪曲面，但大量裁剪容易导致计算错误；
- NURBS技术很难构造“带有分枝的”物体。

说明：1991年，国际标准化组织（ISO）于颁布了关于工业产品数据表达与交换的STEP国际标准，将NURBS方法作为定义工业产品几何形状的唯一数学描述方法，从而使NURBS方法成为曲面造型技术发展趋势中最重要的基础。

#### 4.1.5 网格曲面

MicroStation的“网格”任务包含专门用于处理网格元素的工具，网格元素是由表示光滑表面的小平面组成的表面。例如，数字地形模型通常是作为网格元素创建的。MicroStation的网格建模工具允许读者将实体和表面转换为网格元素，从轮廓线或点创建网格以及修改网格元素。

## 4.2 B样条曲线工具

#### 4.2.1 基本概念

使用手动绘图工具，可以利用曲线板绘制点曲线（由一系列点组成的曲线）。实际上MicroStation有各种各样的数学曲线板，可以在设计平面上以数据点为基准放置曲线，曲线板中包括点曲线和 NURBS（非均匀有理 B 样条）。使用它们用户无需了解曲线的数学原理便可绘制曲线，当然也可以根据复杂的数学公式创建曲线。

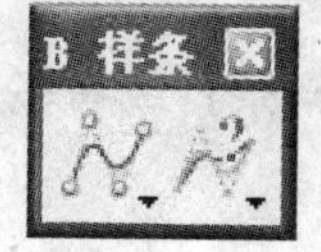

图 4-1 “B 样条”工具框

在 MicroStation 中，B 样条任务是表面建模和实体建模任务的子任务，其中包括了用于创建和修改 B 样条曲线的工具：创建曲线和修改曲线。具体如图 4-1 所示。

熟悉曲线放置工具的最简单方法是输入一系列数据点或线串，然后在这些元素的基础上构建不同的曲线。使用 B 样条曲线，可以在观看曲线更新时调整设置，然后在得到正确的形状后接受曲线。

### 4. 2. 2 放置曲线任务

图 4-2 为“创建曲线”工具框，按从左至右的顺序，框中各工具依次为：“放置 B 样条曲线”、“按切线绘制曲线”、“放置复合曲线”、“按弧构造内插”、“放置圆锥曲线”、“放置螺线”、“放置螺旋线”、“偏移曲线”、“提取轴测参数化线”和“曲线计算器”。各工具均用于绘制曲线以及从实体或 B 样条表面提取轴测参数化线。现分别介绍其中的几个常用工具：

图 4-2 “创建曲线”工具框

1）“放置 B 样条曲线”工具

该工具用于 B 样条曲线的创建。执行“工具→B 样条曲线→创建曲线→放置 B 样条曲线”，将显示如图 4-3 所示的对话框。框中共有四个选择项：

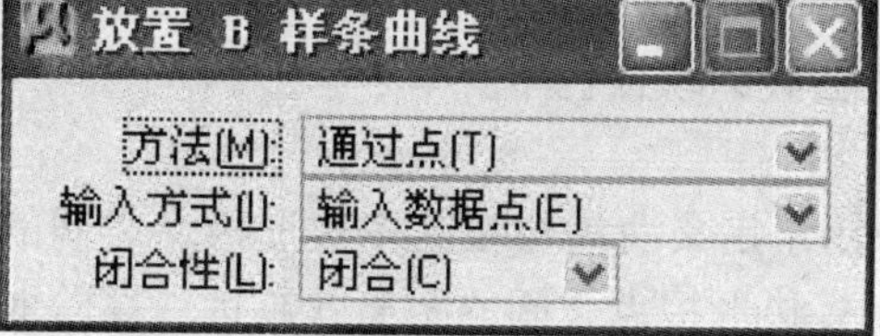

图 4-3 “放置 B 样条曲线”对话框

（1）方法（M）：

该项用于选择计算曲线的方法。与点曲线不同，在 B 样条曲线的“方法”选项菜单中有四种可供选择的方法用于计算最终生成的曲线。其具体含义见表 4-1。考虑到本教材的任务，在此不再详述各方法的原理，读者可由图 4-4 所示来区分各方法建模的区别。

**计算曲线方法具体含义** **表 4-1**

| 方　法 | 数据点或元素极点定义 |
|---|---|
| 定义极点 | 控制多边形的极点 |
| 通过点 | 曲线上的点 |
| 按公差最小二乘法 | 曲线近似或“配合”的一组点 |
| 按极点数最小二乘法数 | 曲线近似或“配合”的一组点 |
| 内插法 | 高度近似的一组点 |

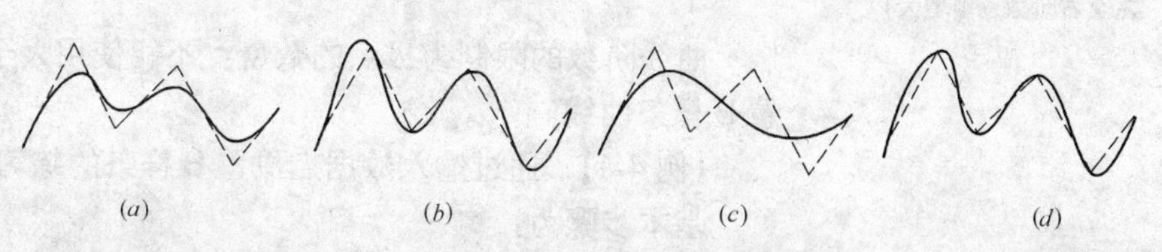

图 4-4 基于同一线串构造的不同类型 B 样条曲线
(*a*) 定义极点；(*b*) 通过点；(*c*) 最小二乘法；(*d*) 内插法

(2) 输入方式 (I)：

该选项用以设置定位输入点的方式，共有两个选项：

· 输入数据点——通过输入数据点放置曲线。输入新数据点或移动指针时，将动态更新曲线。

· 拾取线串——根据标识线串或复杂链（导致开放B样条）或者多边形或复杂多边形（导致闭合B样条）的顶点构建曲线。

(3) 闭合性 (L)：

该选项用于将曲线设置为“开放”或“闭合”。当“方法”选为“内插法”时，此项将不可用。

此处需要强调的是B样条曲线的开放与闭合的定义：所谓闭合B样条曲线是指其起点与终点在同一点上，且整个曲线包围一个封闭区域。在MicroStation中，封闭B样条曲线也可以是周期性的，即曲线的所有派生物（小于阶数-1）都连续经过闭合点。换句话说，周期性的B样条曲线“平滑地”经过其闭合点，曲线不会出现扭结。

设计时，端点不重合的B样条曲线被称为“开放”B样条。但在数学上，开放B样条以第一个极点为起点，最后一个极点为终点，且两端点不必重合。将“闭合性”工具设置为“开放”可以生成数学上所指的开放B样条曲线。图4-6所示为基于同一构造的B样条曲线在“闭合”和“开放”设置下的比较。

可以使用更改为激活曲线设置工具将模型中周期性B样条的定义更改为数学意义上的开放B样条，而不用改变其形状。这有助于将DGN文件转移到不支持周期性B样条曲线的软件包中。

(4) 阶数 (O)：

实际上，B样条曲线的阶数用于定义曲线与控制多边形极点之间的距离。阶数越大，曲线与其控制多边形极点之间的距离就越远。高阶曲线比低阶曲线的“自由度”要高。图4-5为不同阶数的B样条曲线的比较。

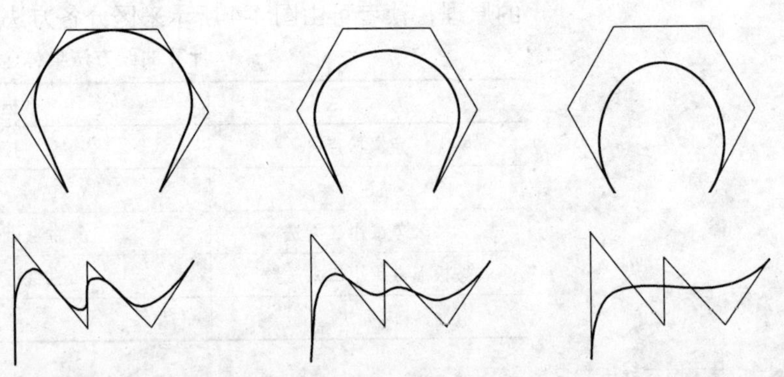

图4-5 不同阶数的B样条曲线（方法设为定义控制点，定义方法设为构造，由左至右阶数逐渐增大）

曲线阶数的限制为极点的数量：不能使用大于极点数量的阶数来放置B样条曲线。

【例4-1】 通过输入数据点放置B样条的练习。

基本步骤为：

（1）打开文件

按照指定路径...\WorkSpaceex\dgn\，打开名为 ex4-01. dgn 的图形文件。

（2）选择“放置 B 样条曲线”工具并设置参数

执行“工具→B 样条曲线→创建曲线→放置 B 样条曲线”，在弹出的工具设置窗口中，将“输入方式”设置为“输入数据点”。

（3）输入数据

按照屏幕给定的数据点，定义“1”点为曲线的起点并依次输入一系列的数据点。

（4）调整参数，比较结果

分别将“闭合性”设置为“开放”；将“方法”设置为“通过点”或“按公差最小二乘法”（注：此时“闭合性”设置为“开放”）；将“端点切向”设置为“起点切向”、“终点切向”或“两表面”（此时输入数据点定义起点或终点切线方向）或将“端点切向”设置为“两表面”（此时则输入数据点定义终点切线方向），在上述调整后比较其不同的结果。图 4-6 则为“闭合”与“开放”两种情况下的结果比较。

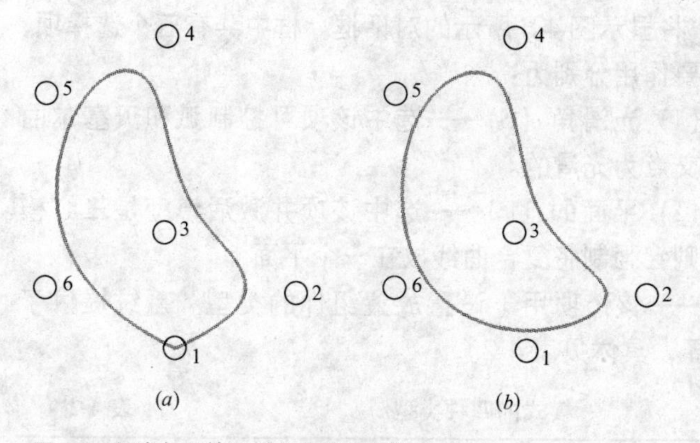


图 4-6 闭合与开放 B 样条曲线的比较

（a）开放的 B 样条曲线；（b）闭合的 B 样条曲线

2）“按切线绘制曲线”工具

该工具用于按用户在一组点中每点定义的切线方向，创建经过这些点的 B 样条曲线。绘图时可以使用数据点或通过标识元素来交互定义点和切线方向。

说明：

· 当用户使用标识元素的方法时，曲线将经过标识元素的起点并将元素的方向作为输入的切线方向；

· 使用该工具绘制的曲线既可以是二次曲线，也可以是三次曲线。

执行“工具→B 样条曲线→创建曲线→按切线绘制曲线”，将显示图 4-7 所示的对话框。框中内容较为简单，就以下两个选择项：

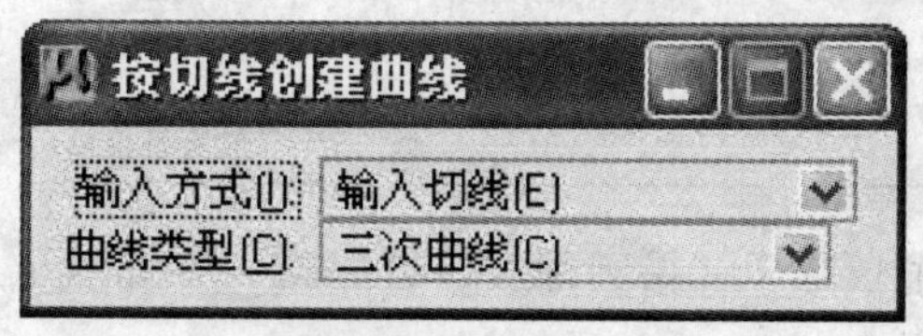


图 4-7 “按切线绘制曲线”对话框

（1）输入方式（I）：

设置定位输入点的方式。用户可在“输入切线”与“拾取元素”间选择。其中：

· 输入切线——在图形上定义一组矢量。

· 拾取元素——标识现有元素。

（2）曲线类型（C）：

设置曲线适用的算法，其中：

· 三次曲线——三次方程（4 阶）

· 二次曲线——二次方程（3 阶）

3）“放置复合曲线”工具

该工具用于放置复合曲线，此曲线可以有线串、弧或贝塞尔曲线（指有四个极点的 4 阶 B 样条曲线）作为组件。如果全部组件都是线段且顶点数少于 5000，则在设计文件中放置线串或多边形；否则放置复杂链或复杂多边形。

使用放置复合曲线工具放置贝赛尔曲线时显示的图柄控制曲线段端点的切线。由第一个极点和第二个极点定义的线是初始切线方向，由第三个极点和第四个极点定义的线是最终切线方向。图柄的长度控制切线两端的大小（切线是矢量，因此它具有方向和量值）。

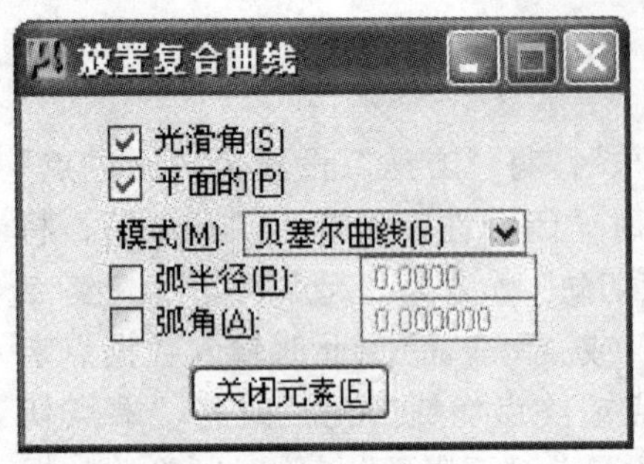

图 4-8 “放置复合曲线”对话框

执行“工具→B 样条曲线→创建曲线→放置复合曲线”，将显示图 4-8 所示的对话框。框中共有五个选择项，其主要作用分别为：

（1）光滑角（S）——选中该项可控制弧和贝塞尔曲线的交点为光滑的。

（2）平面的（P）——选中该项并激活模型是三维模型，则会强制将复合曲线放在一个平面上。

（3）模式（M）——该选项用于设置放置组件的类型。系统提供了四种类型供用户选择，具体见表 4-2。

**模式的四种类型** **表 4-2**

| 模　式 | 输 入 数 据 点 | 类似与 |
|---|---|---|
| 按圆周放置弧 | 定义弧上的点；定义弧端点 | 放置弧 |
| 按圆心放置弧 | 定义中心（定义半径，除非选中“弧半径”）<br>定义扫角（除非选中“弧角”） | 放置弧 |
| 贝塞尔曲线 | 定义第一个锚点；定义第一个方向点（定义相切）<br>定义第二个锚点（终点）；定义第二个方向点 | 无 |
| 线段 | 定义线段的端点 | 放置智能线 |

（4）弧半径（R）——该选项仅限于“按圆周放置弧”或“按圆心放置弧”。若选中，则设置弧半径。

（5）弧角（A）——该项仅限于“按圆周放置弧”或“按圆心放置弧”。选中此项，则设置扫角。

（6）关闭元素（E）——单击此按钮或键入 CLOSE ELEMENT，系统将通过将第一个点与最后一个点连接起来创建多边形。

4）“放置螺旋线”工具

该工具仅适用于三维设计，用于放置螺旋线（即三维 B 样条曲线）。

执行“工具→B 样条曲线→创建曲线→放置螺旋线”，将显示图 4-9 所示的对话框。其框中共各选项的主要作用分别为：

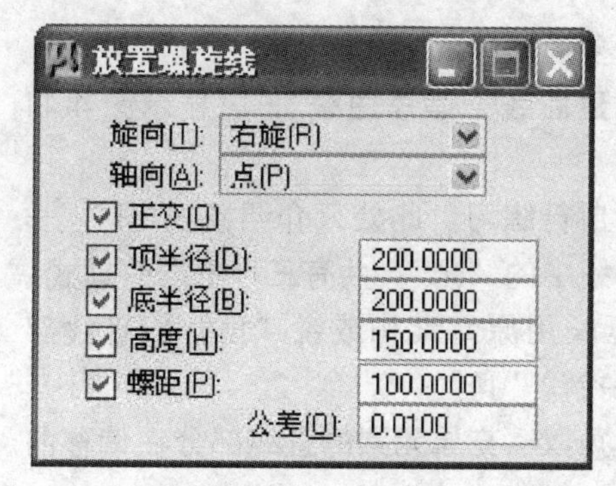


图 4-9 “放置螺旋线”对话框

(1) 旋向 (T)——用于控制螺旋线旋转上升的旋转方向，有左旋与右旋之分。

(2) 轴向 (A)——用于设置螺旋线的轴方向。其中：

· 点数（精确绘图）(P)——以图形方式定义轴的方向。操作时可输入数据点定义轴的“底”端点。

· 屏幕 X、Y 或 Z 轴——设置平行于屏幕 X、Y 或 Z 轴的轴方向；

· 绘图 X、Y 或 Z 轴——设置平行于绘图或 DGN 文件的 X、Y 或 Z 轴的轴方向。

如果选中了所有约束条件且将“轴向”设置为除“点”以外的任何设置，则动态显示螺旋线且可以输入数据点接受螺旋线。

(3) 正交 (O)——用于设置正交螺旋线。

(4) 顶半径 (D) 和底半径 (R)——用于分别设置螺旋线的旋转半径。当两值相等时可绘制圆柱螺旋线，否则为圆锥螺旋线。

(5) 高度 (H)、螺距 (P)——分别设置螺旋线的高度和螺距值。

【例 4-2】 放置螺旋线工具的使用练习。

绘制螺旋线的基本步骤为：

(1) 选择“放置螺旋线”工具。

执行“工具→B 样条曲线→创建曲线→放置螺旋线”或直接键入：PLACE HELIX。

(2) 设置各项参数如图 4-9 所示。

(3) 屏幕定位：在屏幕上指定点定义轴的“底”端点。点击右键接受螺旋线。

(4) 修改参数，比较结果。

图 4-10 所示为不同参数下的螺旋线。

5) “偏移曲线”工具

该工具用于构造元素的“偏移曲线”，即创建与已标识元素所有点的距离都相等的 B 样条曲线，这些元素包括线、线串、多线、曲线、

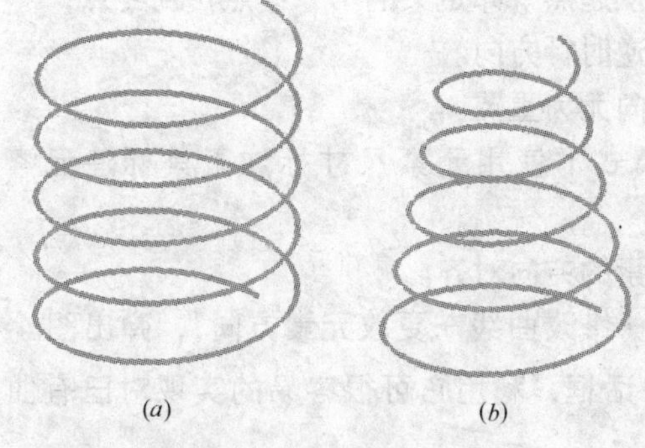


图 4-10 不同参数下的螺旋线比较
(a) 顶半径、底半径均为 200 的圆柱螺旋线；(b) 顶半径为 100、底半径为 200 的圆锥螺旋线

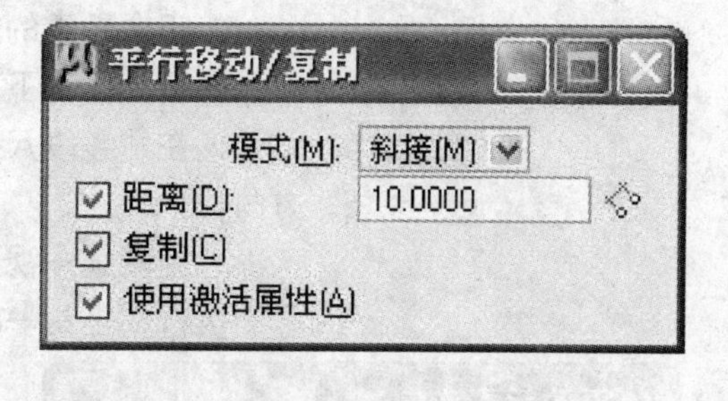


图 4-11 “偏移曲线”对话框

弧、椭圆、多边形、复杂链和复杂多边形。

执行“工具→B 样条曲线→创建曲线→偏移曲线”，将显示图 4-11 所示的对话框。

框中各项均较为简单，用户可自行练习。此处只介绍模式（M）一项。该项用于设置如何对待偏移曲线中的“角”。共有三种不同的模式：

· 斜接——根据需要，通过延长用原元素构成锐“角”的直线部分，来填充空隙且在偏移曲线中保持锐“角”。

· 圆角——根据需要，添加圆角以填充原元素的直线部分在偏移曲线中留下的空隙。

· 原有——保持曲线的原始几何形状。元素间的距离可能有所不同。

图 4-12 所示即为三种模式下的不同效果。

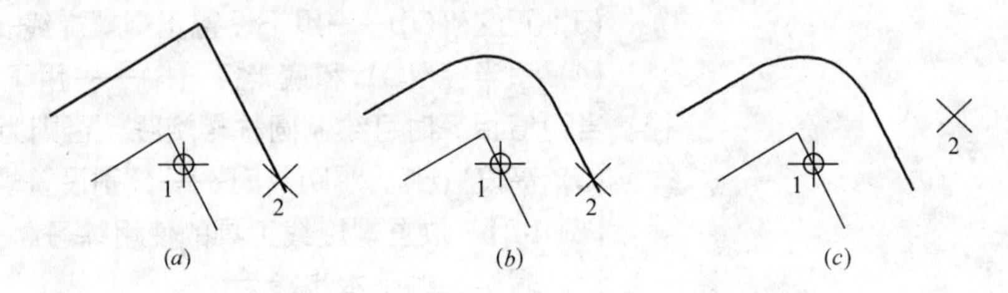


图 4-12 偏移模式的比较 （a）模式：斜接，距离：未选中；（b）模式：圆角，距离：未选中；（c）模式：圆角，距离：选中

### 4.2.3 修改曲线任务

图 4-13 所示的“修改曲线”工具框包含了十个曲线修改工具，主要用于对由相关创建曲线工具创建的曲线进行修改。从左到右各项为：“更改为激活曲线设置”、“重建曲线”、“拉伸曲线”、“更改元素方向”、“转换元素为 B 样条”、“过渡曲线”、“打散 B 样条曲线”、“展平曲线”、“曲线变形”和“曲线求值”。现介绍其中有关工具的主要功能。

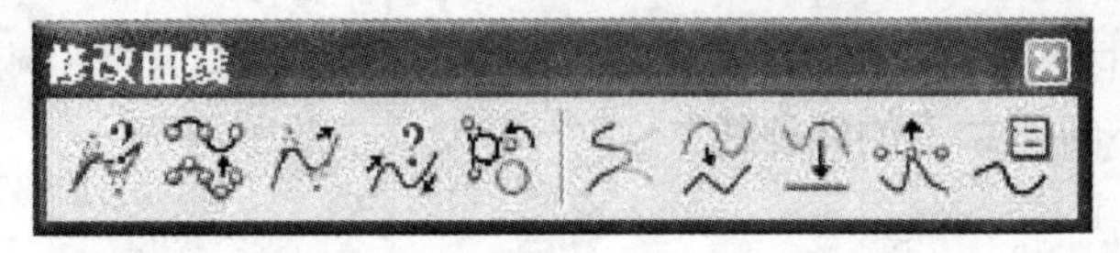


图 4-13 “修改曲线”工具框

1）“更改元素方向”工具

该工具用于逆转元素的方向或改变其起点（指闭合元素）。此处的元素通常是指：直线、线串、圆弧、椭圆、复杂链、复杂多边形、曲线和 B 样条曲线等。其中：

· 开放元素的放置方向是从起点（即定义的第一个点）到终点；

· 闭合元素的放置方向是逆时针方向。

在下列情况下，元素的方向尤为重要：

· 在“线段尺寸标注”模式下使用元素尺寸标注工具标注元素方向；

· 旋转某一视图使之与元素的方向对齐。

执行“工具→B 样条曲线→修改曲线→更改元素方向”，弹出图 4-14 所示的对话框，利用它可很容易的实现对已有曲线的修改。

更改元素方向

模式(M): 更改方向(D)

图 4-14 “更改元素方向”对话框

在图 4-14 所示的对话框中，模式（M）用于设置使用工具的模式，它共有两个选项：

· 更改方向——用于更改元素的方向；

· 更改起点——用于更改元素的起点。

2）“转换元素为B样条”工具

该工具用于将元素（包括：线、线串、圆弧、椭圆、复杂链、复杂多边形、投影表面或旋转表面以及圆锥体）转换为形状相同的B样条曲线或表面。图4-15即为执行该工具时弹出的对话框。

图4-15 “转换元素为B样条”对话框

工具框中有两个选项：“复制（M)”和“转换元素为表面（C)”。其中：

复制（M)——选中此项（即在前面的方框中加上“√”），系统按复制操作，即创建形状与所选元素相同的B样条曲线或表面；如果未选中，则将标识的元素转换为B样条曲线或表面。

转换元素为表面（C)——选中此项，系统将闭合元素转换为B样条表面，而不转换为闭合B样条曲线。

3）“打散B样条曲线”工具

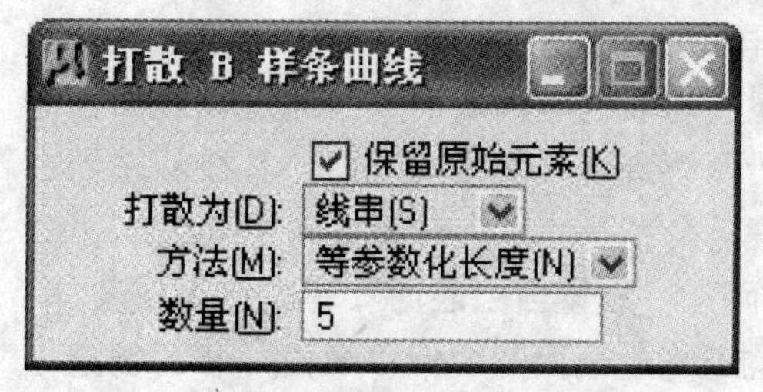


图4-16 “打散B样条曲线”对话框

该工具用于将B样条曲线转换为直线、线串、流线、圆弧或点。其对话框如图4-16所示。

框中各项的作用及设置方法分别为：

(1) 保留原始元素（K)

选中此选项即在该项前的方框内加“√”，那么系统则保留原始的B样条曲线。

(2) 打散为（D)

该项用于设置标识的B样条曲线转换为何种元素类型。共有五种类型供用户选择：

· 线串——将B样条曲线打散为线串；

· 直线——将B样条曲线打散为许多连续的直线；

· 流曲线——将B样条曲线打散为流曲线；

· 圆弧——将B样条曲线打散为许多连续的圆弧；

· 点——将B样条曲线打散为许多点。

(3) 方法（M)

该项用于设置构建打散元素的方法。也有五项供选择：

· 等参数化长度——以“数量”值作为参数间距均匀打散B样条曲线；

· 等弧长——沿圆弧均匀打B样条曲线。每段都有相等的弧长，弧长等于“数量”值；

· 等弦长——根据给定的点数，打散B样条曲线，使得每个连续点间的距离都相同；

· 定弦长——求出的每对连续点间的距离值都与弦长相同；

· 弦高——所有线段的最大弦高都小于此“弦高”。

(4) 数量 (N)

该项设置随“方法 (M)”选择的不同，有两个选择：当“方法”设置为“等参数化长度”时应选择点数；若“方法”设置为“等弧长”则选择弧长。

## 4.3 表面模型的创建与编辑

使用 MicroStation 的“表面模型”任务中的工具，可以创建各种形式的表面，从非常简单的表面到复杂的 B 样条表面。如果需要，还可以创建网格。例如：用户可以先创建简单的表面，然后对其执行操作以将其修改为所需的形状；可使用其他工具通过轮廓或截面创建“框架”，然后用表面覆盖此框架；还可以从轮廓挤压/旋转表面。本节即主要介绍表面模型（以 B 样条曲面为主）的创建和编辑工具。

### 4.3.1 表面模型的创建

执行“工具→表面模型→创建表面”，可得如图 4-17 所示的“创建表面”任务框。该框中的各工具主要用于放置或构造自由表面、螺旋表面或偏移表面，并通过横截面、边界、表皮或沿两轨迹延展来构造表面。其按从左到右的顺序，各任务分别是：“按剖面或网格构造表面”、“按边构造表面”、“放置自由表面”、“构造表皮实体/表皮面”、“沿两轨迹延展”、“构造螺旋表面”、“偏移表面”和“创建平面表面”。

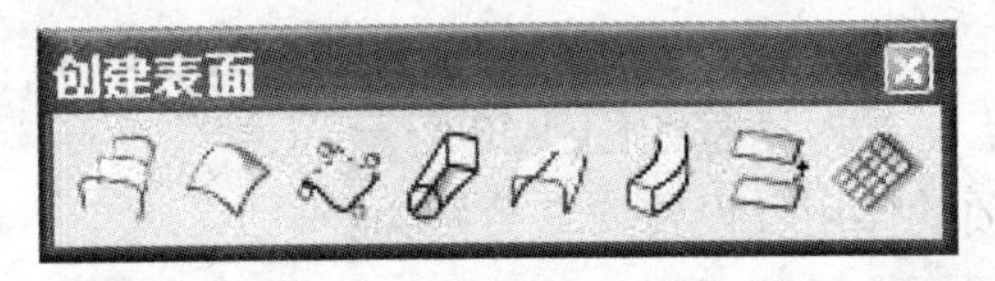


图 4-17 “创建表面”工具框

1)“按剖面或网格构造表面”工具

该工具主要用于构造在剖面元素之间或网格元素之间转换的 B 样条表面。使用时，所有剖面元素必须在同一方向上，以避免形成“螺旋”表面。为此，在使用之前可利用“修改曲线”任务中的更改元素方向工具改变剖面的方向和起点，使其位于彼此相似的位置上。作为最后一项检查，选中每个元素时可视帮助会显示元素方向。

执行“工具→表面模型→创建表面→按剖面或网格构造表面”，可得到如图 4-18 所示的“按剖面或网格构造表面”对话框。框中共有三项设置：

按剖面或网格构造...

定义方式(D): 截面(S)

应用平滑(A)

平滑公差(S): 0.1000

图 4-18 “按剖面或网格构造表面”对话框

(1) 定义方式 (D)

该项用于设置构造表面的方式。有截面、网格两个选项。其中：

• 截面——在截面（直线、线串、弧、椭圆、复杂链、复杂多边形或 B 样条曲线）间进行转换。V 方向的阶数为 4，U 方向的阶数由截面确定。

• 网格——通过内插元素网格构造 Gordon 表面。网格 U 方向的每个元素必须与其 V 方向的所有元素相交，反之亦然。

(2) 应用平滑 (A)

该设置仅适用于将“定义方式”设置为“截面”的情况，选中该复选框，则构造表面的连续性为输入横剖面的连续性。即每个输入横剖面在指定“公差”值范围内按平滑B样条曲线近似获得，并根据相似曲线创建表面。

(3) 平滑公差 (S)

该设置仅适用于选中“应用平滑”的情况，利用该设置可以更改平滑公差值的值。注意：较小的公差值会使构造的表面与构造元素更接近。

【例4-3】 按横剖面构造B样条表面的练习。

(1) 打开文件

按照指定路径... \WorkSpace\ex\dgn\，打开名为ex4-03.dgn的图形文件。

(2) 选择构造工具并设置参数

执行“工具→表面模型→创建表面→按剖面或网格构造表面”，在弹出的工具框中做以下设置：

- 定义方式 (D)——截面
- 应用平滑 (A)——关闭

(3) 屏幕选定各构造横剖面

选择轴测视图，按其中的第一剖面（即图中标记为“1”的剖面）上的任一位置左键，则可选择其为第一构造剖面（注意：此时在剖面元素的左边将显示其方向箭头）；

按上法依次左键点击各剖面上的点，可选择所有的构造剖面。提示：此时的屏幕显示，第四剖面元素的方向箭头与其余的不同，它位于元素右侧，用户应特别注意！

(4) 完成B样条曲面

移动鼠标至屏幕空白处，点击左键，确认构造曲面操作。可得到图4-19 (*a*) 所示的曲面（视图显示模式：平滑显示模式）。图中的曲面扭曲正是由于步骤 (3) 中第四剖面元素的方向不同所造成。

(5) 更改元素方向

执行“工具→B样条曲线→修改曲线→更改元素方向”，利用该工具调整第四剖面元素的方向与其他剖面一致。

(6) 重复上述步骤 (3)、(4)

完成新的曲面构造如图4-19 (*b*) 所示。

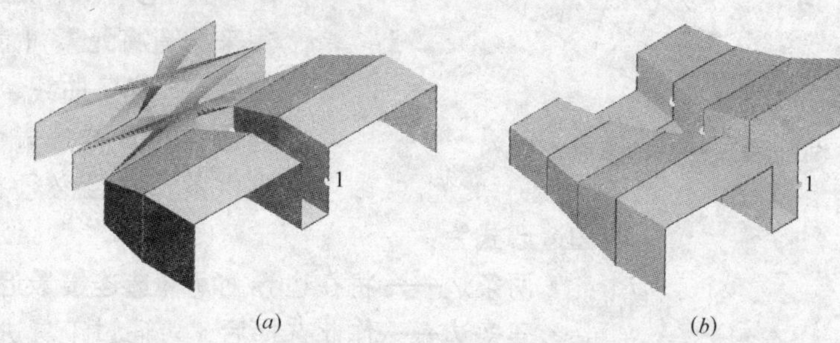


图4-19 剖面元素方向对构造曲面的影响
(*a*) 更改元素方向前；
(*b*) 更改元素方向后

自行练习：打开随书光盘中的 ex4-04. dgn 文件，自行练习构造 B 样条曲面的方法。图 4-20 为应用平滑对构造效果影响的比较。

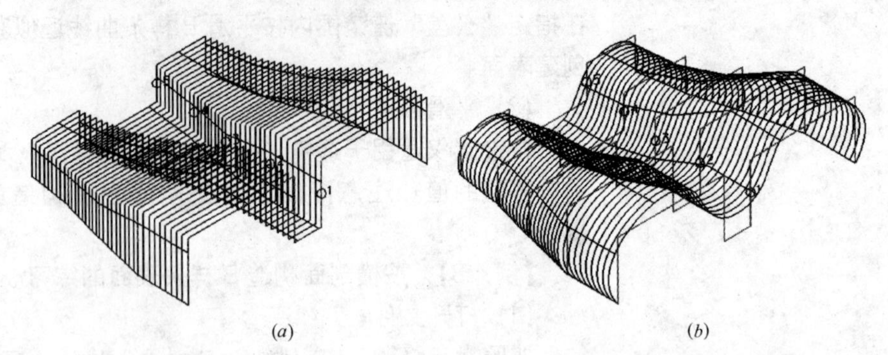


图 4-20　应用平滑对构造效果的影响
(a) 应用平滑关闭；
(b) 应用平滑打开且平滑容差为 0.01

【例 4-4】 练习构造内插元素网格的表面。

(1) 打开文件

按照指定路径... \WorkSpaceex\dgn\，打开名为 ex4-05. dgn 的图形文件。

(2) 选择构造工具并设置参数

执行“工具→表面模型→创建表面→按剖面或网格构造表面”，在弹出的工具框中设置定义方式（D）为“网格”。

(3) 进行屏幕标识

屏幕标识可在轴测视图中进行。其具体步骤为：

• 当系统提示：“标识第一个 U 截面曲线”时——用鼠标点击最左边的绿色元素；

• 当系统提示：“标识下一个剖面曲线”时——用鼠标点击剩余的两个绿色元素；

• 随着三个绿色元素的高亮显示，在远离元素的屏幕空白处左键确认；

• 同上三步骤顺序标识橙色元素，顺序由左到右亦可反之。

(4) 确认构造

当构造表面显示时，在远离表面的屏幕空白处左键，确认操作。图 4-21 即为完成后的效果。

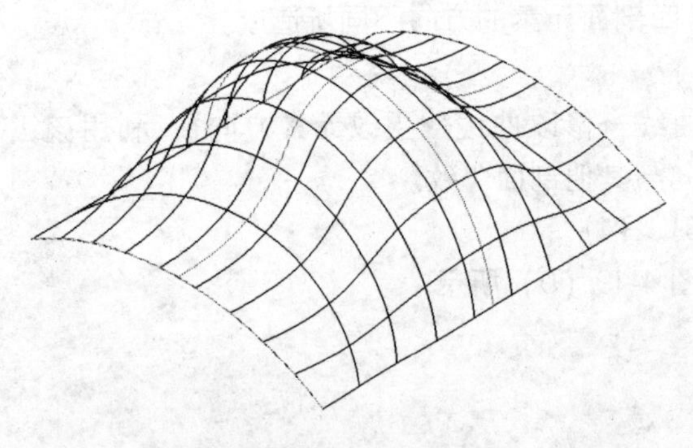

图 4-21　构造内插元素网格的表面举例

2) “按边构造表面”工具

该工具同样仅适用于三维设计，它主要用来构造将元素（直线、线串、多边形、弧、曲线、B 样条曲线、复杂链和复杂多边形）作为边界的 B 样条表面。其中包括的边数为三到六条，并且必须在端点处相接。不同边数的构造形式为：

• 两条边——将在边界之间构造连接最近端或最远端的规则表面。

• 三条边——作此选择后，可通过工具进一步设置：选择 Coons 拼片或N边拼片。

• 四条边——创建混合双边立方体的Coons拼片。

图4-22 "按边构造表面"对话框

• 五条边或六条边——则三个五边或六边表面将分别连接形成一个拼片。

其对话框的组成非常简单（如图4-22所示），故直接举例示范其用法。

【例4-5】 按边构造表面练习一。

(1) 打开文件

按照指定路径... \WorkSpaceex\dgn\，打开名为ex4-06. dgn的图形文件。

(2) 选择构造工具并标识元素

执行"工具→表面模型→创建表面→按边构造表面"，按顺序点击两红色的边界元素。

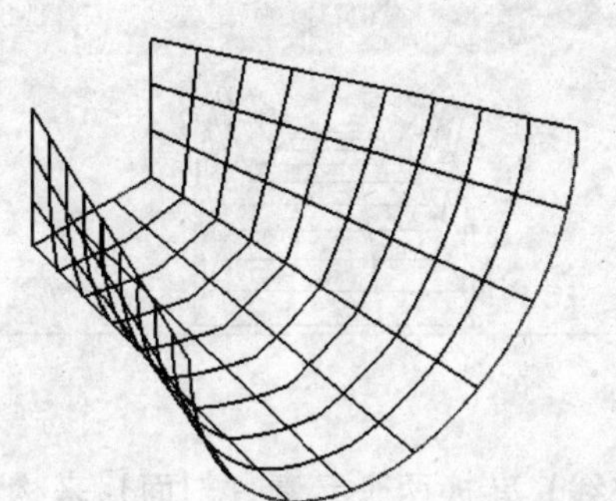

图4-23 边构造表面举例

(3) 确认构造

随着标识元素的高亮显示，在屏幕空白处单击左键可查看所构造的表面形状；再次在空白处单击则确认所作操作。图4-23即为完成后的效果。

说明：对于由两个边界元素所创建的表面，其构造方式有两种：依次连接最近的两点和连接最远的两点。故在某些情况下，由两个边界元素所创建的表面会出现扭曲现象（图4-24*a*）。此时，可利用"重置"（单击鼠标右键）操作将其翻转（图4-24（*b*）为翻转后的效果）。用户可打开随书光盘中的ex4-07. dgn文件自行练习。

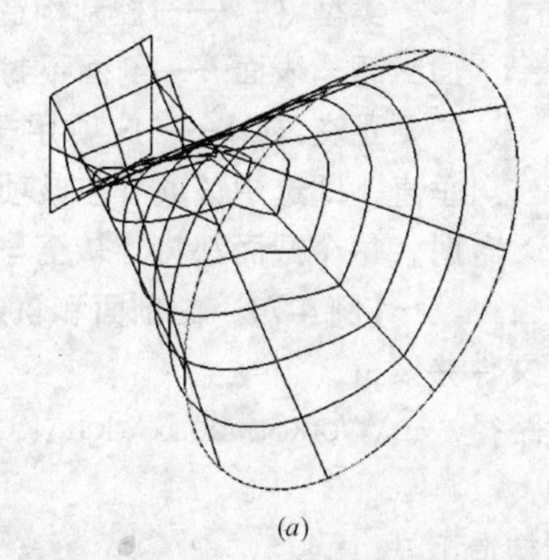

(*a*)

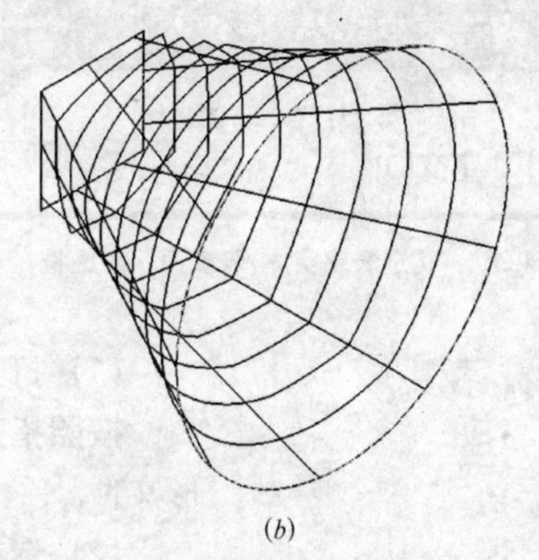

(*b*)

图4-24 边构造表面的扭曲与重置翻转
(*a*) 扭曲的表面；
(*b*) 重置翻转后

【例4-6】 按边构造表面练习二：

当构造表面的边界元素较多时，也可采用下面的步骤进行：

(1) 打开文件

按照指定路径... \WorkSpaceex\dgn\，打开名为ex4-08. dgn的图形文件。

(2) 选择边界元素

对于较多的边界元素，可使用系统提供的"强力选择器"工具，利用框选将全部边界一次选中。

(3) 选择构造工具

执行“工具→表面模型→创建表面→按边构造表面”，即可查看所构造的表面形状。

(4) 确认构造

移动鼠标，在屏幕空白处单击左键则确认所作操作。图 4-25 即为完成后的效果。

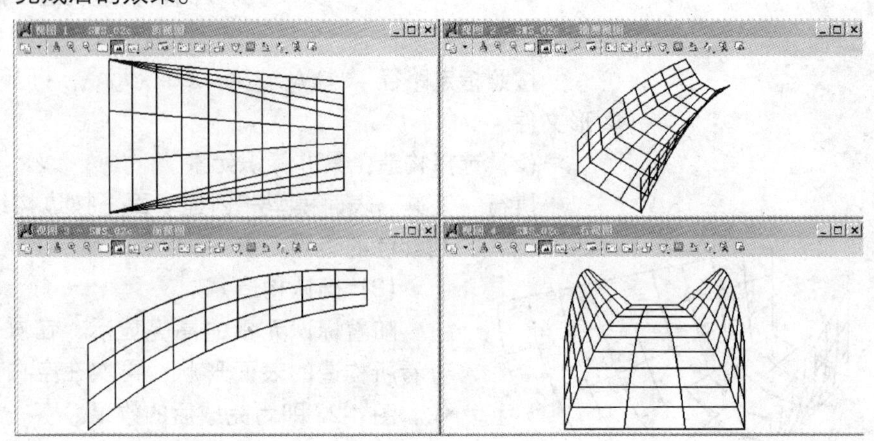

图 4-25　边构造表面练习二的效果

3)“构造表皮实体/表皮面”工具

该工具用于通过沿另一个元素（迹线）转换两个元素（剖面）来构造 B 样条表面。其中：剖面和迹线可以是直线、线串、弧、椭圆、复杂链、复杂多边形或 B 样条曲线。图 4-26 所示的是其对话框，共有两个设置项：

图 4-26 “构造表皮实体/表皮面”对话框

类型（T）——控制构造模型的类型。实体——剖面封闭；表面——剖面不封闭。

正交（O）——此项用于旋转各剖面使其与迹线垂直，即选中该项（在该项前加“√”），则构造模型时，每个截面都将旋转至与轨迹正交。

【例 4-7】　由剖面和轨迹创建表面练习一。

(1) 打开文件并设置

按照指定路径... \WorkSpaceex\dgn\，打开名为 ex4-09. dgn 的图形文件。

(2) 选择构造工具

执行“工具→表面模型→创建表面→构造表皮实体/表皮面”操作。

(3) 标识剖面和轨迹

根据系统提示，在图中绿色元素上单击左键，标识其为构造轨迹；

移动鼠标分别至图中的“U”形和半圆弧的剖面元素，单击左键进行标识。

(4) 查看和确认构造

随着所标识剖面元素的高亮显示，移动鼠标，在屏幕空白处单击左键可查看所构造的表面形状；再次在空白处单击则确认所作操作。图 4-27 即为由剖面和轨迹所创建表面完成后的效果（请注意比较图 4-27（*b*）、（*c*）的区别）。

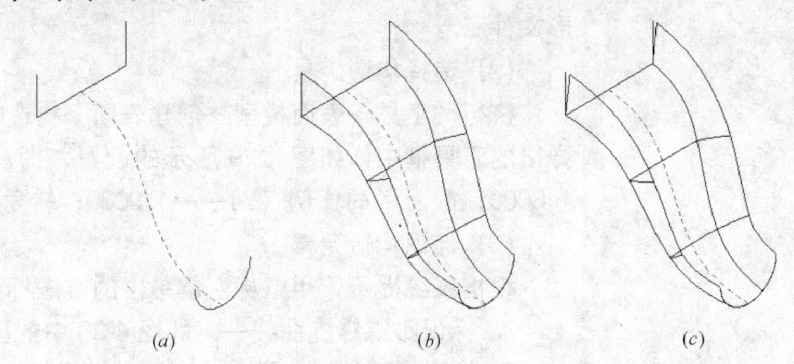

图 4-27　由剖面和轨迹创建表面练习一
（*a*）已知条件；（*b*）未选正交；（*c*）选择正交

图 4-28 为同一已知条件下，类型分别选择为表面和实体时的不同效果比较，用户可自行打开随书光盘中的 ex4-10. dgn 文件进行练习。

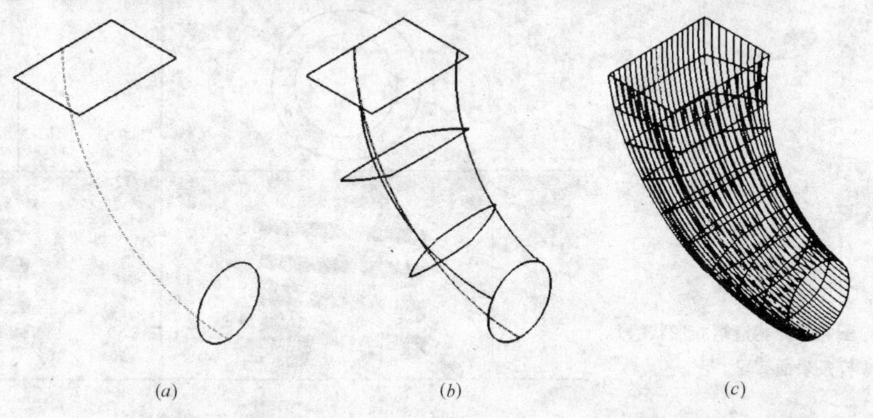

图 4-28　同一已知条件下，不同类型的比较
（*a*）已知条件；（*b*）类型：表面；（*c*）类型：实体

4）"构造螺旋表面"工具

该工具用于通过沿预先定义的螺旋曲线旋转剖面侧面曲线构造螺旋形状的 B 样条表面。需要将剖面侧面曲线放置到螺旋曲线的一端。使用此工具之前，还必须放置一条代表螺旋曲线轴方向的直线，即在建模过程中，此直线只有方向起作用，故用户可以无须顾忌直线的具体位置。

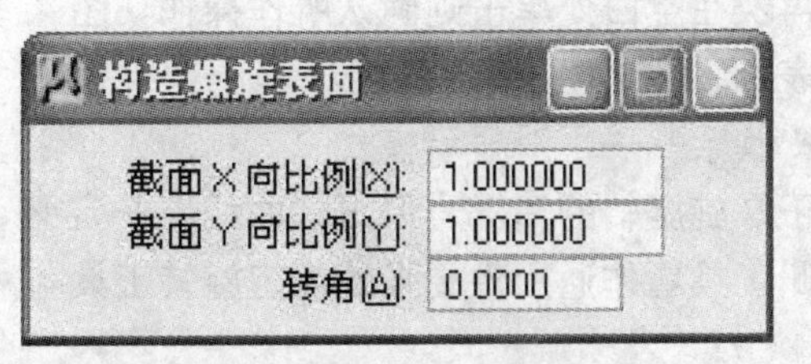


图 4-29 "构造螺旋表面"对话框

如图 4-29，该对话框共有三个设置选项，其各自的作用见表 4-3。

三个设置选项的各自作用　　**表 4-3**

| 工具设置 | 作　用 |
| --- | --- |
| 截面 X 向比例 | 设置当剖面侧面曲线沿从螺旋曲线的起点到其中心点的方向(即半径方向)旋转时其缩放的比例因子 |
| 截面 Y 向比例 | 设置当剖面侧面曲线在螺旋轴方向(即高度方向)沿螺旋曲线旋转时其缩放的比例因子 |
| 转角 | 设置当侧面沿螺旋曲线旋转时其旋转的角度 |

【例 4-8】 根据已知条件，构造螺旋形状的 B 样条表面。

(1) 打开文件并设置

按照指定路径... \WorkSpaceex\dgn\，打开名为 ex4-11. dgn 的图形文件。

(2) 选择构造工具

执行“工具→表面模型→创建表面→构造螺旋表面”操作，在随后弹出的工具框中作如图 4-29 所示的设置，即：截面 X 向比例 (X)——1. 0000；截面 Y 向比例 (Y)——1. 0000；转角 (A)——0. 0000。

(3) 标识构造元素

根据系统提示，用鼠标左键单击的方法标识元素，其顺序为：

A. 标识跟踪螺旋曲线——即图 4-30 中的已知螺旋线；

B. 标识剖面侧面曲线——即已知矩形；

C. 标识代表螺旋曲线轴方向的直线——图 4-30 中左边的竖直线。

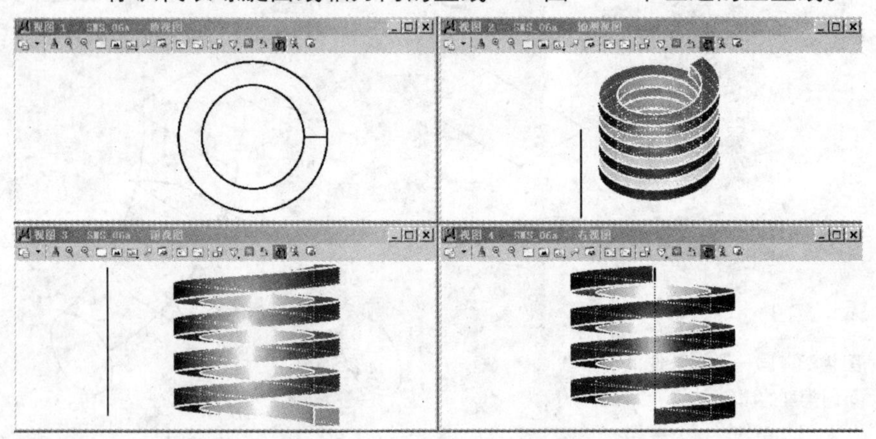

图 4-30 构造螺旋形状的 B 样条表面练习

(4) 查看和确认构造

随着所标识剖面元素的高亮显示，移动鼠标，在屏幕空白处单击左键可查看所构造的表面形状；再次在空白处单击则确认所作操作。图 4-30 所示为螺旋形状的 B 样条表面的三视图和轴测图。其中：平面图 (左上方)——消隐线显示模式；其余——平滑显示模式。

注意：虽然此工具设计用于螺旋旋转的情况，但跟踪曲线不一定必须是螺旋曲线。因此，可以将此工具看作通用性更强的固定旋转工具。

### 4. 3. 2 表面模型的编辑

“修改表面”任务中的工具可用于创建表面并集、交集或差集的新表面；修剪、拉伸、缝合、分割、打孔或挤压表面；或者更改 B 样条特定属性。图 4-31 所示即为修改表面工具框。从左到右依次为：“构造修剪”、“投影修剪”、“转换三维”、“构造缝合”、“更改法线方向”、“取消表面修剪”、“更改为激活表面设置”、“分割表面”、“延伸表面”和“重建面/表面”。

图 4-31 “修改表面”工具框

1) “构造修剪”工具

该工具仅适用于三维设计，是修改表

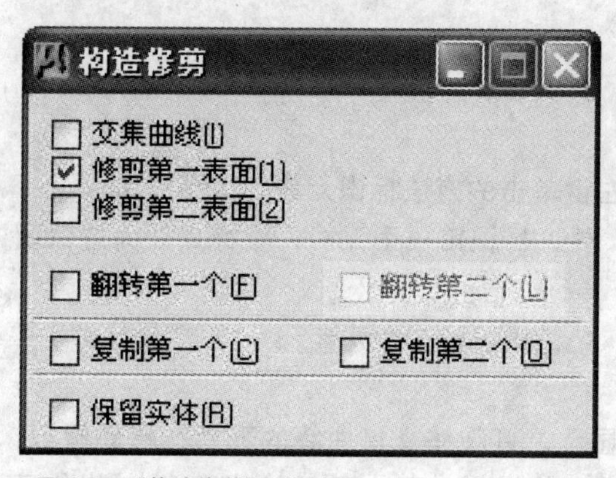


图 4-32 “构造修剪”对话框

面的多个工具中最重要的之一，主要用于以下操作：

• 将两个元素修剪到其公共交集处。

• 将一个元素修剪到其与另一元素的交集处。

• 在两元素的公共交集处使用第一个所选元素或两个元素的边界。

• 沿两个元素的公共交集构造曲线。

图 4-32 即为“构造修剪”对话框，其中各项用于相关参数的调整。使用此工具时，用户可以在接受修剪之前根据需要调整各种工具设置。现将工具框中各项的作用见表 4-4。

工具框中各项的作用　　表 4-4

| 工具设置 | 作　用 |
| --- | --- |
| 交集曲线 | 如果选中，则沿表面的公共交集构造曲线 |
| 修剪第一表面 | 如果选中，则将标识的第一个表面修剪到其与第二个元素的交集处 |
| 修剪第二表面 | 如果选中，则将标识的第二个表面修剪到其与第一个元素的交集处 |
| 翻转第一个 | 设置修剪后保留第一个标识的元素的哪一部分。如果选中，则删除所选部分；如果取消选中，则保留所选部分 |
| 翻转第二个 | 设置修剪后保留第二个标识的元素的哪一部分。如果选中，则删除所选部分；如果取消选中，则保留所选部分 |
| 复制第一个 | 如果选中，则复制第一个标识的元素，而原始元素将保留在设计中 |
| 复制第二个 | 如果选中，则复制第二个标识的元素，而原始元素将保留在设计中 |
| 保留实体 | 如果选中，则在修剪之后修剪实体仍为实体，不会修剪其表面<br>如果未选中，则将修剪实体转换成表面并进行修剪 |

注：选择元素进行修剪时，程序将保留元素已标识的部分。接受修剪前，可以分别为第一个选择的元素选中“翻转第一个”复选框，为第二个选择的元素选中“翻转第二个”复选框。这些开关翻转保留的部分，如果用户不小心标识了错误部分，那么这些开关将非常有用。

现举例说明该工具的用法。

【例 4-9】 根据已知条件，练习将两个已有元素修剪到它们的交集处。

(1) 打开文件并设置

按照指定路径... \WorkSpaceex\dgn\，打开名为 ex4-12. dgn 的图形文件。

(2) 选择构造修剪工具

执行“工具→表面模型→修改表面→构造修剪”操作，在随后弹出的工具框中设置：

• 交集曲线——打开；

• 其余——关闭。

(3) 标识构造修剪元素

根据系统提示，用鼠标左键单击的方法标识元素，其顺序为：

A. 在图中用左键点“1”处，标识第一个元素，鼠标点处为应保留的部分；

B. 在图中用左键点“2”处，标识第二个元素。

(4) 查看和确认构造

随着图中两圆柱的高亮显示，可观察交集曲线的形状；移动鼠标，在屏幕空白处单击左键则确认所作操作。图 4-33（*a*）所示为其操作后的结果。

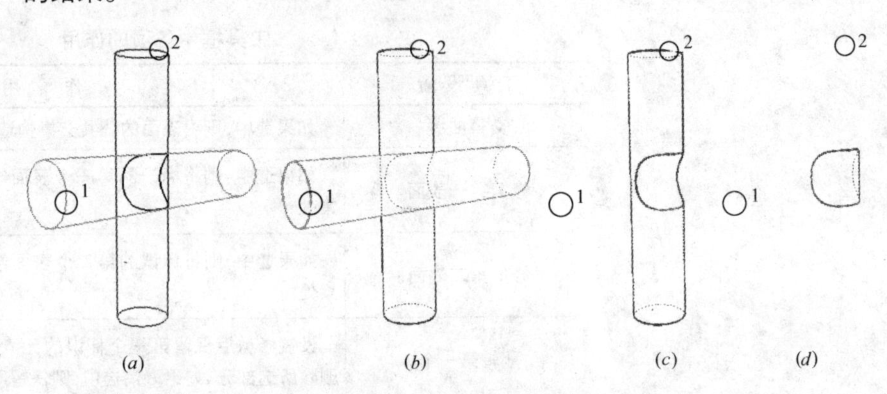


图 4-33　修改表面之构造修剪练习一

改变图 4-32 中各选项的设置，分别重复上述步骤（3）、（4），可观察到不同设置所对应的不同效果，用户可自行练习。图 4-33（*b*）、图 4-33（*c*）和图 4-33（*d*）所示即为不同设置下的效果，其各自的设置为：

图 4-33（*b*）——修剪第一表面、修剪第二表面：打开；其余：关闭。

图 4-33（*c*）——修剪第一表面、修剪第二表面即翻转第一个：打开；其余：关闭。

图 4-33（*d*）——修剪第一表面、修剪第二表面、翻转第一个和翻转第二个：打开；其余：关闭。

例 4-9 介绍了两立体元素的构造修剪，例 4-10 则介绍利用某已知平面（曲面）修剪立体元素。

【例 4-10】 根据已知条件，练习用一已知平面修剪一长方体。

(1) 打开文件并设置

按照指定路径...\WorkSpaceex\dgn\，打开名为 ex4-13. dgn 的图形文件，并设置轴测视图为当前视图。

(2) 选择构造修剪工具

执行“工具→表面模型→修改表面→构造修剪”操作，在随后弹出的工具框中设置：

• 修剪第一表面——打开；

• 修剪第二表面——打开；

• 翻转第二个——打开；

• 其余——关闭。

(3) 标识构造修剪元素

标识元素的方法与上例一样，顺序先“1”(即被修剪的立体元素)后“2”(为修剪平面)。

(4) 查看和确认构造。图 4-34 (*a*) 就是修剪后的效果 (为平滑显示模式)。

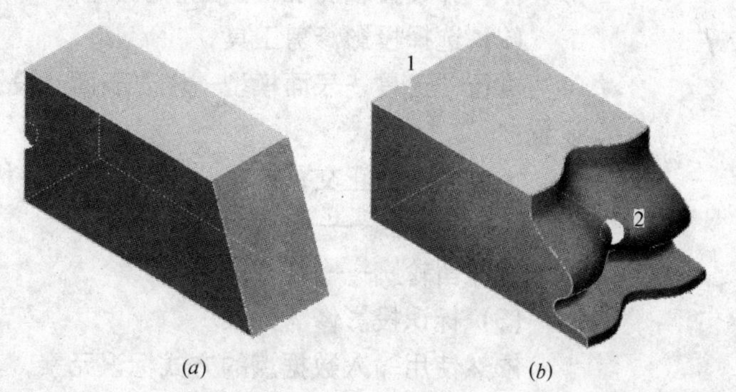


图 4-34　修改表面之构造修剪练习二
(*a*) 修剪前；(b) 修剪后

图 4-34 (*b*) 所示为修剪面为 B 样条曲面时的修剪效果，具体练习用户可利用光盘中的文件 ex4-14. dgn。

2)“投影修剪”工具

该工具的作用如下：

A. 通过投影剪切轮廓在表面开孔；

B. 将 B 样条曲线投影到表面上。

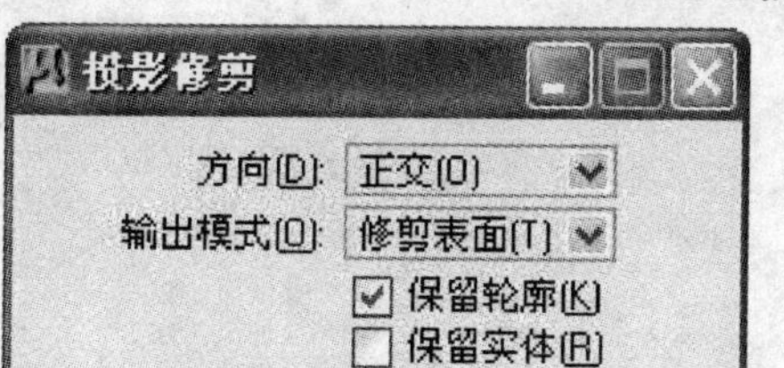


图 4-35 “投影修剪”对话框

图 4-35 为该工具的对话框。其中各设置参数及作用如下：

(1) 方向 (D)：

该参数用于设置投影的方向。共有四个选项，分别是：

• 正交——投影采用剪切轮廓的法线方向；

• 视图——投影采用激活视图的法线方向；

• 矢量——投影的方向由两个点确定；

• 表面法线——投影采用剪切表面平面的法线方向。

(2) 输出模式 (O)：

输出模式参数用来设置用于修剪表面的方式。其各选项及其作用为：

• 修剪表面——修剪掉投影曲线内部或外部的区域。保留已标识的表面部分。

• 分割表面——将表面分割成两个区域，一个位于投影轮廓内部而另一个位于投影轮廓的外部。

• 投影曲线——将 B 样条曲线投影到表面上。不创建边界。

• 作用于——轮廓曲线作为边界作用于表面 (其效果相当于在表面

上剪一个孔)。

(3) 保留轮廓 (K) 及保留实体 (R)

选中“保留轮廓”可保留轮廓曲线；而选择“保留实体”则可使修剪实体作为“智能实体”保留，否则，修剪实体将转换为“智能表面”。

【例 4-11】 根据已给条件，练习在压力容器的顶部开孔。

(1) 打开文件并设置

按照指定路径...\WorkSpaceex\dgn\，打开名为 ex4-15. dgn 的图形文件，并设置轴测视图为当前视图。

(2) 选择投影修剪工具

执行“工具→表面模型→修改表面→投影修剪”操作，并进行以下设置：

- 方向——正交；
- 输出模式——修剪表面；
- 保留轮廓——打开。

(3) 标识投影修剪元素

依然使用输入数据点的方式标识元素，其顺序为：先标识压力容器后标识投影曲线 (即图中的红色修剪轮廓线)。

(4) 查看和确认构造。图 4-36 (*a*) 就是开孔后的效果 (为消隐线显示模式)。

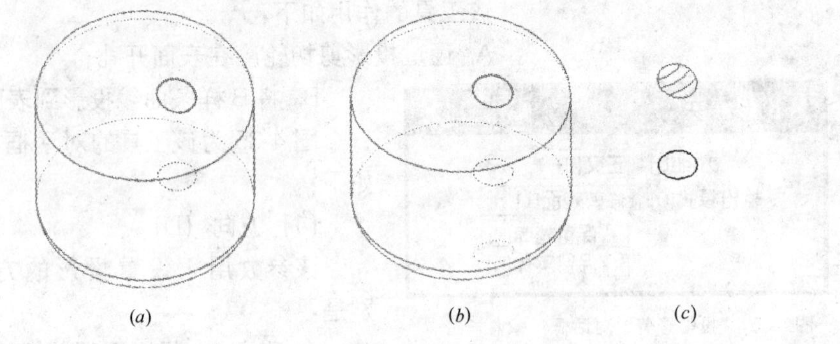


图 4-36 “投影修剪”工具练习之压力容器开孔
(*a*) 开孔在上；(b) 改变法线后，开孔在下；(c) 修剪后保留区域的控制

注：

A. 构造时，投影曲线的法线方向即为开孔方向。如须向相反方向开孔，可利用“改变法线方向”工具 (该工具于稍后介绍) 调整。图 4-35 (*b*) 所示为调整法线方向后向下所开之孔。

B. 标识元素时鼠标点击的位置，表示了修剪后保留的区域。在图 4-35 (*c*) 中，标识压力容器鼠标点被放置在圆孔内。

3) “转换三维” 工具

“转换三维” 工具用于将实体转换成简单的表面或将表面转换成实体。工具框很是简单，其中的设置参数仅一个——“转换为 (C)” 用于设置转换元素的方法，使用时有两种选择：

- 实体——将元素转换为封闭的实体；
- 表面——将元素转换为简单的表面。

现以一例演示其使用方法。

【例4-12】 根据已给条件，练习将一多边形表面模型转化为实体模型。

(1) 打开文件并设置

按照指定路径...\WorkSpaceex\dgn\，打开名为ex4-16.dgn的图形文件，并设置显示模式为平滑显示模式，如图4-37 (*a*) 所示。

(2) 选择“转换三维”工具

执行“工具→表面模型→修改表面→转换三维”操作，作如下设置：

• 转换到：——实体

(3) 标识转换元素并确认转换操作

图4-37 (*b*) 就是转换为实体后的效果（亦为平滑显示模式）。

图4-37 “转换三维”工具练习
(*a*) 多边形表面模型；(b) 转换后的实体模型

(4) 将实体再转换为表面模型

再次执行“转换三维”操作，设置“转换到:”为“表面”，然后标识并确认转换，可将实体模型中的前后表面去除，回复如图4-37 (*a*) 所示。

4) “构造缝合”工具

该工具用于将两个表面缝合到一起以形成一个新的单独的表面。其操作非常简单，现举例说明。

【例4-13】 利用“构造缝合”工具将已有四个表面连接为一个表面。

(1) 打开文件并设置

按照指定路径...\WorkSpaceex\dgn\，打开名为ex4-17.dgn的图形文件，并设置显示模式为线框显示模式，如图4-38 (*a*) 所示。

(2) 选择“构造缝合”工具

执行“工具→表面模型→修改表面→构造缝合”操作，或者，可直接键入命令：“CONSTRUCT STITCH”。

(3) 标识需要缝合的表面元素并确认缝合操作

按照系统提示依次标识需要缝合的四个表面，或者可使用“强力选择器”工具或“选择元素”工具将所需缝合的表面全部选中，进行标识。

与前面介绍的工具相同，构造缝合工具的确认可通过在屏幕空白处放置数据点的操作完成。

图4-38 (*b*) 所示为通过缝合成为一个整体后的表面元素。

注意：

A. 该工具可将两个或多个打开的表面（可包括：挤压表面、回转表面、B样条表面或多边形等多种类型）缝合成单一的“智能表面，且缝合后的表面元素具有同一颜色。

B. 缝合后的表面颜色由用户的操作决定：

当用户使用数据点标识需要缝合的各表面元素时，其完成后的单一表面颜色与标识时选中的第一表面颜色相同；

若用户使用“强力选择器”或“选择元素”工具，则最终结果的颜色与第一个放入文件中的表面元素的颜色相同。

C. 构造缝合沿两表面元素的相邻边界进行。即构造缝合前的各表面元素两两间需具有相邻边界（至少部分相邻）。否则，使用该工具虽能将其统一为一种颜色，但并非为一整体表面，它们依然是各自独立的表面元素。

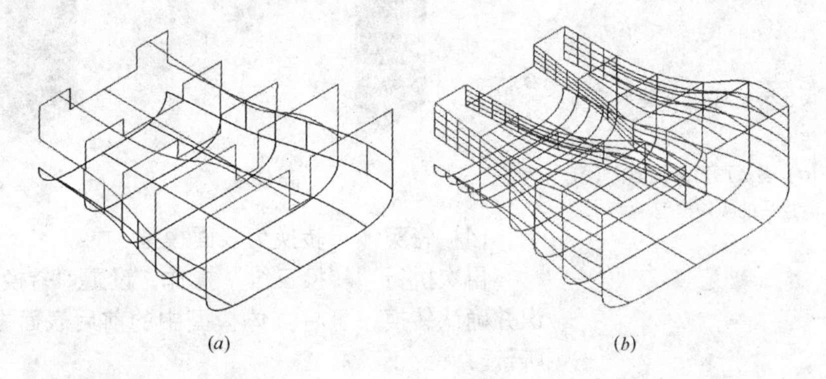


图 4-38 “构造缝合”工具练习
(a) 缝合前的两个表面；
(b) 缝合后的一个表面

5)“分割表面”工具

与“构造缝合”工具相反，“分割表面”工具用于将一个元素分割或截断为两个单独的表面。其操作将沿着用户指定的形线进行，系统在U方向或V方向执行表面或实体（多边形、圆锥、球体、挤压表面、回转表面或B样条表面）的部分删除。执行重置操作，可更改分割方向。无论原来的表面和实体为何种类型，完成操作后的表面或实体都将被分割成为两个独立的B样条表面。

“分割表面”工具的具体操作也和“构造缝合”工具相似，现以一例加以演示。

【例 4-14】“分割表面”工具使用练习。

(1) 打开文件并设置

按照指定路径.. \WorkSpaceex\dgn\，打开名为 ex4-18. dgn 的图形文件，将轴测视图置为当前视图，并设置显示模式为线框显示模式，如图 4-39 (a) 所示。

(2) 选择“分割表面”工具

执行“工具→表面模型→修改表面→分割表面”操作，或者，可直接键入命令：“SPLIT SURFACE”。

(3) 标识表面元素并确认分割操作

按照系统提示，分三步进行：

A. 在图中“1”点处捕捉圆球表面并以一数据点确认；

B. 在图中“2”点处捕捉圆球表面并同样以一数据点确认；

C. 移动指针，可动态观察到部分表面被删除的效果（图 4-39*b*）。图 4-39（*c*）则为上方球冠被移开后的效果。

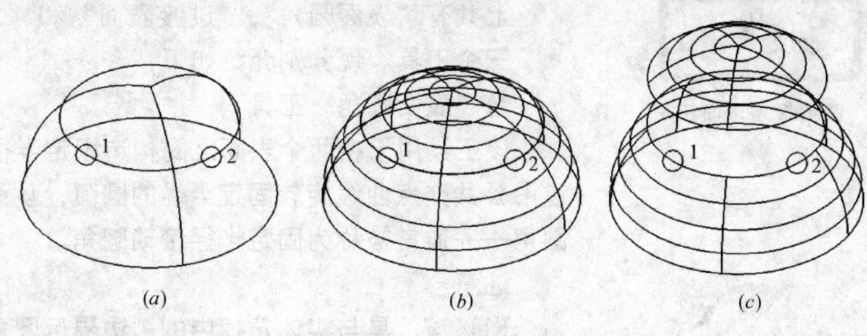


图 4-39 “分割表面”工具练习
（*a*）分割前的半球面；（*b*）分割后的效果；（*c*）上方球冠被移开后的效果

(4) 重置操作的练习

执行上述步骤①后，在系统提示下键入“重置”键，可改变分割操作时的删除方向，再次执行步骤②，此时的删除部位已发生变化，如图 4-40（*b*）所示。

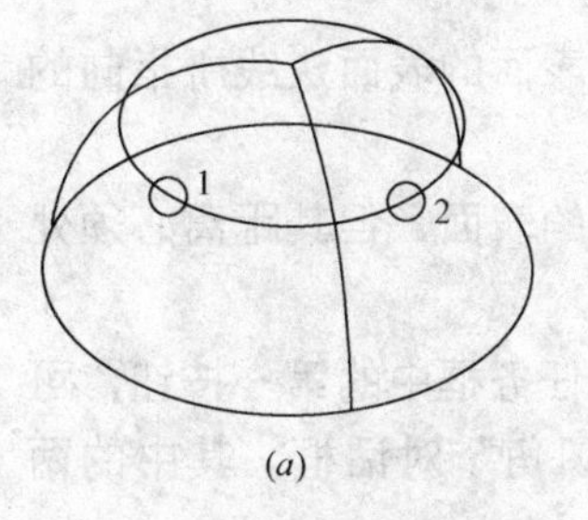


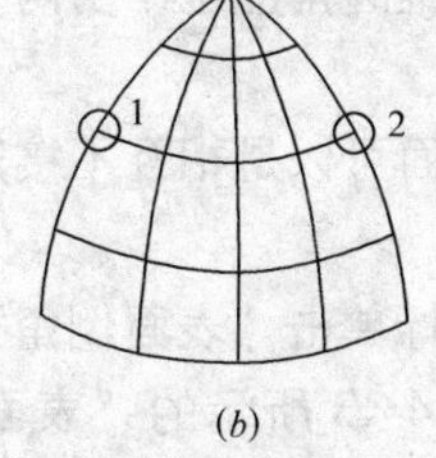


图 4-40 “构造缝合”工具练习之“重置”键的使用
（*a*）分割前的半球面；(b) 改变分割时删除方向后的效果

6）“更改法线方向”工具

该工具用于更改表面元素的法线方向。此处的表面包括：圆锥面、挤压表面、回转表面和 B 样条表面等。同时，与其他工具结合使用，还可以控制处理元素的方法（见例 4-11）。

其用法也非常简单，主要步骤为：

• 选择“更改法线方向”工具。

• 标识表面，此时将显示表面法线。图 4-41 所示即为一圆球表面在更改法线方向前后的比较。

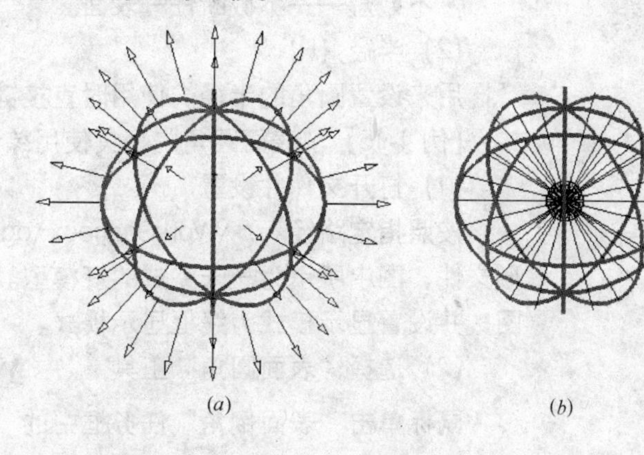


图 4-41 利用“更改法线方向”工具设置圆球表面的法线
（*a*）法线向外；(b) 法线向内

• 接受以更改表面法线的方向。

### 4.3.3 表面倒角工具

相比于前面介绍的“构造缝合”工具，“表面倒角”任务中的工具可以将两个没有相邻边界的表面连接为一个整体。其连接主要通过在表面间创建倒角和使用过渡表面而完成。同时，它们与实体建模中的“边界倒圆角”和“边界倒角”相对应，分别服务于表面建模和实体建模。

“表面倒角”任务位于下拉菜单“工具”内。执行“工具→表面模型→表面圆角”可得到如图4-42所示的“表面任务”工具框。其上共有“表面圆角”、“过渡表面”和“两个轨迹曲线间的过渡面”三个工具。现分别介绍如下：

图4-42 “表面任务”工具框

1)“表面圆角”工具

该工具用于在两个表面之间构造固定半径的倒角。使用时，系统通过沿公共交点曲线旋转固定半径的圆弧，从而在两个表面之间创建三维圆角——通常被称为固定半径滚动圆角。

注意：

(1) 该工具与实体建模中的“边界倒圆角”相似，其连接的表面包括多种形式，有：多边形、圆锥表面、挤压表面、回转表面或B样条表面等；

(2) 该工具创建的三维圆角应位于由两个表面的表面法线所指向的区域内；

(3) 需要连接的两表面可以是相互不接触的表面，但其距离必须处于圆角的半径范围内。

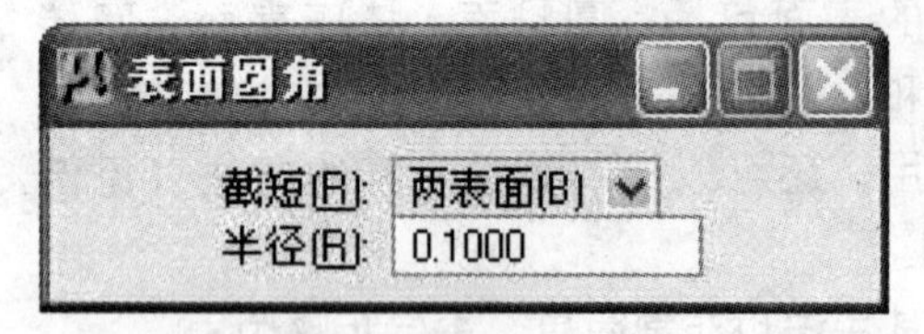

图4-43 “表面圆角”对话框

鼠标单击“表面倒角”任务框中的第一按钮，可得到图4-43所示的“表面圆角”对话框。其中的两个选项的内容及作用如下：

(1) 截短 (R)

用于定义要截短的表面。共有三种选择：

- 两表面——截断两个表面；
- 第一个——截断标识的第一个表面；
- 不截短——不截断任一表面。

(2) 半径 (R)

用来设置圆角的半径。使用时直接键入数据即可。

【例4-15】“表面圆角”工具使用练习。

(1) 打开文件并设置

按照指定路径... \WorkSpaceex\dgn\，打开名为ex4-19.dgn的图形文件，图中所示为一未完成的灯模型。将视图3轴测视图置为当前视图，并设置显示模式为线框显示模式。

(2) 选择“表面圆角”工具

鼠标单击“表面倒角”任务框中的“ ”按钮或直接键入命令：“FILLET SURFACES”，在弹出的工具框中设置参数为：

- 截短 (R)：两表面
- 半径 (R)：15.0000

(3) 标识表面元素并确认圆角操作

在本例中共创建两个圆角，分别位于灯座与灯柱连接处及灯座外角处。其具体步骤如下：

A. 创建灯座与灯柱间的圆角

按照系统提示，分步进行下述操作：

- 在图中“1”点处捕捉灯座（下方大圆柱）的上表面；
- 在图中“2”点处捕捉灯柱（细圆柱）的圆柱面；
- 以一数据点确认操作。

B. 创建灯座外侧圆角

- 在图中“1”点处捕捉灯座的上表面；
- 在图中“1”点下方处捕捉灯座侧面的圆柱面；
- 以一数据点确认操作。

图4-44所示为倒圆角前后的效果比较，其中：图4-44（*a*）为倒角前的灯模型（为线框显示模式）；图4-44（b）为倒角后的灯模型（为线框显示模式）；而图4-44（c）则为倒角后处于平滑显示模式下的灯模型效果。

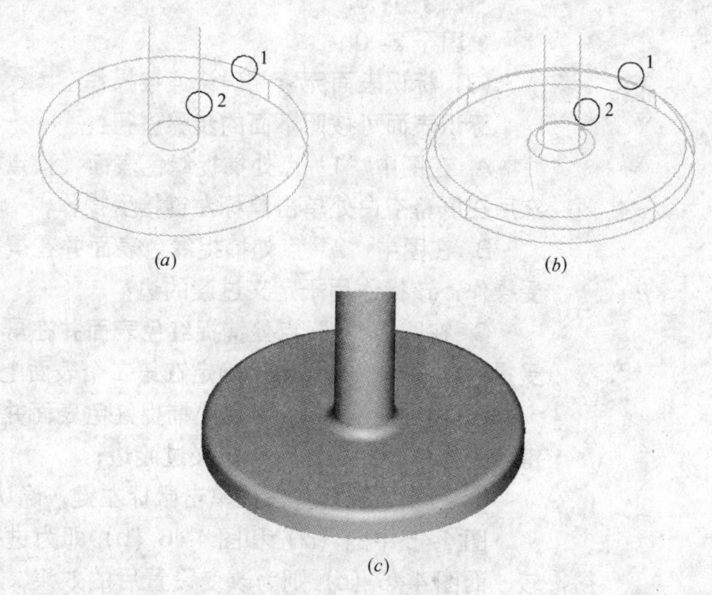


图4-44 “表面圆角”工具使用练习
（*a*）表面圆角前；（b）表面圆角后；（c）平滑显示模式下的效果

2）“过渡表面”工具

用于使用连续性的特定顺序构建两个元素（挤压表面、回转表面或B样条表面）之间的过渡表面。生成的B样条表面由截断的原元素和连接这些元素的过渡构成。

图4-45 “过渡表面”对话框

过渡的第一条切线和最后一条切线的方向与原元素截断边界处切线的方向相同。可以调整这些切线的相对值，以获得所需的过渡。

鼠标单击“表面倒角”任务框中的第二按钮“”，可得到图4-45所示的“过渡表面”对话框。其中的各选项的内容及作用如下：

• 连续性（C）——用于设置连续性的顺序。有三个选项：位置（P）、切线（T）和曲率（C）。

• 因子 1（1）——用于设置起始切线的值。

• 因子 2（2）——用于设置终点切线的值。

【例 4-16】 使用“过渡表面”工具，练习在两已知表面间构造过渡曲面。

(1) 打开文件并设置

按照指定路径... \WorkSpaceex\dgn\，打开名为 ex4-20. dgn 的图形文件，图中所示为两已知表面。将视图 3 轴测视图置为当前视图，并设置显示模式为线框显示模式。

(2) 选择“过渡表面”工具

鼠标单击“表面倒角”任务框中的“ ”按钮或直接键入命令：“BLEND SURFACE”，在弹出的工具框中进行以下设置：

• 连续性：位置

• 因子 1：0

• 因子 2：0

(3) 标识表面元素并确认连接操作

标识表面可按照下面的步骤进行：

A. 在图中“1”点处捕捉绿色表面（该点将决定过渡开始的地方），然后在屏幕空白处单击鼠标左键接受操作；

B. 在图中“2”点处捕捉绿色表面并在屏幕空白处单击鼠标左键接受操作，该操作用于定义过渡的边；

C. 在图中“3”点处捕捉红色表面并在屏幕空白处单击鼠标左键接受操作，同样，该点用于确定在第二个表面上过渡结束的地方；

D. 再次在图中“3”点处捕捉红色表面并在屏幕空白处单击鼠标左键接受操作，此操作用于定义过渡边；

E. 再次在屏幕空白处单击鼠标左键，确认过渡连接操作。

图 4-46 中的（a）和图 4-46（b）即为进行过渡连接操作前后的比较，而图 4-46（c）则为改变设置后的效果，用户可自行练习进行比较（图 4-46（c）的设置如下：连续性——相切；因子 1——50；因子 2——50）。

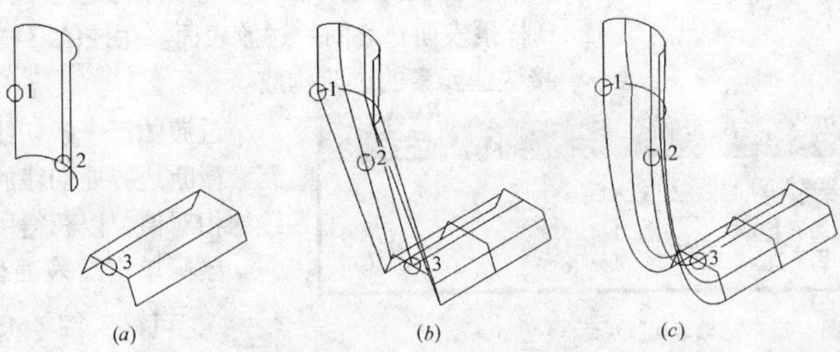


图 4-46 “过渡表面”工具使用练习
(a) 过渡连接前；
(b) 表面圆角后；
(c) 改变设置后

## 4.4 网格面的创建与编辑

V8 版的 MicroStation 在“表面模型”工具集中增加了“网格建模”工具。使用网格建模工具，用户可以创建并操作网格元素。这些工具都分组在网格任务中，该任务是表面模型任务的一个子任务。同时，网格元素的处理速度也比以前快了许多。

执行“工具→表面模型→网格建模”，可得到如图 4-47 所示的“网格建模”工具框。

图 4-47 “网格建模”工具框

网格任务包含以下工具：

构造网格——用于从模型中的现有元素创建小平面元素，作为多边形或网格元素。通过选项可选择从现有表面或实体、所选轮廓还是所选点元素来创建网格。

网格布尔——用于从现有网格元素的并集、交集或子集创建网格元素，或者用于将轮廓投影到网格元素上。将轮廓投影到网格元素上时，可合并投影轮廓、修剪网格元素或者只将轮廓压印到网格元素上。

修改网格——用于减少、缝合、分割、简化、展开、反转或提取现有网格元素的边界。

现分别介绍如下：

1）“构造网格”工具

该工具主要用于完成下列建模：

• 从实体或表面构造带有小平面的元素，即根据定义的公差从三维元素或闭合平面元素创建网格元素或一组平面多边形；

• 通过从选定的一组等高线来构造网格表面；

• 通过从选定的一组点来构造网格表面。

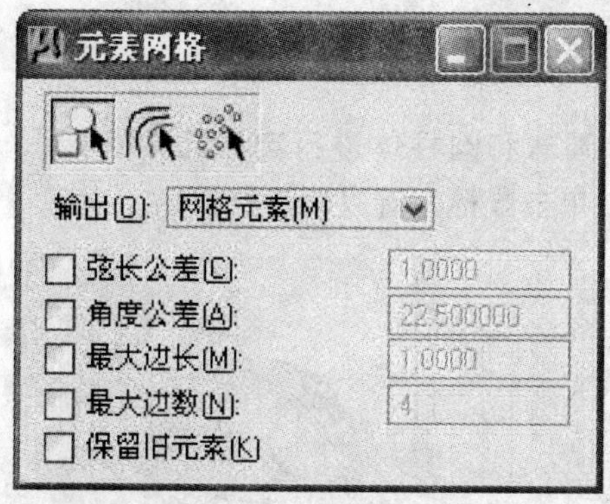

图 4-48 “构造网格”对话框（“元素网格”对话框）

鼠标单击“网格建模”任务框中的第一按钮“  ”或直接键入命令：“FACET CREATE”，可得到图 4-48 所示的“构造网格”对话框。

由图可知，“构造网格”工具框的上方有三个选择图标，分别为：元素网格、等高线网格和点网格，且随着用户选择的不同，其工具框的名称也跟着改变。

(1)“元素网格”图标

该图标用于从三维元素（如表面或实体）构造一组平面多边形。使用时可将多边形保存为单个多边形，也可将其保存为单个网格元素。其中的公差设置控制多边形/网格与原始表面或实体相比的精度。其各项工具设置及作用见表 4-5。

注意：如果现有元素是网格，只有“最大边数”设置为 3 时，“元

**“元素网格”图标各项工具设置及作用** **表 4-5**

| 工具设置 | 作用 |
| --- | --- |
| 输出(O) | 选择要构造的元素类型,共有两个选项<br>• 网格元素——将构造元素作为单个网格元素放置到设计文件中<br>• 多边形——将构造元素作为图形组中的多边形放置到设计文件中 |
| 弦长公差(C) | 如果选中,则可以定义构造多边形与近似的原始(曲线)元素之间允许的最大距离 |
| 角度公差(a) | 如果选中,则可以定义光滑表面上的相邻小平面之间允许的最大角度 |
| 最大边长(M) | 如果选中,则可以定义构造元素中的任一小平面的允许的最大边长 |
| 最大边数(N) | 如果选中,则可以定义构造元素中的任一小平面的最大边数 |
| 保留旧元素(K) | 如果选中,则保留原始元素 |

素网格”选项才可用。如果网格不是三角形，那么系统将自动对其进行三角化。

【例 4-17】 使用“构造网格”工具，练习在已知实体上构造带有小平面的元素（即元素网格）。

(1) 打开文件并设置

按照指定路径... \WorkSpaceex\dgn\，打开名为 ex4-21. dgn 的图形文件，图中所示为两已知实体——圆球和圆柱。将视图 3 轴测视图置为当前视图，并设置显示模式为线框显示模式。

(2) 选择“构造网格”工具

鼠标单击“网格建模”任务框中的“ ”按钮，在弹出的工具框中选择元素网格图标。设置“输出（O)”为网格元素，其他设置项为默认。

(3) 标识元素并确认操作

按照屏幕下方提示，分别选择圆球和圆柱体进行实体元素的标识（提示：标识完成后应在屏幕空白处单击鼠标左键以确认标识）。

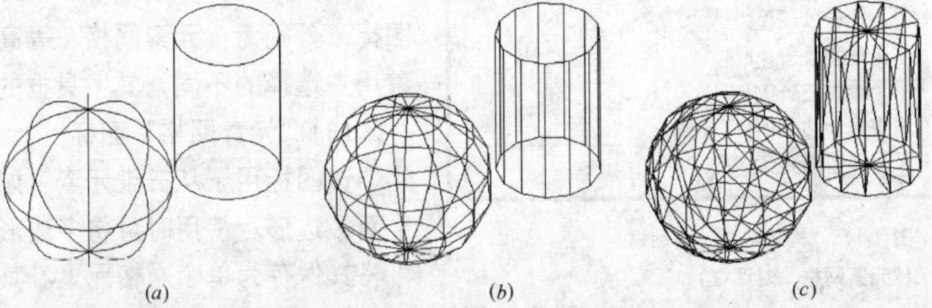


图 4-49 “元素网格”工具使用练习（线框显示模式）(a) 构造网格前；(b) 最大边数为 4；(c) 最大边数为 3

图 4-49 (a) 和图 4-49 (b) 分别为构造网格前后的效果，图 4-49 (c) 则为改变设置（最大边数调整为 3) 后的效果，用户可自行练习进行比较。

为了更好的观察网格曲面的效果，用户可调整视图的显示模式，图4-50即为平滑显示模式下的效果比较。

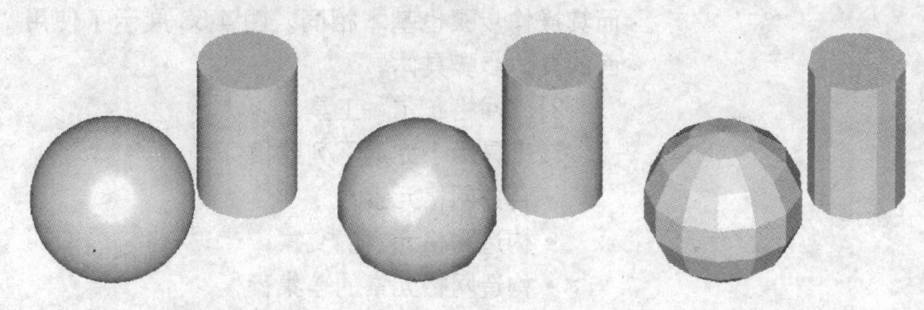

图 4-50 “元素网格”工具效果（平滑显示模式）

(2) “等高线网格”图标

使用该图标可从选定的一组等高线来构造三角形网格元素。图 4-51 所示为“等高线网格”对话框，其中仅有一个设置项——伸缩为矩形(E)。这是一个仅限于“等高线网格”或“点网格”使用的设置，如果选中，则将网格元素扩展为包含等高线/点区域的矩形，并且带有一个缓冲区。该矩形的Z值是最低等高线/点的Z值，其缓冲区缺省值为数据边框对角线长度的 20%。需要强调的是，无论等高线的Z坐标如何，等高线网格都会构造三角形网格。

图 4-51 “等高线网格”对话框

利用等高线构造网格的步骤较为简单，其具体为：

- 选择等高线元素（使用“选择元素”工具）；
- 选择“构造网格”工具；
- 在工具设置图标栏中，选择“等高线网格”图标；
- 根据需要，可任意选中“伸缩为矩形”；
- 接受以构造网格元素。

图 4-52 展示了其具体的效果。

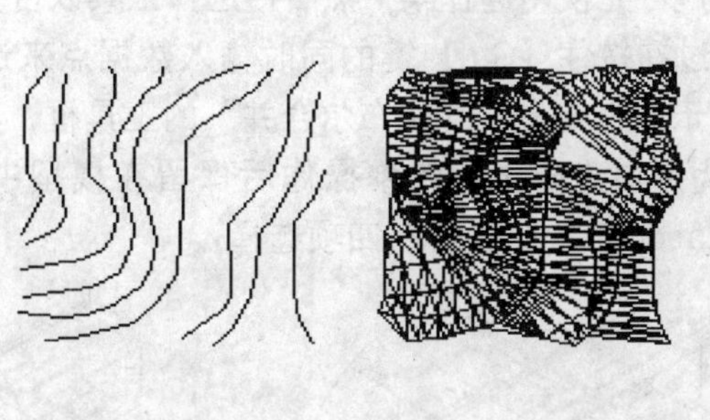

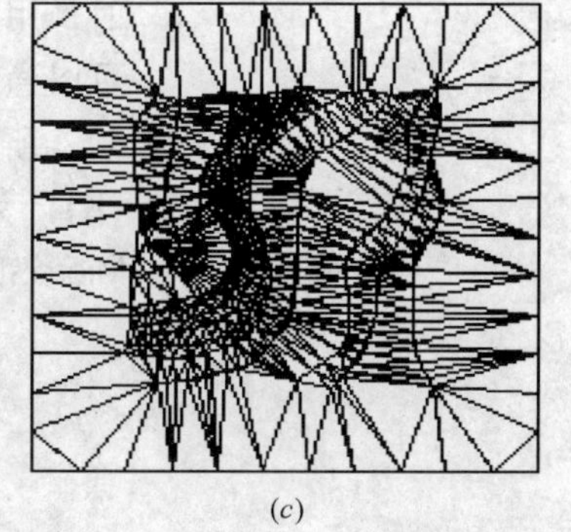

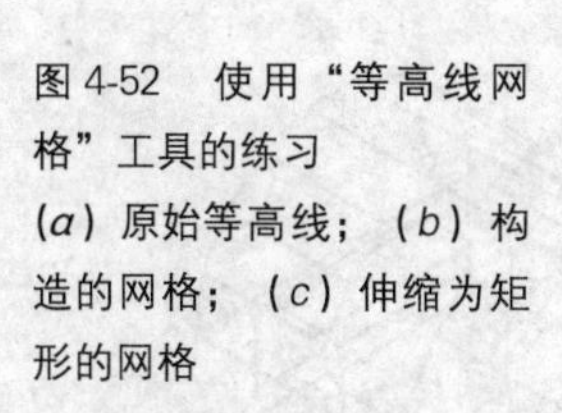

(a) (b) (c)

图 4-52 使用“等高线网格”工具的练习
(a) 原始等高线；(b) 构造的网格；(c) 伸缩为矩形的网格

(3) “点网格”图标

该图标用于从选定的一组点来构造三角形网格元素。其中，三角形的顶点是从选择集中的直线、线串、点串和多边形的顶点以及所选文本和共享单元元素的原点获得。且无论点的Z坐标如何，都会构造三角形网格。

“点网格”工具框与上述的“等高线网格”几乎一致，故不再展示。而其操作步骤也基本相同。图 4-53 展示了使用“点网格”工具构造曲面的具体步骤具体。

2)“网格布尔”工具

该工具用于完成下列建模：

- 合并网格元素；
- 构造网格元素的交集；
- 构造网格元素的差集；
- 将轮廓投影到网格元素。

鼠标单击“网格建模”任务框中的第二按钮“ ”或直接键入命令：“FACET BOOLEAN”，可得到图 4-54 所示的“网格布尔”工具框。

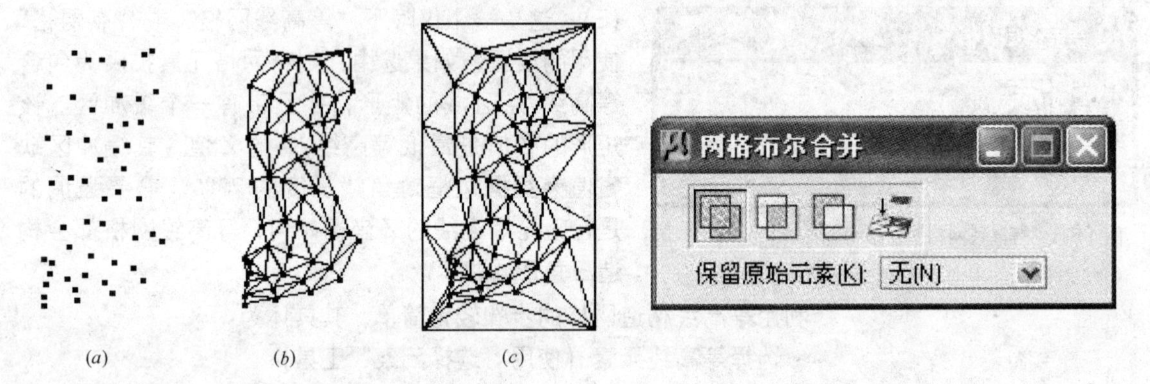


图 4-53 使用“点网格”工具的练习
(a) 原始点；(b) 构造的网格；(c) 伸缩为矩形的网格

图 4-54 “网格布尔”工具框（“网格布尔合并”工具框）

该工具框中共有四个图标，其各自的名称及功能具体如下：

(1)“网格布尔合并”图标

该图标用于从两个或多个现有网格元素的并集构造网格元素。使用时，用户可先使用选择集，然后再选择工具以合并多个网格，或者，也可以通过在按住【Ctrl】键的同时输入数据点来选择多个网格元素。图 4-54 所示的也就是“网格布尔合并”的工具框，其中的“保留原始元素(K)”为用户选择执行布尔操作后保留在模型中的原始元素所设。在 MicroStation 中，此项共有四项选择：

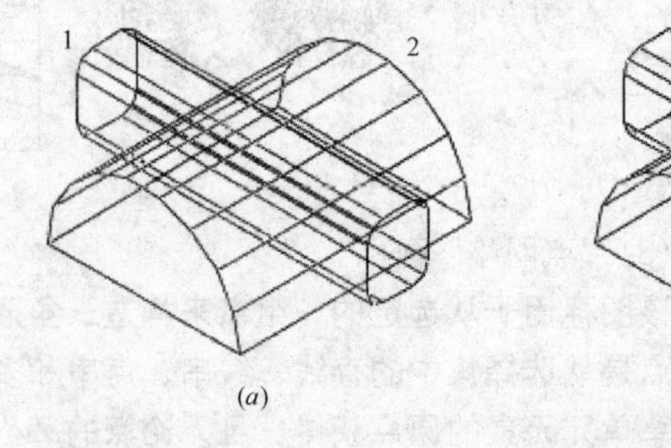


图 4-55 “网格布尔合并”工具练习
(a) 合并前；(b) 合并后

• 无——不保留任何原始元素；

• 全部——保留所有原始元素；

• 第一个——仅保留选择的第一个元素；

• 最后一个——仅保留选择的最后一个元素。

图 4-55 所示为使用“网格布尔合并”工具前后的比较。

(2)“网格布尔相交”图标

该图标用于从两个或多个现有网格元素的交集构造网格元素。其工具框的内容与“网格布尔合并”完全相同，使用方法也一致，故不再重复。图 4-56 用以显示其使用效果。

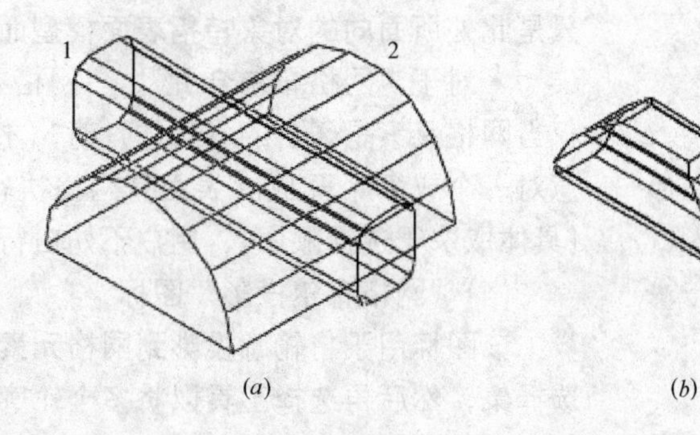


图 4-56 “网格布尔相交”工具练习
(a) 相交前；(b) 相交后

(3)“网格布尔提取”图标

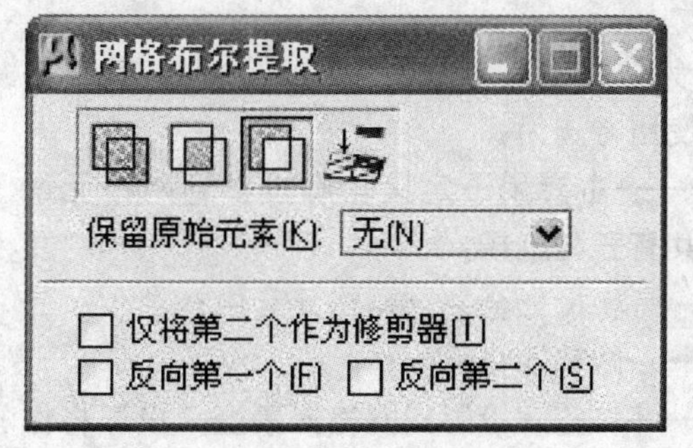


图 4-57 “网格布尔提取”对话框

使用该工具，用户可方便的从一个网格元素提取另一个现有网格元素来构造网格元素。图 4-57 为其对话框。框中各项的作用如下：

• 仅将第二个作为修剪器（T)——选中此项，系统仅将第二个网格元素作为第一个网格元素的修剪元素。也就是说，第二个网格的面不出现在结果中；反之，如果未选中，则第二个网格上的拾取位置将决定哪一部分包含在结果中。

• 反向第一个（F)——选中此项，系统将反转对第一个元素执行的操作，但保留删除的部分，反之亦然。

• 反向第二个（S)——此项用于反转对第二个元素执行的操作，但保留删除的部分，反之亦然。

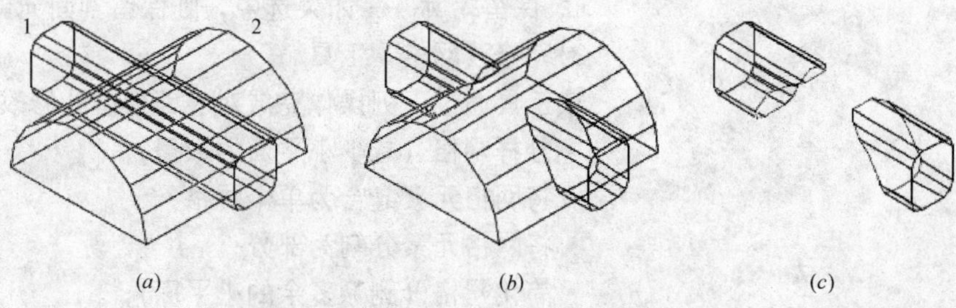


图 4-58 “网格布尔提取”工具建模的效果
(a) 网格布尔提取前；(b) 网格布尔提取后的效果；(c) 调整标识顺序后的效果

图 4-58 所示为“网格布尔提取”工具建模的效果。其中图 4-58 (b)、图 4-58（c）的区别是由于具体操作步骤的顺序不同所造成的。为了得到图 4-58（b）的结果，其具体步骤为：

A. 选择“网格布尔”工具；

B. 在工具设置图标栏中，选择“网格布尔提取”；

C. 标识要从中提取其他网格的网格元素，即图中的网格面“1”；

D. 标识要提取的网格元素，即图中的网格面“2”；

E. 接受以完成提取。

调整上述步骤中的 C、D 的顺序，即先标识网格面“2”再标识网格面“1”，就可得到图 4-58 中（*c*）图的结果。

说明：

• 上述三个工具与前面所介绍的三维实体建模中的布尔工具相似，只是此处所面向的对象特指表面模型而言。

• 对于“网格布尔合并”、“网格布尔相交”和“网格布尔提取”，仅当网格元素是闭合的（实体）时，才明确定义这些操作。如果用户执意对一个或多个开放（表面）网格执行布尔操作可能会导致意外结果(具体取决于选择顺序)，用户不妨自行演示。

(4)“网格布尔投影”图标

该图标用于将轮廓投影到网格元素上。用户使用时，既可以先使用选择集，然后再选择工具以将多个轮廓投影到网格元素上；也可以在按住【Ctrl】键的同时输入数据点来选择要投影的多个轮廓。

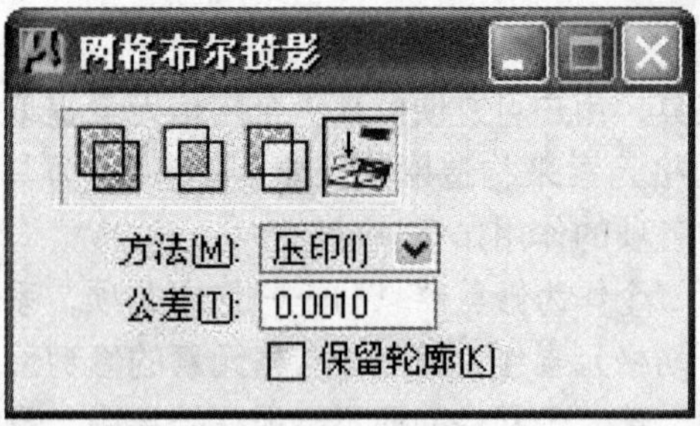

网格布尔投影

方法(M): 压印(I)

公差(T): 0.0010

☐ 保留轮廓(K)

图 4-59 “网格布尔投影”对话框

图 4-59 为“网格布尔投影”的对话框。其中各项的作用及使用方法为：

A. 方法——主要用于定义轮廓投影到网格元素上的方式。共有三种选择：

• 压印——将投影合并到网格元素中；

• 修剪——修剪网格元素；

• 投影——将轮廓投影到网格元素上。投影将作为单独元素放置。

B. 公差——用于控制小平面化曲线剖面元素时的偏差。例如，如果将圆作为要投影的轮廓，那么系统将首先使用此公差对圆进行小平面化。如果轮廓是线串或多边形，则公差无效。

C. 保留轮廓——如果选中，则保留剖面元素。

3)“修改网格”工具

该工具通过下列操作完成对表面模型的修改：

• 分样网格（减少小平面的数量)；

• 将网格元素缝合为单个网格；

• 将网格元素分割为部分；

• 简化网格（删除多余的小平面)；

• 展开网格元素；

• 反转网格元素的表面法线方向；

• 提取网格元素边界。

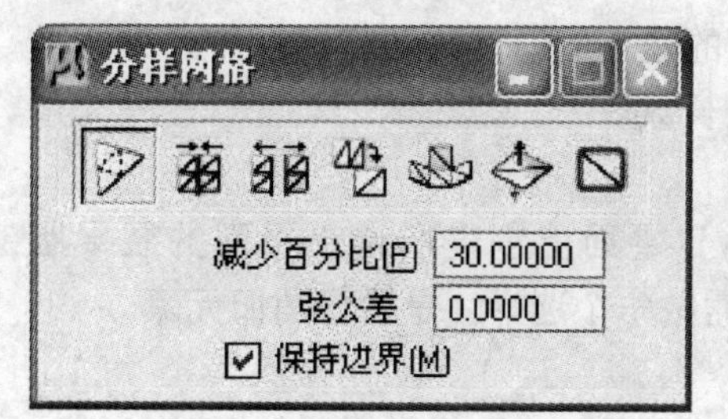


图 4-60 “修改网格”对话框

鼠标单击“网格建模”任务框中的第三按钮“ ”或直接键入命令：“FACET MODIFY”，可得到图 4-60 所示的“修改网格”对话框。

该工具框也有多个图标，其各自的名称及功能简介如下：

(1)“分样网格”图标

该图标用于通过创建与网格的原始小平面近似但稍微大些的小平面，来减少网格表面中的小平面数量。图 4-60 即为其对话框，框中共有三个选项（它们仅适用于“分样网格”）：

• 减少百分比（P）——该项用于设置减少的小平面的数量。

• 弦公差——用于设置所构造多边形与原始元素的最大偏差。

• 保持边界（M）——该项用于为所修改的网格元素保留相同的边界。选择“√”则保留边界，否则为不保留。

(2)“缝合网格”图标

该图标用于将多个网格元素的表面合并为一个新的网格元素。该项无任何附加选项，操作时只要分别标识需要缝合的两个网格表面即可。

(3)“分隔网格”图标

该图标用于将现有的网格分割为单独的部分。图 4-61 为其工具框的组成，其各项的功能为：

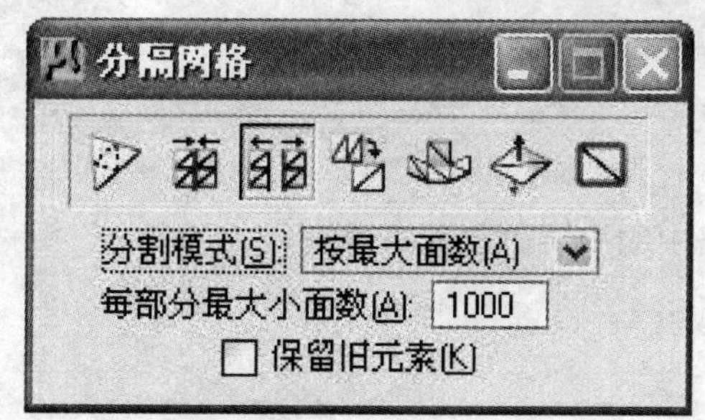


图 4-61 “修改网格”对话框之“分隔网格”对话框选项

• 分割模式（S）——该项用于定义将网格分割为较小部分的方式。其中：

A. 按最大小面数——可设置分隔网格元素每部分的最大小平面数（注：选择此项时，系统将继续要求设置“每部分最大小面数”，该选择可设置分割网格元素每部分中小平面的最大数量）。

B. 按最小部分数——可设置分割网格元素的最小部分数（注：此选择时，系统的后续选项为“最小部分数”，该项用于设置分割网格元素的最小部分数）。

C. 按连接——可将其各个部分互不相连的网格元素分割成彼此相连的多个网格元素。

• 保留旧元素（K）——如果选中（在空格中加“√”），则将原始网格元素保留在模型中。

(4)“清除网格”图标

该图标通过减少多余的小平面来清理或简化网格元素。该图标下就一项设置——清理（C）。系统共提供了三种定义简化网格的方法供用户选择：

• 共面小平面——删除共面小平面的共享边；

• 共线边——删除共线边的共享顶点；

• 小边——删除小于给定长度的边。此时系统还将提示用户继续设置网格元素中小平面的最小允许边长数。

(5)“展开网格”图标

选中该图标可在模型的（x，y）平面上创建所选小平面的展平版本。“展开网格”操作时，用户只需做一个选择：是否保留旧元素。

(6)“反转法线方向”图标

该图标用于反转网格元素中每个表面的方向，并反转任何连接的法线方向。操作更为简单，直接标识需要反转的网格元素即可。

(7)“提取边界”图标

该图标用于沿所有未被两个多边形共享的边界放置线串。这有助于查找网格多边形之间的小缝隙。

现以一例演示上述内容。

【例 4-18】“修改网格”工具框中各工具的练习。

(1) 打开文件并设置

按照指定路径... \WorkSpaceex\dgn\，打开名为 ex4-22. dgn 的图形文件，图中所示为一已知网格表面。

(2) 减少网格中的小平面数量

减少网格中的小平面数量应使用“分样网格”工具，具体步骤如下：

• 选择“修改网格”工具；
• 在弹出的工具设置图标栏中选择“分样网格”；
• 根据需要调整设置；
• 标识网格元素并接受；
• 再次接受以实现减少网格中的小平面数量的操作。

图 4-62 为操作前后的比较。

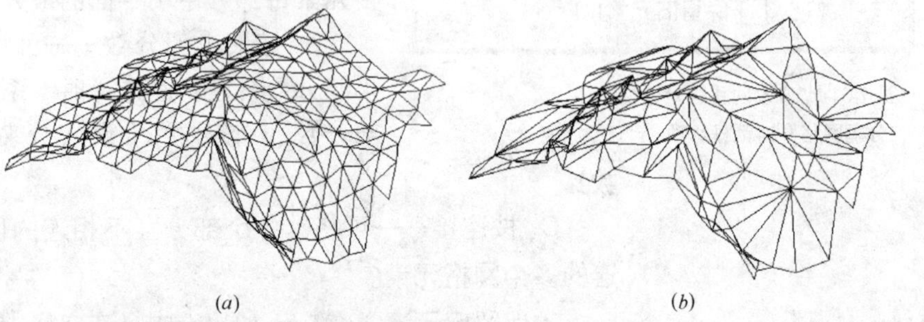


图 4-62 “分样网格”工具练习
(a) 修改前；(b) 修改后
(减少百分比：50)

(3) 将网格分割成单独的部分

分割网格可使用“分割网格”工具，具体步骤为：

• 选择“修改网格”工具。
• 在工具设置图标栏中，选择“分割网格”。
• 根据需要调整设置，本例设置为：

分割模式 (s)——按最大面积数；

每部分最大小面数 (A)——400。

• 标识网格以分割并接受。

• 再次接受以完成分割。

图 4-63 为修改后的结果。

图 4-63 “分割网格”工具练习

(4) 展开网格

展开网格可使用“展开网格”工具，具体步骤为：

• 选择“修改网格”工具；

• 在工具设置图标栏中，选择“展开网格”；

• 标识要展开的网格；

• 接受展开。该数据点也会设置展开网格的方向。

图 4-64 为展开前后的比较。

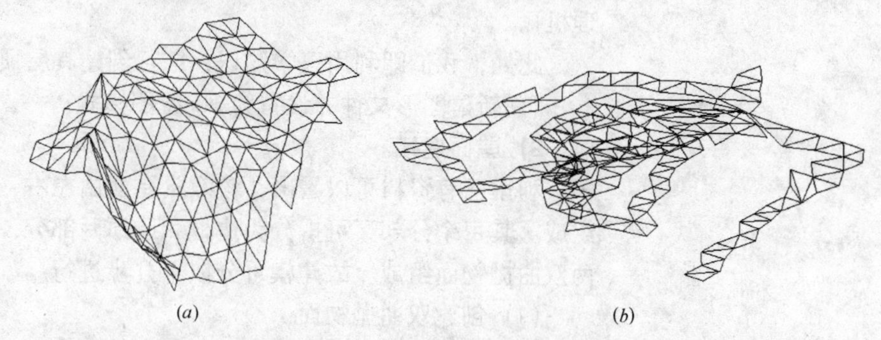

图 4-64 “展开网格”工具练习之一
(*a*) 展开前；(*b*) 展开后

【例 4-19】“修改网格”工具框中“展开网格”工具练习之二。

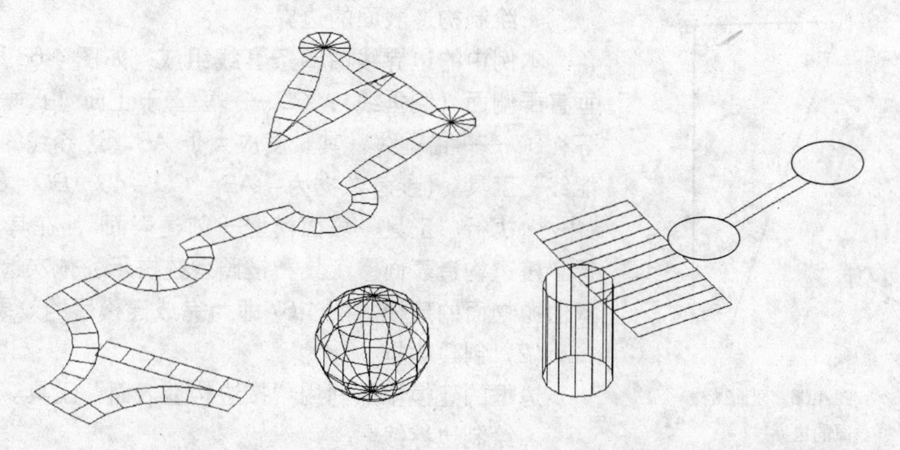

图 4-65 “展开网格”工具练习之二

(1) 打开文件并设置

按照指定路径... \WorkSpaceex\dgn\，打开名为 ex4-23. dgn 的图形文件，图中所示为圆柱和圆球网格表面。

(2) 选择“修改网格”工具，在其后弹出的工具设置图标栏中选择“展开网格”。

(3) 分别标识要展开的网格面——圆柱面和圆球面。

(4) 接受展开。注意：该数据点同时也用于设置展开网格的方向。

图 4-65 所示为其展开后的效果（设置为：保留旧元素）。

## 4.5 应用实例

综上所述，现以一例演示表面模型的建模方法。

此例源于位于美国旧金山的圣·玛丽大教堂（图 4-72）。该教堂建于 1971 年，是著名华裔建筑师——贝聿铭早期参与设计的作品。长久以来，最引人议论的便是其呈四面拱弧抛物线状的屋顶。若从空中俯瞰，其外观好像一个巨大的十字，左侧看来，又像一顶教宗的帽子，右边看去，更有人喻为是海上一艘扬着白帆的船只。帽尖顶上插有十字架，线条大方高雅，外观呈醒目的浅灰白色，造型大胆极超现代化（当然，也有人对此创意不甚满意，批评者抨击它像一只打果汁用的食物处理机）。

此处，我们即利用已学知识，练习创建其屋顶模型。具体步骤为：

1) 新建图形文件并设置为 3D 绘图模式；

2) 屋面建模。

利用已有资料可以看出，该教堂屋面由左右、前后对称的四个分部组成。其每个分部又可拆分为边框和屋顶两部分，而屋顶则是由对称的两双曲抛物面组成。故建模可分以下几步进行：

(1) 创建双曲抛物面

创建双曲抛物面可使用“按边构造表面”工具。具体做法如下：

• 绘制构造表面的边界线

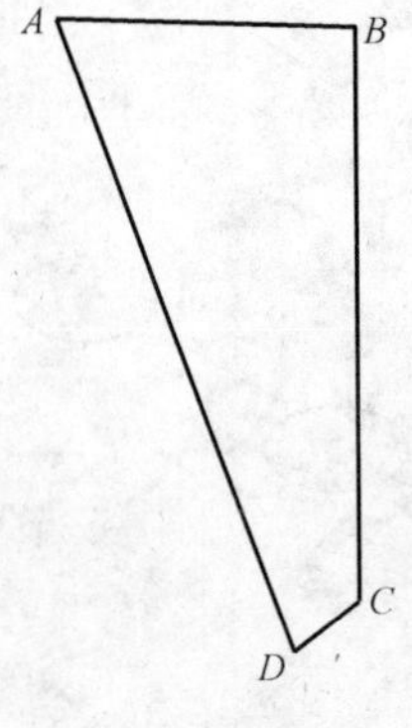

图 4-66　双曲抛物面的边界线

本例中的边界线由四条直线组成，如图 4-66 所示。其中：*AB*——垂直于侧面（侧垂线）；*CD*——垂直于正面（正垂线）且与 *AB* 长度相等；*BC*——铅垂线，其长度应大于 *AB*。边界线的绘制可使用“放置智能线”工具。（参考数据为：*AB* = *CD* = 45，*BC* = 84）

• 执行“工具→表面模型→创建表面”，在其后弹出的工具栏中选择“按边构造表面”工具。按照系统提示，依次选择四条边界线，完成双曲抛物面的建模。图 4-67 即为完成建模后的效果。

(2) 创建边框

边框的建模依然利用“按边构造表面”工具。步骤为：

• 绘制边界线

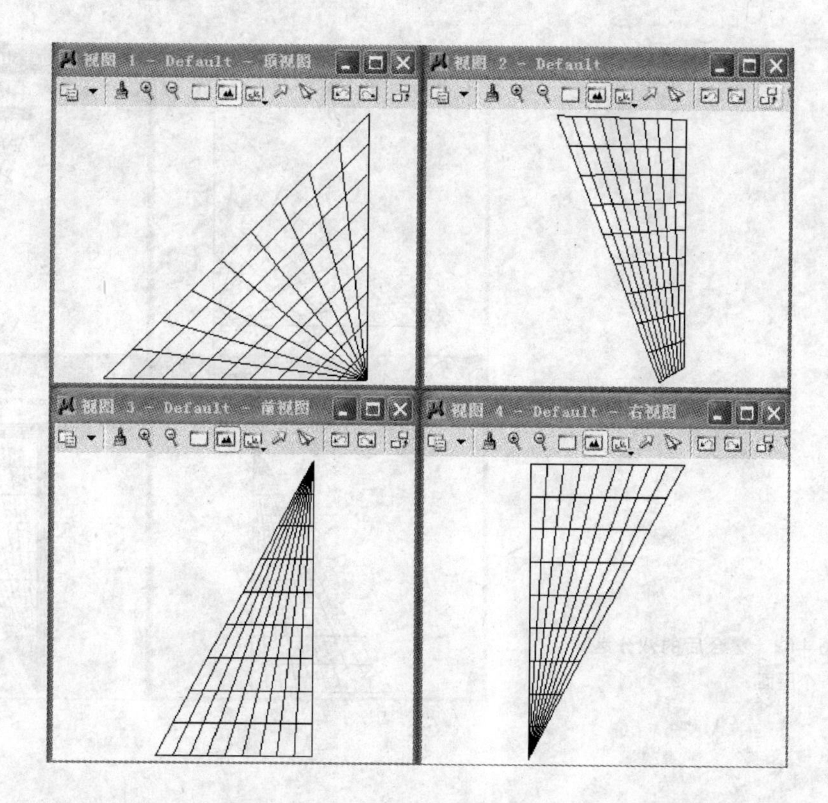


图 4-67　完成后的单个双曲抛物面

边框表面的边界线包括前面使用的边界线 *AB* 和 *BC*，然后可选择“操作”工具栏中的“平行移动”工具进行偏移操作，其工具框中各项的设置可参考图 4-68；用直线封闭其端口，完成后的边界线为“L”形。

• 继续使用“按边构造表面”工具。按照系统提示，依次选择四条边界线，完成边框（本例中为平面）的建模。

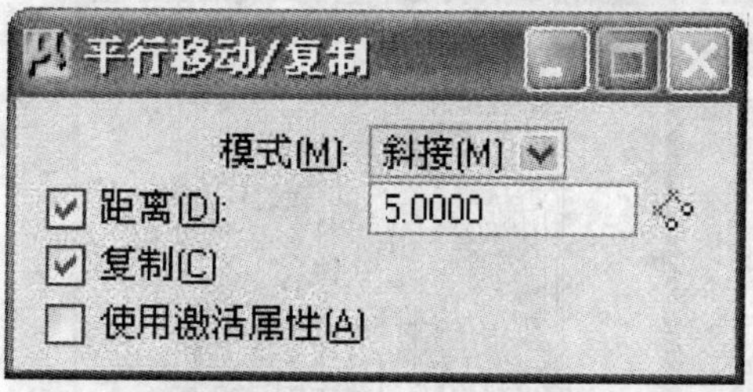

平行移动/复制
模式(M): 斜接(M)
距离(D): 5.0000
复制(C)
使用激活属性(A)

图 4-68 “平行移动”工具框的设置

(3) 缝合表面

执行“工具→表面模型→修改表面”操作，在弹出的“修改表面”工具栏中选择“缝合表面”工具，分别选择双曲抛物面和边框平面（注意：应确保二者互相接触且对齐），将两表面缝合为同一表面。图 4-68 为其结果。

(4) 创建四分之一分部

选择顶视图，在其中进行镜像操作。其镜像线应选择图 4-68 中顶视图上的斜线（注意：可别忘记打开捕捉工具）。

(5) 完成屋面建模

选择“操作”工具栏中的“阵列”工具，设置阵列个数为 4，完成阵列操作。具体见图 4-69 所示。

图 4-70、图 4-71 为完成后的屋面。而图 4-72 则为圣・玛丽大教堂的实景照片。

按照指定路径... \WorkSpaceex\dgn\，打开名为 ex4-24. dgn 的图形文件，图中所示为已建好的屋面模型示例，读者可自行参考。

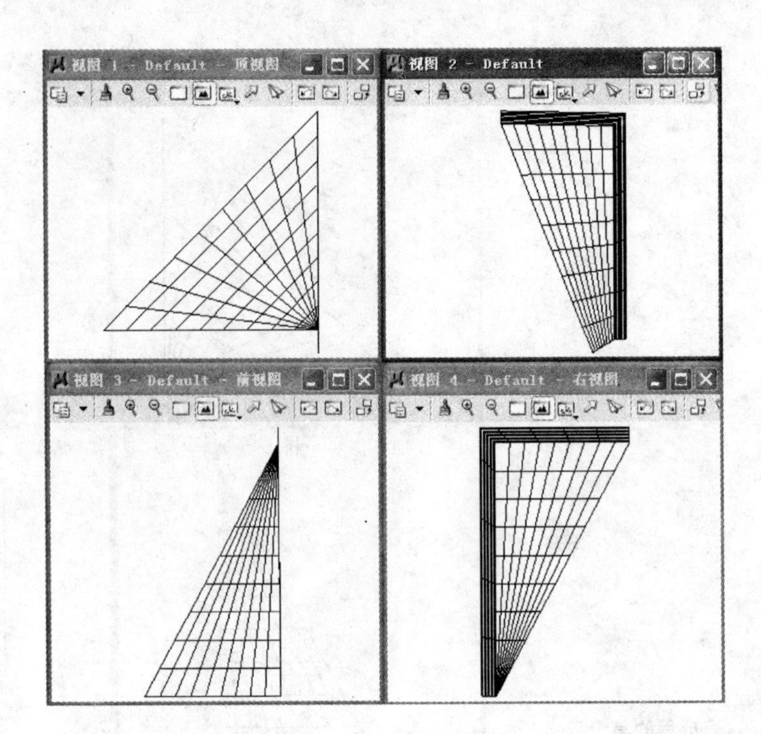


图 4-69　缝合后的八分之一个屋面

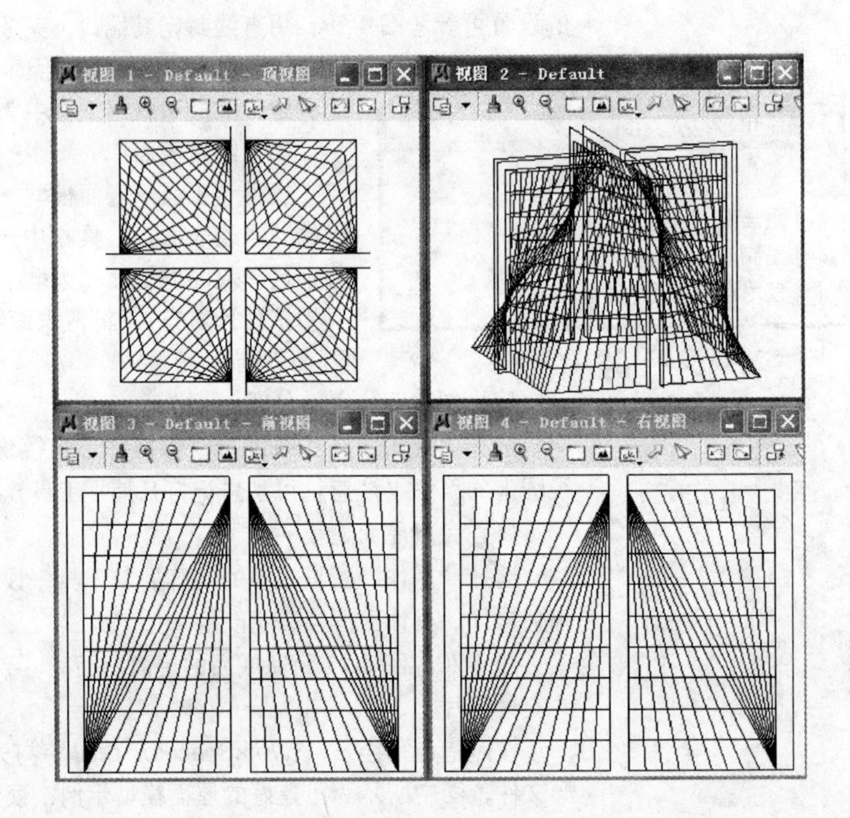


图 4-70　完成后的屋面模型

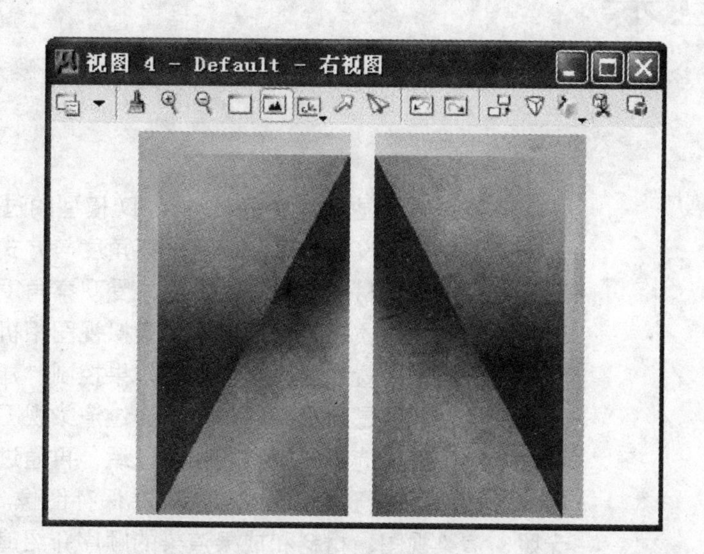


图 4-71　平滑模式下的屋面模型（立面视图）

图 4-72　圣・玛丽大教堂实景照片

# 5 渲染

渲染是通过显示着色面来表示 3D 模型的过程。渲染前通常需要给模型赋予材质、设置照明和确定观察角度与方式。对于静态单幅画面的渲染，由于模型材质表面的视觉效果受观察角度和照明影响较大，因此建议最后赋予材质。先期通过设置虚拟视图相机确定观察角度与方式有利于简化照明设置和材质表面视觉效果控制。建议的工作流程是首先设定照相机，然后是定义光照，接着通过渲染视图对光照效果进行观察和调整，在创建或选择材料赋予模型以后，再通过渲染视图对画面效果进行综合调整，进行最后的成果渲染并保存图像。因此以下将按照相机、光照、渲染视图、材料和成果渲染的顺序介绍渲染所需的设置工作。

## 5.1 照相机

设置虚拟视图相机是准备渲染图像的第一个步骤。对于简单设置，或者通常移动三维设计，可以使用旋转视图和平摇视图等“视图控制”工具即可。但是，对于更加精确的设置，“相机任务”对话框（图 5-1）可以提供一个系统，用于设置要渲染的视图。

图 5-1 “相机任务”对话框

“相机任务”对话框包含用于设置相机视图、设置视图区域、显示和激活深度、控制剪切立方体和剪切掩盖以及导航三维模型的工具和视图控制。其中：

定义相机：用于设置渲染视图以进行渲染或创建保存的视图。

视图导航：使用导航相机视图控制的子集以交互方式导航三维视图。

导航相机：使用键盘和/或鼠标以交互方式导航三维视图。

相机设置：用于调整虚拟相机。

照片匹配：用于校准视图以匹配照片的视角。

视图尺寸：用于调整视图尺寸。

设置显示深度：用于设置视图的显示深度。

设显示显示深度：用于置视图的当前显示深度。

剪切立方体：用于限制视图的显示体积。

剪切掩盖：用于掩盖视图中的元素显示。

设置虚拟视图相机可以分为创建、调整和保存三个阶段，以下将分别介绍。

### 5.1.1 创建相机

1）打开并设置相机

在创建相机阶段，要选择相机视图、定义相机的目标和相机的位置。在此之前，注意先要设置将要定义相机的目标和相机本身位置的视图的“激活深度”。

相机设置

相机设置(C): 设置(S)

图像平面方向(O): 垂直(P)

角度(N): 46.0

焦距(F): 50.0

标准镜头(L): 普通(N)

图 5-2 “相机设置”对话框

从菜单“设置”→“相机”→“设置”可以打开“相机设置”对话框。或者还可以按“相机任务”中的“相机设置”按钮，打开一个较全面的“相机设置”对话框（图 5-2）。

由于以后还可以更为全面和精确地对相机进行调整，这里可以不去调整对话框中的各种设置。对于第一次创建相机，在工具设置窗口中，“相机设置”需设置为“设置”。

使用鼠标左键点击将显示相机透视画面的视图中的绘图区域，以选择相机视图（如图 5-3 中 1）。然后再使用鼠标左键在场景中定义相机的目标（如图 5-3 中 2）和相机本身的位置（如图 5-3 中 3），通常是在顶视图中。

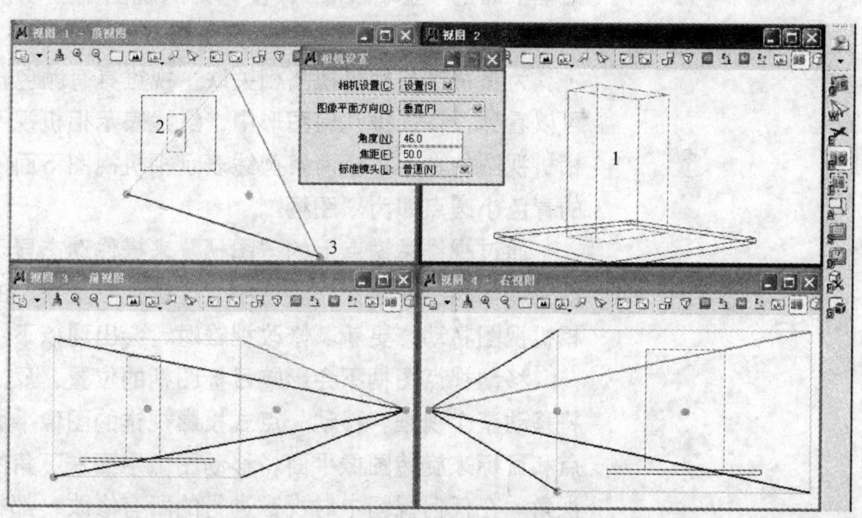


图 5-3 创建相机

在创建相机的过程中，相机位置和目标的定义比较关键。预先设置好“激活深度”可以使得定点在二维平面中更为容易。另外需要注意的是在定义相机时，相机的目标位置先定，然后再定相机本身的位置，这与其他渲染软件有所不同。

2）更改视图的显示属性

这样在激活的视图中将显示出定义的相机位置和目标方向所产生的透视画面。为了更容易理解画面，建议将视图的显示属性选为“光滑着色”。

从“设置”菜单或从视图窗口控制菜单中选择“视图属性”，选择“视图号”，然后在“显示”右侧的下拉菜单中选“光滑着色”(如图5-4)。

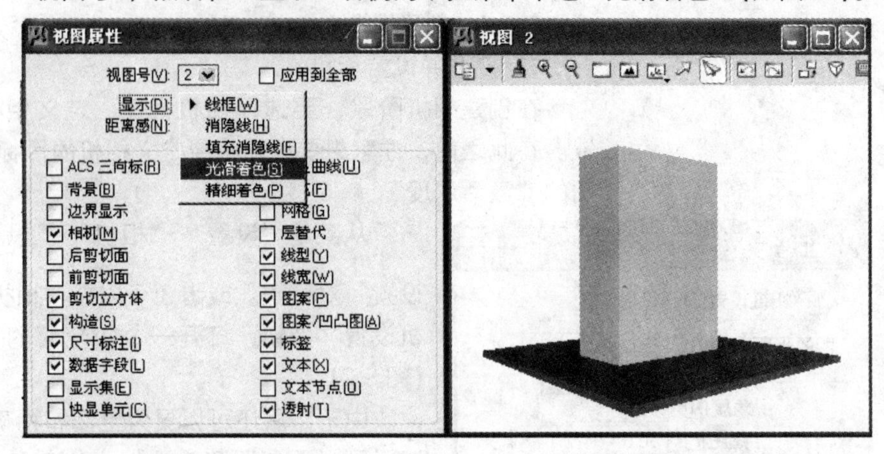

图 5-4 更改视图的显示属性

### 5.1.2 调整相机

在创建相机以后，可以用“定义相机”对话框对相机进行进一步的调整以获得需要的视图（图 5-5)。

1) 交互调整

为帮助用户在操作相机时使设计可视化，可以选中“定义相机”对话框下面的“显示视锥”，使打开的视图中显示视锥。这些视锥显示相机视图的查看范围和方式。

为将视锥与相机视图相关联，视锥具有颜色代码。在计算机屏幕上可以看到，在视锥几何图形中，红线表示相机视图的左上角；绿线表示相机视图的右上角；两条蓝线表示相机视图下面的两个角。视锥上显示的青色小圆点即为“图柄”。

通过视锥关键点上的“图柄”来操作动态显示的视锥，即可交互式地完成相机的调整操作。选中“连续视图更新”的情况下，修改视锥时相机视图将动态更新。修改视锥时，会出现以下情况：

移动视点图柄不会影响目标图柄的位置，反之亦然。移动中心图柄将移动整个视锥。移动一点式投影视锥的图像平面图柄，可以独立于视点和目标来旋转图像平面。移动图像平面左下角的图柄，可以更改镜头视角。在任何视图中对视锥进行的所有修改，都将调整首次选择“定义相机”工具时所选相机视图的视图参数。

2) 相机动作

以图形的方式修改视锥是设置要渲染的视图的快速方法。但是，对于更加精确的操作，可以从“定义相机”对话框的图标栏中的“相机动作”选项中选择（图 5-5)。

"相机动作"包括：平摇、水平平摇、垂直平摇、转动、推移/提升、推移、镜头焦距、镜头视角、平摇/推移。使用这些选项，可以快速精确地使用视锥的控制移动调整视图。

此操作与相机视图中的指针移动相关。使用控制移动，使每个数据点按照定义的距离或角度移动、旋转，或旋转视锥。还可以由相关设置字段中的键入命令定义。

移动操作，是以视图中间部分是原点，单击视图类似于井字格上、下、左、右等部分以造成移动。

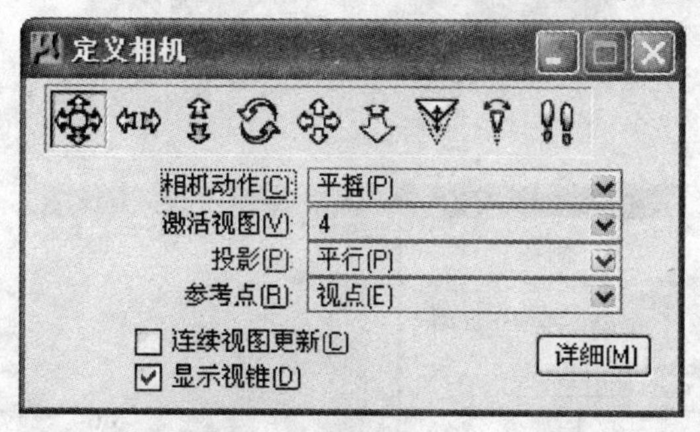


图 5-5 "定义相机"对话框

3) 参数调整

使用"定义相机"对话框详细设置窗口，输入相应的具体数值，还可以对照相机进行更为精确的调整。

按"定义相机"设置窗口右下角"详细"按钮（图 5-5）可以显示激活视图或相机视图的视图参数设置。使用左侧黑色三角形的"详细/隐藏"按钮，可以快速显示或关闭详细设置组框以只展开自己想要检查或修改的设置（图 5-6）。可以通过在各个字段中键入值来更改此视图的参数。

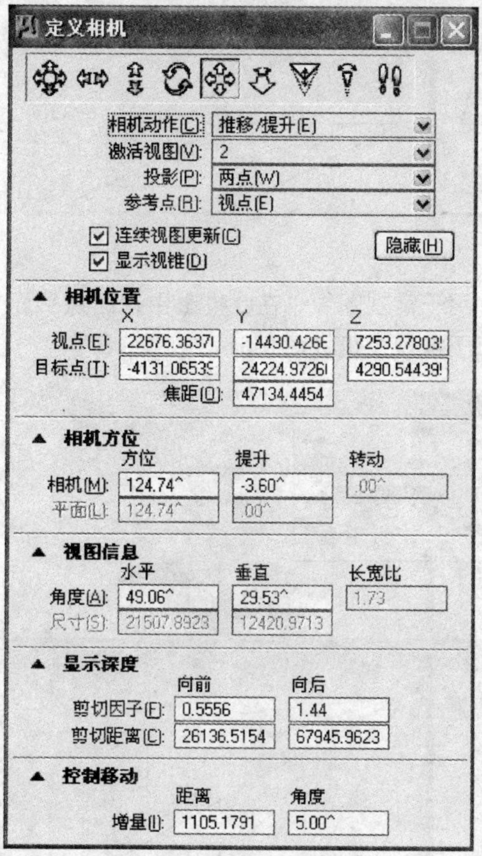

图 5-6 "定义相机"对话框详细设置

4) 投影方式

在定义和调整相机时，投影方式是一个需要专门介绍的概念。MicroStation 软件中的相机调整具有专业大型相机的平移、升降、仰俯、摇摆等功能（图 5-7）。

与普通的小型相机镜头与成像平面都居中垂直不同的是，专业大型相机镜头与成像平面的关系更为复杂，它们的光轴和焦平面可在一定范围内自由调整。

在现实中，大型相机是广告专业摄影和风光摄影常用的专业设备，通过调整图像平面，可以获得立面在水平和垂直两个方向都合乎比例的侧向透视照片，这对于专业的建筑摄影是十分有意义的。

MicroStation"两点"和"一点"视图投影方式对应大型相机的透视调整功能。"定义相机"设置窗口中"投影"选项用于更改相机视图中的投影。如果选择"显示视锥"会更方便控制和理解投影方式。

(1) 平行投影

MicroStation 的标准查看投影是平行投影。此投影在设计过程中最常用，通常被称为"轴测图"。此处，视锥为矩形，投影视图中无近大远小的变化（图 5-8）。

图 5-7　专业大型相机

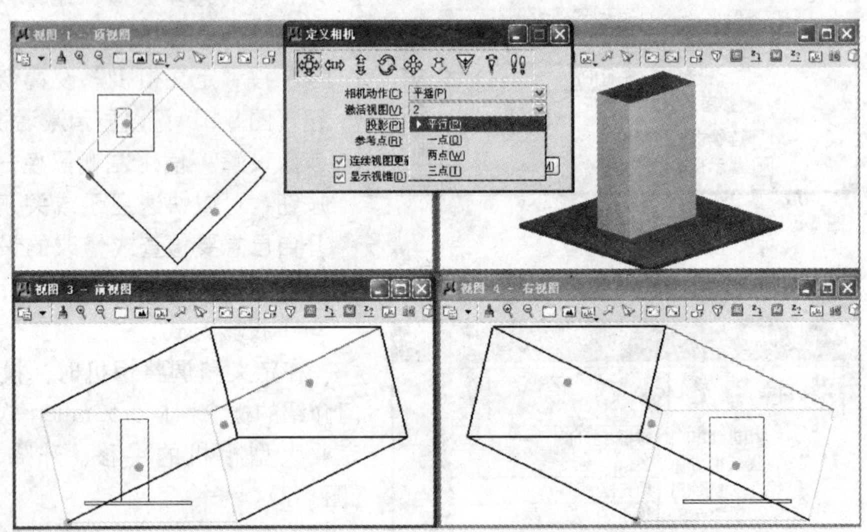


图 5-8　平行投影

(2) 三点投影

三点投影是最自然的投影，用于常规图像。在此投影中，图像平面的法线方向是视图的方向，类似于常规相机（图 5-9）。

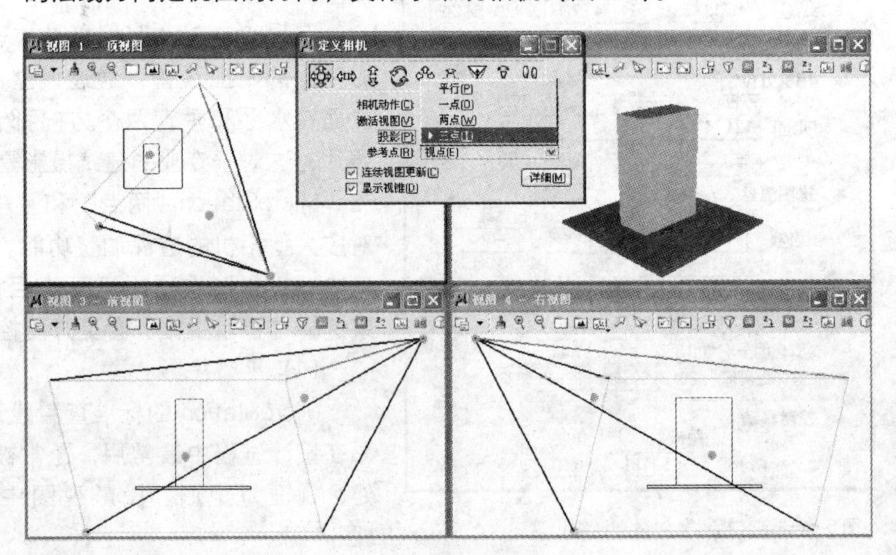


图 5-9　三点投影

(3) 两点投影

最常用于建筑渲染，在建筑渲染中垂直边需要显示为垂直，特别是高层建筑，即使在透视视图也是如此。这样的画面效果使人们所看到的建筑最自然，最真实，也最容易被人们接受（刻意用倾斜线来表达视觉的冲击或追求戏剧性构图的作品除外）。为此，在现实中专门有可以调整透视关系的大型相机或移轴镜头，以适应建筑摄影的这一基本特点。

此处，图像平面保持垂直，但是方向保持为视图的水平方向。通过这种方法，可以获得透视，同时保持任何垂直边在图像中完全垂直（图5-10）。

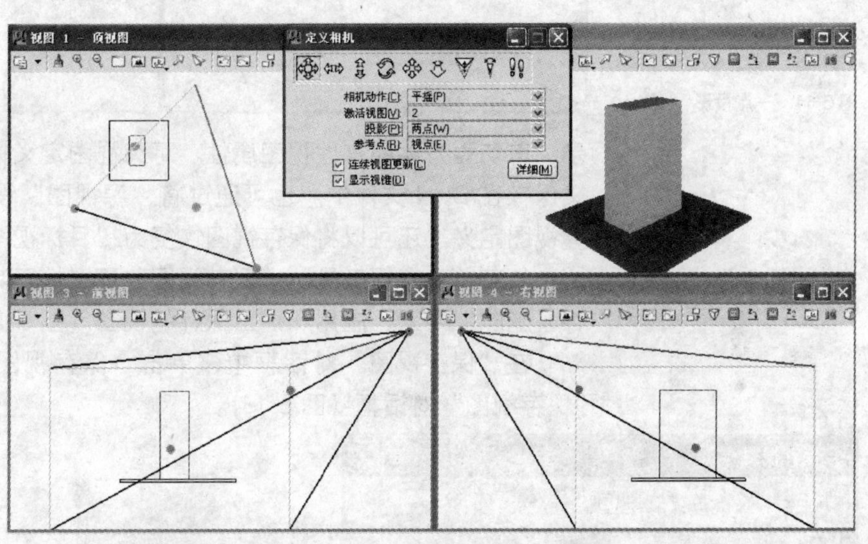


图 5-10　两点投影

(4) 一点投影

工作方式与大型专业相机类似。使用一点投影，图像平面的方向完全独立于视图方向。因此，在视锥中的添加了额外的图柄，方向为图像平面的法线方向。此图柄可以控制图像平面的方向。

一点投影的优点在于尺寸的正确性。即，如果使图像平面平行于模型的平面，那么该平面中模型的尺寸保持一定比例。这样，就可以在选定平面中创建具有正确深度和尺寸的图像。

设置相机和目标位置后，就可以使用平面图柄操作图像平面，使其平行于所需表面。可以通过“相机方向”设置字段中的设置以图形的方式完成此操作（图5-11）。

### 5.1.3　保存视图

设定相机在操作上并不复杂，关键是对投影视图中画面内容的控制，在相机位置、方向、焦距、投影方式的调整中要能够有预见性地了解需要的透视效果与调整的关系，做到有目的的调整。要能做好这一点，现实的摄影学习还是很有意义的。

使用“保存视图”工具可以将调整好的多个角度的透视视图保存下来。其实，“保存视图”是一个视图定义，包括激活模型和参考的层显

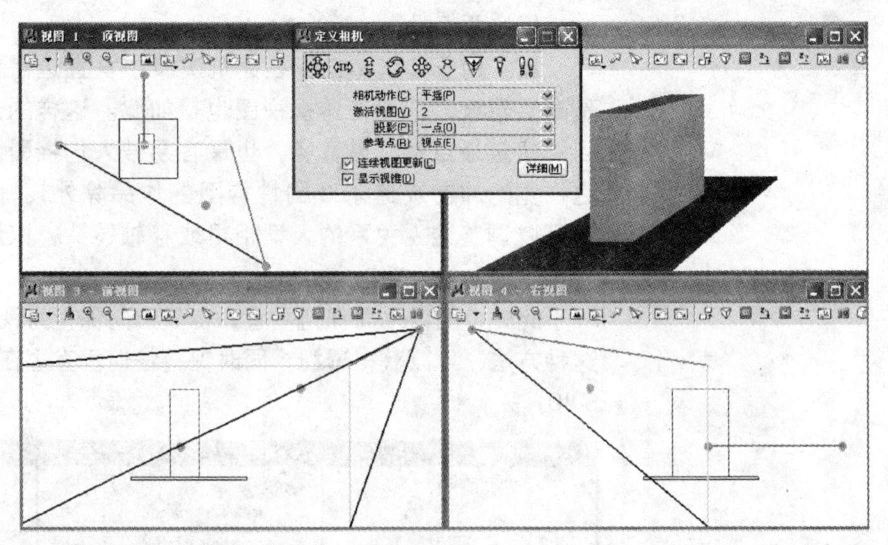


图 5-11 一点投影

示、剪切立方体和其他视图属性。可为视图定义指定一个名称并将此定义保存在 DGN 文件中。也可通过将“源视图”设置为模板并保存来创建视图定义。还可以将保存视图恢复为“目标视图窗口”。

从菜单“实用工具”→“保存视图”可以打开其对话框用于命名、保存、删除、导入、应用和调出保存的视图（图 5-12）。

在“保存视图”对话框中，单击“保存视图”图标。此时会打开“保存视图”对话框（图 5-13）。

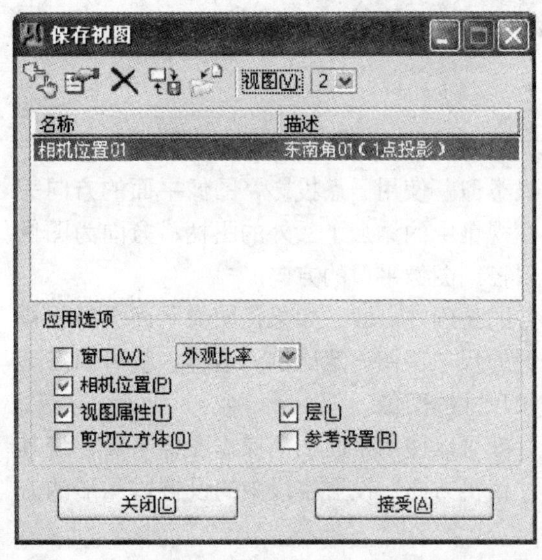


图 5-12 “保存视图”对话框（一）

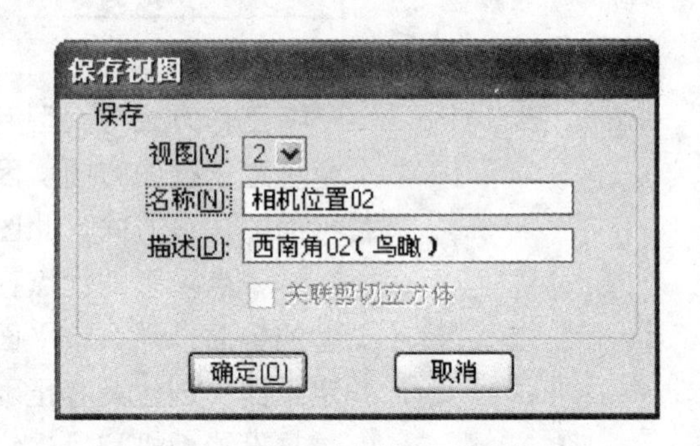


图 5-13 “保存视图”对话框（二）

从“视图”列表框中选择源视图的编号。然后在“名称”字段中键入视图的名称。如果需要，还可以在“描述”字段中键入描述此视图文字说明。最后单击“确定”完成保存视图的操作。

当需要重新调用已经保存的视图时，只需要在“保存视图”对话框中先选中目标视图的编号，然后双击下面名称与描述表中的一条，或者选中后按右下角“接受”按钮（图 5-12）。

## 5.2 照明

光照是产生真实渲染图像的必要条件，因为光可以决定看见的内容。光照的相关工具可以在光照对话框里面找到。可以通过在屏幕右上角点击“任务列表→可视化→光照→作为对话框打开”打开“光照”工具，自左向右分别是定义、创建和修改光源以及用于调整“全局光”设置的工具（图 5-14）。

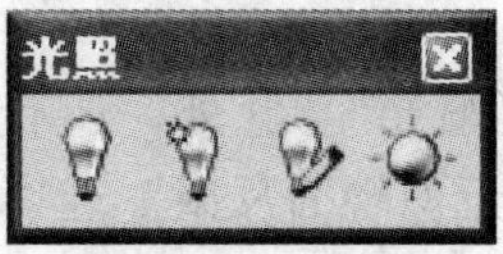

光照

图 5-14 “光照”工具

### 5.2.1 光照类型

MicroStation 渲染包括两种光照类型，“光源”和“全局光”。

1）光源

所有光源放置和编辑特征均可以从定义光工具获得。按“光照”工具中的“定义光”、“创建光”、“修改光”按钮或通过选择下拉菜单“设置”→“渲染”→“光源光”都可以打开“定义光”工具设置对话框（图 5-15）。

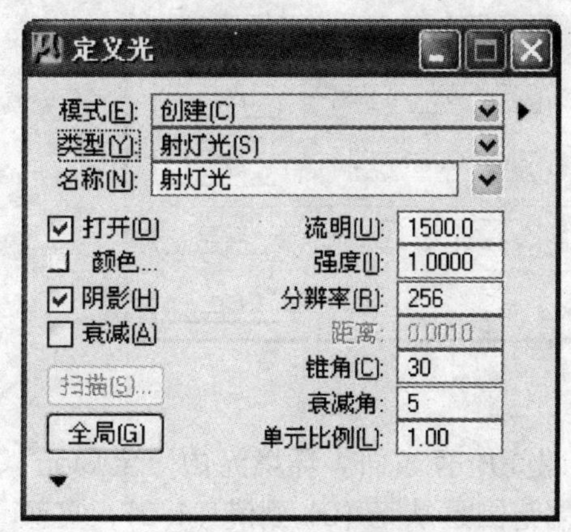


图 5-15 “定义光”工具设置对话框

（1）光源单元

MicroStation 支持四类光源-平行、点、射灯和区域，它们以单元库 lighting. cel 中的单元形式表示（图 5-16）。此外，可以从随附的 DGN 文件 lightlist. dgn 中的预定义光源示例中选择光源，或在该文件或其他 DGN 文件中创建自己的预定义光。

缺省情况下，所有光源单元均会被放置在“缺省”层上。同时，它们由“构造”类元素建立。因此，为避免元素显示在渲染的视图或图像中，应该在渲染之前，取消选中“缺省”层或视图的“构造”，以“隐藏”光源单元。光源单元的大小由“单元比例”设置，图像中的光照效果不受单位比例的影响。

处理渲染时，总是需要考虑激活文件中存在的光源单元。若未选中参考文件的“使用光”设置，将忽略参考文件中的任何光源单元。初次连接参考文件时，可以选中“连接设置”对话框中的此设置。

图 5-16 各类光源单元

（2）光源发光方式

光源按以下方式发光：

- 平行光：定向光，用于模拟太阳在整个设计中产生平行光线。即，光源方向定义了照亮所有面向光源之表面的统一光的方向。无论这些表面在设计中位于光源之前还是之后，均适用此规则。缺省情况下，平行光源与太阳光具有相同的亮度。
- 点光：从光源原点向所有方向发射光。

• 射灯光：具有锥形光束的定向光，与闪光灯相似。射灯光源与点光源有相同的“流明”和“强度”设置，但渲染的图像会较亮，因为其能量限制为锥角。

• 区域光：在多种散射光情况中都很有用，例如模拟荧光，荧光的光源既不是点光也不是射灯光。区域光源在设计中现有的多边形形状中创建。

• 自然光：与光线跟踪、辐射解决和微粒跟踪配合使用，可以为由太阳光、自然光或平行光源通过墙或顶棚上的开口而照亮的室内场景生成更有效的解决方案。与在计算光效果时考虑整个“天空”不同，自然光仅考虑通过开口的可见光。

2) 全局光

“全局光”包括“环境光”、“闪光灯”和“太阳光”。此外，还有“对日光和所有平行光增加自然光”和“自然光的近似地面反射”选项和设置，分别模拟太阳光和地面反射光。

选择“光线任务”中的“全局光”工具；或者从“设置”菜单的“渲染”子菜单选择“全局光”；再或者在“定义光”工具对话框中单击“全局”按钮，都可以打开“全局光”对话框（图 5-17）。

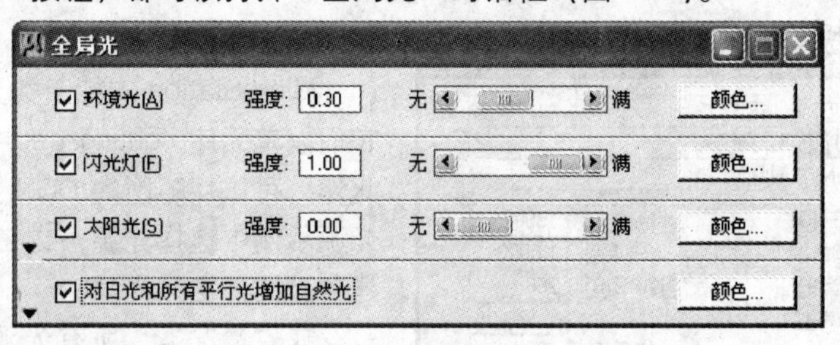


图 5-17 “全局光”对话框

(1) 环境光

环境光是无处不在，它均匀地照亮所有表面。环境光由“全局光”对话框进行控制。环境光的强度变化范围是从无 (0) 到满 (1.0)，且颜色可以调整。

环境光不会投射阴影。因为环境光可以均匀照亮所有表面，所以增加其强度可以降低着色视图的深度或对比度。

环境光可以模拟室内的背景光，也可以照亮以其他方式接收不到光的表面，所以十分有用。

(2) 闪光灯

闪光灯光在视图的视点处提供点光源。闪光灯光由“全局光”对话框进行控制。闪光灯光的强度变化范围是从无 (0) 到满 (1.0)，且颜色可以调整。

闪光灯光也不会投射阴影。事实上，由于闪光灯的位置与视点重合，闪光灯的阴影正好被物体遮挡。

(3) 太阳光

太阳光模拟太阳发的光。太阳光由“全局光”对话框进行控制。可以指定太阳光是否投射阴影。要在光线跟踪时显示太阳光阴影，要求同时选中“光线跟踪”设置对话框（图5-32）中的“阴影”。

可以指定阳光的位置和时间，定义设计中的“正北方向”，获得真实的日照效果，进行建筑的日照分析。MicroStation 的实用工具中有“日光分析”工具用于创建一个可显示太阳在某段时间内投射阴影的位置的图像序列。

(4) 对日光和所有平行光增加自然光

选中此设置后，可以增加来自天空的大气光。增加自然光后，阴影会较模糊，且隐藏在较大对象阴影中的对象将依稀可见。

当此设置与“太阳光”同时选中时，光的强度将由太阳的角度进行修改。随着阴晴度增加，直接阳光会减少，但来自天空的光的数量增加。同样，任何平行光源发射的光也会被修改。可以设置“阴晴度”和“空气质量（混浊）”的数量，以创建所需环境。

(5) 自然光的近似地面反射

用于模拟由地面反射的所有近似于阳光和自然光的光。如果选中此项，将启用其“颜色”按钮，从而可以定义地面反射的颜色。通常，当创建的模型没有使用地面几何图形时会用到此项设置。如果在设计中使用了地面几何图形，它将介于任何地面近似图形和模型之间。它将投射阴影和/或反射自身的光。

### 5.2.2 创建与设置光照

1) 创建光源

按“光照”工具中的“定义光”或通过选择下拉菜单“设置”→“渲染”→“光源光”打开“定义光源”工具设置对话框（图5-15）。此时，“模式”须为“创建”。

(1) 光源设置

创建光源时，选择了光源的“类型”确定光源的发光方式后，必须赋予光源名称。系统会提供缺省名称，但最好赋予这些光源更有意义的名称。这些名称将用于在修改光源设置时标识光源（图5-18）。

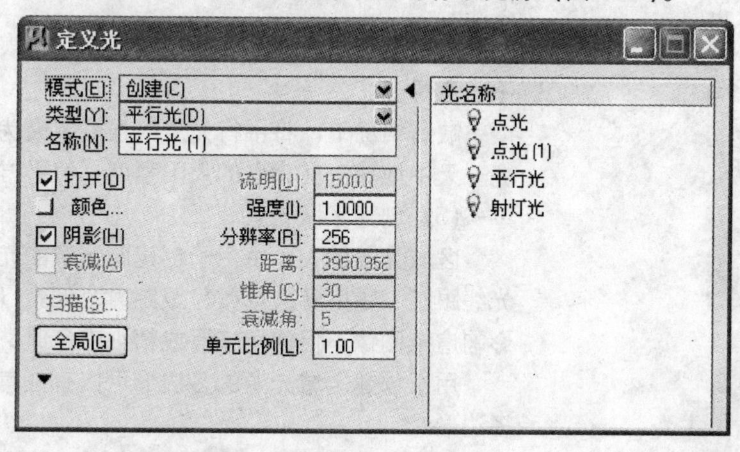


图5-18 扩展的“定义光”工具对话框中的“光名称”列表

- “打开”设置是打开光源还是关闭光源。
- “颜色”左侧按钮可以打开“修改颜色”对话框，用于指定光源的颜色。

•“阴影”如果选中，则光源可以在渲染的图像中投射阴影。其右侧“分辨率”用于设置阴影的精度。

•“衰减”如果选中，光源将衰减，其强度随着距离的增加逐渐减弱。其右侧“距离”、“锥角”、“ 衰减角”用于详细设置光源的衰减方式。

•“流明”、“强度”用于设置光源的亮度。当使用照片现实化的渲染时，为了以现实方式设置光源，并以流明为单位输入光线值。

(2) 创建点光源

与灯泡类似，光从点光源向所有方向发射。这些光源与精细渲染同时使用时不会投射阴影。要创建点光源，通常仅需要定义其位置。

(3) 创建射灯光源

与真实射灯光相同，射灯光源的设置允许聚焦光线（锥角）和边界削减，其中光的强度可以从满到零（衰减角）。

要创建射灯光源，需要先定义光源的位置，然后定义目标点。光源和目标点之间的距离决定了表示射灯照明范围的圆锥长度。放置光源时，若打开距离设置值可以另外设置照明的衰减距离，缺省为圆锥长度。对于渲染中的辐射解决和微粒跟踪解决方案，可以忽略“距离”设置。在这些情况下，光会随着距离的平方而衰减。

(4) 创建平行光源

平行光源只有方向比较重要，因为它们可以提供与太阳光相似的光照。无论在设计中的何处创建平行光源，所有面向光源的表面都会被均匀照亮。要创建平行光源，需要先定义光源的位置，然后再定义方向。

如果平行光光路向上且已打开，则在不同渲染模式中的行为方式会有所不同：

•光滑和精细：平行光源始终发光。

•光线跟踪：若“现实世界的光”已启用，则假定平行光代表真实的太阳光，若光路向上则不予考虑。否则，光路向上的平行光将会发光。

•微粒跟踪、辐射：假定平行光源代表真实的太阳光，光路向上则不予考虑。

缺省情况下，将平行光源的强度定义为 1.0，相当于太阳直射之最亮一天中地球上最亮点的太阳强度（每平方米 120000 流明）。

(5) 创建区域光源

区域光源的大小由用于创建此光源的元素（凸多边形）定义。使用光线跟踪、辐射解决或微粒跟踪时，元素（因此还包括光源）的大小会影响渲染图像。但使用光滑或精细着色时，区域光源的大小并无影响。

用于创建区域光源的多边形可以有任意多个顶点，但它们必须是凸多边形。

区域光源在模拟荧光之类的光时十分有用。可以在任何现有凸多边形中创建区域光源。即，首先要定义几何图形的形状（多边形）。然后在“定义光”工具中选择“创建”，选择几何图形，然后定义区域光“发光”的方向。

(6) 创建自然光

自然光仅适用于使用光线跟踪、辐射或微粒跟踪渲染模式时。对于由平行光、天空光或太阳光照亮的室内场景，使用自然光可以生成更有效的解决方案。自然光不是传统意义上的真实光，而是使用太阳光、平行光和自然光时的一个控件。通过仅测试天窗方向的阴影（而非测试整个天空），可以改进性能。

2）设置全局光

与创建光源不同，全局光不需要在模型中创建而只需要在全局光对话框进行相关参数的设置（图5-17）。

(1) 环境光和闪光灯

“环境光”和“闪光灯”设置都只有两项，分别是“强度”和“颜色”（图5-17）。其中“强度”设置从“无”(0)到“满”(1)，可以填数值，也可以用鼠标拖动滑块。“颜色”设置将打开“修改颜色”对话框以设置光的颜色。

(2) 太阳光

“太阳光”的设置比较复杂，除了“强度”和“颜色”，单击左侧倒黑色三角形的“显示阳光设置”按钮可以展开“太阳光”组框，以显示更多太阳光设置（图5-19）。这些设置中包括一项用于确定是否对“精

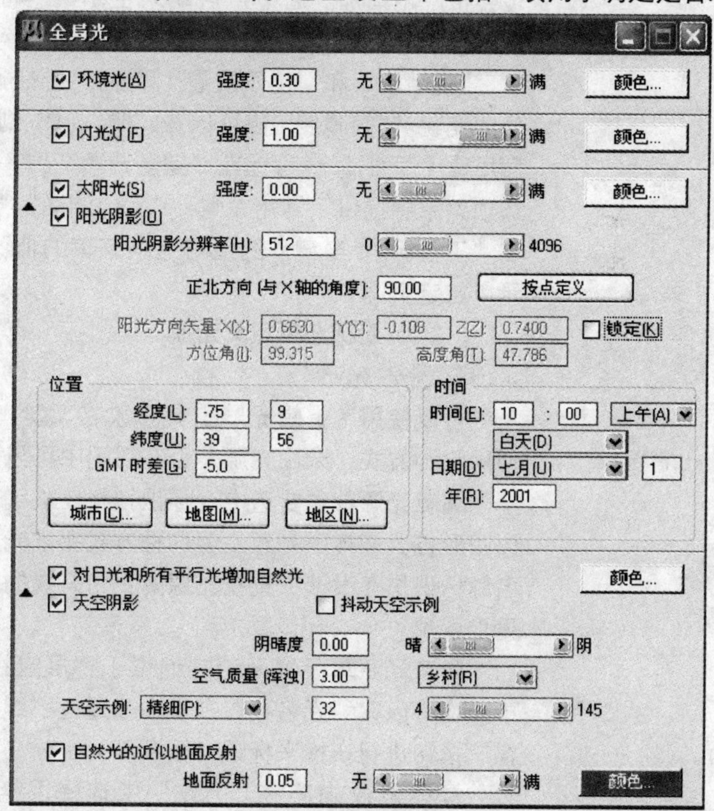


图5-19 扩展的“全局光”对话框

细”或“光线跟踪”渲染过的图像进行阳光投影的设置。其他设置则用于定位“天空”中太阳的位置、指定模型的位置并设置时间。

如果需要进行阳光投影，要选中“阳光阴影”。对于“精细”渲染，还要设置为阳光生成的阴影图的分辨率。该值越低，阳光阴影的分辨率越小，处理时间也将减少。

通过键入一个指定与 *X* 轴之间的角度（以度计）的值，来定义设计中的“北向”方向。缺省值为 90°，即平面图“上北下南”，*X* 轴正向为东，*Y* 轴正向为北。

“天空中”太阳的位置可以有两种方式确定。一种是直接设定阳光方向矢量 *X*、*Y*、*Z* 或“方位角”和“高度角”。这时需要选中“锁定”项。如果未选中此项，阳光的位置则由场景所在的地理“位置”和“时间”设置确定。其中“位置”可以输入经纬度，也可以在城市列表中选择，还可以直接在世界地图上标定。

在现实中，天空也发光并产生阴影，特别是在阴天。在 MicroStation 渲染设置全局光时，如果选中“对日光和所有平行光增加自然光”项，将添加来自天空的大气中的光。右侧的“颜色”按钮用于设置“自然光”的颜色。单击左侧的黑色倒三角形“显示天空设置”按钮可以展开此对话框，以显示更多设置。

如果选中“天空阴影”，将为增加的自然光生成阴影。“天空示例”设置天空半球的精度。值越高，越能精确地模拟自然光，但是处理时间也会相应地增加。选中“抖动天空示例”将以抖动的方式采集天空示例，以创建更柔和的图像。

“阴晴度”和“空气质量（浑浊）”都是通过设置相应的值模拟自然光的变化。“阴晴度”值可以在“晴”（0）到“阴”（1）之间变化；“空气质量（浑浊）”值可以在“完全洁净”（1）到重度污染（9）之间变化。选项菜单中提供了常用设置：“完全洁净”、“干燥山区”、“乡村”、“城市”和“工业区”。当键入的值与选项菜单的值不相符时，选项菜单中会显示“自定义”。

### 5.2.3 修改与预定义光源

1）修改光源

可以使用“编辑光”工具修改在 DGN 文件的模型中创建的光源。使用此种方式，无论光源是否在视图中可见，均可以改变光源设置。

编辑光源首先要选中（标识）将要被编辑的光源。可以使用数据点以图形方式来标识光源。但这种方式要求光源在视图中可见。扫描或按名称标识是在设计中查找光源的更为有效的方式，无论这些光源是否可见均适用。

所有光源单元（无论它们位于哪层或视图中的“构造”是否已选中）均可以在“光名称”列表中或通过“编辑光”工具对话框中的“扫描”按钮进行扫描来标识（图 5-20）。

具体修改内容在“方法”中选择，包括：编辑光、应用值、删除

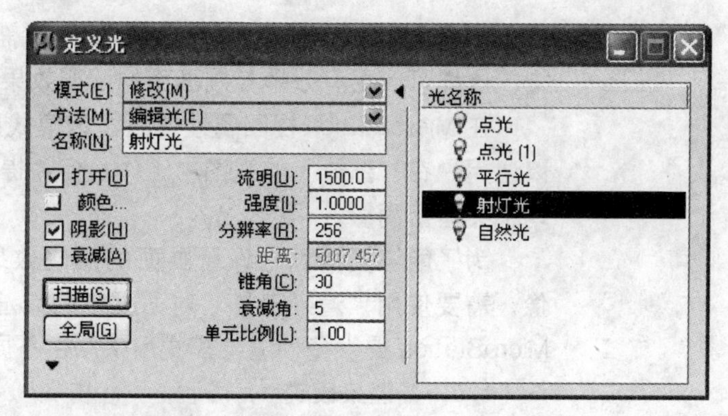


图 5-20 “定义光”工具对话框中的“扫描”按钮

光、移动光、目标光、定位光、光移位、推移光。

也可以使用标准 MicroStation 工具（例如“移动”、“旋转”、“删除”工具）来修改光源。

2）预定义光源

可以创建预定义光源，然后通过“放置光”工具进行选择。如果有预定义光源，并选择了“放置光”工具，“名称”字段会替换为组合框，其下拉列表包含所有该类型的预定义光（图 5-21）。

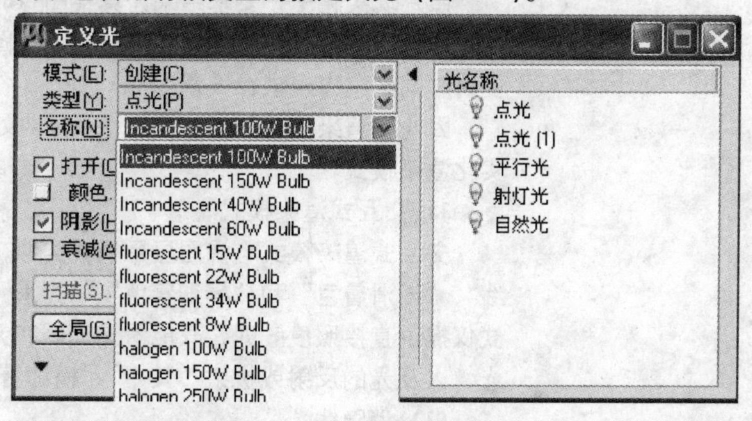


图 5-21 “定义光”对话框中的预定义光

从下拉列表中选择预定义光时，该光的设置会替换为对话框中的值。然后即可根据需要调整这些设置，并放置光源。MicroStation 随附的可选择预定义光源包含在 DGN 文件 lightlist. dgn 中。这个 DGN 文件位于 Bentley \ Workspace \ system \ cell 目录下。

可以在名为 lightlist. dgn 的 DGN 文件中创建自己的预定义光，然后将其放置于 $ (USTN _SITE) cell /(通常是 Bentley \ Workspace \ standards \ cell) 或 $ (_USTN_PROJECTDATA) cell /(通常是 Bentley \ Workspace \ projects \ YourProject \ cell) 中。然后会将这些其他 DGN 文件中定义的光添加至初始预定义光的列表中。也可以使用任何位置的 DGN 文件，只需将文件添加至 MS_LIGHTLIST 配置变量中。

## 5. 3 渲染视图

光照效果需要通过渲染来显示。为避免物体表面材质的过多干扰，在给物体表面赋予更为复杂的材质之前，需要先介绍 MicroStation 的渲染，这样可以更有效地控制画面的照明效果。

在 MicroStation 视图属性中的显示模式中将视图设置为着色模式可以让用户在“渲染”的视图中工作。但为提高渲染速度，基本渲染模式均不会显示阴影。

为了能够更精确地设置画面的照明效果，以最终获得更真实的图像，需要使用“渲染工具”对话框中的“渲染”工具对视图进行渲染。MicroStation 提供多种渲染模式用来产生不同效果的渲染图像。

5.3.1　渲染模式

MicroStation 提供了多种渲染模式，如何处理渲染很大程度上取决于需要以何种方式作为最终结果。最初，应该确定目标是交互式图像还是真实图像。

交互式——目标为渲染速度或帧速率，而非真实图像。这可以制作简单的概念图像或动画，也可以制作元素已被赋予基本材料特征的较复杂图像。

照片现实化——要求结果为真实图像时使用。照片现实化渲染模式光源的设置和放置较为严格。同样，这些图像的材料定义也需要耗费更多的时间和精力来进行设置。

因此，渲染模式可以分为两大类：“交互式渲染模式”和“照片现实化渲染模式”。

1）交互式渲染模式

交互式渲染模式与视图显示模式类似，包括“消隐线”、“填充消隐线”、“光滑着色”和“精细着色”。“光滑”和“精细”的交互式渲染模式仅提供直接照度。即，只能看见光照在元素上的效果。而看不见反射光，以及光的反射或折射。其中，“精细着色”渲染能够产生阴影。

(1) 消隐线

仅显示实际可见的部分元素，即移除消隐在对象背面的线（图 5-22），也称为“多边形”显示。

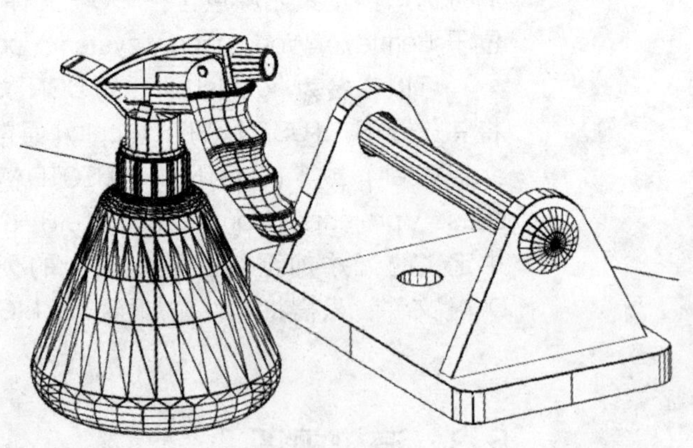

图 5-22　消隐线

(2) 填充消隐线显示

与消隐线显示类似，不同的是多边形以元素颜色填充（图 5-23），

图 5-23　填充消隐线显示

也被称为“填充多边形”显示。

(3) 光滑着色

光滑着色可以将表面显示为一个或多个多边形。使用光滑着色，颜色在多边形的顶点进行计算，然后在多边形内进行混合。这会令曲面看上去光滑圆满（图 5-24）。

图 5-24　光滑着色

(4) 精细着色（图 5-25）

图 5-25　精细着色

精细着色与光滑着色的不同之处在于每个像素的颜色单独计算，可以用于显示渲染图像中的阴影、凹凸图、透明度和距离感。精细着色渲染比光滑着色的光效果更真实。

在精细着色中，以“阴影图”的方式为太阳光、平行光、射灯光和区域光源生成阴影。若要由模型中的对象生成阴影，材料定义（如果存在）和光源中的“阴影”设置必须已选中。初次着色视图时，会计算阴影图。因为阴影图对任何视图均有效，所以只有更改光源时才会重新计算阴影图。

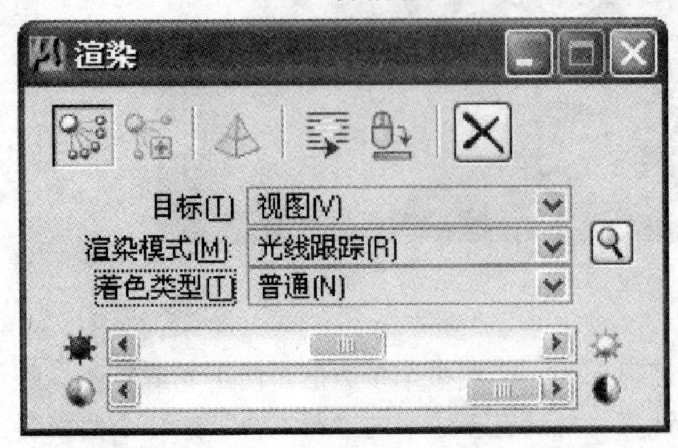

图 5-26 照片现实化渲染设置

若更改场景的几何形状，应清除所有现有的阴影图，以在重新计算阴影时可以包括这些更改。可以通过键入 LIGHT CLEAR，或在“定义光”工具对话框的“模式”选项菜单中选择“清除阴影图”，来执行此项操作。

2）照片现实化渲染模式

若需要产生更为真实的图像，则可以选择“光线跟踪”、“辐射解决”或“微粒跟踪”这些照片现实化渲染模式，但这需要较长的渲染时间，也需要更复杂的设置（图 5-26）。

(1) 光线跟踪

通常仅使用光线跟踪，就能成功渲染不包含散射反射或聚光的模型。光线跟踪尤其适用于需要真实渲染反射性和透明表面（例如金属和玻璃）的应用程序（图 5-27）。

图 5-27 光线跟踪

光线跟踪图像通过在 3D 场景中模拟光线的光斑反射而产生。光线跟踪不会显示散射反射。但可以与辐射或微粒跟踪解决方案配合使用，以产生这些过程不会显示的光斑高亮和反射。辐射和微粒跟踪均可以选择使用光线跟踪进行最终显示。MicroStation 的光线跟踪允许使用与交互式渲染模式更兼容的光照，可以选中“光线跟踪”对话框（图 5-32）中的“现实世界的光”，以使用现实世界的光线值。这样，可以先使用“光线跟踪”选项设置图像的光线和材料，然后再执行微粒跟踪或辐射解决方案进行最终的渲染，因为这两个方案需要较长的时间。

在现实世界中，光线由一个或多个光源发出并经由对象反射，然后人们才能看到。在计算机上，从眼睛开始跟踪光线通常比从光源开始更为有效。这样不会跟踪从光源到表面的不可见光，从而节省了大量时间。光线跟踪可以从眼睛到场景逆向跟踪光线，以确定可看见的内容。它从观看者的眼睛（相机位置）开始跟踪（或投射），直到视图中的每个像素。

在光线跟踪图像中，阴影可以由太阳光、平行光、点光、射灯光和区域光源生成。若要由模型中的对象生成阴影，材料定义（如果存在）、光源和光线跟踪对话框中的“阴影”设置必须已选中。光线跟踪产生的阴影最精确，适合应用在日照分析和照明遮挡分析上。

(2) 辐射

辐射解决是一项尖端技术，可以计算在各散射表面之间反射的光。它可用于表现特殊的光照效果（图 5-28），例如渗色（某一着色表面向另一邻近表面渗透些许颜色）和光弥散（间接光反射到场景中的其他表面）。

辐射解决不同于光线跟踪，它本身并非渲染技术，而是仅产生结果可用于渲染的光解决方案。事实上，辐射解决和光线跟踪功能可以同时使用，以产生具有最佳质量的真实图像。辐射解决可作为渲染前程序进行操作，以计算视角无关（散射）的全局光解决方案。由于辐射解决方案是“视角无关”，所以可以将其重复使用，以渲染不同视角设计的其他图像。应用光线跟踪使用此辐射解决方案来渲染与视角相关的图像，可以添加光斑高亮和反射。

(3) 微粒跟踪

微粒跟踪是传统辐射的一种替代方案，它对内存的要求要低一些。尤其适合于可视化非常大的设计（图 5-29）。因为微粒跟踪解决方案的计算结果会直接保存到磁盘上，而不是保存在内存中，因此几乎可以为任何尺寸的设计生成解决方案。

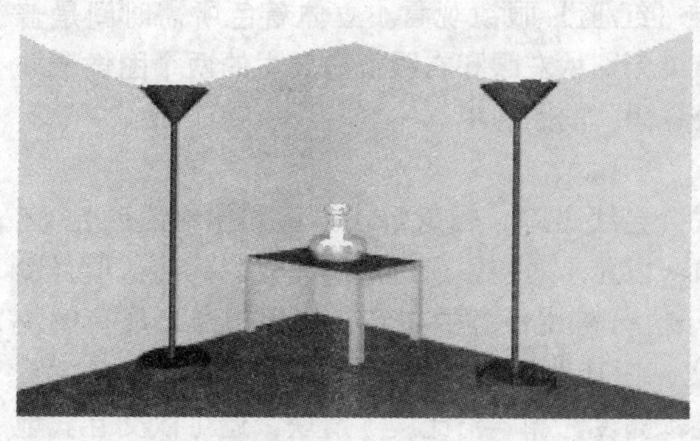

图 5-28 具有辐射解决效果对比

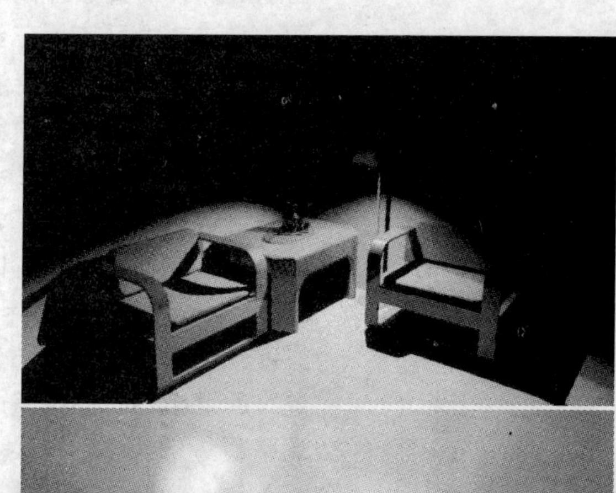

图 5-29 具有微粒跟踪解决效果对比

微粒跟踪解决方案也与视角无关。计算出结果后，可以从任何有利位置重新显示解决方案。此特征在创建动画和交互式漫游时非常有用。

包含散射反射和光斑反射的模型需要使用微粒跟踪，才能正确显示图像的所有特征。微粒跟踪尤其适用于处理大型设计和所有光路。此外，它比辐射解决更容易掌握和使用。

5.3.2 生成渲染

1) 工具设置

(1) 基本渲染设置

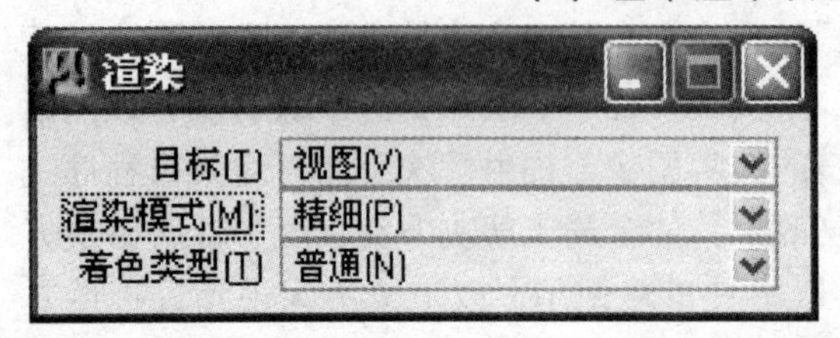

图 5-30 “渲染”设置窗口

在“可视化任务”、“渲染工具”和“视图控制”对话框中都可以点击“渲染”按钮打开“渲染”设置窗口，该窗口中包含用于确定渲染目标、渲染模式和着色类型的控件（图 5-30）。

以下分别介绍渲染的各项工具设置：

•“目标”：设置要渲染的实体或区域。有“视图”、“围栅”、“元素”。其中，“元素”不适用于“光线跟踪”、“辐射”或“微粒跟踪”渲染模式。

•“渲染模式”：设置渲染模式。有“消隐线”、“填充消隐线”、“光滑”、“精细”、“光线跟踪”、“辐射”和“微粒跟踪”。

•“着色类型”：设置渲染时的着色类型。有“普通”、“消锯齿”、“立体”。其中，“消锯齿”可以减少在低分辨率显示器上特别明显的锯齿状边缘，需要额外的时间进行运算。“立体”渲染具有立体效果的视图，且该效果可使用三维（红/蓝）眼镜观看。立体着色所需时间是普通着色的两倍，因为要渲染分别从左眼和右眼视角产生的两个图像，并将它们结合到一个“颜色编码”的图像中。

(2) 高级设置

当选择高级渲染模式（光线跟踪、辐射解决方案和微粒跟踪），还会展开“渲染”设置窗口，以显示对应于所选渲染模式的其他选项（图 5-26）。这些选项包括用于执行常用任务的按钮，如用于清除现有解决方案、创建新的解决方案、在其他视图中显示当前解决方案以及“重置”后继续。此外，通过“亮度”和“对比度”滑块，还可以交互式地调整最近渲染的“光线跟踪”（启用了“现实世界的光”的情况下）、“辐射”或“微粒跟踪”图像。另外还可以使用“打开设置图标”打开所选渲染模式的设置对话框（图 5-31）。

其中上端的按钮分别是：

•“新建解决方案”：将“渲染模式”设置为“光线跟踪”、“辐射”或“微粒跟踪”时用于创建“光线跟踪”、“辐射”或“微粒跟踪”的新解决方案。当“渲染模式”设置为“微粒跟踪”时，将同时使用微粒和网格来创建新的解决方案。

•“添加更多投射/微粒”：将“渲染模式”设置为“辐射”或

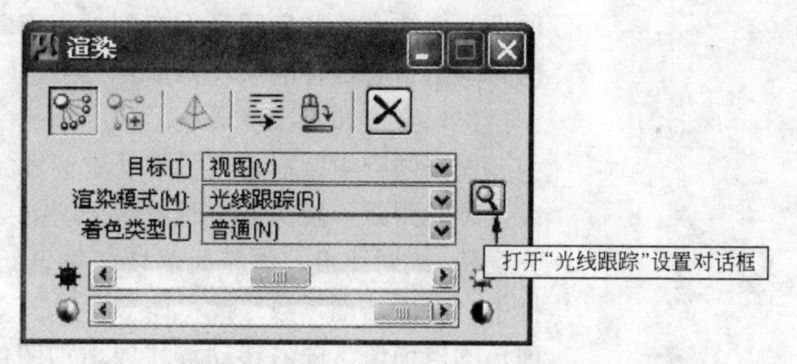


图 5-31 展开的“渲染”设置窗口

“微粒跟踪”时用于向辐射/微粒跟踪解决方案添加投射/微粒。

• “只恢复网格相”：将“渲染模式”设置为“微粒跟踪”时只用于重新计算网格相，而不重新发射微粒。使用此工具，可以更改网格设置，并可以使用以前发射的微粒重新运行微粒跟踪。可以在“微粒跟踪”对话框中更改“网格设置”。

• “显示当前解决方案（在任何视图中）”：将“渲染模式”设置为“光线跟踪”、“辐射”或“微粒跟踪”时用于在任何视图中显示当前解决方案。

• “重置后继续”：将“渲染模式”设置为“微粒跟踪”时可以在使用重置暂停后继续进行微粒跟踪。重新开始时，微粒跟踪要从其中断位置开始。

• “清除解决方案”：将“渲染模式”设置为“光线跟踪”、“辐射”或“微粒跟踪”时从内存中清除当前的光线跟踪或辐射解决方案或从磁盘上清除当前的微粒跟踪解决方案。缺省情况下，光线跟踪和辐射解决方案保留在内存中，而微粒跟踪则保存在磁盘上。

(3) 快捷菜单

右键单击上述执行常用任务的按钮图标，会打开用于装载/保存/清除解决方案的菜单。缺省情况下，以“<DGN 文件名>. ptd/rad”格式命名从“缺省”模型中创建的解决方案。以“<DGN 文件名>_<模型名>. ptd/rad”格式命名从“缺省”以外的模型中创建的解决方案。

•“装载解决方案”——打开“装载渲染数据库”对话框，用它检索已保存的微粒跟踪或辐射解决方案。

•“保存解决方案”——打开“保存渲染数据库”对话框，用它保存微粒跟踪或辐射解决方案。

如果在“微粒跟踪”对话框中选中了“使用替换工作文件”，则未修改的替换文件名将用作微粒跟踪工作文件。

•“清除解决方案”—— 从磁盘上删除当前的微粒跟踪解决方案，或从内存中删除辐射解决方案。在清除解决方案之前，会出现“警告”框，以便用户可以取消删除。

•“保存计算结果到 DGN”——（仅适用于“微粒跟踪”或“辐射”解决方案）打开“另存为”对话框，可以将当前解决方案作为具有适当顶点光值的网格几何图形保存到外部 DGN 文件中。这样，就可以从任何方向上查看保存的解决方案。

(4) 亮度和对比度滑块

仅当内存中存在启用了“现实世界的光”的“光线跟踪”、“辐射”或“微粒跟踪”解决方案时激活，可以交互式地更改最近渲染的视图的亮度和/或对比度。调整此滑块还将更新“辐射”和“微粒跟踪”对话框中“亮度倍增系数”或“调节亮度”设置（当前处于激活状态的任一项）的当前值。向右移动滑块以增加图像的亮度/对比度，或向左移动滑块以调暗图像。

2) 渲染操作

在设定了渲染的相关设置以后，渲染操作其实很简单。在选择“渲染”工具以后，在“渲染”设置窗口中选择好“目标”、“渲染模式”、“着色类型”，然后选择视图，就可以将被选择的视图加以渲染。

如果只需要渲染视图中部分场景，可以先使用围栅将需要渲染的部分围起来，然后再在“渲染”设置窗口中将“目标”设置为“围栅”进行渲染。当只对个别元素进行了修改和调整，或者只需要渲染一些特定元素，可以使用选择工具把这些元素先选定，然后再在“渲染”设置窗

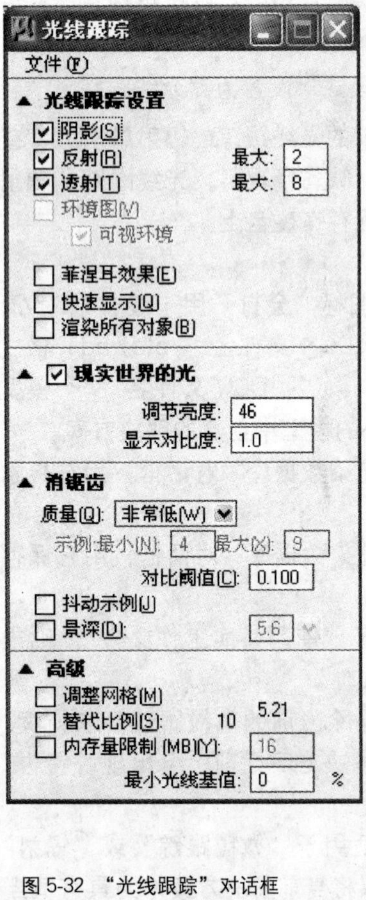

图 5-32 “光线跟踪”对话框

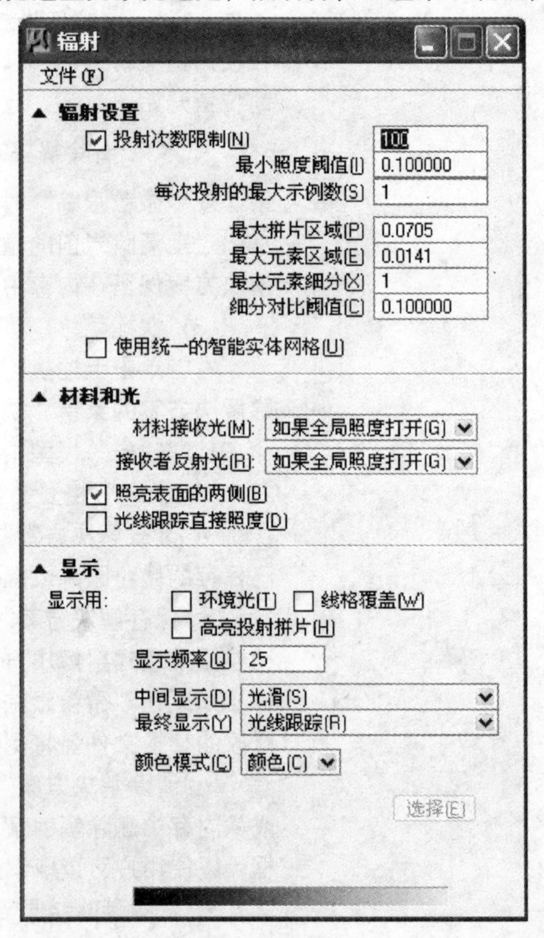


图 5-33 “辐射”对话框

口中将“目标”设置为“元素”进行渲染。

如果“渲染模式”设置为“光线跟踪”，渲染时将忽略视图的后剪切面和参考剪切边界。即使在快速系统中，生成高分辨率光线跟踪图像也需要一些时间。

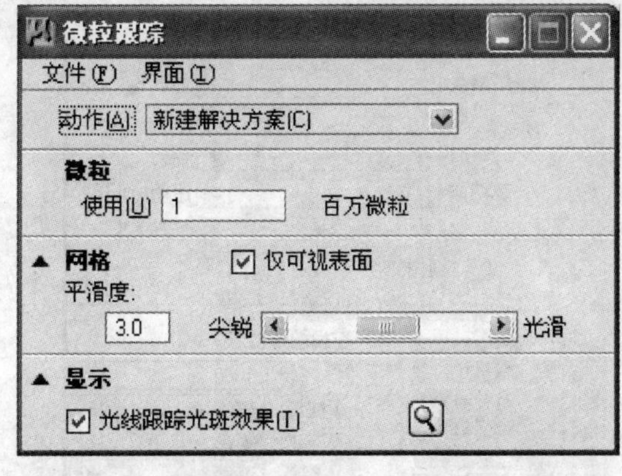


图 5-34 “微粒跟踪”对话框

“光线跟踪”对话框中的一些选项有助于减少生成照片现实化光线跟踪图像所需的时间。要打开“光线跟踪”对话框，可在“渲染”设置窗口中单击“设置”图标，或从“设置”菜单选择“渲染→光线跟踪”(图 5-32)。

如果“渲染模式”设置为“辐射”，则渲染模式由“辐射”对话框中的“最终显示”设置控制。要打开“辐射”对话框，可在“渲染”设置窗口中单击“设置”图标，或从“设置”菜单选择“渲染→辐射”(图 5-33)。

要打开“微粒跟踪”对话框，可在“渲染”设置窗口中单击“设置”图标，或从“设置”菜单中选择“渲染→微粒跟踪”(图 5-34)。

## 5.4 材料

通过给三维物体表面赋予颜色、纹理、透明度和光洁度相关的属性，即“材料”，再结合合适的照明和渲染设置，可以渲染出非常接近现实的照片般真实的图像。MicroStation 的“材料任务”对话框各种材料相关工具，自左至右分别是：定义材料、应用材料、动态调整图案图/凹凸图（图 5-35）。

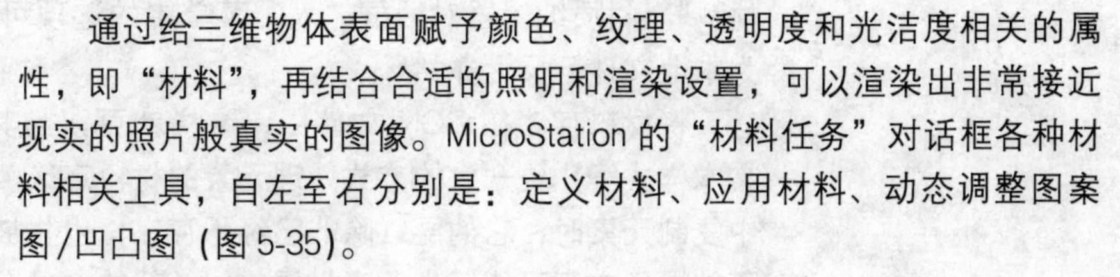

图 5-35 “材料任务”对话框

### 5.4.1 材料定义

“材料编辑器”对话框用于创建材料或修改材料板（如图 5-36 所示，有两种模式，此为基本模式）。打开此对话框可以在“可视化”任务中选择“定义材料”工具；选择“设置→渲染→材料”；或在“应用材料”工具对话框中双击材料预览窗口；还可以在材料预览窗口的快捷菜单中选择“编辑材料”。

1）材料管理

在赋予三维物体表面材质之前，需要选择或定义“材料”。为了能够更好地管理大量的“材料”，MicroStation 以“材料板”和“材料分配表”两个层次来管理材料：“材料板”中存储各种材料的定义；“材料分配表”存储材料是如何分配到设计中。在“材料分配表”可以放置多个“材料板”，众多“材料”可以分别按照需要分类放置在“材料板”中。例如，可以将各色砖“材料”放置在命名为“砖”的“材料板”中，而把各色木“材料”放置在命名为“木”的“材料板”中。

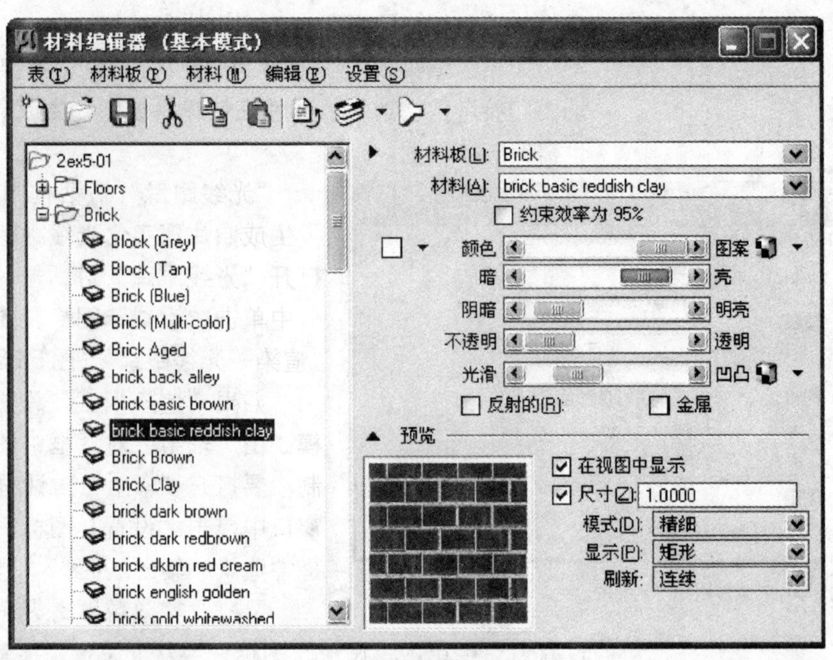


图 5-36 “材料编辑器”对话框（基本模式）

“材料分配表”和“材料板”可以分别保存为外部材料分配表(.mat)和材料板(.pal)文件中，被称为“库材料”。在渲染过程中，如果使用外部的“库材料”就需要同时提供外部材料分配表(.mat)和材料板(.pal)文件。

材料定义和分配也可以保存在当前的DGN文件中，被称为“本地材料”。材质编辑器对话框“表”菜单中的选项可以用于将库文件转换为本地文件，反之亦然。

将材料存储在DGN文件中，这样就可以与其他元素特性（如层、文本样式等）更一致的方式处理元素的材料定义。例如，当从参考文件中复制元素时，它的层（除非已经不存在）也将被复制，因为对元素的正常操作中不可能丢失元素的层。以类似的方式，使用本地材料时，从参考文件中复制元素会导致其材料定义也复制到主文件。通过将材料紧密地绑定到元素（或层），可以确保始终使用该材料渲染对象，因此有助于确保渲染更具有可重复性。

使用本地材料（从外部材料板创建）时，只有第一次应用该材料时需要使用材料板文件。将材料复制或转换到本地后，材料定义会保存为DGN文件。然后，可以使用DGN文件的任何模型中的材料，无需使用库文件（外部材料表和材料板文件）。

导入材料或创建新材料时，如果启用了“复制本地使用的材料”，那么将创建本地材料和材料板。在这种情况下，创建的材料与外部定义之间没有关联。但是，可以通过选择材料编辑器中的“表→本地材料→复制到库”创建这些本地材料的外部版本。

材料可以结合定义图案图或凹凸图的图像文件。这些文件在外部存储（无论是对于本地材料还是库材料），并且必须在渲染设计文件时才能访问。

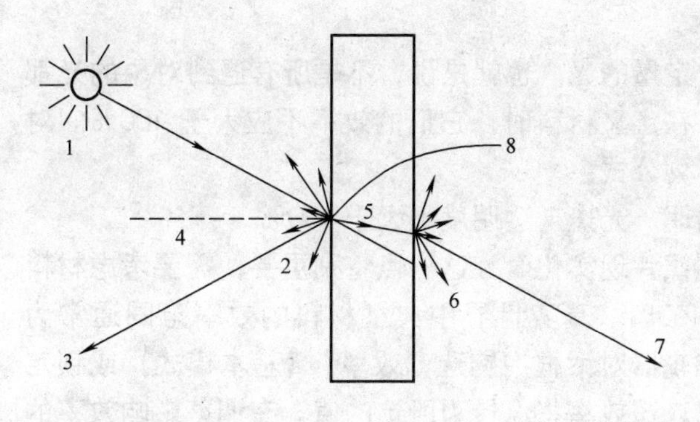


图 5-37　光线变化

1—光源；2—散射；3—光斑；4—表面法线；5—折射；6—半透明；7—透明；8—光洁度

2）材料设置

当光照在物体表面后，会发生一系列的变化（图 5-37）。根据物体表面的粗糙度部分光线向所有方向随意分散开形成“散射”；部分光线向镜像方向反射或镜像方向可视形成“光斑”；如果物体是“透明”的，光线将穿过物体并会产生“折射”；对于“半透明”物体，光线会穿过物体并在对象的背面向所有方向随意分散。

材料定义包括对处理光照产生影响的各种特性设置。使用“材质编辑器”对话框，可以指定不同设置（包括应用图案图和凹凸图），这些设置可以确定渲染图像中材料的外观（图 5-36）。

“材质编辑器”对话框有两个可用模式 —“基本模式”和“高级模式”（图 5-38）。对话框的标题栏显示当前激活的模式。此外，在“高级模式”下，还可选择显示/隐藏“示例”和“描述”。这两种模式下都能使用可展开/可折叠部分根据需要自定义对话框。

对材料外观产生影响的设置有许多。如果将指针悬停在“材料编辑器”对话框中的这些设置和图标上，会显示工具提示，其中包含设置的描述。

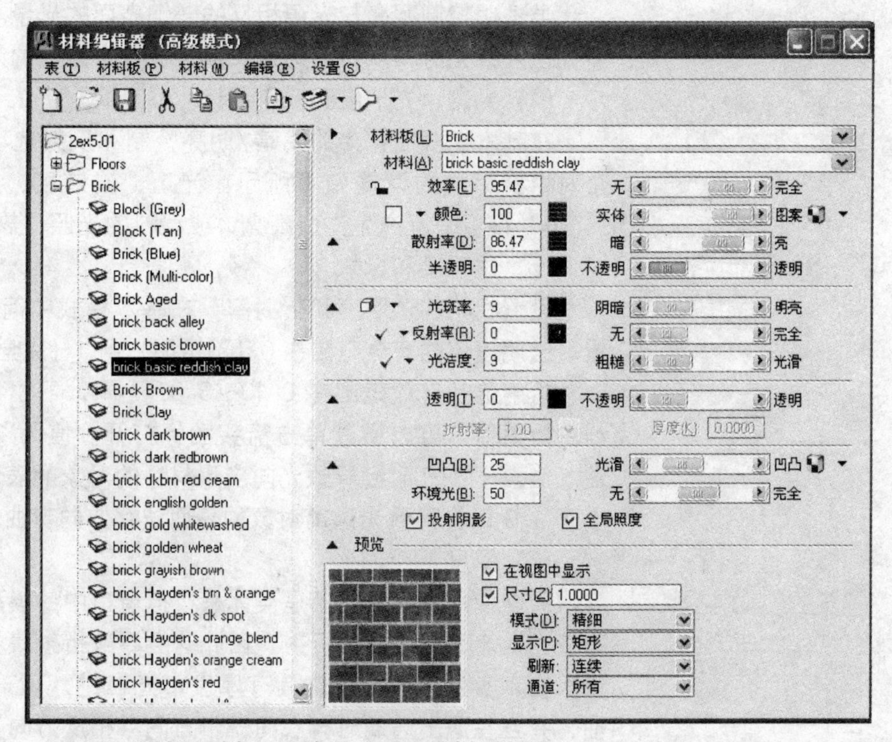


图 5-38　“材质编辑器”对话框的“高级模式”

以下根据材料光照效果介绍材料的设置：

(1) 效率

所有对象都吸收一定量的光。也就是说，不是所有遇到对象的光都会反射或透射。同样，在定义材料时，它们的效率不应大于 100%。对于这些材料，应使用下列公式：

效率 = 散射 + 半透明 + 光斑 + 透明度不大于 100%

在定义材料以达到照片现实化时，这一点特别重要，需要考虑材料的效率设置不能超出 100%。真实世界中典型材料的效率范围通常为 30%～70%。在材质编辑器对话框中钩选“效率”（基本模式）或锁定“效率”（高级模式）时，该效率将保持为所选的值。在调整影响效率的材料设置时，其他设置也将进行自动调整，以保持为所选的效率。

(2) 散射

材料散射颜色的强度（基本模式中的暗/亮设置）：范围从暗（无散射颜色）到亮（100% 散射颜色）。

如何定义散射颜色取决于颜色设置。单击“颜色”左侧黑色三角可以看到下列菜单选项：

• 自定义：单击“颜色”按钮可以打开“颜色拾取器”对话框，可以使用该对话框选择颜色。

• 使用元素颜色：使用模型中元素的颜色定义散射颜色。

材料表面的纹理也是由散射来控制。通过将散射颜色和图案图混合，可以减少许多不同图案图的需要。

(3) 半透明

半透明控制照亮与光源相反的一侧表面的光量。也就是说，当材料中存在入射光时，从材料透射并散落在各个方向的入射光的百分比。

(4) 光斑、光洁度和反射

在基本模式简化为的阴暗/明亮控制和反射选项，在高级模式为三个对材料影响的设置如下所示：光斑、光洁度、反射。“光洁度”和“光斑”设置交互产生光斑高亮，或材料的光照“热点”。

(5) 透明度和折射

设置材料的透明度和折射率，在基本模式中简化为不透明/透明设置。透明度值的有效范围在 0（不透明）到 1（完全透明）之间。

折射值的有效范围在 0.10～3.00 之间，下拉菜单中提供了常用材料的折射值，可以通过单击箭头图标打开。值为 1.0 时，不会使光弯曲。值大于 1.0 时会导致光向应用材料的对象的表面法线方向弯曲。值小于 1.0 时会导致光远离对象的表面法线方向弯曲。

(6) 厚度

通常使用表面，而不是实体来模拟窗口中的模型玻璃窗。由于光只有在进入表面时才产生折射，因此这会导致折射集中的位置出现渲染错误。在真实生活中，玻璃具有厚度，光在进入玻璃时会向一个方向弯曲，并且在退出玻璃时再次向一个方向（相反方向）弯曲。在这种情况下，可以使用“厚度”设置来指定材料具有厚度。在应用于实体时，非零的厚度可能使实体显示为中空。“厚度”在主单位中定义。

(7) 图案纹理

为了增加真实性，可以在材料定义中以图案作为物体表面的纹理。图案图是“映射”到设计文件中选定表面的一种光栅图像（图案），由材料分配确定。例如，可以将地毯图像映射为装饰地面的设计文件中的形状。进行渲染时，形状采用地毯的外观。

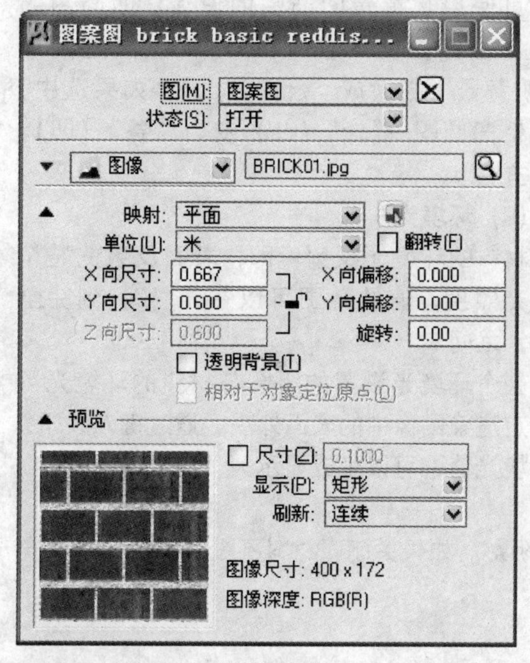


图 5-39 “图案图”编辑器对话框

首次单击“材质编辑器”对话框中“颜色”设置右端的“图案”图标将打开“打开图像”文件对话框，可使用其选择用作图案图的图像文件。选择图像文件后，将打开“图案图”编辑器对话框，可使用其编辑图案图的设置。包括选择图像文件、处理或渐变纹理的选项（图 5-39）。

在图案设置中，“映射”是很重要的，它定义如何将图案图应用到渲染图像中的物体的表面。主要考虑的是“映射模式”、图案的尺寸（重复）、图案在物体表面的位置（偏移与旋转）。

映射模式有三种：

• 参数化：相对于元素的原点，将图像文件映射到元素。因此，如果旋转已为其指定材料的元素，则图案图和/或凹凸图与该元素一起旋转。

• 平面的：图案图的水平轴与 DGN 文件的水平平面（$x$，$y$）对齐。然后倾斜图像以符合所选表面的倾斜度。此模式对连接到“智能实体”的材料很有用。

• 高程覆盖：将图像文件“覆盖”在视图中包含的所有元素上。用于将航拍相片投影（扫描）到三维数字地形模型。

图案的尺寸及其在物体表面的位置可以通过输入数值确定，当映射模式为“参数化”时，数值单位还可以选择“表面”拉伸图像以填充指定的表面。

当已将材料指定到层/颜色时，图案在物体表面的位置还可以激活“动态调整图”工具，互动调整图的位置。

如果选中“透明背景”，则图案图具有透明背景。背景被定义为所有像素的颜色与图像左上像素的颜色相同。

(8) 凹凸图

在精细着色、光线跟踪、辐射和微粒跟踪时，材料定义可以包含“凹凸图”，凹凸图可以是任何图像（甚至可以是与用于图案图相同的图像）。图像的较亮部分解释为高点或凸起部分，较暗部分解释为凹陷部分（也可以在凹凸图设置中转换）。

凹凸图可以与图案图一起使用来模拟真实表面。例如，材料定义可以使用砖和灰泥图案图，与等价凹凸图一起生成真实的砖和灰泥。

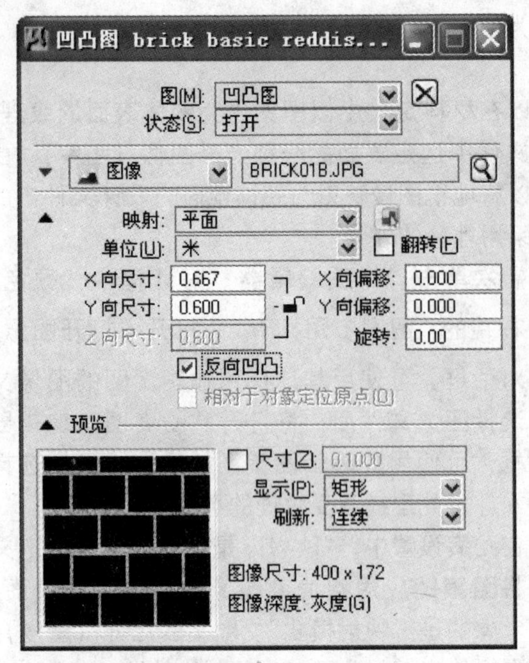


图 5-40 “凹凸图”编辑器对话框

凹凸图的设置在“材质编辑器”的高级模式对话框中。点击“凹凸”设置右端的“图案”图标 将打开“打开图像”文件对话框，可使用其选择用作凹凸图的图像文件。选择图像文件后，将打开“凹凸图”编辑器对话框，可使用其编辑凹凸图的设置。凹凸图的设置与图案图差不多（图 5-40），只是其中“透明背景”被换成“反向凹凸”，如果选中，则颠倒凹凸图—“峰”（凸）变为“谷”（凹），反之亦然。

(9) 环境光

材料的环境光反射：即，表面反射的整个环境光照度，值的范围可以在无（0）到完全（100）之间。

整个环境光设置的组合与材料的环境光可以确定渲染图像中的表面外观。通过键入大于 1 的环境光值，可以生成显示为“发光”的材料。

(10) 投射阴影

如果打开，材料可投射阴影。如果关闭，材料不投射阴影（光会穿过材料）。

(11) 全局照度

与“辐射”对话框（图 5-33）的材料和光照部分和“微粒跟踪”对话框（图 5-34）中的微粒部分中的“材料接收光”和“材料反射光”设置一起使用。确定材料如何接收和透射辐射照度或微粒。

如果将“材料接收光”设置为“如果全局照度打开”，那么必须为材料打开此设置才能接收辐射照度和或微粒。如果设置为“如果全局照度关闭”，那么必须为材料关闭此设置才能接收辐射照度和或微粒。

“材料反射光”设置与“材料接收光”设置类似。

(12) 特殊纹理

在“图案”和“凹凸”设置中，除了选择具体的图像以外，还有“渐变纹理”（图 5-41）和“处理纹理”（图 5-42）这两种特殊纹理可供选择。

“处理纹理”是一个可以为选定实体或表面计算和应用材料定义的、自包含的 MDL 应用程序。

处理纹理可以解决使用标准材料通常产生的为实体“覆盖”材料时的不一致问题。处理纹理还分为“三维处理纹理”和“二维处理纹理”。其中“三维处理纹理”应用于实体或表面时，每个轴生成不同的图案。效果显示为实体或表面看上去像从单个材料块中雕刻出来。“二维处理纹理”则可以使大面积的材质不产生重复图案。

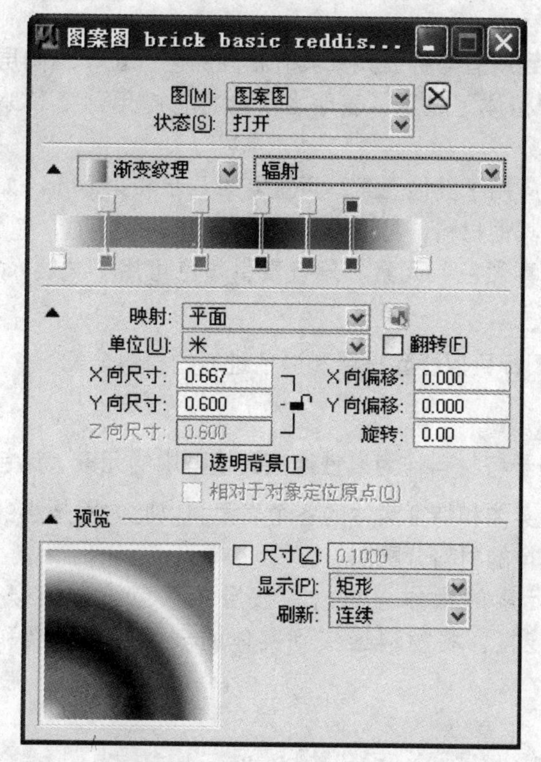


图 5-41　渐变纹理

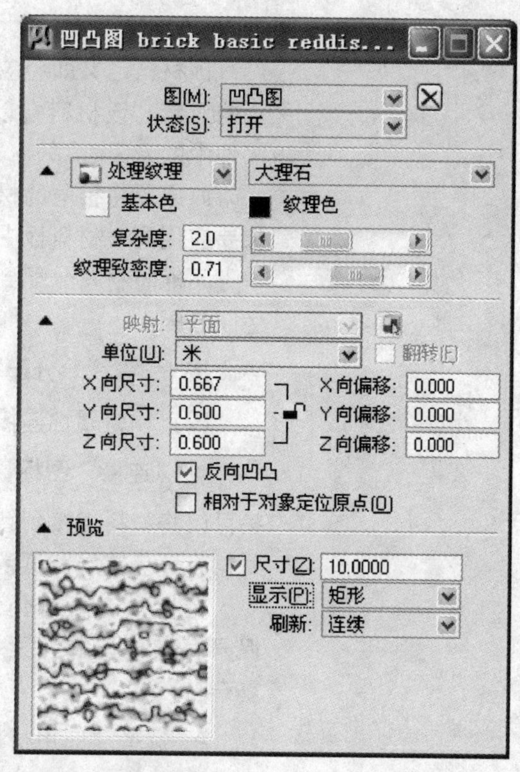


图 5-42　处理纹理

### 5.4.2　应用材料（图 5-43）

使用“应用材料”工具可以将材料赋予场景中的物体。点击“应用材料”工具 将打开“预览材料”对话框，对话框中包含各种工具，自左至右分别为：按层/颜色分配的材料、移除分配、连接、移除连接、查询、预览、环境图。

图 5-43　“应用材料”工具

1）连接/分配材料

将材料应用到模型中的元素时具有多种方法：

(1) 按层/颜色进行分配。

“按层/颜色分配”图标：用于按层和颜色将材料分配到模型中的元素。

具体操作：

A. 选择“应用材料”工具。

B. 在工具设置窗口中，单击“按层/颜色分配”图标。

C. 如果需要，请从“材料板”选项菜单中选择材料板文件。

D. 从“材料”选项菜单中，选择材料。

E. 标识元素。

F. 该元素将高亮显示。

G. 接受元素。

该材料定义即会应用到所有与标识元素具有相同颜色、位于相同层上的元素。该材料会以“粗体”显示，表明当前已将它应用到了 DGN 文件中的元素。

如果要将相同的材料应用于其他元素，可重复第 E 步和第 F 步。如果要应用同一材料板中的其他材料，可返回到第 D 步。

不能将材料分配到“真彩色”元素。只有索引颜色可用于“层/颜色”分配。

按“移除分配”图标可以移除按层和颜色进行的材料分配。

(2) 作为属性连接

“连接”图标：用于将材料作为属性连接到模型中的元素。这包括可以将材料连接到智能实体和特征实体的各个表面。以此方式连接的材料将覆盖按层和颜色进行的材料分配。

将材料连接到整个元素的操作与将材料按层和颜色分配类似，但只有被标识的元素被连接。将材料连接到实体的表面的操作要稍复杂：

A. 选择“应用材料”工具。

B. 在工具设置窗口中，单击“连接”图标。

C. 如果需要，请从“材料板”选项菜单中选择材料板文件。

D. 从“材料”选项菜单中，选择材料。

E. 标识实体。

F. 该元素将高亮显示。

G. 将指针移动到该实体上，并在所需表面高亮显示时接受。所选实体表面将保持高亮显示状态。

如果要将同一材料连接到其他表面，可按住〈Ctrl〉键，并重复第 (G) 步。

接受以将材料应用于所选表面。

按“移除连接”图标可以移除已作为属性连接到模型中的元素、智能实体表面或特征实体表面的材料。

(3) 其他

除了上述通过“应用材料”工具进行材料的分配以外，还可以使用层管理器对话框以每层或层替代的方式分配材料（图 5-44）。

在“层管理器”对话框的“层”列表中，选择需调整的层。用鼠标右键单击列表中的层并从弹出菜单中选择“特性”，或者在对话框的“层”菜单下选择“特性”，可以打开“层特性”对话框进行材料分配。

使用设置或编辑元素模板的方式也可以将材料连接至元素。“自定义”对话框用于添加和管理模板；添加和管理自定义对话框、工具和任

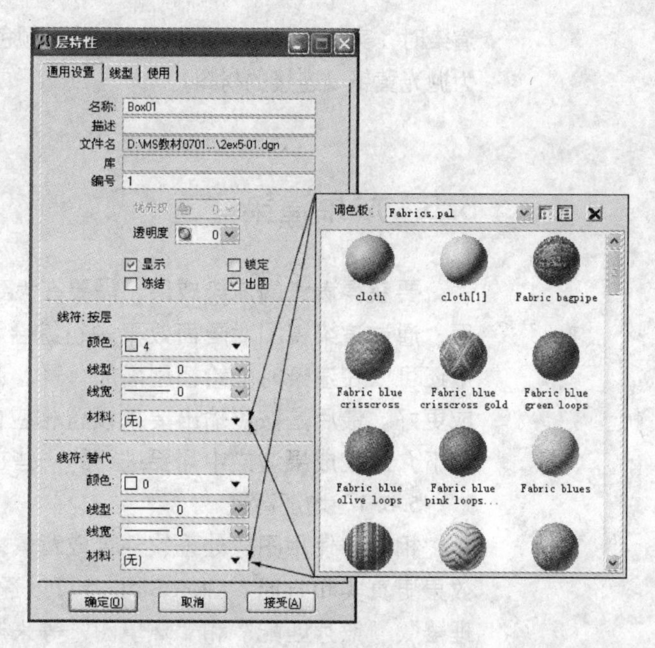


图 5-44 “层特性”对话框

务；以及自定义菜单。选择“工作空间→自定义”时，可以打开此对话框（图 5-45）。

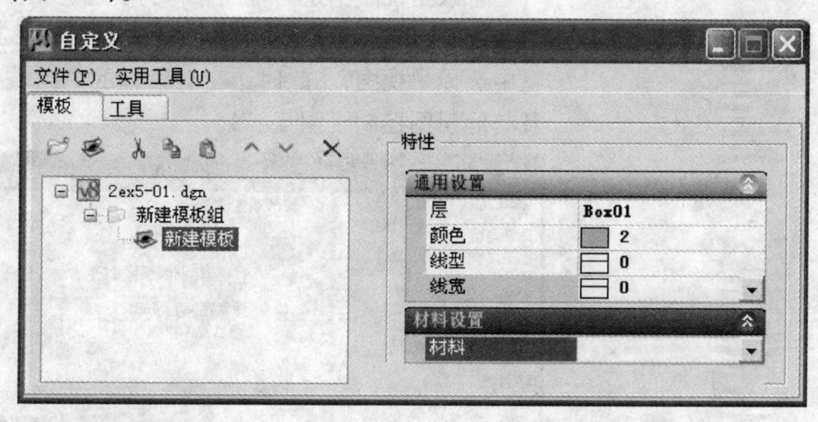


图 5-45 “自定义”对话框

2）材料优先权

将不同材料连接到元素，而该元素已具有层/颜色材料分配，将存在冲突，软件用材料分配的优先权来控制，从最高到最低如下所示：

（1）连接到层替代的材料；

（2）连接到元素表面的材料；

（3）连接到整个元素（或通过元素模板连接）的材料；

（4）层和颜色分配的材料（如果颜色是“按层”，那么分配将根据层和层的颜色）；

（5）连接到层的材料（这是按层的层参考图-层管理器的“材料”列）。

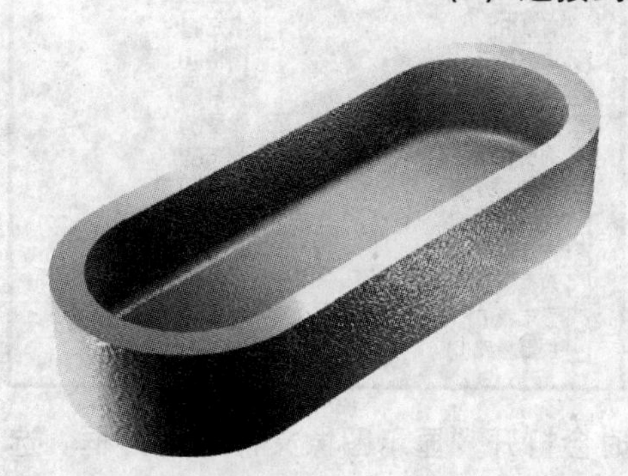

图 5-46 材料分配优先权

例如，一个实体的层/颜色分配可以是“浇铸黄铜”，但其中一面连接的材料是“抛光黄铜”（图 5-46）。进行渲染时，实体将显示为浇铸黄铜（层/颜色分配的材料），但其中一面显示为抛光黄铜（连接的材料）。

## 5.5 成果渲染

要获得满意的渲染成果，需要在大致定义了照相机、光照和材料以后，通过渲染视图对画面效果进行综合调整以达到“照片现实化”。其中还可以在渲染时就给模型增加背景，这比以后使用图像处理软件去合成更好。最后是按照输出要求设置相应的图像分辨率渲染并保存渲染。以下介绍在成果渲染中需要进行的一些操作：

### 5.5.1 增加背景

相对于使用图像处理软件合成背景，在渲染时就给模型增加背景的效果更真实和方便。MicroStation 可以通过使用“视图背景”、“光栅管理器”、“照片匹配”和“环境图”等来产生背景。

1）视图背景

可以给视图指定一幅图像作为视图背景。在“设置”菜单中，选择“设计文件”。此时会打开“DGN 文件设置”对话框。在“种类”列表框中选择“视图”。此时，在对话框的主区域中显示“背景图像”按钮及其他视图控制（图 5-47）。

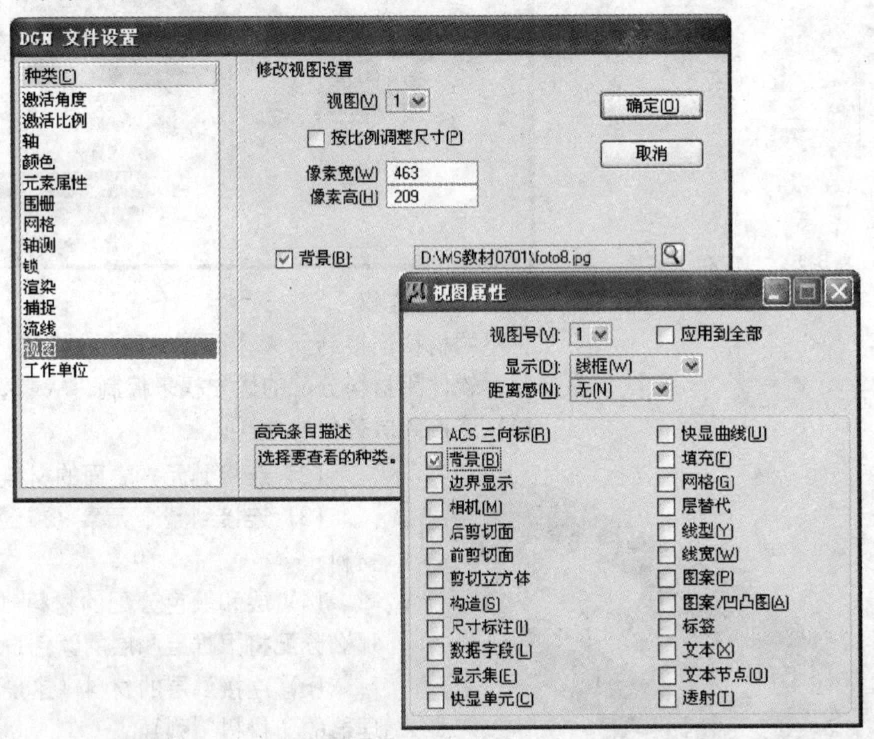


图 5-47 “DGN 文件设置”和“视图属性”对话框

单击“背景图像”按钮。此时会打开“显示图像文件”对话框。选择所需的图像文件并单击“确定”。即会关闭“显示图像文件”对话框，返回到“DGN 文件设置”对话框。

对于要在其中控制所选图像显示的每个视图窗口，通过“视图”选项菜单中的编号来选择窗口，并选中“背景”复选框。单击“确定”。该对话框将关闭，这些背景图像被应用于所选的视图中。

从“设置”菜单中，选择“视图属性”。或者，从任意视图窗口的控制菜单中选择“视图属性”。从“视图号”选项菜单中选择要更改其属性的视图的编号。钩选其中“背景”复选框打开视图背景。

视图背景不会随着视图的缩放和旋转而变化，但图像比例会随着视图变化。视图背景适合一些与场景位置无关比较抽象的背景，例如，晴朗无云的天空或渐晕的单色背景。

2）光栅管理器

使用光栅管理器，可以在场景中打开并显示各种格式的图像。单个图像或一组图像可以设置为在一个或多个 DGN 文件视图中显示。MicroStation 的绘图和编辑工具仍可在显示光栅图像的视图中使用。

“光栅管理器”对话列表框显示所有连接的图像文件的列表，选择“文件→光栅管理器”，可以打开此对话框（图 5-48）。可以修改位置、显示顺序和先前连接的光栅图像文件的其他各种设置。使用“变形”工具，还可以使光栅图像与特定多边形相拟合，或者使光栅图像变形为特定多边形。

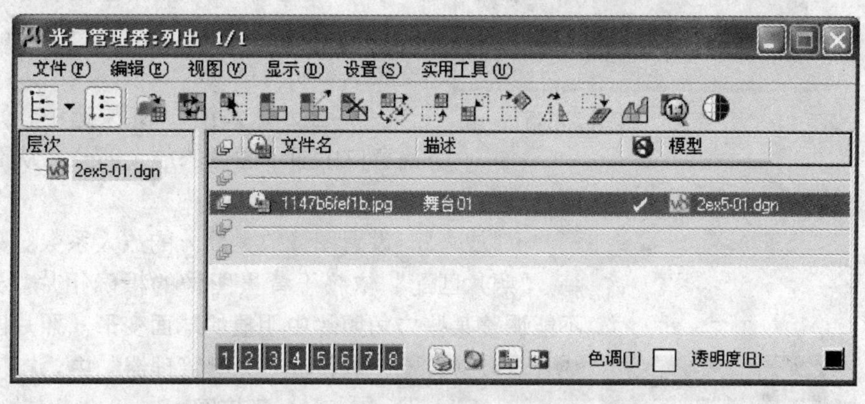


图 5-48 光栅管理器

在 DGN 文件中显示光栅图像文件时，它将连接在“光栅参考连接”中。如果使用光栅管理器修改光栅连接，将不会对原始文件进行任何更改，只是更改其在 DGN 文件中的连接信息。

将光栅参考关联到 DGN 文件，方法是：选择“光栅管理器”对话框中的“文件→连接”；或者选择“光栅控制”对话框中的“连接”工具。在任何一种情况下，都会打开“连接光栅参考”对话框，可以在该对话框中选择要显示图像的视图。

使用光栅管理器放置到场景中的图像就像舞台的背景板，可以精确控制图像的大小、角度和位置。图像在渲染时不受光照的影响。

3）照片匹配

“照片匹配”工具用于校准视图相机，以便使视图透视与照片或渲染图像的视图透视相匹配。这在建筑渲染中主要用于将设计的建筑更好地与实际环境融合，特别是对于旧城改建或历史建筑修复，可以使得设计模型渲染后在透视上与现场拍摄的环境照片一致。

要使用“照片匹配”，必须首先满足两项要求：首先，使用定义相机工具设置大约与图像对齐的相机视图。通常，照片为三点透视，因此应该在使视图与照片相匹配之前将相机视图“投影”设置为“三点”。其次，在模型中指定多个“可捕捉”的界标点，这些点在图像中的对应位置可见。

这样通过将界标点与这些点在图像中的对应位置建立起对应关系，组成点对，就可以使模型与照片匹配。

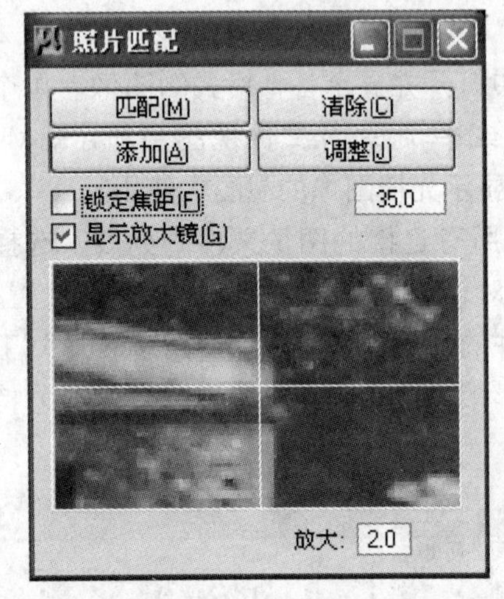

图 5-49 “照片匹配”工具设置对话框

在“相机任务”对话框（图 5-1）中点击“照片匹配”工具，可以打开“照片匹配”工具设置对话框进行相关设置（图 5-49）：

• “匹配”，根据输入的点对更新视图相机。如果没有输入足够的点，则会禁用此按钮（灰色显示）。

• “清除”，放弃以前输入的点对，并提示输入新点对。

• “添加”，提示输入其他的点对。

• “调整”，提示重新定位以前指定的图像点。

• “锁定焦距”，锁定视图相机的焦距，以便其不会在校准视图期间更改。

• “显示放大镜”，如果选中，则会在“照片匹配”设置窗口中显示图像的放大部分，从而可以更方便地输入图像点。

• “放大”，设置图像放大部分的放大系数。

“照片匹配”依赖于背景图像的精确相片。这实际上是线性转换，不能调整某些广角照片中明显的球面变形。照片匹配中的图像的管理和调整在“光栅管理器”中。

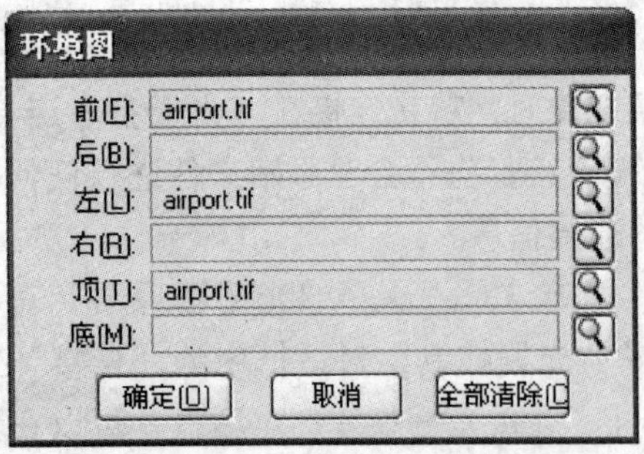

图 5-50 “环境图”设置对话框

4）环境图

环境图是映射到模型（或环境）周围的假想立方体的六个面的一组图像文件。按“预览材料”对话框中的“环境图”图标可以打开设置对话框（图 5-50）。环境图是与环境实体的表面相关联的图像文件。在渲染图像中，通过模型中的材料反映或查看时，它们将取代屏幕/视图的背景色。

处理环境图的方式取决于“光线跟踪”设置框中启用的设置。在光线跟踪图像中，如果启用了“环境映射”但禁用了“可视环境”，环境图将只能在反射和投射光线中可见。

当元素可以反射，但反射的光线不能“看到”任何元素时，可以

"看到"环境图。

同样情况适用于透射（折射）方向中不能"看到"任何对象的透射光线。

在光线跟踪图像中，如果同时启用了"环境映射"和"可视环境"，环境图在任何通常可以看到的视图背景色中都可见。也就是说，无论光线是否反射，或透射过透明对象，环境图都可见。

环境映射的通常用法是使用顶部和侧面的天空图像和其他地面图像，显示户外场景的反射。

### 5.5.2 照片现实化的综合调整

1）光照

MicroStation 的光照可以非常复杂，为了能够得到照片现实化的渲染，光的类型和设置都比较多，基本渲染模式下需要设置很多环境光的参数，而高级的渲染模式下，虽然环境光能够被计算出来，但是对光源的设置要求就很严。

（1）人工照明（IES 光数据文件）

在以人工照明为主的夜景或室内场景渲染中，会大量使用人工照明设备。需要正确的光效果时，建议使用符合 IES（Illuminating Engineering Society 照明工程协会）标准的光文件。许多照明设备制造商提供其产品的 IES 数据。一些制造商的链接可以从 Bentley Visualization Center web 站点中获取。

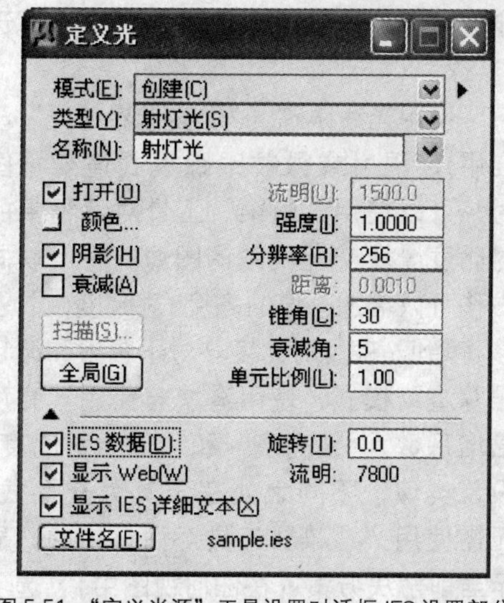


图 5-51 "定义光源"工具设置对话框 IES 设置部分

点击"定义光源"工具设置对话框左下角的黑色三角形可以展开 IES 设置部分（图 5-51）。

IES 数据文件可以将正确值应用到光线跟踪、辐射解决或微粒跟踪图像的光源单元中。同时，它们还能定义光度 web，以正确显示光源发射光，产生更真实的图像。使用 IES 数据文件时，会从 IES 数据中读取光源的所有设置（除颜色外），这样就无需进一步调整光源。由于颜色不包含在 IES 说明中，IES 数据不控制颜色。

在使用 IES 光文件定义光以后，如果使用光线跟踪渲染且选择了"现实世界的光"，会发现场景比较昏暗且不均匀，这是因为现实的照明设备远没有想象中的亮，而且衰减得很快（光的亮度与距离的平方成比例）。需要进一步调整照明或以环境光进行辅助。

在使用 MicroStation 的高级照片现实化渲染选项——光线跟踪（选"现实世界的光"）、辐射或微粒跟踪时，仍可以使用标准光源单元来提供照度，但这两个过程均使用"流明"值乘以"强度"值来决定光源的亮度。因此，可依需要设置正确的光源流明值，然后使用"强度"设置（如同调光器开关）来快速更改亮度。

（2）自然光

在大型的白天室外场景渲染中，特别是有真实场地的建筑设计，可以不去额外创建光源，而仅需要仔细设置全局光即可。

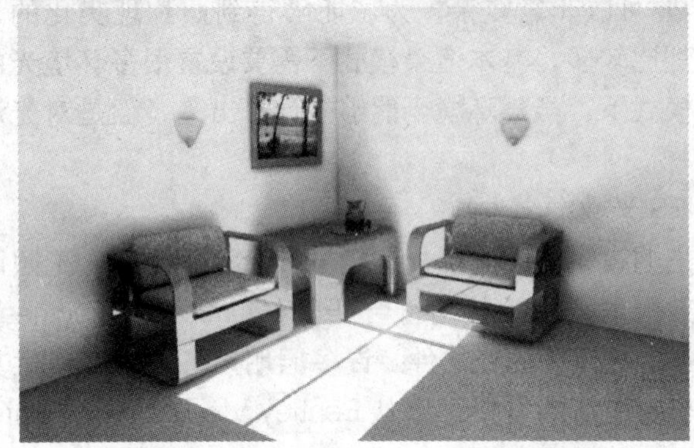

图 5-52　限制微粒仅通过天窗

使用平行光源或太阳光时，光线会遍布于整个模型中，而不局限于设计几何图形附近。若要提高效率，可以创建一个或多个天窗，以仅计算通过天窗的光。例如，当内部空间通过“外部”平行光源和/或太阳光照亮，则应特别使用天窗。同样对于外部场景，也可以使用天窗将处理过程集中于放置设计几何图形的模型区域中。

在使用“微粒跟踪”渲染室内场景时，若模型中包含一个或多个天窗，应限制平行光或太阳光的所有微粒仅通过天窗，而不会分散于整个模型中以照亮建筑外部。这样做使用的微粒比没有天窗时所需的微粒少，从而加速渲染过程，产生质量更佳的图像（图 5-52）。

现实生活中，通过窗户的光并非仅来自太阳，而是来自整个环境。可以通过打开“对日光和所有平行光增加自然光”来模拟现实场景（图 5-53）。处理过程中，假定光从整个半球发出。具有天窗时，计算仅限制于从天窗中看见的部分半球。

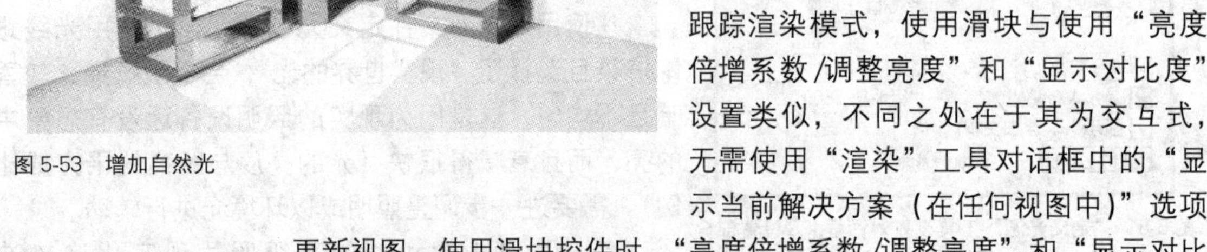

图 5-53　增加自然光

使用光线跟踪（“现实世界的光”已启用）、辐射或微粒跟踪模式渲染视图时，可以使用“渲染”工具对话框中的对比度滑块交互式微调图像。将滑块向右移可以增加图像的亮度/对比度，向左移将降低亮度/对比度。对于辐射和微粒跟踪渲染模式，使用滑块与使用“亮度倍增系数/调整亮度”和“显示对比度”设置类似，不同之处在于其为交互式，无需使用“渲染”工具对话框中的“显示当前解决方案（在任何视图中）”选项更新视图。使用滑块控件时，“亮度倍增系数/调整亮度”和“显示对比度”设置会自动进行调整，以符合滑块设置。

2）材料

创建照片现实化图像时，应小心处理材料定义。这是因为材料表面对光线的反应所产生的质感是产生真实感最直观的部分。

(1) 反射、透明与折射

如果关闭视图或“光线跟踪”对话框中的“透明度”，该视图中的透明元素将不透明渲染。

反射和透明度将由材料的“光斑颜色”着色。反射度也由“光斑”材料特性修改。例如，如果将“反射”设置为0.9，将“光斑”设置为0.4，那么材料的反射度只能是0.36，因为实际上，两个字段将相乘。反射率将由“光斑颜色”进一步修正。在这种情况下，反射的RGB值是以上值（0.36反射率）乘以“光斑颜色”的各自RGB值（在0和1之间）得到的值。“透明度”也是如此。

如果没有定义环境图，在反射中看不到其他对象的反射对象将反射背景颜色，如MicroStation颜色表中定义。因此，如果使用白色背景渲染，反射的对象使用黑色背景，那么反射的对象显示为更亮。如果定义了环境图，那么将反射这些对象，而不是背景颜色。不能反射任何可以为视图定义的背景图像。

在对透明表面进行光线跟踪时（与实体相反），如果元素定义为顺时针顺序，那么透射光线将弯曲，就像光线离开元素一样，这与光线进入元素相反。通过指定材料的“厚度”可以解决此问题。

其他选项将与为元素的材料设置的折射值交互使用，或使用“修改表面”任务中的“更改法线方向”工具反转法线。

要获得真实的玻璃表面，“散射颜色”应相对较低（0.05）。透明的玻璃实际上是无色的（即，其散射颜色为黑色，而不是白色）。其“光斑颜色”（反射或透射的光的颜色）为白色。通过修改光斑颜色可以获得有色的玻璃。

(2) 效率

进行辐射解决和微粒跟踪，正确的材料定义更加重要。对于这两种选项，“效率”不能超出100%非常重要。在真实世界中，材料的效率范围通常为30%～70%。

对于辐射解决，如果效率大于100%，那么反射的光能可能要多于最初接收的光能，这样不真实，并且由于光能增加而不减少，可能导致“永远没有结束”的计算。对于微粒跟踪不常发生这种情况，但仍应考虑。

(3) 材料设置

为材料定义执行渲染进程时，四个组件——散射、光斑、透明度和环境光对结果都有影响。

• 散射：根据“散射”缩放的材料基本色表示每道光反射不同颜色的光的百分比。此散射颜色可以确定照亮材料时材料显示的亮度，也确定了辐射和微粒跟踪的光反射在其他表面上的量。对于图案映射的材料，首先使用图案图过渡颜色，然后应用散射。

• 光斑：根据光斑缩放的光斑颜色表示光斑高亮时表面反射不同颜色的光的百分比，在其中可以“看到”表面中的每道光源的反射。当根据“反射”进行额外缩放时，将产生在光线跟踪对象的反射中看到的光（不同颜色）的百分比。进行微粒跟踪时，此值还表示向镜像方向反射到其他表面的光量，用于计算散射。辐射不会分发光斑光，因此不会产生散射。只有将“辐射”对话框中的“显示”部分中的“光线跟踪”选择为“最终显示”，才能在辐射解决方案中看到光斑高亮。只有启用“微粒跟踪”对话框“显示”部分中的“光线跟踪光斑效果”，才能在微粒跟踪解决方案中看到光斑高亮。

• 透明：根据“透明度”缩放的光斑颜色表示穿过表面的光（不同颜色）的百分比。请注意，这意味着即便将“透明度”设置为 1，“光斑颜色”为黑色的材料也不能透射任何光。这种情况适用于对材料投射阴影和穿过材料看对象。

• 环境光：材料的环境光颜色是先根据环境光缩放，然后根据“全局光”对话框中的“环境光”缩放的颜色。对于辐射解决和微粒跟踪，“环境光”通常应为 0.0，也可以将“环境光”关闭。总之，“环境光”应仅用于光线跟踪（以及精细、光滑和其他渲染模式）。使用它可以补偿这些渲染器无法处理的反射光。

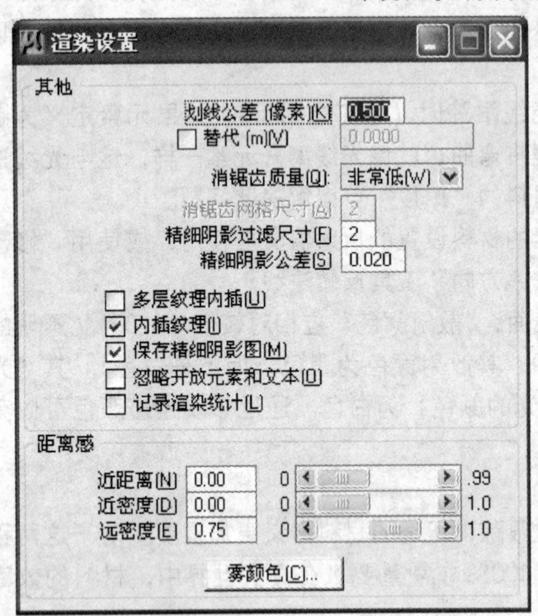


图 5-54 “渲染设置”对话框

3）渲染设置

大多数情况下，图像的质量越高，处理的时间越长，需要学会如何在合理的时间内获得很好的质量。

可以从“渲染设置”对话框（下拉菜单：“设置→渲染→通用”）定义渲染设置（图 5-54）。

(1) 划线公差（像素）

渲染三维模型时，模型被分解为若干个多边形（在内存中），并带有以多边形网格表示的曲面。“划线公差”确定这些多边形的大小，可以直接影响着色图像中曲面的显示精确度。曲面对象的边缘受影响最为明显（图 5-55）。

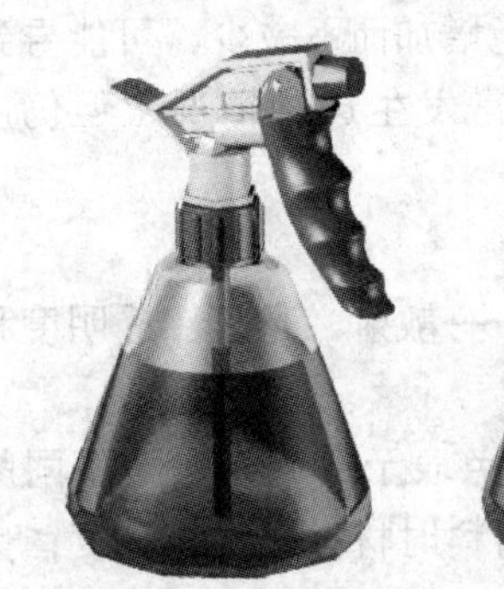

图 5-55 划线公差

“划线公差”是表面偏移渲染表面多边形的最大距离（以像素计）。“划线公差”的范围为 0.001～1000.00，设置值越小，曲面的显示效果越精确，但需要的渲染时间越长。对于大多数渲染，使用缺省值 0.500 就可以达到很好的效果。对于某些图像，可能需要使用较小的设置值。

(2) 替代（mm）

如果选中此项，则可以覆盖“划线公差”设置。选择“替代”开关之后，其关联值将为表面可以偏离用于渲染该表面的多边形的最大距离（以工作单位计）。这对于创建独立解决方案（例如在启用“渲染所有对象”时创建“光线跟踪”）或生成辐射或微粒跟踪解决方案很有帮助。

此设置不影响任何其他“渲染模式”，在禁用“渲染所有对象”的情况下对光线跟踪也没有影响。

(3) 消锯齿质量

用于设置消锯齿计算中使用的网格尺寸。可以从预设选项（“非常低”、“低”、“中”、“高”和“非常高”）中进行选择，也可以选择“自定义”手动编辑“消锯齿网格尺寸”值。此设置就是在“光线跟踪”对话框的“消锯齿设置”部分显示的设置。

(4) 消锯齿网格尺寸

以“光滑”或“精细”渲染模式使用消锯齿渲染设计时，图像要经过几遍渲染。渲染遍数由消锯齿网格决定。使用的值越大，渲染遍数越多，图像质量就越高。选择“消锯齿质量”设置时，会自动设置此值，在选择“自定义”之前此项不可编辑。

对于光线跟踪，在更多光线跟踪器设置对话框中控制消锯齿。

(5) 精细阴影过滤尺寸

确定“精细”渲染的阴影柔和度；值越大，生成的阴影越柔和。它的值表明阴影图上邻近像素的数目：

0—有棱角、有波浪的阴影；

15—边缘柔和的阴影。

(6) 精细阴影公差

确定在“精细”渲染（只限于此渲染模式）中对象相互投射阴影的间距，以避免在自己的表面投射阴影。此值指定为光源到元素的最大距离比。

缺省值 0.02 通常足以防止自投影。较大的“阴影公差”值会导致生成不精确的阴影。

(7) 多层纹理内插

“多层纹理内插”是“精细”和光线跟踪渲染的纹理映射选项，用于生成纹理清晰的图像和更流畅的动画。选中此项后，在首次处理时会将纹理图和凹凸图预过滤为一系列连续的低分辨率图案。

需要纹理图中的像素时，会将两个预过滤图像与需要的尺寸最接近的像素内插，以确定像素值。这样，当降低纹理比例时会生成较清晰的外观，在播放动画过程中更改纹理尺寸时，像素过渡会更流畅。

(8) 内插纹理

如果选中此项，则可以通过在最近的两像素之间内插值而从图案图像中提取表面颜色。尽管会出现个别不理想的情况，但大多数情况下，会生成最佳效果。

(9) 保存精细阴影图

如果选中此项，则会在首次渲染设计时保存“精细”渲染中生成的阴影图。这样会缩短以后的渲染时间。以后渲染设计时可以使用保存的阴影图，而不用重新创建。

根据光源顺序和设计文件名为阴影图文件命名。如果设计文件为

test3d. dgn，则阴影图文件名为 test3d. 10l、test3d. 102 等（其中 l 表示光源）。

如果使用“光源光”设置框中的控件移动了光源，使得阴影图无效，则会自动重新设计阴影图。

(10) 忽略开放元素和文本

如果选中此项，则不渲染所有开放元素，如线、弧、文本和点，因此在渲染图像中不显示这些元素。

4) 常见问题

以下是渲染时可能会产生的问题以及可能的解决办法。

(1) 屏幕保持空白

可能光未照亮场景。如果没有光照射在可见表面上，图像会保持“暗”。选中“闪光灯”可解决此问题。如果正在进行光线跟踪，请先尝试不启用“现实世界的光”，然后再渲染一次。当光的“流明”值和“强度”较小时，在“现实世界”很难照亮整个场景。

还可以使用“渲染”工具设置中的滑块调整渲染视图的亮度和对比度。

(2) 图像太暗

这可能是由于至少发生了下列一种情况：

屏幕 Gamma——请确定监视器的显示 Gamma 值设置正确。对于 PC 监视器，将 Gamma 设置为 1.8 和 2.2 之间通常可以获得较好的结果。

光线跟踪图像的亮度/对比度——进行光线跟踪（“现实世界的光”已启用）时，可以交互调整渲染图像的亮度/对比度。

(3) 无阴影

只有在阴影已为视图、光源、材料打开时才会投射阴影，对于光线跟踪图像，还必须在光线跟踪对话框中选中“阴影”。

如果在全局光中选择增加“自然光”，由于设置不当，也有可能因为“自然光”过于亮而冲淡阴影。

(4) 无透明度

仅当启用材料和视图的透明度时，才能将对象渲染成透明。

(5) 无光斑高亮、反射和折射

必须使用光线跟踪辐射或微粒跟踪解决方案且正确设置，才能显示光斑高亮、反射和折射。

(6) 使用精细渲染新建或修改的元素未投射阴影

在设计会话期间，初次渲染视图时会计算光源的阴影图。为了节省时间，可以保存阴影图，而无需在每次渲染视图时将其重新计算。此过程可以通过选择“渲染设置”对话框（选择“设置→渲染→通用”）中的“保存精细阴影图”来实现。

选中“保存精细阴影图”后，如果执行下列任一操作，则必须清除阴影图，以确保正确计算阴影：更改设计——添加、删除、修改或移动元素；或者，通过任何方式（除使用“定义光”工具对话框中的控件之外）对光源进行更改。

可以通过选择“定义光”工具对话框的“模式”选项菜单中的“清除阴影图”，或键入命令 LIGHT CLEAR 来清除现有阴影图。

(7) 图像中的“噪影”

噪影表现为渲染图像中的点或其他奇怪阴影，其产生原因有很多。例如，如果噪影出现在射灯光的阴影中——通常是由于选中了视图中的“构造”，以及包含射灯光的层导致的。取消选中渲染视图中的“构造”可以更正此问题。

另一个原因可能是射灯光的放置位置正好与表面重合。此问题可以通过将光源原点略微移离表面进行更正。

在区域光的阴影中，通常是由于采样数太少导致的。增加区域光的“示例”设置可以解决此问题。通常，使用区域光源产生平滑阴影时，区域越大，其离目标就越近，所需示例就越多。此外，远距离的小区域光的作用更像是射灯光（锥角为 90°），并且仅需要少数采样。

阴影处于未选中状态时，不应从光源看到任何噪影。其他产生含噪影图像的原因可能是：模型中的表面重合。或者，微粒跟踪时，“平滑度”设置太低，或未投射足够多的微粒。增加“平滑度”设置可以减少噪影，但会导致缺少细节。

(8) 微粒跟踪图像中缺少细节

与微粒跟踪图像所具有的许多其他明显“问题”相同，此问题也可以通过添加更多的微粒来解决。使用的微粒越多，图像中使用的网格越精细，产生的细节也越精细。

(9) 阴影不够尖锐

通常，如果图像中的阴影不够尖锐，可以：添加更多的微粒（对于微粒跟踪）。或者，检查“平滑度”设置，确保其不会过高（对于微粒跟踪）。如果阴影是由直接光照而产生，则请选中“光线跟踪直接照度”（对于微粒跟踪和辐射解决方案）。

(10) 缺少图案/凹凸图或 IES 光线数据

渲染过程中，如果遇到缺少图案/凹凸图的材料或遇到缺少 IES 数据的光源，则会在“消息中心”和渲染日志文件（如果渲染设置对话框中的“记录渲染统计”已启用）中生成消息。这些消息会指明缺少的文件、材料/光，以及参考和模型（如果适用）。此信息用于更正问题。

### 5.5.3 保存渲染图像

在完成了综合调整，通过渲染视图已经能够获得满意的画面效果以后，就需要根据输出的方式按照特定的图像大小进行渲染并保存图像。

可以使用“保存图像”对话框将渲染的图像保存到磁盘中。选择

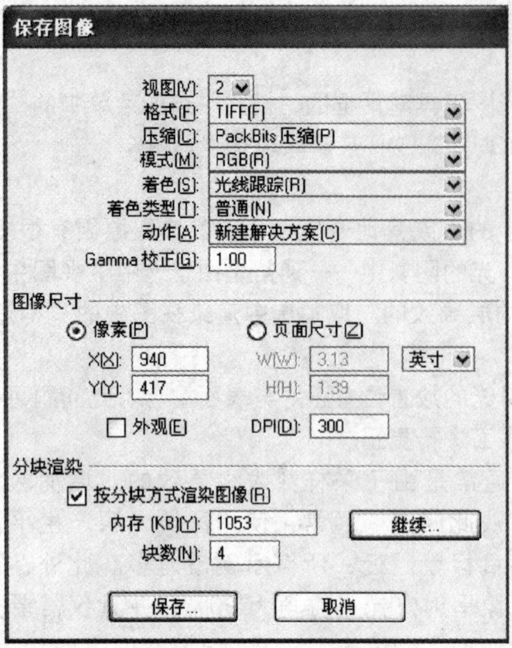

"实用工具→图像→保存"。可以打开"保存图像"对话框（图 5-56）。

1）图像尺寸

如果图像仅仅需要通过各类显示器播放或投影，则只需要按照显示器或投影仪的分辨率设置"像素"的 X 与 Y 值进行渲染，现在普通的投影仪可以是 1024×768，显示器可以更高到 1280×1024，宽屏的可以达到 1920×1280。

如果需要进行打印输出，则就需要根据打印的精度和尺寸在"页面尺寸"中设置。

2）分块渲染

当"格式"设置为 RGB、Targa、TIFF 或 Windows BMP 时还可以启用"分块渲染"控件。"分块渲染"选项用于解决在保存大型图像时遇到的内存限制问题。分块渲染过程可以将图像分解为若干块。然后，每一块都将作为单个图像在 RAM 中进行处理，并作为渲染块文件写入磁盘中。当完成最后一块后，所有渲染块文件将结合为一个单一的已完成图像文件，同时删除渲染块文件。分块渲染还可以通过网络上的多个系统执行。

图 5-56 "保存图像"对话框

分块渲染的设置有以下设置：

内存——在渲染过程中分配的 RAM 数量（以 kB 为单位）。分配的 RAM 越多，在当前分辨率下处理指定图像所需的块越少，且处理速度越快。

块数——内存设置的补充，此设置将根据渲染参数和可用的内存数自动计算出。可以直接输入块数，这样会重新计算渲染每块所需的内存数。

在分块渲染过程中，文件的扩展名用于标识单个渲染块文件。文件命名语法是 image_file_name>.b##，其中##是连续的十六进制数字（0～F）（即从 .b00 到 .bff，每个渲染最多包括 256 块）。因为可能会覆盖具有相似扩展名的现有文件，所以建议将这些块文件存储在单独目录中。此目录用 MS_IMAGEOUT 配置变量（"配置"对话框的"渲染/图像"种类中的"图像输出"）进行标识。

例如，当使用分块渲染渲染并保存一个 2000×2000 像素的图像时（分块内存设置为 8MB），将创建 22 个块文件。

除渲染块文件之外，分块渲染过程还会创建一个名为 image_file_name〉.bnd 的临时控制文件。此文件包含渲染设置、要渲染的块总数以及目前已渲染的块数。

根据需要调整相应的设置后，单击"保存"按钮。将打开"另存图像为"对话框。缺省情况下，图像文件与设计文件的名称相同，只是添加了与格式匹配的后缀（例如 . tif 或 . rgb)。

## 5.6 应用实例

以下通过实例介绍渲染的具体过程：

### 5.6.1 视图调整（照相机）

1）创建相机

在光盘上找到并打开 2ex5-02a. dgn 文件（图 5-57)。文件打开后可以看到四个视图，分别为：顶视图（平面)、右轴测视图、前视图（南立面）和右视图（东立面)。

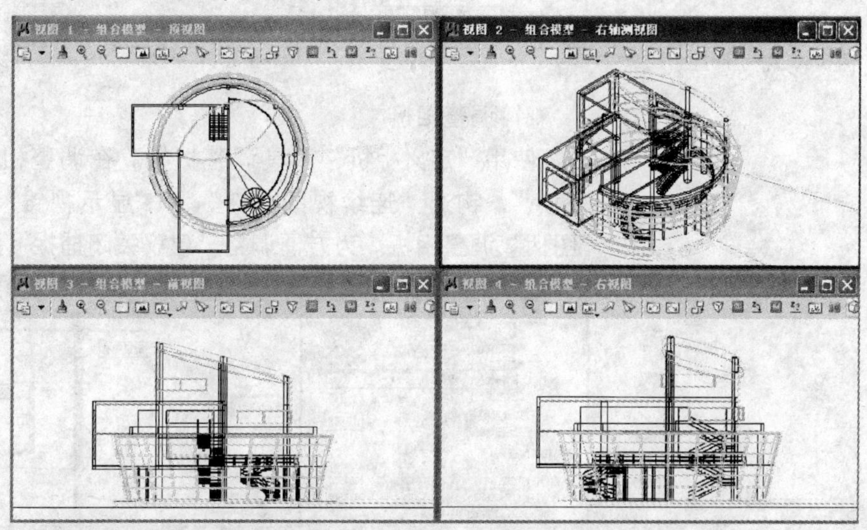


图 5-57 实例文件 2ex5-02a. dgn

确定各个二维视图的激活深度（图 5-58)。

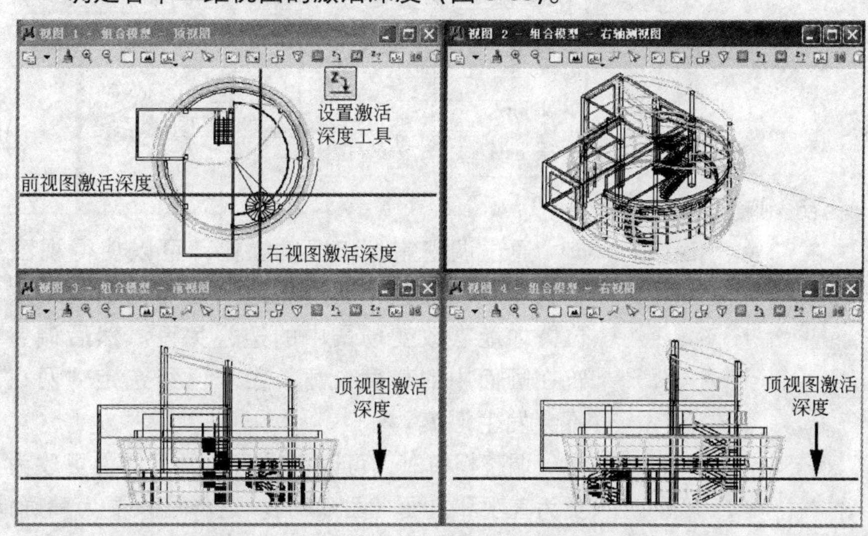


图 5-58 各视图激活深度

使用“相机设置”工具，选择视图 2 后在顶视图中定义相机的目标位置和相机位置（如图 5-59)。由于预先定义了顶视图的激活深度，产生的视图在高度上基本合适。

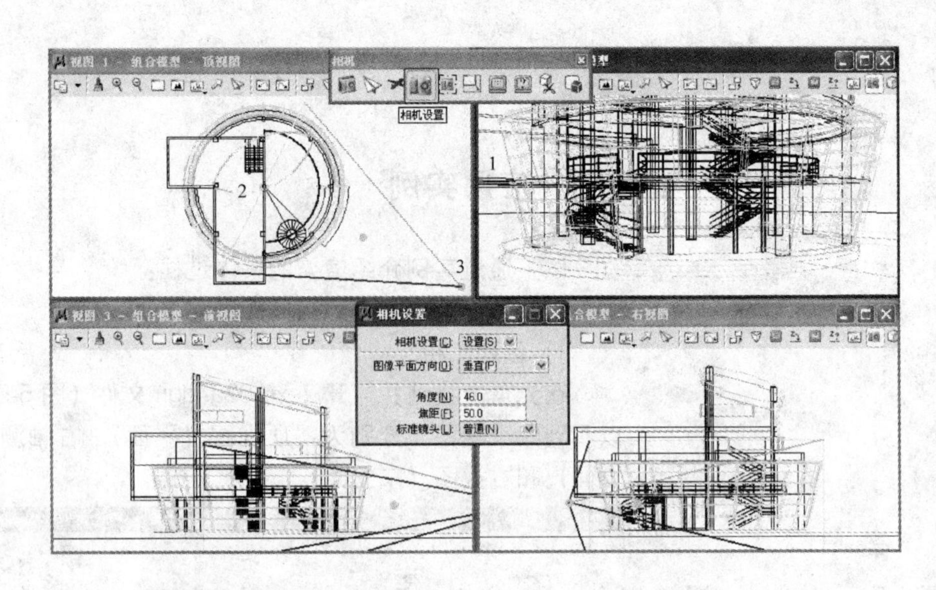


图 5-59　相机设置

2）调整相机

使用“定义相机”工具调整相机。在调整相机时，投影方式选择“两点”，钩选“连续视图更新”和“显示视锥”。然后通过视锥上的“图柄”调整相机。为方便调整，建议关闭捕捉（图 5-60）。

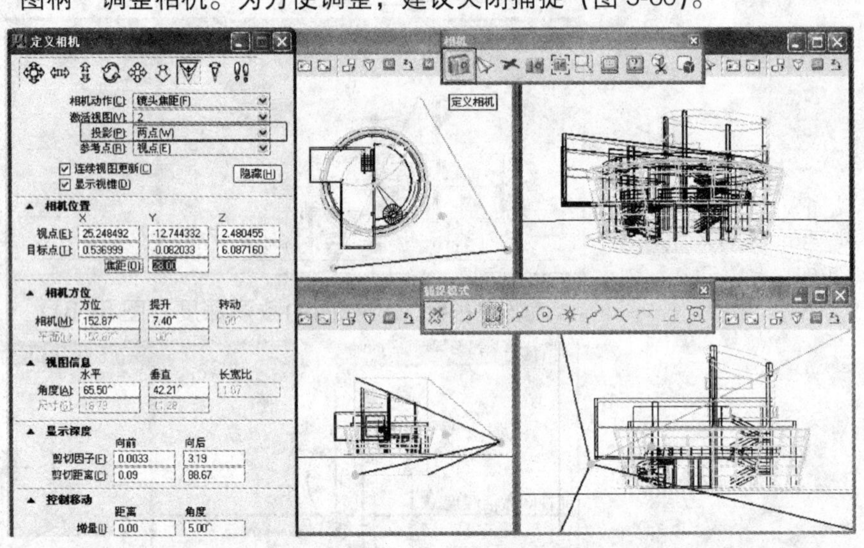


图 5-60　调整相机

通过调整焦距和相机位置，可以使得视图 2 中的建筑能够被完整的显示。注意，调整焦距只是等比例地缩放场景，只有改变相机位置才能够改变场景中的透视关系。然后调整相机目标点，使得建筑在画面中的高度合适。由于已经选定“两点”投影，所以垂直线不会发生汇聚。

调整相机时，可以将视图的显示属性更改为“光滑着色”，这样就更为直观和方便（图 5-61）。这样可以更为精确调整视图。例如，透视图中建筑左侧二层悬挑部分的侧面可视部分的多少，就需要着色后才能看清楚。

3）保存视图

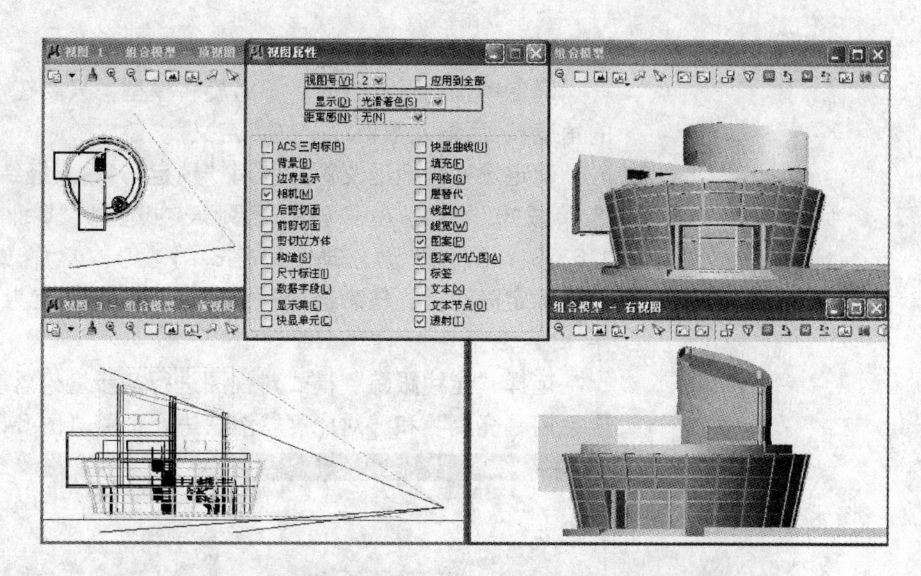


图 5-61　更改显示属性

在下拉菜单选“文件→保存设置”，保存此时的视图设置。

在建立新的相机视图前建议保存现有视图（“使用工具→保存视图”）。

按照室外建立相机方法还可以在室内建立并调整相机。由于室内空间有限，因此往往需要选择具有较大视角的广角镜头。但是注意为了避免透视变形过大而失真，镜头焦距不宜小于 20mm（水平视角约 90°）。

保存设置，并保存视图（图 5-62）。

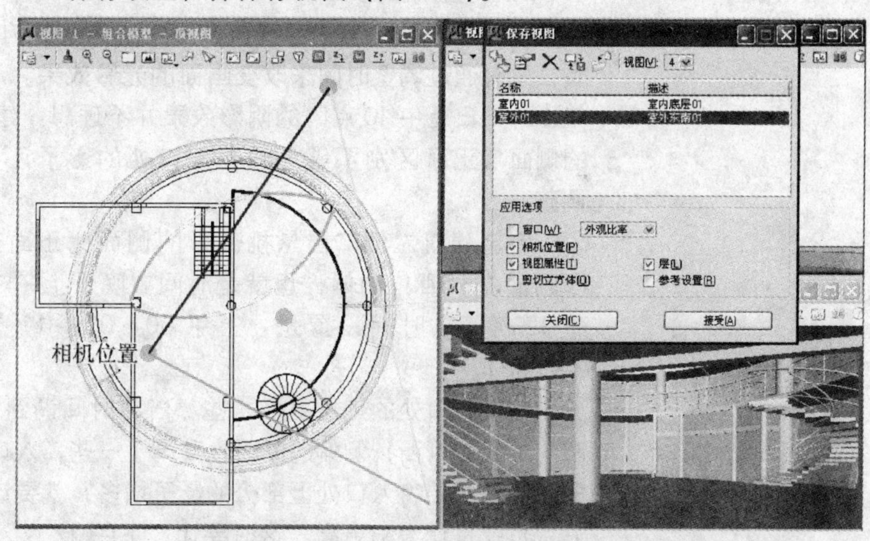


图 5-62　室内场景

### 5.6.2　光照

对于建筑的室外场景，只要仔细设置“全局光”就行而无需另外设置“光源”。

1）设置太阳光

在光盘上找到并打开 2ex5-02b.dgn 文件。

从“光照”工具中或在下拉菜单选“设置→渲染→全局光”，打开

“全局光”设置对话框。

确定场景的正北方向。不必旋转模型，只要在“正北方向（与X轴的角度）”后输入数值或“按点定义”。

确定场景的地理位置。取消“锁定”，输入经纬度和GMT时差或者选择城市。此例在“城市”列表中选择“Beijing（北京）”（东经116.28，北纬39.54，GMT时差8.0）。

确定时间。先任意选择一个时间，此例先定为2008年1月1日上午10点。

选择“光线跟踪”模式对视图进行初步渲染。渲染结果会偏亮，需要使用“亮度”和“对比度”滑块进行调整（图5-63）。

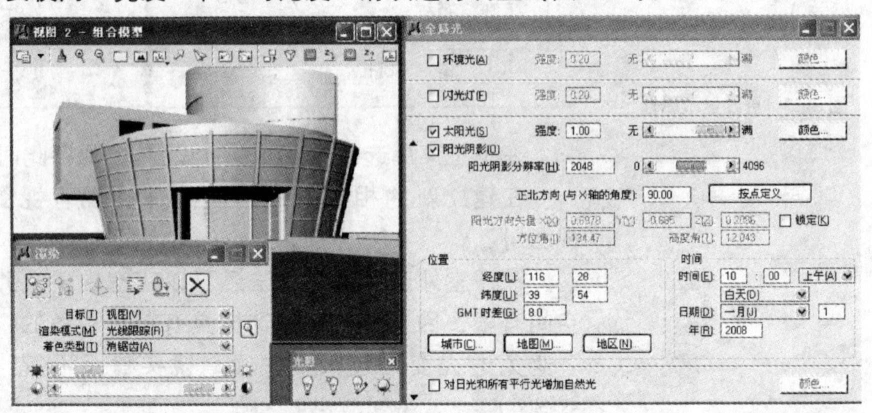


图5-63　初步渲染

2）调整太阳光

上述是一种非常“客观”方法。当建筑的方向和地理位置确定之后，只有通过调整时间来改变画面的光影效果。从渲染结果看，“2008年1月1日上午10点”的阴影效果并不理想：建筑左侧二层悬挑部分的侧面与正面区别不够明显；入口处的影子还不够多。以下将分别调整。

希望建筑左侧二层悬挑部分的侧面比正面亮。这样就需要太阳向画面左（西）侧偏，也就是时间要晚于上午10点，可以调到“下午12点”（时间设置是：上午00：00～11：59，下午12：00～23：59）。

希望入口处的影子更多一些。当将时间调到“下午12点”时，太阳向画面左（西）侧偏的同时也升高了一些，入口处的影子随之也会增多。如果还要将入口处上部分的影子增多，就要让太阳再向画面的上侧偏，也就是让太阳更高。这时要让“下午12点”时的太阳升高，就只能改变日期。在北半球，自12月23日冬至日起太阳高度从最低向高变化；直至6月23日夏至日太阳高度从最高向低变化。掌握这个规律就可以很方便进行太阳高度的调整（图5-64）。

以这样一种的方式调整建筑的阴影效果略微有些麻烦，这是因为先要将阴影效果归结于太阳的位置，然后再通过调整时间来调整太阳的位置。但是，这样做的好处是能够获得“真实”的阴影效果。避免了犯

图 5-64 调整阴影效果

"太阳从西边升起"的错误。

3）增加自然光

图 5-65 对日光和所有平行光增加自然光

此时渲染结果还是有些不自然：阴影是全黑的。这是因为缺乏自然光和地面反射缘故。通过调整全局光的相关设置，很容易解决这些问题。

在"全局光"的设置对话框中勾选"对日光和所有平行光增加自然光"，然后再渲染视图就会发现，所有影子被自然光照亮而变得自然（图5-65）。

如果需要更进一步地让光影效果接近现实，还可以仔细调整。这些调整包括："阴晴度"、"空气质量（浑浊）"、"天空阴影"相关设置和"自然光的近似地面反射"（图 5-19）。通过这些调整能够使画面的阴影效果更自然（图5-66）。

图 5-66 调整使画面的阴影效果更自然

5.6.3 材料

MicroStation 提供很多材料。通常做法是先选择已有的材料按颜色 /层分配给场景中的元素，然后再根据渲染效果调整材料。

1）均匀材料（玻璃与弧形铝合金幕墙）

在光盘上找到并打开 2ex5-02c. dgn 文件。

从"光照"工具中点击"应用材料"，打开"分配材料"对话框。

点击右侧"打开材料板"在弹出的当前工作空间的材料板列表中选择"Glass"。

在"分配材料"对话框的"材料"中选择"Blue"。

在视图中选择"玻璃"元素，并确认。将"Glass"材料板之中的"Blue"材料分配给"层：玻璃；颜色：15"。

选择"光线跟踪"模式对视图进行初步渲染。获得蓝色透明玻璃的效果（图 5-67）。

2）纹理材料（面砖与其他材料）

同样，可以将"Metals"材料板之中的"Aluminum Billet"材料分配给"层：弧形墙体、窗框；颜色：32"（图 5-68）。

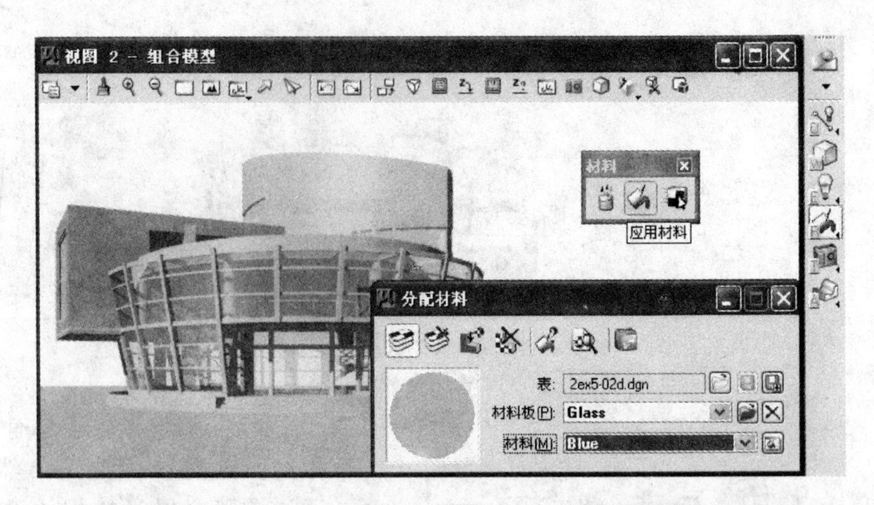


图 5-67　蓝色透明玻璃

给建筑左侧悬挑部分的墙面以面砖材料，在选择材料以后，可以根据需要对砖纹理的尺寸、偏移进行进一步的调整。

将“brick”材料板之中的“Brick Brown”材料分配给“层：二层墙面；颜色：6”。

双击“分配材料”对话框中的“样本球”打开“材料编辑器”对话框。

点击“材料编辑器”中“图案”打开“图案图”设置框。

在其中可以调整砖纹理的“尺寸”和“偏移”等设置。例如，可以将砖纹理的尺寸放大至 3m×2m，并且旋转 45°(图 5-69)。

图 5-68　Aluminum Billet 弧形墙体、窗框

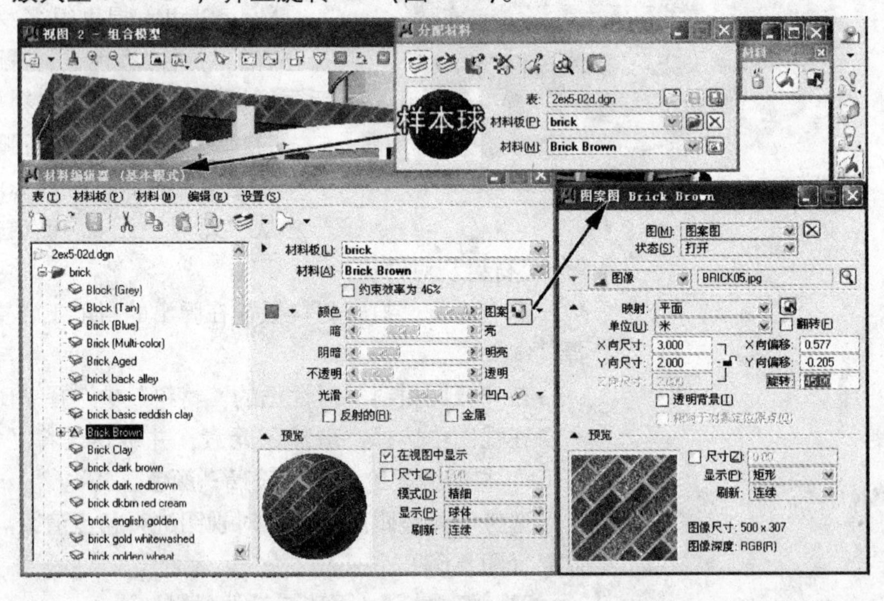


图 5-69　砖纹理及其调整

选择“光线跟踪”模式对视图进行初步渲染。获得面砖纹理的效果(图 5-70)。

图 5-70　面砖纹理效果

参考上述步骤可以将场景中主要的元素赋以设计需要的材料（图 5-71）。示例文件见 2ex5-02d. dgn，可以直接打开进行渲染，以此观察效果。

### 5.6.4　成果渲染

成果渲染包括相机、光照、材料和渲染设置的综合调整、背景设置和最后的保存图像渲染。

1）综合调整（相机、光照、材料和渲染设置）

在综合调整之前，建议先仔细观察初步渲染的结果，将其中需要调整的记录下来，便于有条理的进行分析和调整（图 5-72）。

图 5-71　主要元素赋以材料

图 5-72　观察分析和调整

在光盘上找到并打开 2ex5-02d. dgn 文件。

首先解决“不恰当重叠”。这是相机问题，只要适当调整相机位置就能解决。

要“加深阴影”需要从两方面考虑：一方面是调整“自然光”、“地面反射”等周围的环境光；另一方面需要分析承影元素的材料特性。此处先调整前者。此外，画面整体的亮度和对比度也是需要考虑的因素。

“玻璃更透明”的具体调整不仅仅调整材料的“透明度”，还要调整“反射”、“折射”等相关属性，并要注意控制“效率”不宜大于 100%，才能使材料更真实。

将有限的图案作为自然纹理材料的贴图，“材料纹理重复”是不可避免的。除了换用更大的图案，使用“处理纹理”也是一种办法。

由于现实的材料和施工等原因，建筑墙面都会有所划分。如果不是为了设计原因而需要特别突出这种划分，仅使用凹凸来表现这种幕墙表面的分格是很有效的。在设置分格时需要注意分格线的位置，特别是与建筑构件之间的相对位置。例如，此例中弧形铝合金幕墙水平分格线与水平条窗边缘的关系。

“高光”是金属等光滑材料表面的重要质感，除了调整材料的“光滑”，还要综合控制“散射”、“光斑”等相关因素。甚至还会需要调整“光照”和“渲染”的设置。

在初步渲染视图时，主要为了观察画面角度、阴影位置、材料质感等，由于要多次渲染比较效果，需要较快的渲染速度。但是在成果渲染时，渲染质量就很重要了。需要仔细调整渲染设置，在渲染质量和耗时之间掌握平衡。

综合调整是一件非常需要耐心的工作，特别是不太熟悉软件的时候。调整之前一定要先进行分析，并且一定要了解设置参数的含义。调整时最好每次只调整一项参数，然后进行渲染比较。这样容易快速了解该设置变化对渲染结果的影响。不然，如果一次调整多个参数，可能会由于设置之间的相互影响而不能判断下一步调整的方向。

相机、光照、材料和渲染是互相影响共同作用的。由于 MicroStation 软件将每一项都进行了非常细致的研究并给出了众多设置调整的可能，这就使得在提供更多设置使渲染效果更精致的同时也让操作变得更为复杂。以照相机的投影方式为例，普通的“三点投影”是最容易理解和设置的，而专业的“一点投影”方式在提供更多透视调整的同时，也复杂了相机的操作，还需要操作者具备一定的专业摄影知识。

图 5-73　综合调整以后

经过综合调整，渲染视图基本解决原有问题（图 5-73）。文件保存于 2ex5-02d. dgn 文件，可以直接打开进行渲染，以此观察效果。

2）设置背景

综合调整之后，使用“光栅管理器”为场景增添背景（图 5-74）。

在光盘上找到并打开 2ex5-02e. dgn 文件。

首先在下拉菜单“文件→光栅管理器”打开“光栅管理器”对话框。

在“光栅管理器”对话框的在下拉菜单“文件→连接”打开“连接光栅参考”对话框选择光栅文件（图 5-75）。

图 5-74　增添背景

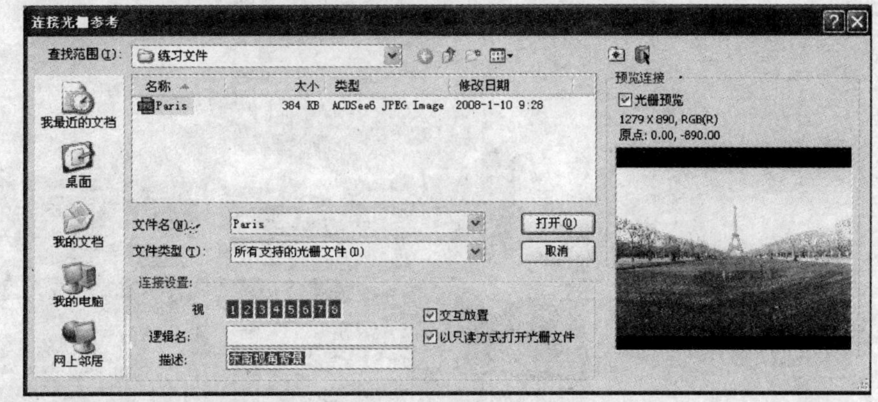


图 5-75　“连接光栅参考”对话框

在“连接光栅参考”对话框中选择“交互放置”。还可以在“描述”一栏填写说明性文字。

在竖向视图（前或右视图）内将光栅图片以交互方式放置到场景中。

使用“光栅管理”中的编辑工具（图 5-76）在场景中调整光栅图片在场景中的位置。

图 5-76　“光栅管理”及其编辑工具

调整光栅图片在场景中的位置时需要注意的是要使作为背景图片中的透视与当前相机视图的透视吻合。首先是视平线一致：将图片的视平线移动至相机的高度。然后是画面的透视的广度要基本相当，背景图片可以略大于当前相机视角。

其实，作为背景的图片需要仔细选择。最好是其中没有明显的透视线条，这样相对容易与相机的透视吻合。例如，比较单纯的蓝天和广场。如果天空中有云或地面有建筑，就要注意整张图片的视角，广角图片中景物透视变化较大，不容易与中长焦的相机视图配合；而中长焦的图片是不能用于广角相机视图的。

如果设计的建筑有具体的建造现场环境，就可以使用现场拍摄的照片作为背景图。在拍摄背景图的时候就要注意选择拍摄的位置、角度、所使用的镜头焦距以及拍摄时间和天气状态。然后使用相机设置中的“照片匹配”调整相机与背景图的关系。

调整妥背景以后的文件文件保存于 2ex5-02f. dgn 文件，可以直接打开进行渲染，以此观察效果（图 5-77）。

图 5-77　添加背景后效果

3）保存图像

之前所有渲染都是临时对视图进行渲染，要使用“保存图像”工具进行最终的成果渲染并保存为图像格式的文件。

需要注意的是，首先在“保存图像”对话框的“视图”中选择要渲染的相机视图。其次“格式”最好选择“TIFF（F)”。并选择无损的“压缩”方式，以保持最好的图像质量。图像尺寸根据输出需要设置，如果尺寸较大就需要分块渲染（图 5-78）。

这样就最终完成了渲染工作。图像保存为 2ex5-02f. tif 文件，可直接打开观察。

保存图像
视图(V): 2
格式(F): TIFF(F)
压缩(C): 无(N)
模式(M): RGB(R)
着色(S): 光线跟踪(R)
着色类型(T): 消锯齿(A)
动作(A): 新建解决方案(C)
Gamma 校正(G): 1.00
图像尺寸
像素(P)　页面尺寸(Z)
X(X): 2100　W(W): 7.00　英寸
Y(Y): 1200　H(H): 4.00
外观(E)　DPI(D): 300
分块渲染
按分块方式渲染图像(R)
内存 (KB)(Y): 4615　继续...
块数(N): 8
保存...　取消

图 5-78　“保存图像”对话框

# 6 漫游与动画

随着计算机辅助设计在建筑设计领域中的普及，对建筑物的动态表示也逐渐成为建筑设计的重要表现手段。本章主要简介与此相关的基本概念，同时利用实例介绍建筑动画的制作方法。

## 6.1 基本概念

为了便于读者更好的理解建筑动画的制作技术，本节简要介绍基本概念和相关的名词术语。

1）动画（Animation）

所谓动画（Animation）是对建筑物的动态表示方式，它是由一幅幅静态的、相互连贯的、按某种设定的情节和规律变化的图片组成，并按照一定的速度连续播放的效果。与前面介绍的静态的建筑效果图相比，建筑动画可以让观者从不同的方向，并利用不同的透视关系来观察建筑的整体造型和结构。

在 MicroStation XM 中，对观察对象的动态表示可以使用漫游和动画两种具体方法：

（1）漫游

所谓漫游，是指被观察的对象和物体的位置相对固定，而观察主体（如相机）在场景中移动，使得观察到的画面不断变化，因此产生身临其境一般的感受。为此，漫游又称为相机动画。

（2）角色动画

此处的动画是指观察主体（人眼或者相机）的观察位置和视角不变，而被观察的对象和物体的位置和形态发生变化。又称为角色动画。

2）帧（Frame）

组成动画的一幅幅静态的画面称为帧，即帧是组成动画序列的一系列渲染图像中所包括的单个渲染图像。动画的长度可以用总帧数来决定。

3）关键帧（Key Frame）

建筑物动态演示时，特定元素的位置和方向被明确指定的帧（一幅静态的图像），称为关键帧。在 MicroStation XM 中，设置关键帧是动画的最基本方法，使用这种方法来定义关键帧，并且系统自动计算在中间的帧（称为“渐变”的过程）。

4）角色

角色仅仅是以可控制方法移动、旋转或缩放的一个或多个DGN文件元素。动画序列中的角色是从设计中的一个或多个元素创建的。创建后，必须“指示”角色移动的位置和时间。通过使用关键帧、定义路径来编排角色，或通过应用参数化动作公式，都可以完成此项操作。使用后一种技术，可以将角色的位置、旋转或比例编排为时间函数或帧号。

无需为关键帧动画创建角色。但是，如果需要具有层次结构的动作，则通常较方便的做法是定义角色及其层次结构关系。这样可以简化定位关键帧之组合的操作。

定义角色路径或参数化动作控制时需要角色及其名称。这些工具仅根据角色名称检测并参考设计中的元素。

所有角色的名称都必须唯一。

5）路径（Path）

路径是指运动物体（既可以是观察主体，也可是被观察对象）行进时所遵循的轨道。通常，用户可预先定义好一条样条曲线，将它设定为某运动物体的路径曲线。

在MicroStation XM中，控制角色的另一种方法是指定路径，使用该定义后，角色将在帧序列过程中沿该路径移动。此方法对于控制动画相机和目标动作特别有用。

## 6.2 创建漫游

在MicroStation XM中，建立漫游有两种方法：利用漫游制作器和使用动画相机。

相比于后者，漫游制作器更为简单。当使用漫游制作器时，用户只需确定相机目标是固定的或是浮动的即可。也就是说，利用漫游制作器建立的动画，其相机目标是固定在设计文件中的一个特定点（如室内墙面的某幅画或建筑物的入口等），或者沿着相切于相机路径的方向（在指按路径移动的情况下）进行观察。

如果用户需要建立更为复杂的动画，也可使用动画相机方法。该方法允许用户定义相机和目标点，使用时，用户可通过编排脚本以控制其沿着路径移动。

限于篇幅的安排，此处先介绍漫游制作器。

### 6.2.1 漫游制作器

漫游制作器实用工具提供了一组工具，可用于创建名为漫游序列的简单动画，其中固定几何图形的帧由虚拟相机沿着指定路径，以指定间距进行录制。

1）漫游制作器

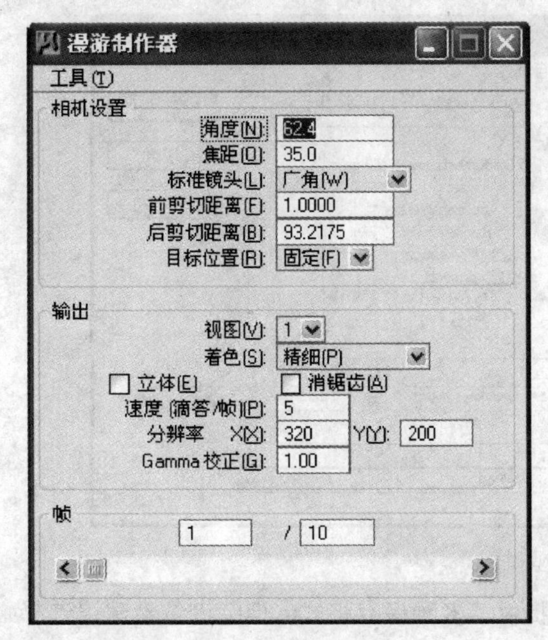


图 6-1 “漫游制作器”对话框

执行“实用工具→渲染→漫游”，可打开“漫游制作器”对话框，如图 6-1 所示。利用它可为可视化三维模型创建称为序列的简单动画。其主要参数及其功能如下：

(1) 相机设置

漫游制作器中的相机设置用于设置漫游中的相机，包括有角度、焦距、标准镜头、前剪切距离、后剪切距离及目标位置等多个设置项。

(2) 输出

输出设置中的各项分别为：

• 视图 (V)——用于选择动画的源视图。

• 着色 (S)——该项用于选择漫游时的渲染方式。系统共提供了多种方式供用户选择使用：线框、消隐线、填充消隐线、光滑、精细、光线跟踪、辐射和微粒跟踪。

• 速度 (滴答/帧) (P)——设定漫游动画的单位长度。

• 分辨率——设置动画画面的分辨率，分 X、Y 设置。

(3) 帧

设置漫游动画的起止帧数的序号 (即长度)。

(4) 工具菜单

点击工具框上方的工具菜单，其包含有三个命令：

• 定义路径——用于定义相机将跟随的路径和相机目标。使用时路径可以是现有的开放元素，同时，用户也可以将元素放置在设计文件中。

• 预览——此处指预览经过各项设置和定义后的漫游效果。分相机和视图两个选项。其中：

相机——用于查看每个相机位置和每个帧沿相机路径的视图立方体。

视图——用于查看漫游过程中的场景效果。

• 录制——用于将设置定义后的漫游动画以影片等的形式保存。执行该操作后将出现图 6-2 所示的工具对话框。其具体为：

• 文件——输入序列文件名或此系列的第一个文件名。

• 目录和驱动器——用于指定目标驱动器和目录。

• 格式——用于选择保存序列的格式。系统提供了多达二十种的不同保存格式，用户可通过点击其右侧的“▼”，在下拉菜单中进行选择。

录制操作虽然简单，但用户若想得到一段较高水准的漫游动画，还需注意以下几点：

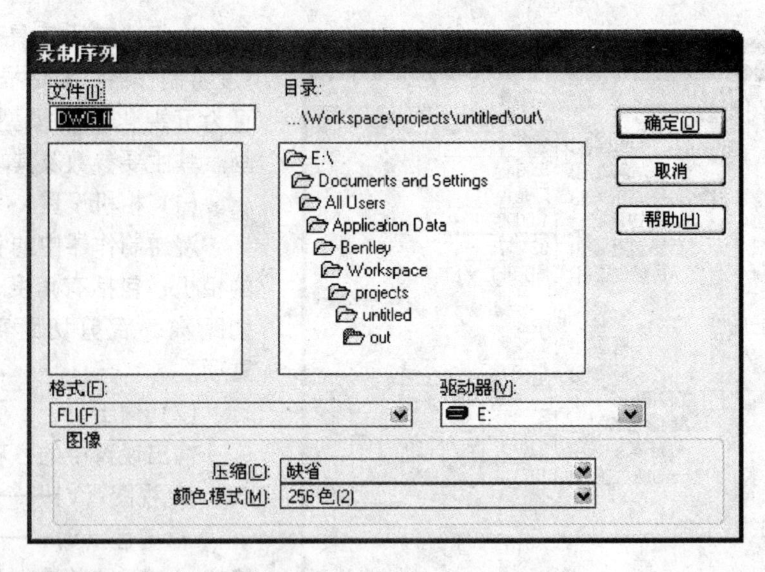


图 6-2 “录制序列”对话框

A. 选择合适的保存格式

虽然 MicroStation 系统提供了多种保存格式，但笔者依然建议选择创建单独帧图像的格式，如 targa 或 TIFF。因为当选择这些格式时，系统会自动为序列中的每个帧创建单独的文件。在缺省情况下，当用户选择其中一个格式时，系统将在文件名末尾添加一个数字，且每保存一帧时，此数字都会递增。例如，若文件名为 orbit. dgn，则缺省情况下，Targa 格式序列的第一帧会被命名为 orbit01. tga。后续帧文件会被命名为 orbit02. tga、orbit03. tga、orbit04. tga……以此类推。若处理中断，可以稍候返回并从序列中的下一帧号重新开始。如果用户选择使用了非缺省名称，那么则必须确保已在其中添加数字，以便在录制过程中基于此数字进行递增。

如果选择 FLI 或 FLC，则会将序列保存为单个 256 色动画文件。如果选择 Windows AVI，则会将序列保存为单个 24 位色动画文件。但对于这些格式，在处理动画时整个动画都必须保留在内存中。若处理中断，将丢失整个序列，而必须重新开始。故推荐选择其他格式。如果必要，可以在以后通过“电影播放器”将序列转换为 FLI/FLC 或 AVI 格式。

B. 合理选择分辨率

分辨率越低，每个帧的渲染速度越快。为此可在不同的阶段使用不同的分辨率。例如，可使用低分辨率测试光和相机设置，当用户对产生的效果满意后，再换为较高的分辨率录制序列。

C. 使用“漫游制作器”制作更流畅的动画

具体方法有：

- 最小化连续帧之间的差异——使用更多的帧；
- 提高序列的播放速度。

D. 控制元素在序列中的显示

要避免在序列中包含光或相机路径，为此可将这些元素作为构造元素放置，或将其放置于单独层上。录制序列时，取消选中“构造”或输出视图的特定层，具体操作为：执行“设置→视图属性”，在随后弹出的“视图属性”对话框中选中或取消选中视图的“构造”。

若相机路径弯曲且旋转，则可以使相机路径在序列中可见，以创建“过山车”效果。相机似乎跟随路径运动（这样做能获得奇妙的效果，用户可自行练习）。

E. 速度设置

“速度”设置只存储于 .fil 和 .flc 文件中。如果将序列保存为其他格式，系统将忽略此项。

2）生成漫游序列的步骤

(1) 选择“实用工具→渲染→漫游”，打开“漫游制作器”对话框；

(2) 从“视图”选项菜单中选择动画的源视图；

(3) 从“着色”选项菜单中，选择用于“排演”的线框，或者为已完成或即将完成的序列选择所需的渲染方式；

(4) 使用对话框中的其他控件调整相机设置，并设置输出选项（渲染→漫游）；

(5) 定义路径；

(6) 预览序列；

(7) 录制所有帧。

### 6.2.2 实例练习

为了更具体的讲述漫游制作器的应用，现以一例演示漫游的制作过程。

【例 6-1】 利用“漫游制作器”建立漫游动画。

(1) 打开文件并设置

按照指定路径…\WorkSpace\ex\dgn\，打开名为 ex6-01. dgn 的图形文件，图中所示为某小区建筑群，具体如图 6-3 所示。

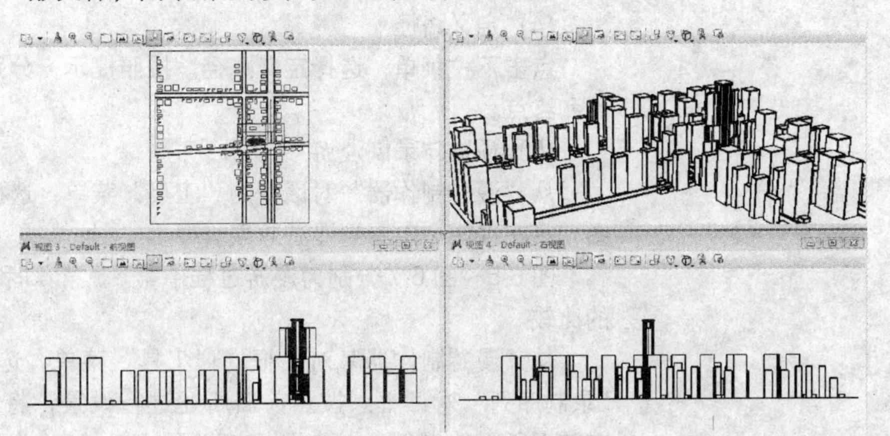

图 6-3 某小区建筑群

(2) 创建漫游路径

所谓漫游路径是指漫游进行时相机的移动轨迹。在 MicroStation 中，

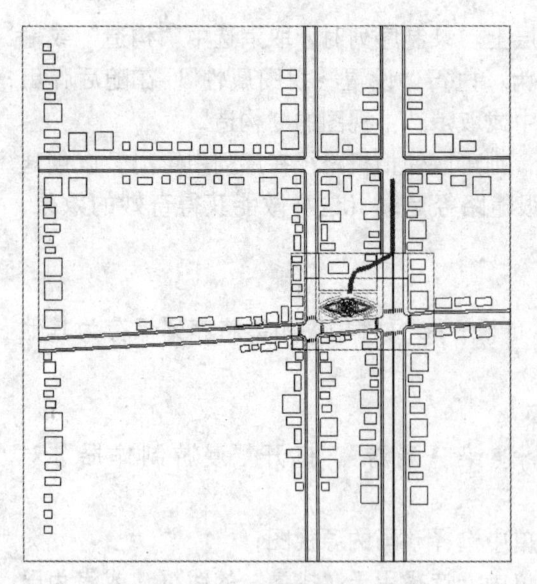

图 6-4 开放的漫游路径（图中的粗实线）

可以使用“线性”工具框中的多个工具来创建它。例如：放置直线、线串、弧、椭圆、曲线或B样条曲线等，都可以用来定义相机漫游的路径。

另外，为了获得更加真实的观察效果，绘制路径时还应注意以下几点：

- 漫游路径的高度应控制在正常的人体高度，即通常所说的视高；
- 如果不想在序列中看见路径，可将路径作为构造元素放置，或者也可将其放置于序列的源视图中未显示的单独层上。

选择视图“1”，在其中利用“放置智能线”工具，绘制如图 6-4 中所示的开放漫游路径。为使漫游效果更为流畅，应合理设置智能线的有关选项，如将顶点类型设为圆角（并选择合适的圆角半径）。

(3) 打开漫游制作器

执行“实用工具→渲染→漫游”，打开“漫游制作器”对话框，按照前面介绍的步骤分别设置各部分。其中，各参数具体的设置值见表 6-1 所示。

**参数设置值** **表 6-1**

| 设 置 项 | 各设置参数值 |
|---|---|
| 相机设置 | 角度:46;标准镜头:普通;前剪切距离:1.0000;<br>焦距:50;目标位置:浮动;后剪切距离:2151.7530 |
| 输出设置 | 视图:2;着色:光线追踪;速度(滴答/帧):5;<br>分辨率:320×200;Gamma 校正:1.0 |
| 帧 | 帧:1～100 |

(4) 定义路径

点击下拉菜单，选择定义路径。按照提示，分别标识路径曲线的起点和终点。

(5) 预览与录制漫游

从“漫游制作器”对话框的“工具”菜单，选择“预览”并选择视图，可在视图 2 中看到漫游效果。

图 6-5～图 6-7 分别为漫游过程中第 5、第 60 和第 98 帧时不同场景的比较。

从“漫游制作器”对话框的“工具”菜单，选择“录制”。可打开“录制序列”对话框。按照前面所述进行设置，将所建立的漫游保存。在随书所附的光盘中，按照指定路径…\WorkSpace\ex\dgn\tga 打开文件夹，可看到保存的漫游文件 ex6-0101.tga～ex6-0200.tga，共 100 个图像文件。

图 6-5　第 5 帧时的场景

图 6-6　第 60 帧时的场景

图 6-7　第 98 帧时的场景

## 6.3　动画

### 6.3.1　基本概念

所谓建立动画就是在前面的三维设计中添加一个新的维度（时间维

度)。在 MicroStation XM 中，建筑物动画的创建由动画制作器完成。动画制作器是一个很实用的工具，使用它可创建显示实际设计的动画序列。对于多数建筑模型而言，动画制作器可以生成简单的“漫游制作器”所无法提供的灵活的漫游效果。

MicroStation XM 中与制作动画相关的工具组可通过点击下拉菜单“工具→可视化→动画”获得，如图 6-8 所示。该工具组中包含有同制作动画相关的“动画角色”，“动画相机”，“动画设置”三大组命令，其中每一大组命令中又包含有各自相对独立的工具组。

本节将分别介绍其中各部分命令的功能和用法。

### 6. 3. 2 “动画对话”工具框与“动画制作器”对话框

1) “动画对话”工具框

“动画对话”工具框包含用于查看和预览动画脚本的工具。图 6-9 所示即为作为工具框打开的“动画对话框”任务栏。

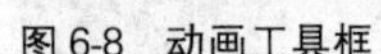
图 6-8　动画工具框

图 6-9　“动画对话”工具框

该工具框包含有三个工具，从左到右依次为：“动画制作器对话框”工具、“动画预览”工具和“录制”工具。有关动画的“录制”工具将在本章的最后专题讨论，此处主要介绍“动画制作器”和“动画预览”工具。

2) “动画制作器”对话框

该对话框用于设定动画设置和创建动画。在图 6-9 中单击“ ”图标，或者直接键入命令“DIALOG ANIMATOR”，也可执行“实用工具→渲染→动画”，三种方法均可打开图 6-10 所示的“动画制作器”对话框。其中各项的功能如下：

(1) 动画树视图

用作“故事面板”的过滤器。当选择顶部条目（根节点）时，将显示“故事面板”中所有的项。当选择顶部条目下面的条目（子节点）时，将过滤“故事面板”以仅显示与此节点相关的脚本条目。

“动画”列表由以下项构成：

• 第一项（根节点）——当前动画模型的名称。例如图 6-10 中所示的 Foundation。

• 视图——单个相机和保存视图的列表。

• 角色——所有角色的列表，编排的或未编排的。可以拖放角色来创建或分解层次。

• 关键帧——所有关键帧的列表，编排的或未编排的。

• 光——包含“全局光”和“光源光”的条目，而这些条目又包含每个光源的子节点及其动画设置。

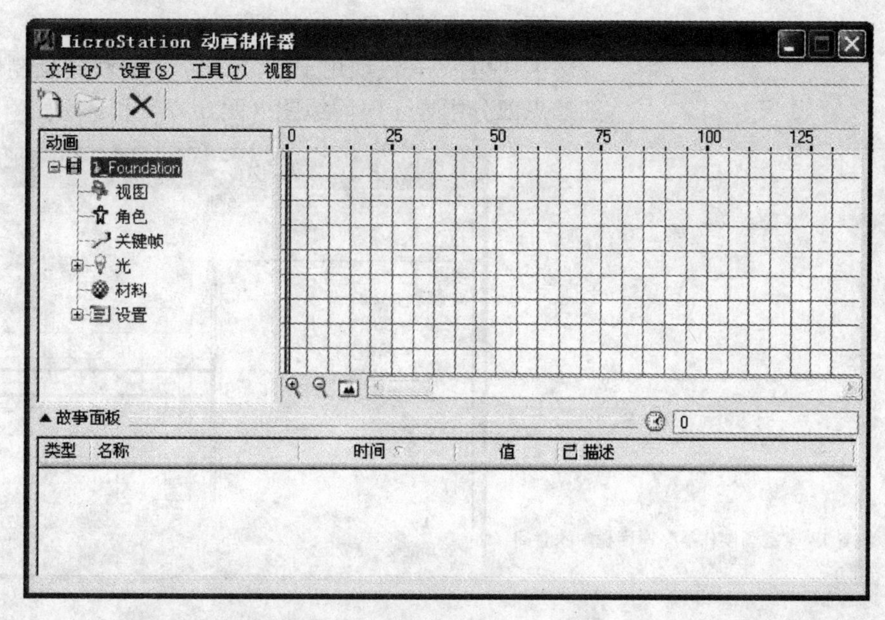


图 6-10 MicroStation “动画制作器”

• 材料——列出了设计中使用的所有材料，这些材料的设置将作为子节点。

• 设置——通用动画设置。

(2) 下拉菜单

该对话框共有四个下拉菜单：

• 文件（F）——该菜单中包括了“新建脚本”、“打开脚本”、“缩放脚本”、“复制脚本”、“包含脚本”、“清除脚本”、“删除脚本”、“录制脚本”等命令，主要用于在激活的 DGN 文件中，对动画脚本进行创建和编辑。

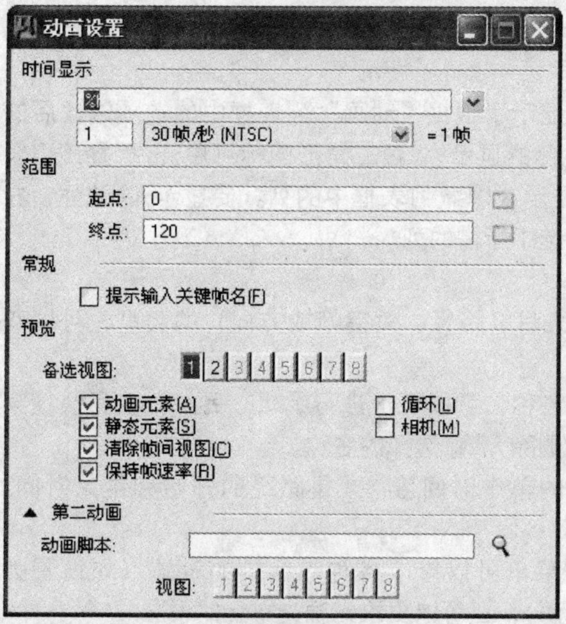

• 设置（S）——该菜单仅一个选项“通用”。单击将打开图 6-11 所示的 F“动画设置”对话框。主要用于调整动画设置（包括用于预览动画序列的设置）。

• 工具（T）——该项用于下述四个工具的设置：

A. 预览——启动动画预览工具，其中包含用于预览动画序列和创建/编排关键帧的控件。

B. 命名关键帧——打开动画关键帧对话框，用于创建、编排或删除关键帧，以及将选定关键帧的几何元素冻结在其所在的位置。

C. 参数——打开动画参数对话框，用于创建、编辑和删除动画参数。

D. 保存视图——打开编排已保存的视图

图 6-11 “动画设置”对话框

对话框，用于编排已保存的视图。

• 视图——该项用于在“Microstation 动画制作器”对话框中的详细信息部分中显示时间线图（图 6-12）和速率图（图 6-13）。

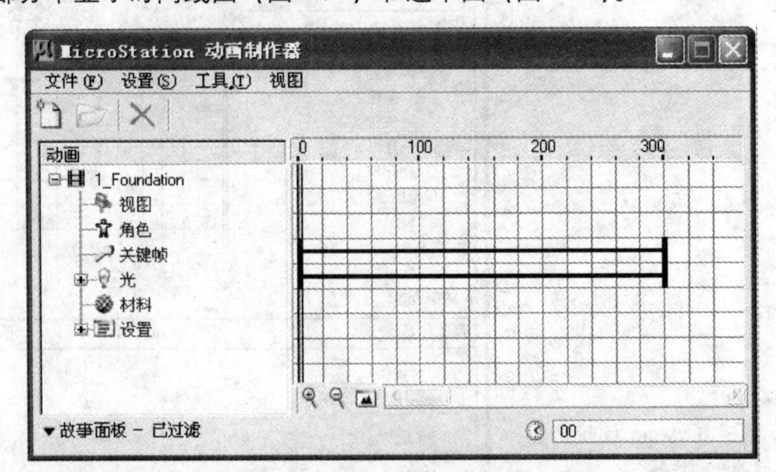


图 6-12 “动画制作器”对话框中的时间线图

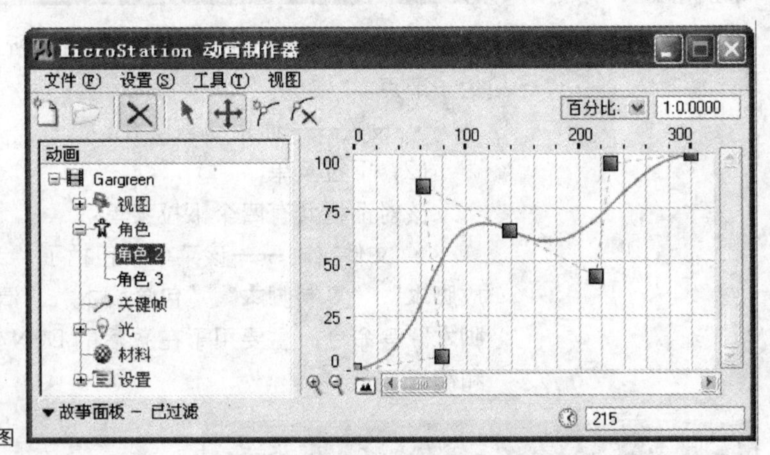


图 6-13 “动画制作器”对话框中的速率图

(3) 故事面板列表项

可展开/可折叠部分显示了根据“动画”列表框中的选项过滤后的项。“故事面板”标题左侧的显示/隐藏三角形图标可展开/折叠该列表框。可根据需要缩放、显示或隐藏列表框中的列。要显示/隐藏列，右击列标题栏并选中/取消选中所需的列。

可显示的列有：

• 类型——可编排条目（路径、关键帧或方向）的类型，可以双击条目进行编辑。

• 名称——条目的名称，可以单击进行编辑。另外，使用快捷菜单可以剪切/复制/粘贴/删除/清除选择的名称。

• 时间——关键帧的单个时间值，或是路径的开始和结束时间。单击条目进行编辑。

• 值——使用选项菜单可以修改各种被编排的设置（如设置为“激活/非激活”的“目标”），还可以更改光源光单元的设置。

• 已启用——用于启用/禁用所选条目的复选框。

• 描述——在字段上单击而获得的每个条目的可选描述。

无论设计中包含的是单个对象还是多个对象，都可以在 MicroStation 中利用“动画制作器”生成动画序列。下面是利用“动画制作器”制作动画序列的常规步骤：

A. 定义角色；

B. 编排角色；

C. 编排关键帧；

D. 编排光源和材料特征；

E. 编排动画相机和目标；

F. 在屏幕上预演或预览动画序列；

G. 录制动画序列。

注：

• 上述步骤中，B～F 步均为任选项，用户可根据需要自行选用。

• 执行“实用工具→图像→电影”，打开系统提供的“电影实用工具”，也可以用于在 MicroStation 环境中回放动画序列。

上述各步骤，均可利用图 6-9 所示“动画制作器”对话框中的各下拉菜单和设置项进行。而其中 B～F 步中有关角色的定义和编排及关键帧的编排将在 6.3.3、6.3.4 和 6.3.5 三小节中分别介绍，其余内容受篇幅所限，不再展开。

3)“动画预览”对话框

单击图 6-9 所示工具框中的图标，可得到如图 6-14 所示的“动画预览”对话框。该对话框主要用于预览现有动画和添加关键帧。

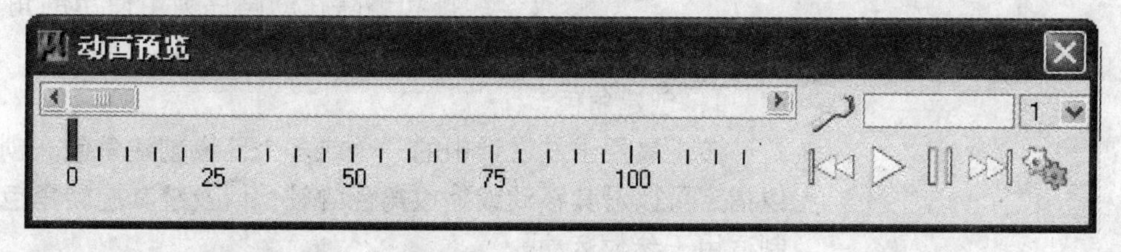


图 6-14 “动画预览”对话框

(1) 各项工具的设置和作用

• 滚动条——让用户在整个动画序列中快速前后滚动。同时，它也可用于设置创建关键帧的时间和帧号。

• ——该图标用于创建所选元素的关键帧。使用时，首先选择所需元素，然后单击此图标，系统会以所选时间/帧号来自动创建关键帧，并将其添加到“动画制作器”对话框中。需要提醒的是，在缺省情况下，系统将自动为这些关键帧指定系统名称。如果需要，用户可以在动画设置对话框中选中“提示输入关键帧名”设置，一旦启用此设置后，系统则会提示用户通过创建关键帧对话框来输入关键帧名。

• 时间/帧字段——该工具用于更新以显示播放的或整个序列中

滚动的时间/帧。此外，可以键入一个值，以特定的时间或帧号设置序列。

• 视图——该项允许用户从任一打开的视图中选择预览视图的选项菜单。

• 播放控制按键——各按键的作用与其他播放器相似，分别是：

开始键——用于将序列设置回起始时间或帧。

播放键——开始播放预览视图中的动画序列。

暂停动画——停止当前时间或帧号的动画。如要重新开始播放序列，则必须再次单击“暂停”图标或单击“播放”图标。

结束——用于将序列设置到结束时间或帧。

通用设置——用于打开“动画设置”对话框。

(2) 预览操作

预览动画的操作非常简单，只需两步即可完成：

A. 选择图 6-9 中的“动画预览”工具；

B. 单击图 6-14 中的“播放”按钮开始播放动画。

至于利用“动画预览”工具创建和编排关键帧，将在稍后介绍。

### 6.3.3 动画角色任务

MicroStation 提供了一组用于在动画序列中创建和使用角色的工具。点击图 6-8 所示工具框中的第一项，或直接执行“工具→可视化→动画角色”，可得到图 6-15 所示的“动画角色任务”工具框，其中包含了用于创建、操作、修改、编排和删除在动画序列中使用的角色的工具。现分别介绍如下：

图 6-15 “动画角色任务”工具框

1) 创建角色

该工具用于从设计中的一个或多个元素创建角色。创建角色时，可以指定可以沿其移动或缩放角色的轴，以及绕其旋转角色的轴。以下限制适用于参数运动。

(1)“创建角色”对话框简介

图 6-16 为“创建角色”对话框，其各工具的功能简介如下：

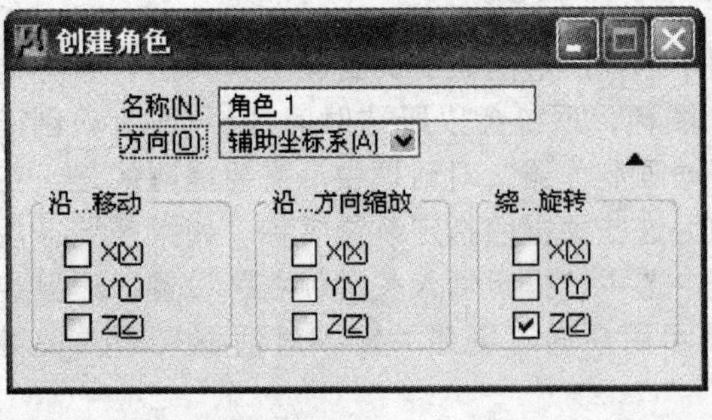

• 名称——设置角色的名称。

• 方向——设置角色沿其移动或旋转的轴。这些角色方向将随角色一起移动。即，如果在创建之后移动或旋转角色，则轴将随角色一起移动或旋转。共有三个选择：

A. 设计——用于限制角色向设计文件轴移动；

B. 视图——用于限制角色向创建该角色的视图的轴移动；

图 6-16 “创建角色”对话框

C. ACS——用于限制角色向当前辅助坐标系（ACS）的轴移动。如果未装载 ACS，则使用设置文件轴。

• 沿 X、Y、Z 轴移动——定义角色可以沿其移动的轴。如果选中，则角色可以沿此轴的方向移动。

• 围绕 X、Y、Z 轴旋转——定义角色可以围绕其旋转的轴。如果选中，则角色可以围绕此轴旋转。

• 沿…方向缩放——定义角色可以关于其缩放的轴。如果选中，则角色可以沿此轴缩放。

(2) 从单个元素创建角色步骤

从已有元素中选择单个元素创建角色的步骤如下：

A. 选择“创建角色”工具；

B. 在“名称”字段中键入角色的名称；

C. 从“方向”选项菜单中，选择角色移动/旋转/缩放所需的轴；

D. 在操作设置部分，选择角色可以沿其移动的轴和/或可以围绕其旋转或缩放的轴；

E. 标识要转换为角色的元素。此时会出现图形提示（与屏幕指针相连）；

F. 在所需原点处接受角色（元素），该原点将用作在动画期间围绕其计算角色移动、旋转和缩放的点。

(3) 从几个元素创建角色步骤

如果需要从几个元素创建角色，其步骤则为：

A. 选择该元素；

B. 选择“创建角色”工具。此时会出现图形提示（与屏幕指针相连）；

C. 从“方向”选项菜单中，选择角色移动/旋转/缩放所需的轴；

D. 在操作设置部分，选择角色可以沿其移动的轴和/或可以围绕其旋转或缩放的轴；

E. 在所需原点处接受角色（元素）。该原点便是在动画期间围绕其计算角色移动、旋转和缩放的点。

2) 操作角色

用于相对于创建角色时所定义的轴操作角色。最适用于定义关键帧的角色。还可用于测试角色的运动范围。使用图标菜单栏，可以选择操作类型——移动、缩放或旋转。操作图标下方的 X、Y 和 Z 图标用于定义可以围绕其执行操作的轴。

使用此工具时，可以以图形的方式标识角色，也可以从工具设置的下拉“角色列表”中选择其名称。

(1)“操作角色”对话框工具栏简介

图 6-17 为“操作角色”对话框。现简介各项功能：

• 移动角色——设置移动的操作方法。其中：X、Y 和 Z 图标用于定义角色可以沿其移动的轴。如果 X、Y 和/或 Z 图标显示为按钮，则

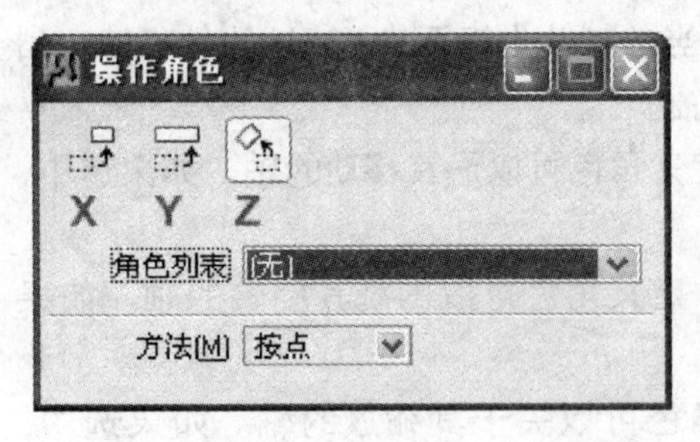

图 6-17 “操作角色”对话框

表示可以进行移动。

单击按钮可以将其关闭/打开，从而禁用/启用沿此轴进行的移动。例如，如果当前可以沿所有的三个轴移动，那么此时可以关闭 Y 和 Z 按钮，以将角色移动约束为只能沿 X 轴进行。

• 缩放角色——设置缩放的操作方法。其中：X、Y 和 Z 图标用于定义可以沿其缩放角色的轴。如果 X、Y 和/或 Z 图标显示为按钮，则表示可以进行缩放。

单击按钮可以将其关闭/打开，从而禁用/启用沿此轴进行的缩放。例如，如果可以沿所有的三个轴缩放，则可以关闭 Y 和 Z 按钮，以将角色缩放约束为只能沿 X 轴进行。

• 旋转角色——设置旋转的操作方法。其中：X、Y 和 Z 图标用于定义可以围绕其旋转角色的轴。如果 X、Y 或 Z 图标显示为按钮，则表示可以旋转。

单击按钮可以将其关闭/打开，从而禁用/启用围绕此轴进行的旋转。例如，如果可以围绕所有的三个轴旋转，那么此时可以关闭 Y 和 Z 按钮，以将角色旋转约束为只能围绕 X 轴进行。

• 角色列表——可以从中选择要操作的角色的下拉菜单。

• 方法——针对前面选项内容的不同，该项也有不同的显示。

当选择“缩放角色”时，设置缩放角色的方法，有以下 3 种：

A. 激活比例——可设置沿 X、Y 和 Z 轴方向的激活比例。如果锁定，则更改任何一个轴的值都会导致其余的轴发生同样的更改。反之，如果未锁定，则可以为每个轴指定不同的比例值。

B. 按点——可以交互式地缩放角色。

C. 成比例——注意：该项仅在“缩放角色”设置为“按点”时可用。如果选中，则同时沿所有的三个轴缩放角色。

当选择“旋转角色”时，用于设置旋转角色的方法，有两种：

A. 激活角度——可以通过键入值来设置旋转的角度，也可以通过使用滚动控件以 90°的增量调整此值来设置旋转角度。

B. 按点——可以使用两个数据点交互式地旋转角色，方法是先指定起始点然后指定旋转角度。

(2)“操作角色”各工具的使用步骤

移动角色操作的步骤如下：

A. 在图 6-15 中选择“操作角色”工具；

B. 在图 6-17 中单击“移动角色”图标；

C. 标识角色；

D. 将角色拖放到新位置；

E. 输入数据点以接受移动。

交互式地缩放角色的操作步骤为：

A. 在图 6-15 中选择“操作角色”工具；

B. 在图 6-17 中单击“移动角色”图标；

C. 将“方法”设置为“按点”；

D. 如果要在所有的三个轴上缩放角色，则选中“按比例”；

E. 标识角色；

F. 输入数据点以定义缩放参考点；

G. 输入第二数据点以定义缩放比例。

交互式地旋转角色的操作步骤如下：

A. 在图 6-15 中选择“操作角色”工具；

B. 在图 6-17 中单击“移动角色”图标；

C. 将“方法”设置为“按点”；

D. 标识角色；

E. 输入数据点以定义旋转的起始点；

F. 输入第二数据点以定义旋转角度。

3）连接角色

该工具用于将一个角色连接到另一个角色，以便操作另一个角色时此角色也会随之移动和旋转。图 6-18 即为其对话框。该对话框非常简单，只有一个设置项——角色列表，用来显示包含模型中现有角色名称的下拉菜单。使用此工具时，既可以从工具设置的“角色列表”下拉菜单中双击其名称，也可以以图形的方式标识角色。下面即为连接角色工具的使用步骤：

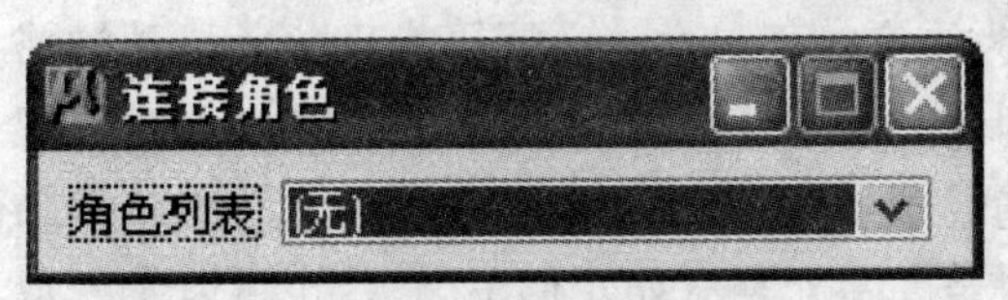

图 6-18 “连接角色”对话框

A. 选择“连接角色”工具；

B. 标识要连接的角色；

C. 标识要连接此角色的目标角色；

D. 接受连接。

此时，在第 B 步中标识的角色即连接到第 C 步中标识的角色，并且当操作第二个角色时，第一个角色也将随之移动。

注意：

在标识层次结构中（要连接的）任何角色（第 B 步）都会实际标识整个层次结构。因此，如果要将子树连接到其他角色，则首先必须使用“卸掉角色”（此工具将在稍后介绍）工具卸掉此子树。

另外，也可以在“动画制作器”对话框（图 6-13）中使用拖放操作连接或卸掉角色。

4）打散角色

打散角色用于转换（打散）角色，使之恢复为角色组件。执行“打散角色”操作时，系统将同时打散所有连接至此角色的角色。但是该操作在打散连接到其他角色的角色时，可不影响其父级角色。图 6-19 所示为“打散角色”的对话框。其操作步骤也非常简单：

图 6-19 “打散角色”对话框

A. 选择“打散角色”工具。

B. 在“打散角色”对话框的“角色列表”中标识角色。角色将高亮显示。如果连接了其他角色，则连接角色也会高亮显示。

C. 接受角色。此时系统会打开一个“警告”框，提醒用户所选角色的所有脚本条目都将被删除。

D. 单击“确定”。

5）卸掉角色

该工具用于卸掉角色（即取消使用“连接角色”工具的结果）。当卸掉连接了其他角色的角色时，那些角色仍将与该角色保持连接。图6-20所示为“卸掉角色”的对话框。

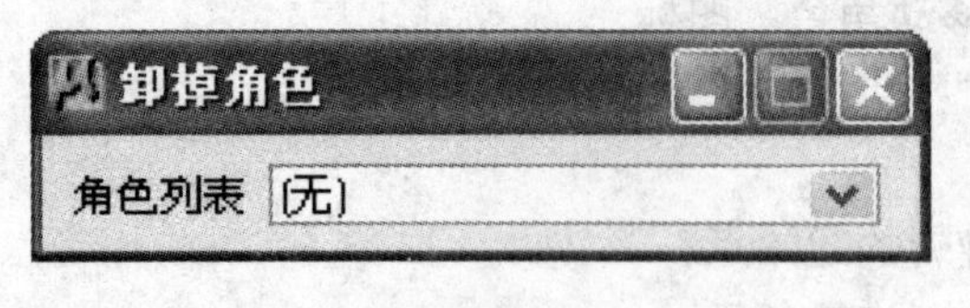


图 6-20 “卸掉角色”对话框

该工具的操作步骤与“打散角色”相同，不再赘述。需要强调的是，与“连接角色”一样，该操作也可利用“动画制作器”完成（用户可在“动画制作器”对话框中使用拖放操作连接/卸掉角色）。

6）定义角色路径

这是动画角色任务中最为重要的工具之一，用于定义角色移动的路径。利用“定义角色路径”工具，用户可以创建更加精确和丰富的角色动画效果。使用时，该路径可以是闭合元素（如矩形或圆），也可以是开放元素（如直线、线串、曲线、圆弧或 B 样条曲线）。图 6-21 为“定义角色路径”对话框。其操作步骤如下：

图 6-21 “定义角色路径”对话框

A. 选择“定义角色路径”工具。

B. 标识角色。

C. 标识路径元素。

D. 接受以定义路径。此时会打开“定义角色路径”对话框。如图 6-22 所示。图中各项用于对指定角色动画路径的各参数进行设置。具体设置为：

定义角色路径
角色名: 112
起始时间: 0
结束时间: 120
速率(V): 匀速(C)
路径距离(P): 0.0
使用原角色方向(U)
确定(O) 取消

图 6-22 “定义角色路径”对话框

• 在“起始时间”字段中，键入路径的起始帧号或时间。在此帧上时，角色的位置将与使用“定义角色路径”工具时相同。

• 在“结束时间”字段中，键入路径的结束帧号或时间。

• 从“速率”选项菜单中，选择下列类型之一以设置角色沿该路径移动的速率：

匀速——角色以固定速度移动；

加速——角色从零速率开始，以固定加速度移至路径终点；

减速——角色以固定的减速度移动，到达路径终点时速率为零；

先加速后减速——角色沿路径加速移动一半距离，然后减速移动，到达路径终点时速率为零；

无穷大——角色在起始帧处立即跳到路径的终点。

E. 若要设置角色沿路径移动的距离，可在图 6-22 选中“路径距离”，然后在旁边的字段中键入表达式。例如，若欲以每秒 88 个主单位的速率移动，则可键入：88 * tSeconds。

F. 如果要使角色在沿路径移动期间保持其原始方向，则应选中“使用原角色方向”。

G. 单击“确定”按钮。此时系统将关闭“定义角色路径”对话框，并且将路径的脚本条目添加到“动画制作器”对话框的列表中。

注：

A. 选择路径元素时，如果角色接近路径的某一端（在路径总长的 10% 以内），系统会自动计算角色的方向，然后角色将沿整个路径长度自动制作动画。但是，如果角色最近点与路径之间的距离比较长，那么系统则会显示一个箭头，以指示当前的方向。此时，可通过以下方法更改方向：将指针移动到路径上此点的任一侧，然后在显示正确方向时输入数据点。

B. 路径元素只可定义角色的移动，而不能定义角色的位置。也就是说，使用此工具时的角色位置会将角色的位置设置在其沿路径元素所定义的路径移动的起点处。

C. 如果关闭所选元素，则路径将由整个元素组成，并且会出现标识点指示路径的方向。

D. 沿某个路径移动与其他角色相连的角色时，该角色可能会独立于与之相连的角色移动。

E. 如果选中“路径距离”，并且其值超过了路径长度，则角色将像沿闭合路径移动那样围绕该路径移动。

7）编排角色

用于创建脚本，以参数化地确定动画序列中角色的位置。只可执行创建角色时所定义的操作。

许多内置变量和函数可用于确定角色运动公式。

可以将角色的位置、旋转或比例编排为关于时间或帧号的函数。例如，在“绕 X 旋转”字段中输入公式 5 * frame，角色将在动画序列的每帧中围绕 X 轴旋转 5°。

使用此工具时，可以以图形的方式标识并接受角色，也可以从工具设置的“角色列表”下拉菜单中双击其名称。

### 6.3.4 关键帧

1）基本知识

在 MicroStation 中，生成动画的方法多样。用户可以根据需要，从最基本方法（关键帧方法）或更多高级方法（例如：沿路径动作和参数化动作控制）中进行选择。如有必要，还可以结合使用这些技术，以生成单一方法很难生成的复杂动画。

创建关键帧是制作动画的最基本形式。要创建关键帧动画，则必须在特定位置指定角色和其他几何图形的位置，该特定位置即为关键帧。与用于制作卡通相似，用户不需要先将元素定义为角色。具体操作时，可直接将元素移动到特定关键帧所需位置或方向，然后创建关键帧。

注意：

(1) 在 MicroStation 中，关键帧可以包含多个元素。但为了提高效率，建议在一个关键帧中仅包含一个动画几何图形。如果已存在关键帧，可以使用如图 6-10 所示“动画制作器”对话框之树视图中的快捷菜单来编排关键帧。

(2) 关键帧中间的帧是通过称为“中间”或“插入”的过程计算出的。使用时可以计算以下内容：

- 包含运动和旋转的中间帧。
- 已修改的中间版本的元素。

对关键帧的操作可利用“关键帧”工具，执行“工具→可视化→动画”，在弹出的“动画工具”工具框中单击“动画设置”图标，可得到图 6-23 所示的“动画设置”工具框。其中的第一个图标“ ”即为关键帧工具的图标。

图 6-23 “动画设置”工具框

2) 创建和编排关键帧的方法

(1) 创建关键帧的一般步骤

A. 使用 MicroStation 的元素操作工具或操作角色工具，根据需要定位要创建关键帧的几何图形。

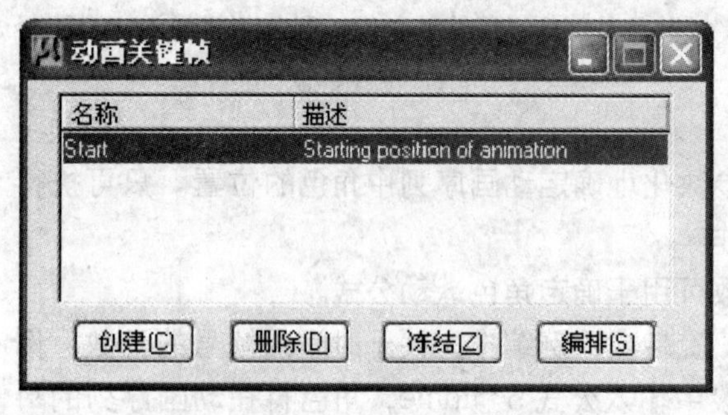

图 6-24 “动画关键帧”对话框

B. 选择要包含在关键帧中的元素。

C. 在上述图 6-23 所示“动画设置”工具框中，单击“关键帧”对话框图标，或者在“动画制作器”对话框中，执行“工具→命名关键帧”，可打开如图 6-24 所示的“动画关键帧”对话框。

D. 单击“创建”按钮。将打开如图 6-25 所示的“创建关键帧”对话框。

E. 在“名称”字段中键入关键帧的名称。如果需要，还可在“描述”字段中键入关键帧的描述。

F. 单击“确定”按钮。此时焦点将返回到“动画关键帧”对话框。其中将列出新创建的关键帧。

图 6-25 “创建关键帧”对话框

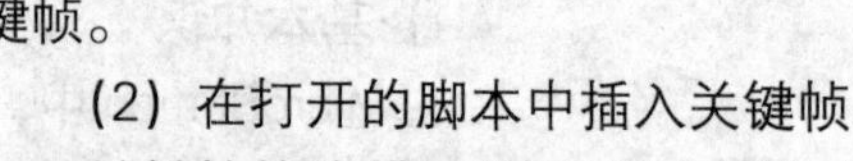

(2) 在打开的脚本中插入关键帧

关键帧的编排可利用脚本插入的方法，具体步骤如下：

A. 在“动画设置”任务中，单击“关键帧”对话框图标。或者在“动画制作器”对话框中，执行“工具→命名关键帧”。此时可打开上图 6-24 所示的“动画关键帧”对话框。

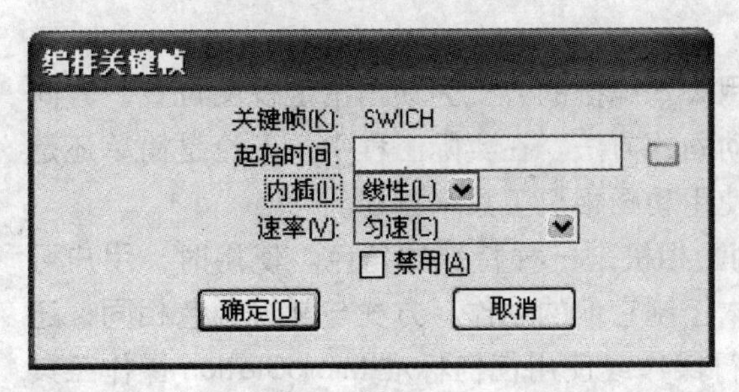


图 6-26 “编排关键帧”对话框

B. 在列表框中双击要插入的关键帧，或者选择要插入的关键帧，然后单击“编排”按钮，则如图 6-26 所示的“编排关键帧”对话框打开。

C. 在“帧号”字段中键入所需的关键帧帧号。

D. 从“内插”选项菜单中，选择下列其中一个选项，以指定将元素移动到此关键帧时所遵循的路径类型：

• 线性——关键帧之间遵循的路径是直线。大多数情况下，这将导致急动、不自然运动。

• 样条——曲线符合关键帧之间的路径，这将产生更加流畅和自然的动作。

E. 从“速率”选项菜单中，选择下列其中一个选项，以指定将元素移动到此关键帧时其速度变化的方式：

• 匀速——元素以固定速率移动到此关键帧。

• 加速——从零速率开始，以固定加速度移动到此关键帧，如同其初始处于静止状态，然后受到恒力作用。

• 减速——从某速率开始移动，到此关键帧时速度减为零，如同其初始处于运动状态，然后受到反向恒力作用。

• 先加速后减速——元素开始处于静止状态，在到此关键帧的前一半距离中加速移动，然后在剩余距离中减速。

• 无穷大——元素即刻“跳”到此关键帧中的相应位置。

F. 单击“确定”按钮。关键帧的新脚本条目将插入到“动画制作器”对话框的打开脚本中。

(3) 使用“动画预览”工具创建和编排关键帧

有关“动画预览”工具的使用，本教材已在前面的 6.3.2 节中进行了介绍，此处重点介绍利用其快速创建和编排关键帧的方法。使用此方法时，可以选择两种方法命名关键帧：既可以通过系统赋予关键帧一个缺省名称，也可以选中动画设置对话框中的“提示输入关键帧名”。启用设置后，每次单击“创建所选元素的关键帧”图标时，系统都会提示用户输入关键帧名。如有需要，用户也可以在动画关键帧对话框中更改关键帧名。另外，通过在动画制作器对话框的“故事面板”中双击关键帧的条目，也可以编辑关键帧的其他设置。

其创建关键帧的常用步骤为：

A. 选择“动画预览”工具。

B. 使用滚动控件选择时间/帧号。或者，可在“时间/帧号”字段中键入所需值。

C. 将几何图形/角色移动到所需位置。

D. 使用“选择元素”工具为关键帧选择几何图形。

E. 单击“创建所选元素的关键帧”图标。此时，关键帧的脚本条目将添加到打开脚本，并且可以在“动画制作器”对话框中查看。

### 6.3.5 动画相机任务

所谓动画相机是指利用脚本编排的方式为动画指定视图位置、方向和透视的角色的一种建立动画的方法。在实际工程中，无论是简单还是复杂的漫游序列，均可以使用动画相机工具来创建。

在 MicroStation 中，动画相机是一种特殊的角色。使用时，用户可以使用关键帧、路径或脚本控制它们的动作，方式与常规角色相同，还可以使用操作角色工具进行操作或使用任何标准 MicroStation 操作工具进行定位。目标可以是其他角色或特殊目标元素，它们是类似于动画相机的特殊角色。

图 6-27 “动画相机”工具框

用于创建和激活动画相机和目标的工具包含在“动画相机”工具框中。点击图 6-8 所示任务栏中的第二项，或直接执行“工具→可视化→动画相机”，可得到图 6-27 所示的“动画相机”工具框。其中包含了用于创建和编排动画相机和目标的工具。现分别简介其中的各项功能如下：

1) 创建动画相机

(1) 功能及工具设置

该工具用于创建动画相机，图 6-28 为其对话框。其各项设置为：

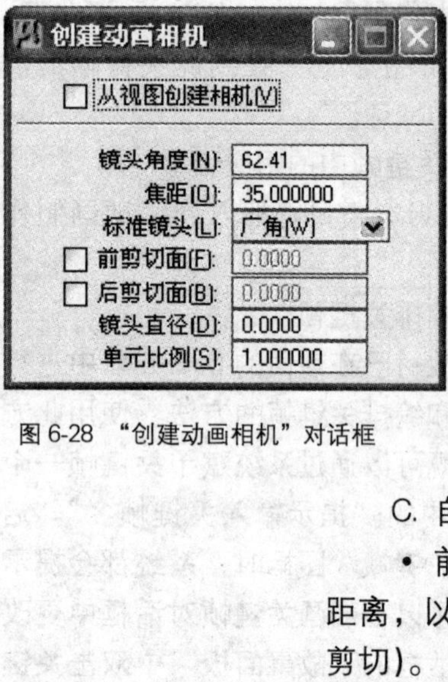

创建动画相机
从视图创建相机(V)
镜头角度(N): 62.41
焦距(O): 35.000000
标准镜头(L): 广角(W)
前剪切面(F): 0.0000
后剪切面(B): 0.0000
镜头直径(D): 0.0000
单元比例(S): 1.000000

图 6-28 “创建动画相机”对话框

• 从视图创建相机——选中此项则可从现有视图创建动画相机。

• 镜头角度——设置镜头的角度，以度为单位。如果值为零，则指定平行投影。

• 焦距——设置镜头焦距，以毫米为单位。

• 标准镜头——按照以下方式设置“镜头角度”和“焦距”：

A. 标准镜头——鱼眼、超广角、广角、普通、特写、长焦或望远；

B. 平行 (关)——指定平行投影 (“镜头角度”为零)；

C. 自定义——手动设置“镜头角度”或“焦距”时的缺省设置。

• 前剪切面——如果选中，则可以设置相机与前剪切平面之间的距离，以工作单位计。如果取消选中，则前剪切平面位于相机原点 (无剪切)。

• 后剪切面——如果选中，则可以控制相机与后剪切平面之间的距离，以工作单位计。如果取消选中，则不存在后剪切平面。

• 镜头直径——设置相机镜头的直径，以工作单位计。使用时需注意：

A. 对于平行投影 (即“镜头角度”为零时)，需要设置镜头直径。

B. 对于非零的“镜头角度”，如果设置为正值，则将在相机原点后面放置焦点。

• 单元比例——通过将指定的比例因子应用于标准动画相机单元，设置相机的大小。

(2) 创建动画相机的基本步骤：

A. 选择“创建动画相机”工具。

B. 输入数据点定义相机原点。此时会动态显示圆锥或圆柱，以表明相机的视图字段。

C. 输入数据点以定义相机目标（此目标不同于出于脚本目的而使用创建目标工具创建的目标单元）。此时会打开如图 6-29 所示的“创建相机”对话框。

图 6-29 “创建相机”对话框

D. 在“名称”字段中，键入所需的相机名称。如果需要，也可在“描述”字段中，键入所需描述。

E. 单击“确定”按钮。此相机即作为“构造”类单元放置。

2) 修改动画相机

该工具用于修改动画相机。此工具设置与“创建动画相机”工具基本相同，只是多了一个用于从下拉菜单中选择现有相机的选项。使用此工具时，可以以图形的方式标识动画相机，也可从工具设置中的下拉“角色列表”菜单中按名称选择动画相机。

(1) 工具设置

图 6-30 所示为“修改动画相机”对话框，其中除下述两项外，其余与“创建动画相机”对话框中的相同，故此处仅介绍两项的功能：

图 6-30 “修改动画相机”对话框

• 按视图修改相机——选中此项则可以将相机的视图修改为所选视图的视图。

• 角色列表——可通过双击其名称选择模型中现有相机的下拉菜单。

(2) 修改动画相机的基本步骤：

A. 选择“修改动画相机”工具。

B. 标识相机。

C. 在“修改动画相机”设置窗口中，根据需要调整相机设置。

D. 输入数据点以重新定义相机目标。

3) 编排相机

(1) 工具简介

该工具用于编排序列中的动画相机。使用此工具时，可以以图形的方式标识动画相机，也可从工具设置中的下拉“角色列表”菜单中选择其名称。，这样可打开如图 6-31 所示的对话框。

图 6-31 “编排相机”对话框

利用上面的对话框，用户可选择所需的相机。选择相机之后，系统会打开如图 6-32 所示的“编排相机”对话框。使用“编排相机”对话框中的设置，用户可以指定从哪个帧号开始使用动画相机以及如何执行相机过渡。

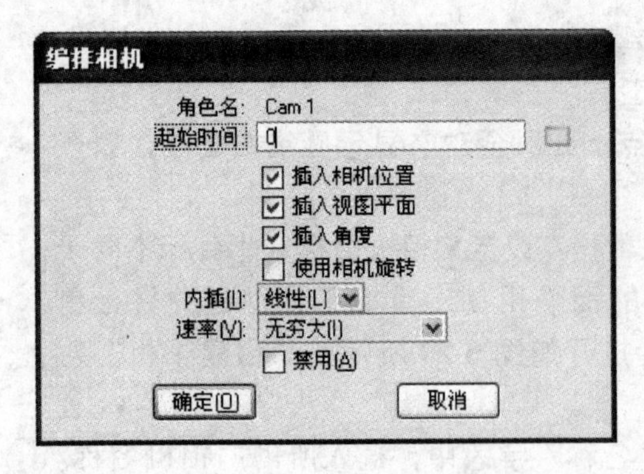


图 6-32 “编排相机”对话框

(2) 各选项功能及基本操作步骤:

A. 选择“编排相机”工具，并标识相机。此时将打开“编排相机”对话框。

B. 在“起始时间”字段中，输入开始使用相机时的时间或帧号。

C. 在下列 4 项中作出选择（选 /不选)，其分别为:

• 插入相机位置——选中此项，系统将在相机位置之间插入相机位置。这是沿路径或由于关键帧引起的任何编排移动之外的附加项；反之，如果未选中，则不能在相机之间插入相机位置。也就是说，相机将从其在上一帧的位置“跳”到由“起始时间”设置定义的帧号上的新相机位置。

• 插入视图平面——选中此项，系统将在相机位置之间插入相机视图平面。这是沿路径或由于关键帧引起的任何编排移动之外的附加项。反之，则不能在相机之间插入视图平面。即相机将从其上一帧的设置“跳”到由“起始时间”设置定义的帧号上新相机的设置。

• 插入角度——此项可使系统在相机位置之间插入相机角度。同样，此操作是任何编排更改之外的附加项。如果未选中，则不能在相机之间插入相机角度。即相机将从其上一帧的设置“跳”到由“起始时间”设置定义的帧号上新相机的设置。

• 使用相机旋转——使用此项，系统从单元的 Y 轴获取相机的向上（Y 轴）矢量，而不是从某个世界坐标轴获取。

D. 从“内插”选项菜单中，选择过渡到相机的内插方法。该方法有两种:

•“线性”——从上一视图向相机视图过渡的路径为直线。

•“样条”——从上一视图向相机视图过渡的路径将作为 B 样条曲线内插。通常情况下，选择此项可使相机视图之间的过渡更平滑、自然。

E. 从“速率”选项菜单中，选择过渡到相机的速率类型。共有 6 种类型供选择，分别是:

• 匀速——过渡以匀速进行。

• 加速——过渡从静止状态开始，以固定加速度移动。

• 减速——过渡以固定减速度移动，最后达到静止状态。

• 先加速后减速——过渡从静止状态开始，加速到一半距离，然后减速，最后达到静止状态。

• 无穷大——瞬时实现从上一视图位置到相机视图的过渡。

• 自定义——在通过动画制作器对话框编辑速率曲线时使用。

F. 单击“确定”按钮。脚本条目即被添加到“动画制作器”对话框中的列表中。

4) 创建目标

该工具用于创建动画相机的目标。其操作非常简单，基本步骤为：

图 6-33 “创建目标”对话框

(1) 选择“创建目标”工具，设置单位比例

鼠标点击图 6-27 所示“动画相机”任务栏中的图标“  ”，首先得到的是图 6-33 所示的“创建目标”对话框。如若需要，用户可利用此对话框进行“单位比例”的设置（具体操作为：在对话框中直接键入“单元比例”的新值）。

(2) 输入数据点以定义目标位置

在指定视图中，输入数据点以定义目标位置。此时系统将打开如图 6-34 所示的“创建目标”对话框。

图 6-34 “创建目标”对话框

(3) 在“名称”字段中，键入所需的目标名称。如果需要，用户也可在“描述”字段中，键入所需描述。

(4) 单击“确定”按钮。则此目标作为“构造”类单元放置。

5) 编排目标

该工具用于指定激活/取消激活目标的时间。激活目标之后，激活相机将对准所标识目标的原点。目标可以是任何现有目标或其他角色。

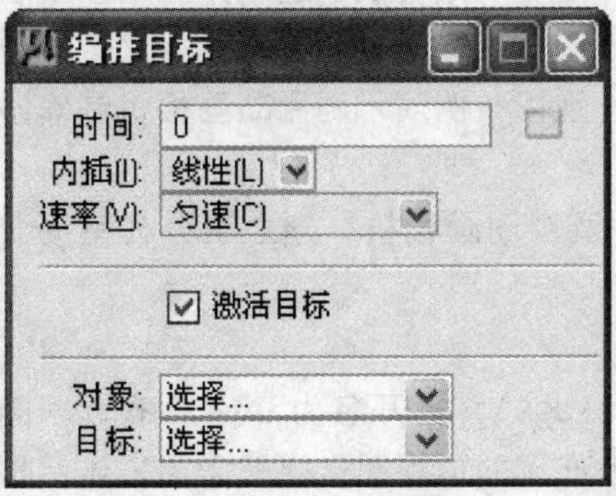

使用此工具时，可以图形的方式标识对象和目标，也可从其各自的下拉菜单进行选择。图 6-35 为“编排目标”对话框，其中的各项及功能分别为：

图 6-35 “编排目标”对话框

- 时间——设置激活/取消激活目标的时间。
- 内插——设置从一个目标位置向下一目标位置过渡时使用的内插方法。共有两种方法：线性（过渡路径为直线）和样条（过渡将作为 B 样条曲线内插）。
- 速率——用于设置从一个目标向下一个目标过渡的速率。有 6 个选项，分别是：

匀速（过渡以匀速进行）；加速（过渡从静止状态开始，以固定加速度移动）；减速（过渡以固定减速度移动，最后达到静止状态）；先加速后减速（过渡从静止状态开始，加速到一半距离，然后减速，后达到静止状态）；无穷大（瞬时实现从上一个目标向下一个目标的过渡）和自定义（当通过动画制作器对话框编辑速率曲线时使用）。

- 激活目标——选中此项，则激活（启用）目标。如果未选中，则取消激活（禁用）目标。
- 对象——选中则设置用于目标的对象或相机。用户使用时需注意：指定角色（对象）“看”向目标时，对象角色轴的负 Z 轴方向是将要指向目标角色的轴。因此，创建“对象”角色时，应该检查是否针对此任务正确定位了其坐标系。

• 目标——选中则设置要作为目标的对象，可以是任何其他角色，也可以是使用创建目标工具创建的特定的“目标”元素。

下面简述编排目标的基本步骤：

(1) 在图 6-27 中选择“编排目标”工具。此时会打开“编排目标”对话框。

(2) 在“时间”字段中，键入激活目标的时间 /帧号。

(3) 从“内插”菜单中选择所需设置。

(4) 从“速率”菜单中选择所需设置。

(5) 选中“激活目标”。

(6) 选择“对象”(相机)。

(7) 选择“目标”。

(8) 使用数据点接受以编排激活目标。脚本条目即被添加到“动画制作器”对话框中的列表中。

### 6.3.6 实例练习

利用动画相机可建立比漫游制作器所建立的更为复杂、精彩的漫游，因为前者可提供更多的选项。使用漫游制作器时，用户只能确定相机目标是固定的或是浮动的，也即其目标点是固定在设计文件中的一个特定点上，或者是沿着相切于相机路径的方向观察。而若使用动画相机，则可以分别定义相机和目标点，这二者是可以通过编排脚本以沿着路径移动的。

为了更清楚的说明上面的观点，现以一例演示利用动画相机制作漫游动画的制作过程。

【例 6-2】 利用“动画制作器”及“动画相机”建立某办公室漫游动画。

(1) 打开文件并设置

按照指定路径…\WorkSpace\ex\dgn\，打开名为 ex6-03. dgn 的图形文件，其中视图 1 用来显示办公室布局的顶视图；视图 2 用来显示相机路径；视图 3 显示目标路径。具体见图 6-36 所示。

(2) 建立动画相机

具体步骤如下：

A. 将图层 62 设为当前层。

B. 选择“创建动画相机“工具，在弹出的“建立动画相机”对话框中，按图 6-37 中的各项设置。

C. 选择视图 2，捕捉其中位置 1 上的红色图像元素，并接受一个数据点。则动画相机被放置到数据点的位置，同时，指针控制相机目标点，图形显示相机视锥。

D. 移动鼠标，在位置 2 处捕捉圆心，接受一个数据点，如图 6-38 所示。此时系统弹出“建立相机”工具栏。

E. 在“建立相机”工具栏中键入相机名称，如“相机 1”或“Cam1”，如若需要，也可添加说明于“描述”栏内。

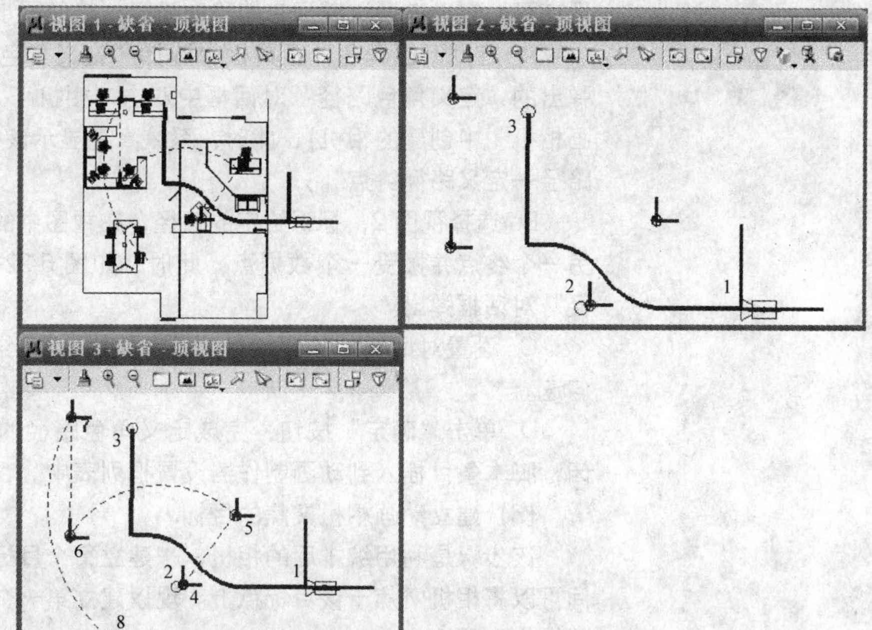


图 6-36 带有准备编排漫游的视图的设计文件界面

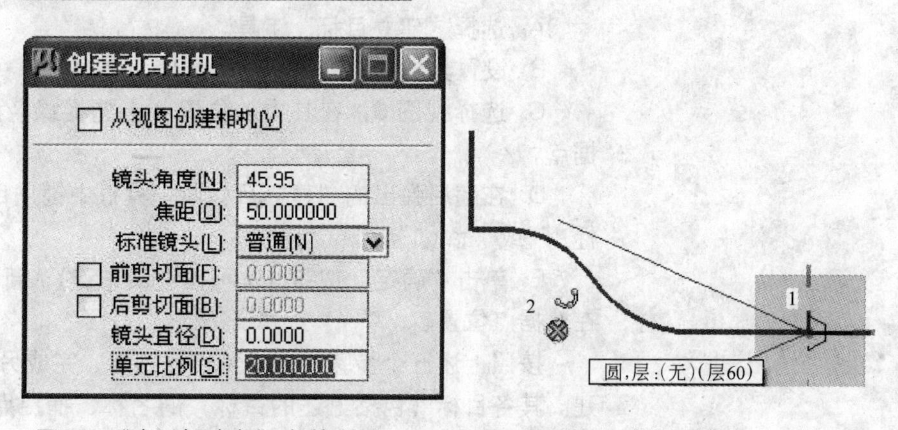


图 6-37 "建立动画相机"对话框设置

图 6-38 视图 2 中的各捕捉点

F. 单击"确定"按钮，完成动画相机的建立。

(3) 编排动画相机

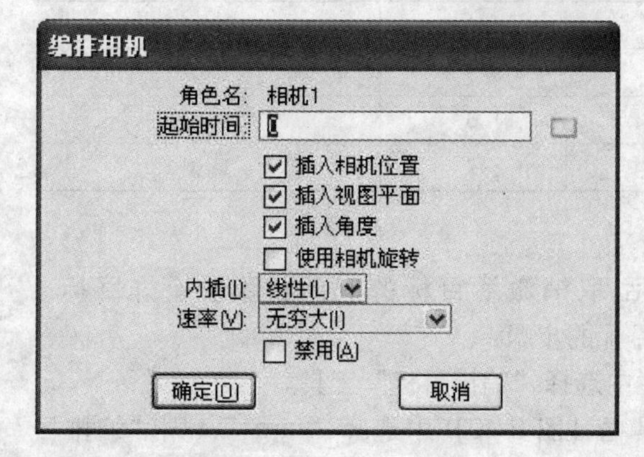


图 6-39 "编排相机"对话框

编排相机即定义其何时被激活，共有三个步骤：

A. 在动画相机工具框中选择"编排相机"工具。在弹出的对话框中，选择步骤 (2) 中建立的相机（如：相机 1)。

B. 设置"编排相机"对话框中的各选项，如图 6-39 所示。注意：其中的起始帧设置为"0"。

C. 单击"确定"按钮，则脚本条目将插入到动画制作器的设置框列表中。

(4) 定义动画相机的路径

随着相机被设置为在 0 帧时处于激活状态，

现在可以定义在漫游期间它的移动路径。其设置步骤为：

A. 在“动画角色”工具栏中选择“定义角色路径”工具。在随后弹出的“定义角色路径”对话框中双击“相机 1”（即为前面“建立动画相机”中创建的相机），此时，系统高亮显示该相机，并提示：“标识路径—定义路径终点”。

B. 选择视图 2，标识给定的路径，在视图中的位置 3 处捕捉路径的另一个终点并接受一个数据点，此时，如图 6-22 所示的“定义角色路径”对话框弹出。

C. 设置对话框中的起始帧为 0（默认值）；结束帧为 149；速率为匀速。

D. 单击“确定”按钮，完成定义角色路径的操作，则该对话框关闭，脚本条目插入到动画制作器设置框列表中。

(5) 建立动画相机聚焦的目标

该步骤是利用编排后的相机，来建立每个目标点，以便于在漫游期间可以将相机聚焦于该目标点上。现以建立第一个目标为例，介绍具体的操作步骤：

A. 选择“建立目标”工具。

B. 设置其中的“单元比例”的值为 20。

C. 选择视图 3，在其中的位置 4 上捕捉绿色的虚线并接受一个数据点。

D. 在随后弹出的“建立目标”工具框中键入目标名称，例如：“目标 1”或“targ1”。

E. 单击“确定”按钮（也可按下回车键），新建的目标单元被放置在数据点位置。

按照上述五个步骤，用户可自行练习，完成另外三个新建目标的创建。其各目标（包括上述的目标）的名称、捕捉点和所在位置见表 6-2 所示。

**各目标名称、捕捉点和所在位置　　表 6-2**

| 目标 | 捕　捉 | 所在位置 | 在“名称”域中键入 |
|---|---|---|---|
| 1 | 绿色虚线 | 4 | targ1 |
| 2 | 黄色虚线 | 5 | targ2 |
| 3 | 黄色虚弧线 | 6 | targ3 |
| 4 | 青色弧线 | 7 | targ4 |

(6) 编排目标

该步骤用于指定激活/取消激活目标的时间。现以编排目标 1（targ1）为例，演示编排目标的步骤：

A. 在动画相机工具栏中选择“编排目标”工具。

B. 在随后弹出的工具框（图 6-40）中选择“targ1”，则“编排目标”对话框打开。

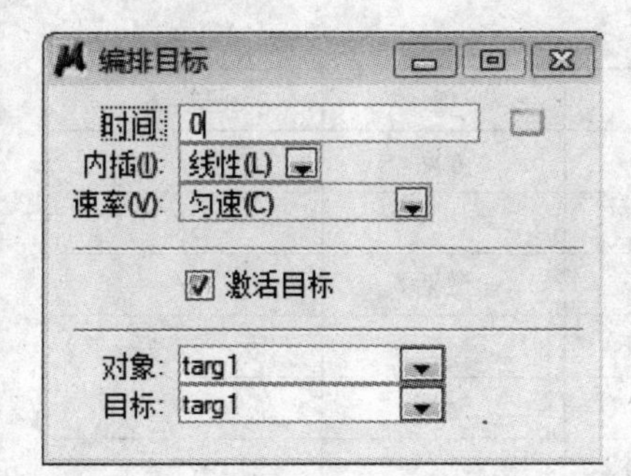


图 6-40 “编排目标”对话框

C. 设置对话框中的起始帧为 0（默认值），该值即为目标 1 的起始时间。

D. 单击“确定“按钮，则编排项被添加到动画制作器中。

说明：此处的操作步骤用于将目标 1 从位置 4 移动到位置 5，感觉就像相机穿过接待处一样。然后，随着相机的向前移动，它将跟着目标，向右做平移。

(7) 定义目标路径

下面的操作用于定义目标 1 的移动路径。通过定义，编排目标（targ1）在前 7 帧其目标聚焦在静态目标上，然后，从第 8 帧起，在 8～47 帧间向右匀速移动。这样做可使相机在前面较短时间内（前 8 帧内）看起来就像它向前看，穿过门厅一样。操作步骤如下：

A. 在“动画角色”工具栏中选择“定义角色路径”工具。

B. 在随后弹出的“定义角色路径”对话框中双击“targ1”，此时，系统提示：“标识路径—定义路径终点”。

C. 选择视图 3，在其中捕捉位置 5 处的绿色虚线圆弧并接受一个数据点，系统自动弹出“定义角色路径”对话框。

D. 更改对话框中的各项为：起始帧的值为 7；结束帧的值为 47；速率为匀速。

E. 单击“确定”按钮，完成操作。

重复（6）、（7）两大步骤，用户可以继续编排其余的目标。其中，各目标的设置参数可参考表 6-3（为了便于用户比较，目标 1 的各参数也一并列出）。

各目标设置参数　　表 6-3

| 目标 | 起始帧 | 结束帧 | 所在位置的路径终点 |
|---|---|---|---|
| targ1 | 7 | 47 | 5 |
| targ2 | 48 | 99 | 6 |
| targ3 | 100 | 124 | 7 |
| targ4 | 125 | 149 | 8 |

当上述步骤全部完成后，用户可打开“动画制作器”对话框进行下一步的操作。此时，在“动画制作器”设置框中的内容应与表 6-4 所示的一致。

“动画制作器”设置框的内容　　表 6-4

| 类型 | 名称 | 时间 | 值 | 已描述 |
|---|---|---|---|---|
| 相机 | cam1 | 0 | | √ |
| 路径 | cam1 | 0～149 | | √ |
| 目标 | targ1 | 0 | 激活 | √ |
| 路径 | targ1 | 7～47 | | √ |

续表

| 类型 | 名称 | 时间 | 值 | 已描述 |
|---|---|---|---|---|
| 目标 | targ2 | 48 | 激活 | √ |
| 路径 | targ2 | 48～99 | | √ |
| 目标 | targ3 | 100 | 激活 | √ |
| 路径 | targ3 | 100～124 | | √ |
| 目标 | targ4 | 125 | 激活 | √ |
| 路径 | targ4 | 125～149 | | √ |

(8) 录制的准备工作

为了将上述设置录制为电影动画，需进行以下的几项操作：

A. 关闭包含相机和目标路径的层；

B. 关闭构造图形元素的显示，以确保相机、目标和任何光源单元均不显示；

C. 在正在用于录制电影的视图中打开相机。

针对本例，上述操作即为下面的四个步骤，用户可按照提示进行练习：

A. 使第 2 层成为当前层；

B. 在视图 2 中，关闭第 60 层和第 62 层；

C. 执行“设置→相机→打开”，在视图 2 中输入一个数据点，则视图相机打开，模型以透视图的方式显示；

D. 选择视图 2，在其中打开第 12～56 层。

说明：

A. 为了使设计更加真实，MicroStation 还提供了其他的动画工具。用户在使用它们时，就像调整相机和目标一样。例如：用户可以合成图案图、光线和材质的动画，以进一步增强漫游效果。还有，用户可以使门打开和关闭，并且在 PC 机屏幕上动画。限于篇幅，这些还留待以后介绍。

B. 为了让用户对上述内容有更好的理解，在随书所附的光盘…\WorkSpace\ex\dgn\中已存有两个预先录制的动画电影文件 ex6-03-1. fli 和 ex6-03-2. fli，其中：ex6-03-1. fli 是使用漫游制作器完成，制作时，相机沿着聚焦于在一个固定目标上的路径移动；而 ex6-03-2. fli 则是由上述步骤完成，制作时使用了沿着同一路径移动的相机生成，但在漫游期间将相机聚焦的几个目标合并起来而成。用户可自行打开播放，并与上例的结果进行比较。

## 6.4 动画输出

在 MicroStation 中，动画的输出除了前面已经介绍的“录制漫游”（前面的 6.2.1 中已有介绍）外，还可以利用“动画”任务中的“录制”工具完成。在如图 6-9 所示的“动画对话框”任务栏中单击“●”图

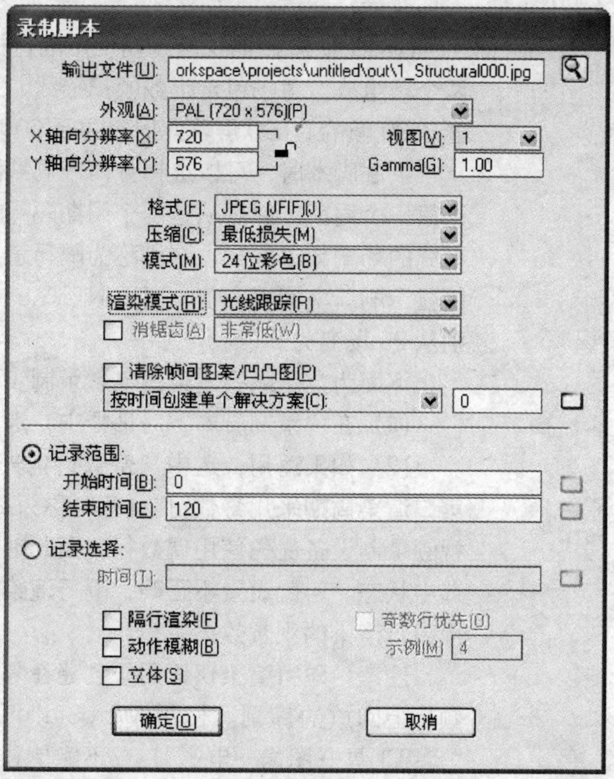

图 6-41 “录制脚本”对话框

标，可打开图 6-41 所示的“录制脚本”对话框。

该对话框用于动画序列的录制。现介绍其有关内容如下：

1）打开脚本的录制步骤

(1) 在“动画”任务中选择“录制”工具，可打开如图 6-41 所示的“录制脚本”对话框。

(2) 从“视图”选项菜单中选择动画的源视图。

(3) 从“渲染模式”选项菜单中，选择所需的渲染方式。

(4) 从“格式”选项菜单中，选择所需的输出格式。若有需要，用户可自行调整其他录制设置，同时也可以在“输出文件”字段中更改缺省的名称和目录。

(5) 单击“确定”按钮，则动画文件将被创建。此时，打开预览窗口，其中每帧都显示为渲染后的效果。

2）有关说明：

(1) 在具体操作时，用户若需更改文件名，则一定要在文件名末尾插入一个数字。此数字会随着每一保存的帧而递增。例如，若将包含 targa 格式序列的第一帧的文件命名为 orbit01. tga，则后续帧文件会被命名为 orbit02. tga、orbit03. tga、orbit04. tga，以此类推。若处理中断，可以稍候返回并从序列中的下一帧号重新开始。

(2) MicroStation 中的录制文件格式多种，例如：JPEG、TIF、PNG 等。用户如果需要 AV、FLI 或 FLC 格式的动画文件，也可以通过“电影播放器”将序列转换为 FLI /FLC 或 AVI 格式。

3）录制电影

NTSC和PAL电视系统均使用隔行视频。这意味着每一帧实际上由两个场组成。每场包含半数帧扫描线，且每次扫描仅刷新一个场。每秒显示30帧的NTSC屏幕此时将显示60场。

录制脚本时，可以选择分两个周期渲染每帧，第二个周期的半帧先于第一个周期，然后从这两个周期隔行扫描图像，以令生成的帧与显示系统的场刷新率匹配。这种称为隔行渲染的技术可以有效地使录制序列的显示刷新率增大一倍，对于NTSC，将从30场变为60场，对于PAL，则从25场变为50场。

下面为启用隔行渲染的电影录制步骤：

(1) 在“录制脚本”对话框中，选中“隔行渲染”。

(2) 如果适用，选中“奇数行优先”。此设置可决定是在第一还是第二渲染周期采用奇数行。(有时称为2∶1或1∶2隔行扫描。) 大多数视频录制设备优先使用偶数行，因此缺省情况下“奇数行优先”处于未选中状态。若此设置不正确，隔行渲染的电影将严重跳转，甚至比未使用隔行渲染的观赏效果更糟。

注意：隔行渲染仅适用于创建在隔行扫描设备（如NTSC或PAL视频）上回放的序列。使用MicroStation中的“电影”实用工具（执行“实用工具→图像→电影”）或不能单独刷新隔行扫描场的其他系统进行回放时，隔行渲染序列将不能正确显示。

4）在联网系统中录制脚本

从脚本录制动画时，MicroStation会创建一个动画设置文件(.asf)，以保留打开脚本的设置和录制状态。这样可以快捷地在联网系统中录制脚本。

存储设置文件的目录与保存动画帧的目录相同。缺省根文件名与设计文件名相同。录制完成后，不会删除设置文件，以备需要重新渲染帧时使用。

在联网系统中录制脚本的一般步骤为：

(1) 开始使用第一个系统录制。将一个共享驱动器指定为结果动画文件的目标。

(2) 使用其他系统继续录制，具体为：

• 从“动画制作器”对话框的“文件”菜单中，选择“继续录制序列”。打开“选择文件”对话框。

• 从共享驱动器中选择动画设置文件（.asf)，以进行录制。

• 单击“确定”按钮。

另外，也可以使用键入命令继续在其他系统中录制。其键入命令为animator script continue [filename] 可在MicroStation中或批命令文件中使用。若省略文件名，则会打开“选择文件”对话框，以便用户选择动画设置文件。

# 7 接口技术

MicroStation 提供了图形输入与输出接口。这样不仅可以将其他应用程序中处理好的数据传送到 MicroStation 以显示图形，还可以将在 MicroStation 中绘制好的图形传送给其他应用程序。

## 7.1 图形的导入导出

### 7.1.1 图形的导入

选择下拉菜单“文件→导入”选项，如图 7-1 所示。可导入其他类型的图形文件，包括：IGES、Parasolids、ACIS SAT、CGM、Step AP2003/AP214、STL 等以及图像或文本。

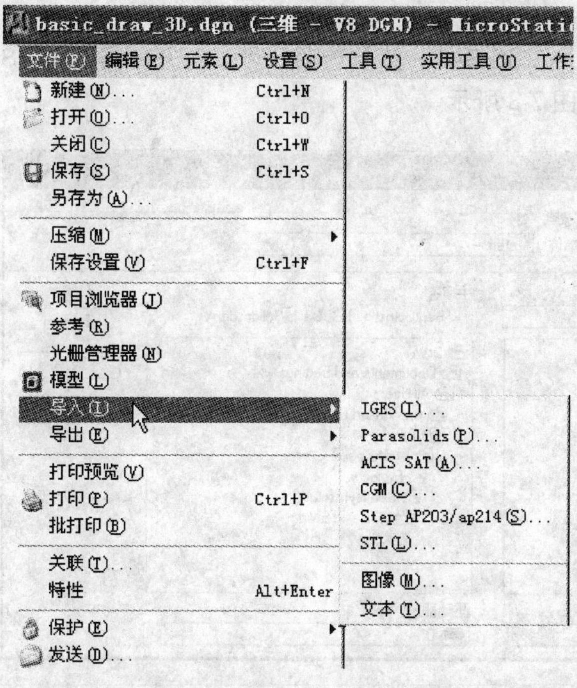

图 7-1 选择“导入”菜单选项

1）导入 IGES

IGES（The Initial Graphics Exchange Specification）初始化图形交换规范，是被定义基于 Computer-Aided Design（CAD）& Computer-Aided Manufacturing（CAM）systems（计算机辅助设计 & 计算机辅助制造系统）不同计算机系统之间的通用 ANSI 信息交换标准。MicroStation 可以导入这种 IGES 格式以用于机械、工程、娱乐和研究等不同领域。

2）导入 Parasolids

选择“文件→导入→Parasolids”菜单选项，可以打开“导入 Parasolid XMT 文件”对话框，如图 7-2 所示，用于导入 Parasolid 文件。

XMT 文件单位用于设置导入文件的单位。缩放导入数据以与激活模型的单位匹配（如果两个文件的单位相同，则不必缩放）。

3）导入 ACIS SAT

ACIS 是一个基于面向对象软件技术的三维几何造型引擎，它是美国 Spatial 公司的产品。它可以为应用软件系统提供功能强大的几何造型功能。有两种 ACIS 存储文件格式：标准的 ACIS 文本文件（文件扩展名为 .SAT）和标准的 ACIS 二进制文件（文件扩展名为 .SAB）。这两

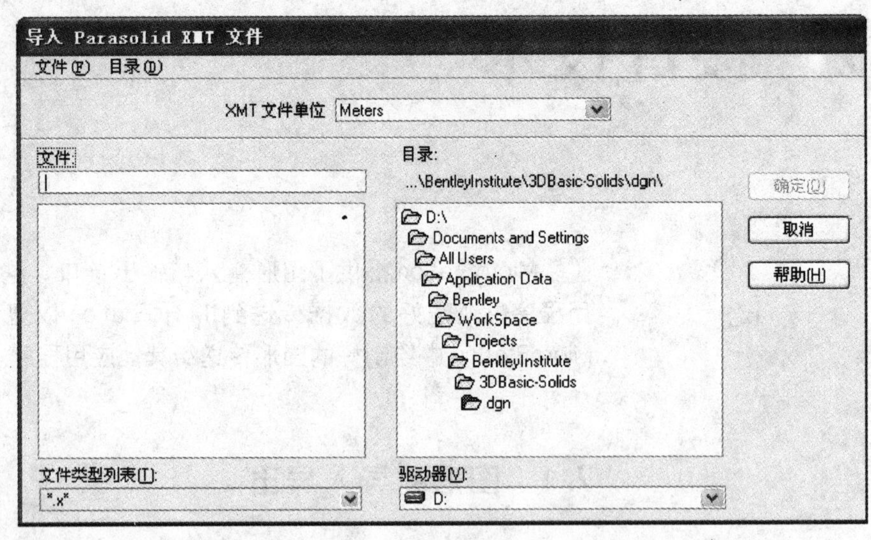


图 7-2 “导入 Parasolid XMT 文件”对话框

种格式的唯一不同是一个为 ASCII 文本格式而另一个为二进制格式，这两种文件格式的组织结构是统一的。MicroStation 可以导入（导出）ACIS SAT 文件格式。

选择“文件→导入→ACIS SAT”菜单选项，可以打开“导入 ACIS SAT 文件”对话框，如图 7-3 所示。

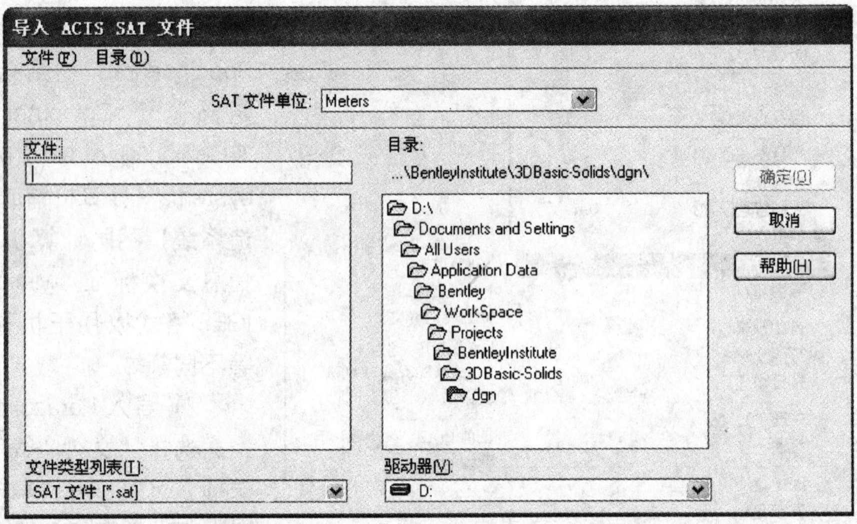

图 7-3 “导入 ACIS SAT 文件”对话框

4）导入 CGM

不同的系统与系统之间、应用程序与应用程序间产生的图形信息共享问题是计算机图形标准化的方向之一。自 1980 年开始，美国国家标准委员会 ANSI 和国际标准化组织 ISO 专门成立了标准化组着手计算机图形元文件（Computer Graphic Metafile，CGM）标准的制定，并于 1987 年正式成为 ISO 标准。CGM 标准是由一套标准的与设备无关的定义图形的语法和词法元素组成，这些元素能够用于以一种在具有不同功能和设计的不同体系结构与设备之间相兼容的方式来描述图片，是一种适合存储和检索图片信息的文件格式，提供了一个在虚拟设备接口上存贮与传输图形数据及控制信息的机制。

MicroStation 导入 CGM 的步骤如下：

(1) 选择“文件→导入→CGM”。“打开计算机图元文件”对话框（一个标准的文件选择对话框）打开。

(2) 要更改所选目录，从对话框的菜单栏中选择下列选项之一：

“目录→选择配置变量”

“目录→当前工作目录”

“目录→目录路径”

(3) 选择要导入的 CGM 文件，然后单击“确定”。“导入 CGM 文件”对话框打开，如图 7-4 所示。

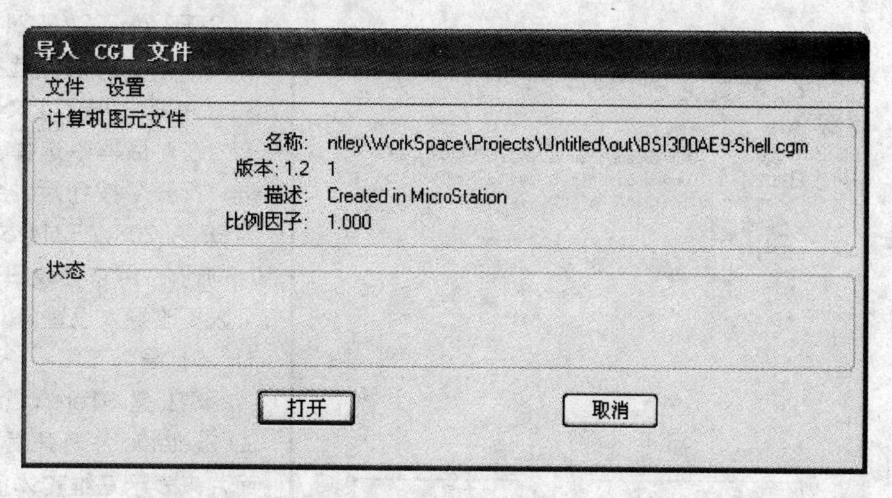


图 7-4 “导入 CGM 文件”对话框

(4) 要管理以下特征，则通过从该对话框的菜单栏中选择适当的菜单项以打开所需的对话框：

- “设置→设置文件”
- “设置→日志文件”
- “设置→通用导入设置”
- “设置→文本字体”
- “设置→层”
- “设置→线型”
- “设置→线宽”

(5) 要启动转换处理，则单击“导入 CGM 文件”对话框中的“打开”按钮。

5) 导入 Step AP203 /AP 214

STEP（ISO. 10303）是国际标准化组织（ISO）于 1984 年提出的关于产品数据的交换标准，全称是“产品数据的表达与交换标准”。STEP 利用应用协议（AP）来保证语义的一致性。应用协议指定了在某一应用领域中，所有需要共享信息的模型结构必须遵循特定应用协议的应用程序，采用相应应用协议规定的模型结构。应用协议通过明确指定共享模型的形式和范围，可以用统一的形式表达语义。

应用协议（AP）用于交换数据。每个 AP 适用于一个不同的应用领域。例如，AP227 适用于空间工厂技术并且包含几个有关那个领域的实体，例如管道或弯管。此外，这些 AP 还使用某些称为通用资源的通用实体（例如几何图形和拓扑结构）来定义实体模型。

AP203 适用于机械部件和装配的表示。AP214 适用于与汽车设计相关联的数据的表示。目前 AP203 文件通常包含边界表示模型、装配数据和有限数量的其他产品信息。AP214 文件通常包含颜色、层和通用资源。

MicroStaion 可以很方便进行 STEP AP203/AP214 文件交换。

选择“文件→导入→Step AP203/AP214”菜单选项，可以打开“导入 STEP AP203/AP214 文件”对话框，它是一个标准的文件选择对话框，用于导入 Step AP203/AP214 文件（图 7-5）。

图 7-5 “导入 STEP AP203/AP214 文件”对话框

在对话框中选择需要导入的文件并单击“打开”按钮后，会打开第二个“导入 STEP AP203/AP214 文件”对话框，如图 7-5所示，用它更改日志文件名或目录，还可以更改导入设置。

6）导入 STL

STL 是 STereo Lithography 的缩写，由 3D Systems 公司开发而来，它使用三角形面片来表示三维实体模型，现已成为 CAD/CAM 系统接口文件格式的工业标准之一，绝大多数造型系统能支持并生成此种格式文件。MicroStation 可以与 STL 文件格式进行数据交换。

选择“文件→导入→STL”菜单选项，可以打开“选择要导入的 STL 文件”对话框，它是一个标准的文件选择对话框，如图 7-6 所示，用于导入 STL 文件。

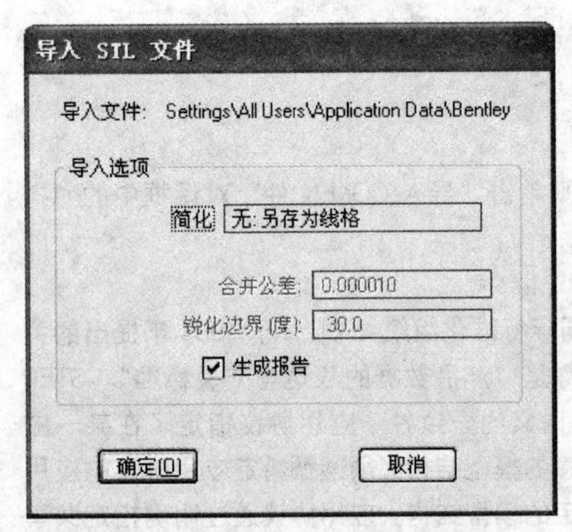


图 7-6 “选择要导入的 STL 文件”对话框

选择要导入的文件并单击“打开”按钮，可打开“导入 STL 文件”对话框，如图 7-6 所示，用它调整导入 STL 文件的导入设置。

7）导入图像

选择“文件→导入→图像”菜单选项，打开“选择图像文件”对话框，如图 7-7 所示，用它导入光栅文件，并将图像作为光栅元素放置在设计文件中。

8）导入文本

选择“文件→导入→文本”菜单选项，打开“包含文本文件”对话框，如图 7-8 所示，用于选

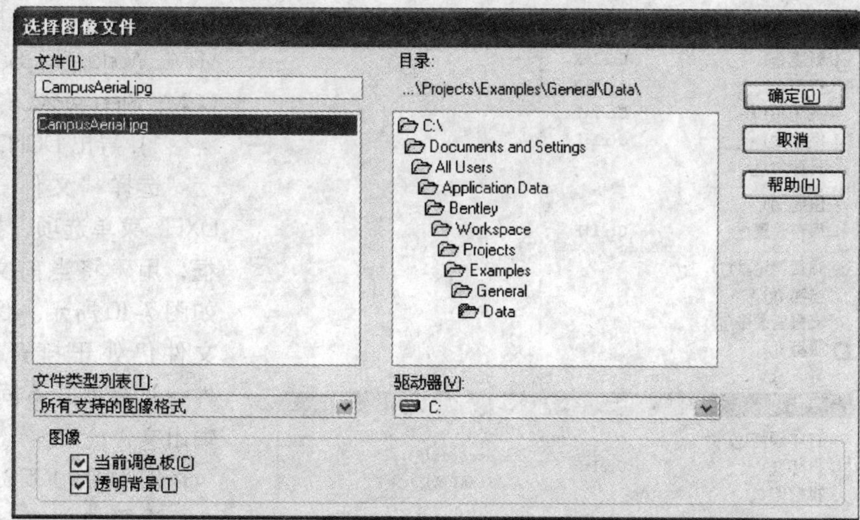


图 7-7 “选择图像文件”对话框

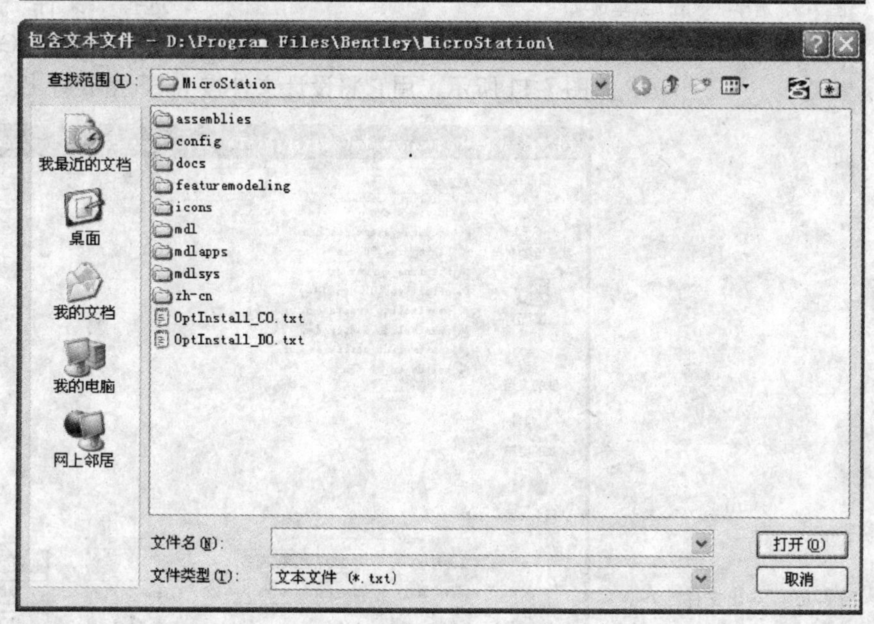


图 7-8 “包含文本文件”对话框

择要放置在设计文件中的包含文本的文本文件。

可以使用文本编辑器或字处理器，导入要放置在设计中的冗长文本。“包含文本文件”对话框中的控件与“打开”对话框的类似。

指定文件并单击“确定”之后，会动态显示所选文本文件中的文本。在设计中输入数据点可定位文本。将文本作为文本节点放置，数据点位于文本节点原点。

文本文件可以包括 MicroStation 键入命令字符串，以设置文本属性（如字体、文本大小、行间距和行长度）。每个键入命令字符串前必须有一个句点（.）引导一行文本。每一行允许有一个键入命令字符串。使用指定的属性放置键入命令字符串后面的所有文本。

### 7.1.2 图形的导出

选择下拉菜单“文件→导出”选项，如图 7-9 所示。可导入其他类型的图形文件，包括：DGN，DWG，DXF、VRML World、IGES、Parasolids、ACIS SAT、CGM、Step AP2003/AP214、STL等。

1）导出DGN，DWG，DXF

选择“文件→导出→DGN，DWG，DXF”菜单选项，打开“导出文件”对话框，用于将当前文件保存为其他格式，如图7-10所示。保存输出文件后，当前文件仍处于打开状态。这一点与“文件→另存为”不同，后者将保存并打开输出文件。

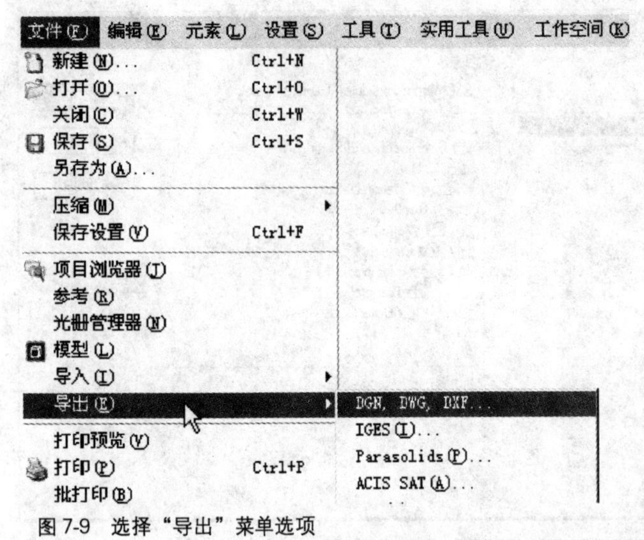


图7-9 选择“导出”菜单选项

2）导出IGES

选择“文件→导出→IGES”菜单选项，打开“导出IGES文件”对话框，如图7-11所示，用它将设计文件按IGES格式导出。

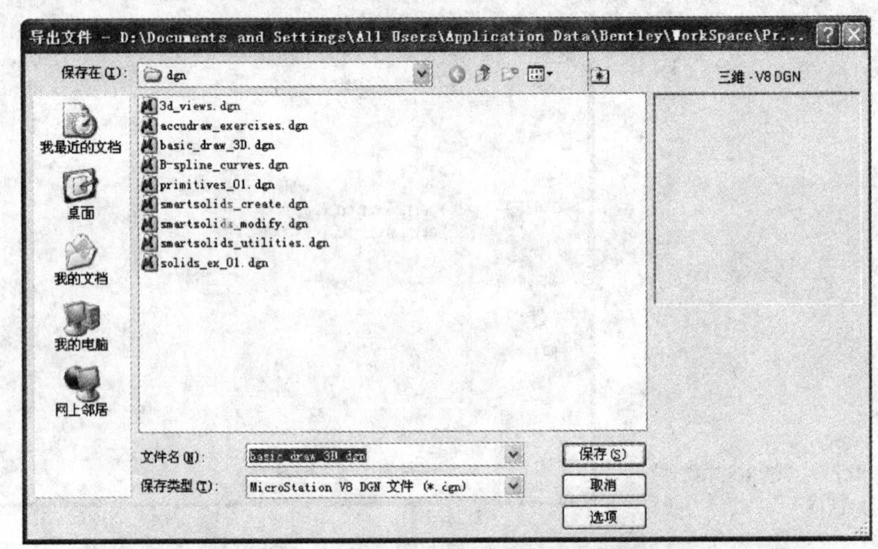


图7-10 “导出文件”对话框

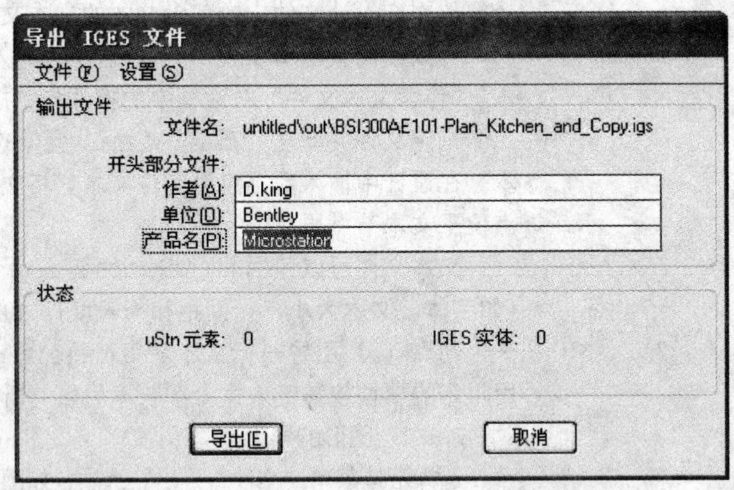


图7-11 “导出IGES文件”对话框

3）导出 Parasolids

选择“文件→导出→Parasolids”菜单选项，打开“导出 Parasolid XMT 文件”对话框，如图 7-12 所示，用它导出 Parasolid 文件。

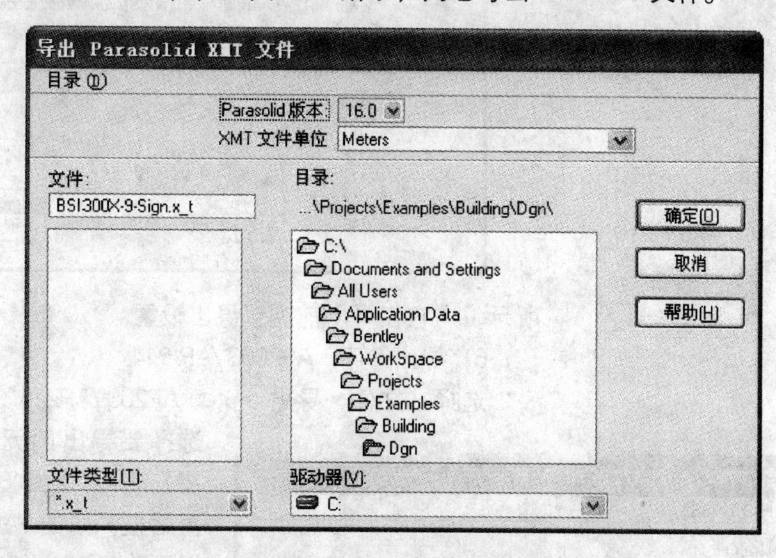


图 7-12 “导出 Parasolid XMT 文件”对话框

“Parasolid 版本”选项可以指定 Parasolid 导出文件的版本。

“XMT 文件单位”选项可以指定 Parasolid 导出文件的单位。

4）导出 ACIS SAT

标识一个元素后，选择“文件→导出→ACIS SAT”菜单选项，打开“导入 ACIS SAT 文件”对话框，如图 7-13 所示，用它将选择的元素导出到 ACIS SAT 文件。

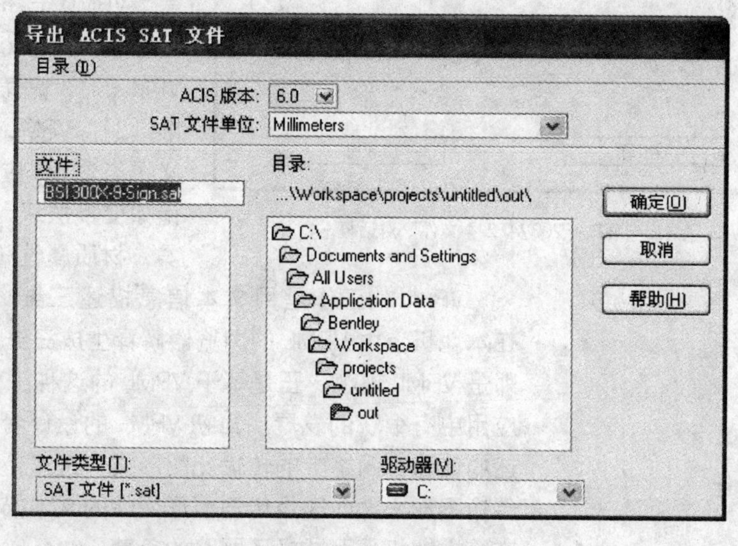


图 7-13 “导入 ACIS SAT 文件”对话框

5）导出 CGM

选择“文件→导出→ACIS SAT”菜单选项，打开“另存为 CGM 绘图文件”对话框，如图 7-14 所示，用它将激活设计文件作为 CGM 文件（计算机图元文件）导出。输入文件名后单击“另存为 CGM 绘图文件”对话框上的“保存”按钮，打开“导出 CGM 文件”对话框，如图 7-14

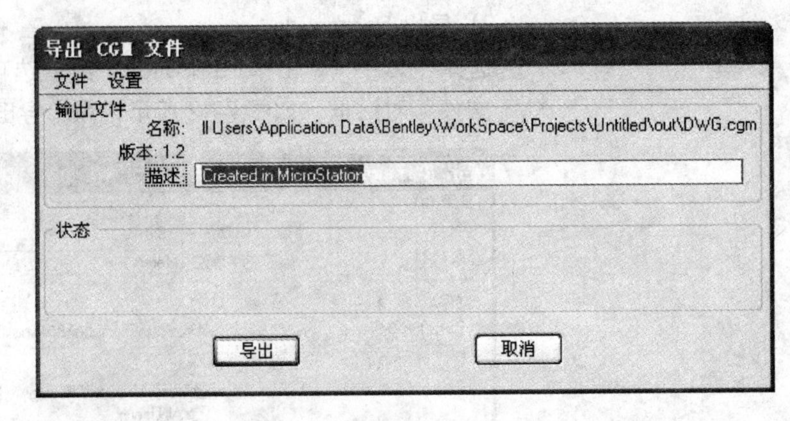


图 7-14 “导出 CGM 文件”对话框

所示，用它在导出前调整导出设置。

6）导出 STEP AP2003 /AP 214

选择“文件→导出>Step AP203 /AP214”选项菜单，系统将提示您选择要导出的元素。标识并接受元素后，将打开“导出 STEP AP203 /AP214 文件”对话框，如图 7-15 所示。使用此对话框可以更改日志文件名或目录，也可以更改导出设置。

导出 STEP AP203/AP214 文件
文件(F) 设置(S)
输出文件
文件: ...\Bentley\Workspace\projects\untitled\out\DWG.stp
日志文件: ...\Bentley\Workspace\projects\untitled\out\DWG.log
方案: AUTOMOTIVE_DESIGN
创建时间: MicroStation V8 Version 08.09.02.66
作者: MicroStation User
单位: bentley Systems
批准者: None Required
状态
导出(E)
取消

图 7-15 “导出 STEP AP203 /AP214 文件”对话框

7）导出 VRML World

VRML 是一个缩写词，它的英文全称是 Virtual Reality Modeling Language，即虚拟现实建模语言，它是第二代 www 的标准语言。VRML 于 1998 年 1 月被正式批准为国际标准（isoiec14772-1：1997，通常称为 VRML97)，是第一个用 HTML 发布的国际标准 [2]. VRML 是一种 3D 交换格式，它定义了当今 3D 应用中的绝大多数常见概念，诸如变换层级，光源，视点，几何，动画，雾，材质属性和纹理映射等等。

VRML 的工作是用文本信息描述三维场景，在 Internet 网上传输，在本地机上由 VRML 的浏览器解释生成三维场景，解释生成的标准规范即是 VRML 规范。正是基于 VRML 的这种工作机制，才使其可能在网络应用中有很快的发展。当初 VRML 的设计者们考虑的也正是——文本描述的信息在网络上的传输比图形文件迅速，所以他们避开在网络上直接传输图形文件而改用传输图形文件的文本描述信息，把复杂的处理任务交给本地机从而减轻了网路的负荷。

在 MiroStation 中，选择“文件→导出→VRML World”选项菜单，打开“导出 VRML World 文件”对话框，如图 7-16 所示，用它将 MicroStation 几何图形转换为 VRML 文件。

8）导出 STL

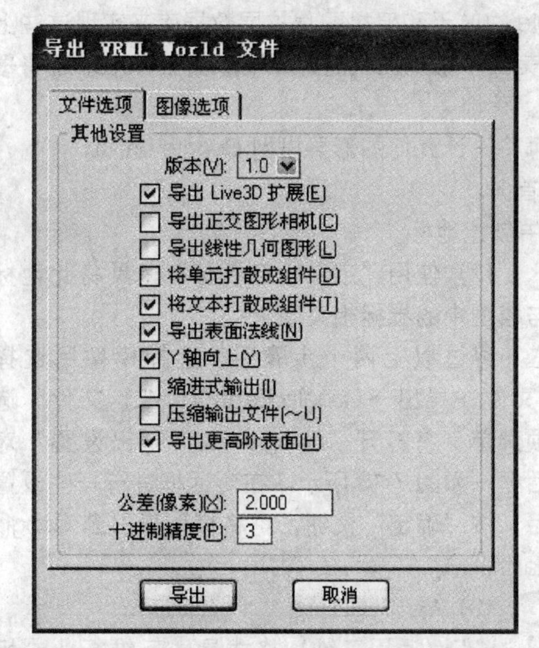


图 7-16 打开“导出 VRML World 文件”对话框

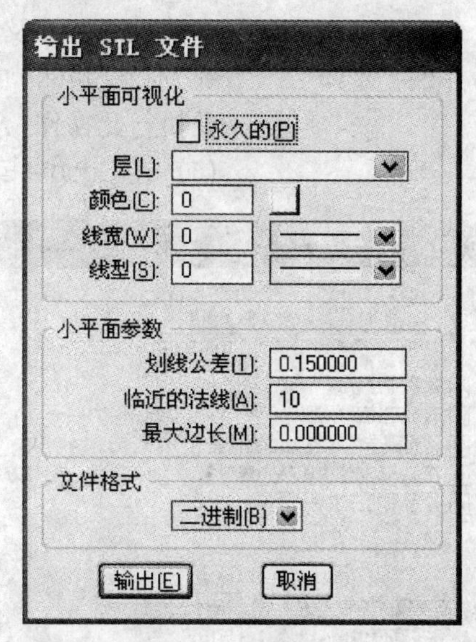


图 7-17 “另存为 StereoLithography 文件”对话框

选择元素（或选择集）之后，选择“文件→导出→STL”选项菜单，将打开“另存为 StereoLithography 文件”对话框。输入文件名后单击“保存”按钮，将打开输出 STL 文件对话框，如图 7-17 所示，用于调整输出 STL 文件的设置。

9）导出 Google Earth（KML）文件

Google Earth（简称“GE”）是 GOOGLE 公司 2005 年 6 月推出的免费卫星彩像浏览软件。它以高分辨率的卫星影像为基础数据，集成了诸如餐饮、银行网点、购物中心、电影院、学校、医院、便利店等多达 44 种与生活密切相关的分类信息，而且包含了美国企业名称等重要地址信息的数据库，同时还提供了美国 38 个主要城市的三维立体图以及加拿大、英国、西欧等国的详细公路地图。

Google Earth 的影像主要是卫星影像与航拍的数据整合。其中卫星影像主要来自美国 Digital Globe 公司的 Quick Bird 商业卫星，航拍影像来源于 Blue Sky、Sanborn 等公司。针对不同地域，GE 提供的卫星影像的分辨率各不相同：无人区域提供的分辨率是几十米；世界知名城市如东京、北京的影像分辨率达到了 2m；美国 38 个主要城市和英国、加拿大部分城市的分辨率高达 0.5m。这些影像数据只经过坐标系统的纠正统一到虚拟地球中，影像的色彩和拼接没有进行特别处理，没有追求专业地理信息公司所要求的数据无缝集成。

Google Earth 采用的 3D 地图定位技术能够把 Google Map 上的最新卫星图片推向一个新水平。用户可以在 3D 地图上搜索特定区域，放大缩小虚拟图片，然后形成行车指南。此外，Google Earth 还精心制作了一个特别选项——鸟瞰旅途，让驾车人士的活力油然而生。Google

Earth 主要通过访问 Keyhole 的航天和卫星图片扩展数据库来实现这些上述功能。该数据库它含有美国宇航局提供的大量地形数据，未来还将覆盖更多的地形，涉及田园、荒地等。

在 MicroStation 中，可将设计几何图形导出到 Google Earth。

要执行此操作，必须首先：

(1) 在 Google Earth 中创建地标。

(2) 使用“定义地标界标”工具将此地标与模型中的界标相关联。

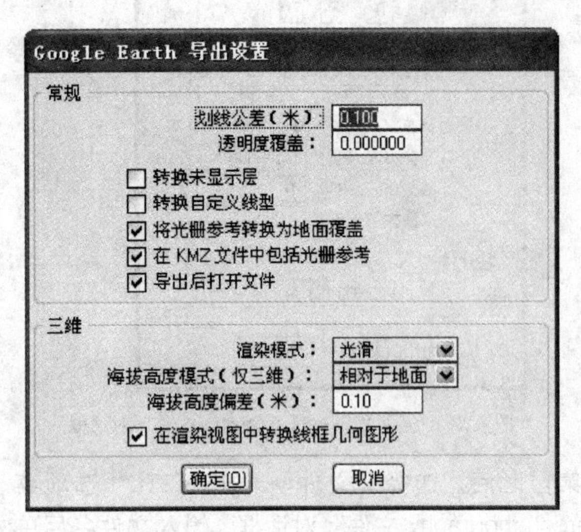


图 7-18 “Google Earth 导出设置”对话框

经过以上两个步骤后，选择模型后选择“文件→导出→Google Earth (KML) 文件”选项菜单，将打开“Google Earth 导出设置”对话框，如图 7-18 所示。在对话框进行一些设置后，按“确定”按钮，可将模型导出到 Google Earth。

10) 导出 U3D

U3D (通用三维) 格式是由三维行业论坛 (www.3dif.org) 引入的，作为一种将三维数据从 CAD 系统转换到主流应用 (如市场营销、培训、销售、技术支持和客户服务) 的一种方式。MicroStation 可以将几何图形直接导出为 U3D。

选择“文件→导出→U3D”选项菜单，将打开“导出 U3D 文件”对话框，用于将设计文件导出为 U3D 文件格式。

## 7.2 2D/3D 文件转换

在 MicroStation 中，可将 3D 文件转换为 2D 文件，也可将 2D 文件转换为 3D 文件。

### 7.2.1 3D 文件转换为 2D 文件

如果激活 DGN 文件是三维的，可选择“文件→导出→二维”选项菜单，打开“三维存为二维”对话框，如图 7-19 所示。用它将激活三维设计文件或连接的三维单元库 (如果存在) 保存为二维设计文件。

### 7.2.2 2D 文件转换为 3D 文件

如果激活 DGN 文件是二维的，可选择“文件→导出→三维”选项菜单，打开“二维存为三维”对话框，如图 7-20 所示。用它将激活二维 DGN 文件或激活单元库 (如果存在) 保存为三维文件。

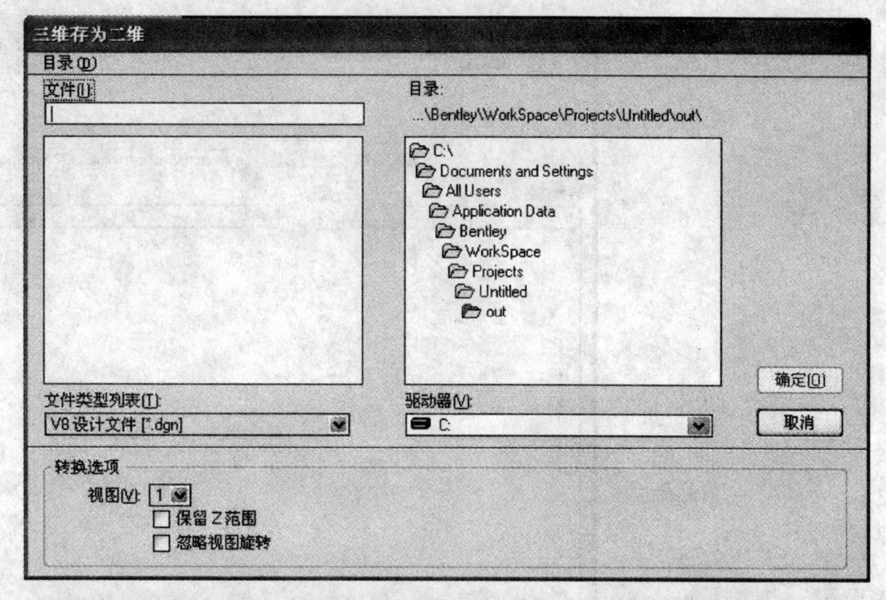


图7-19 “三维存为二维”对话框

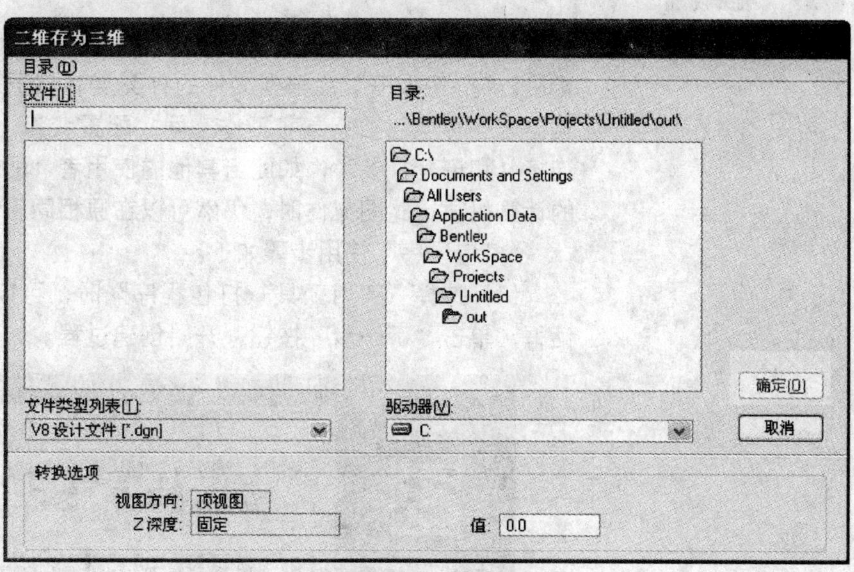

图7-20 “二维存为三维”对话框

## 7.3 批转换及程序打包

### 7.3.1 批转换

选择下拉菜单“实用程序→批转换器”，利用所打开的“批转换”对话框可将单个文件或者整个目录中的文件一次整批转成V8、V7、DWG或DXF文件格式，如图7-21所示。

### 7.3.2 打包程序

“打包程序”用于复制（包装）某个用户的计算机环境以便于另一个计算机上的用户（可能来自另一个公司）使用。在操作过程中，“包装程序”将收集与特定主设计文件相关的所有文件。对这些文件进行分

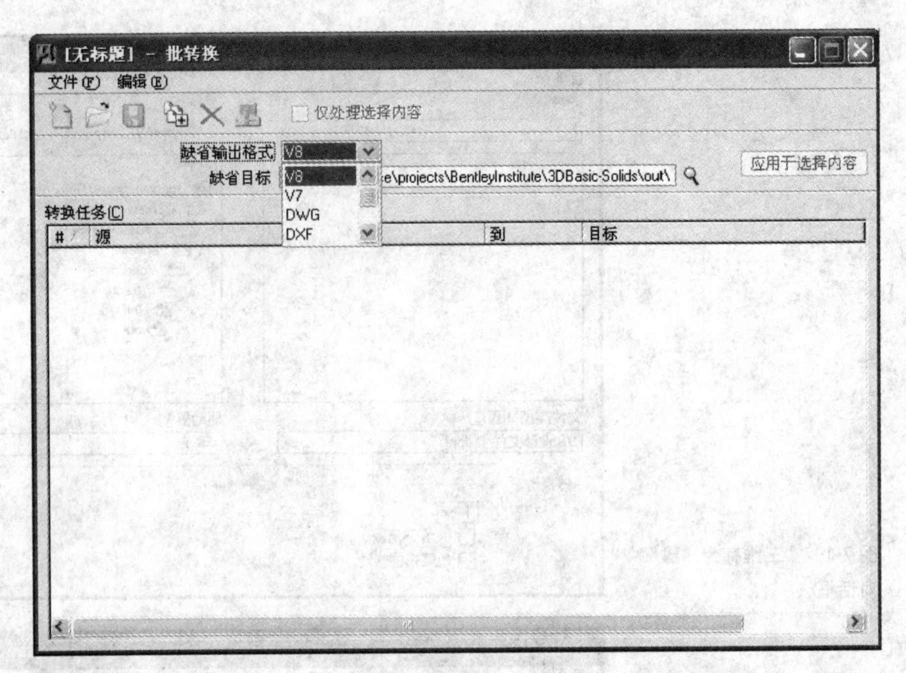


图 7-21 “批转换”对话框

析后，“打包程序”会根据文件的种类复制与源系统相同的文件系统结构。这些环境包括：当前工作空间、配置变量、线型设置、种子文件、连接（和嵌套）参考，如此当其他的使用者（即使是不同公司）在不同的计算机执行此图文件时，仍然可以在原相同工作环境下工作。

“打包程序”使用步骤如下：

(1) 选择“实用工具→打包程序”时，可以打开如图 7-22 所示对话框，单击“下一步”按钮，开始创建过程。

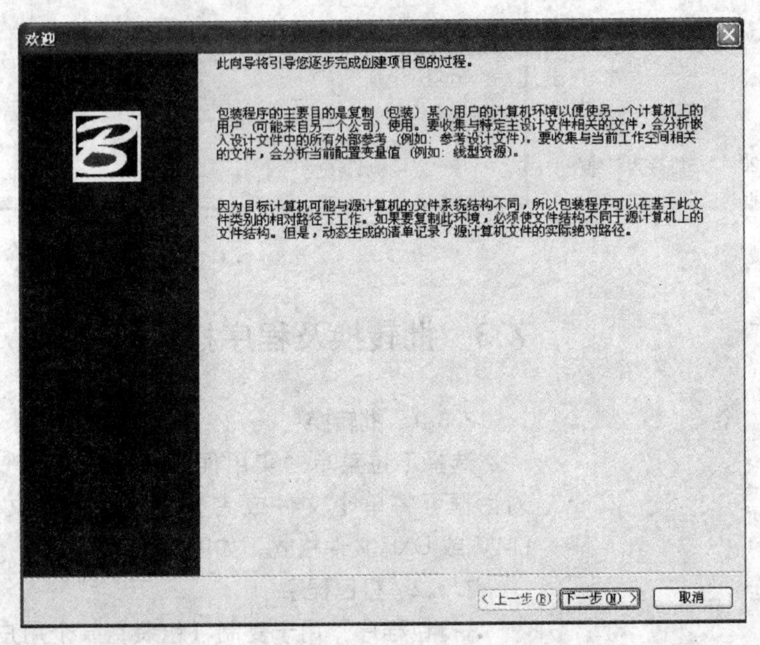


图 7-22 “欢迎”对话框

(2) 输入包名，如图 7-23 所示。

(3) 选择设计选项。

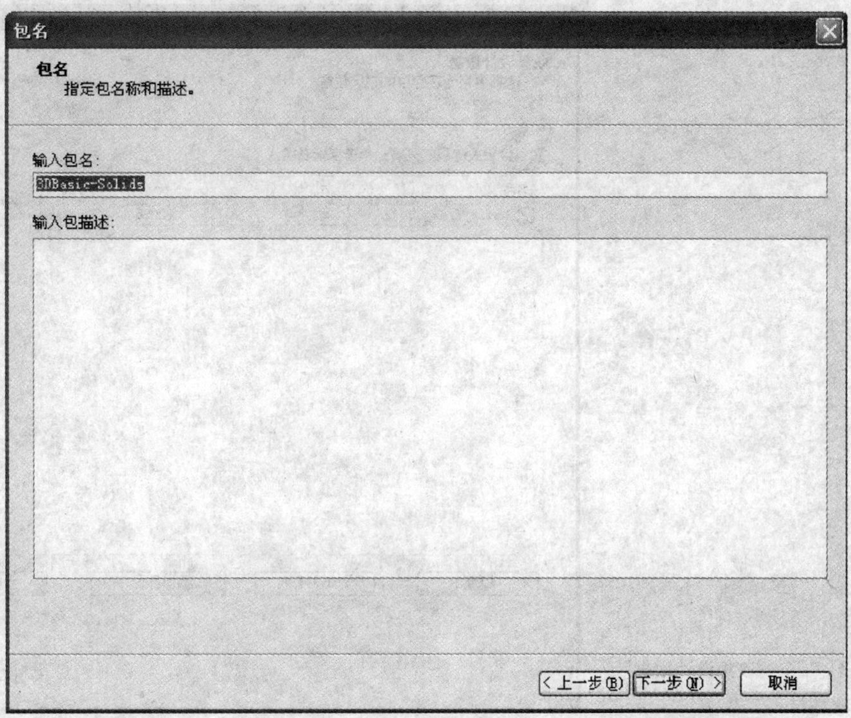

包名

包名
指定包名称和描述。
输入包名:
3DBasic-Solids
输入包描述:
< 上一步(B) 下一步(N) > 取消

图 7-23 “包”对话框

为每个所选主设计文件选择将自动查找并添加到包中的文件类型，如图 7-24 所示。

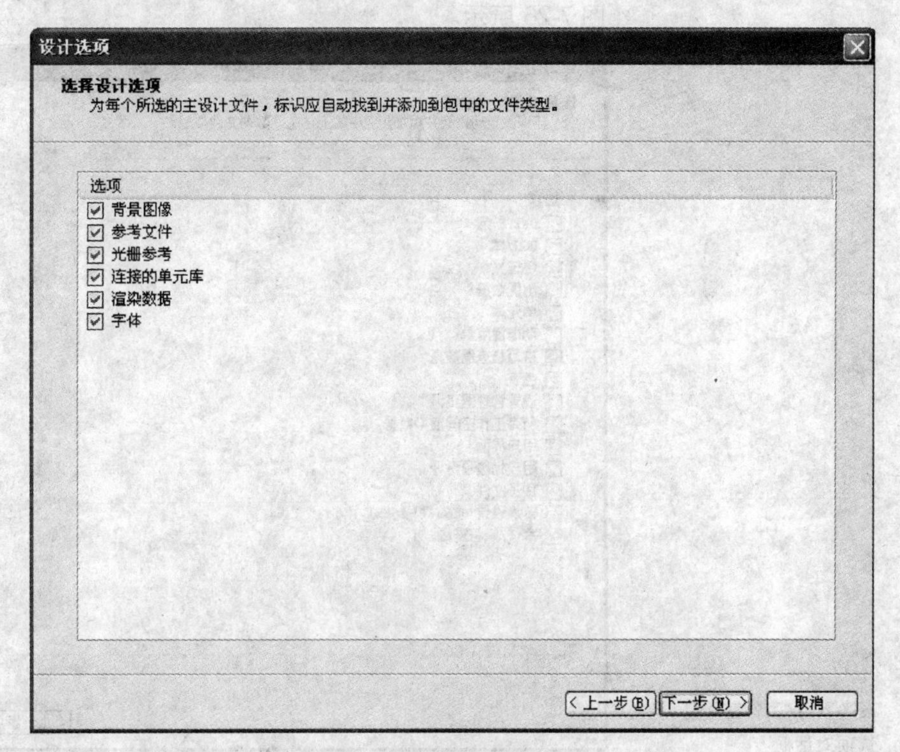


图 7-24 “设计选项”对话框

(4) 收集设计数据。

选择要包括在包中的文件及其所有参考，如图 7-25 所示。

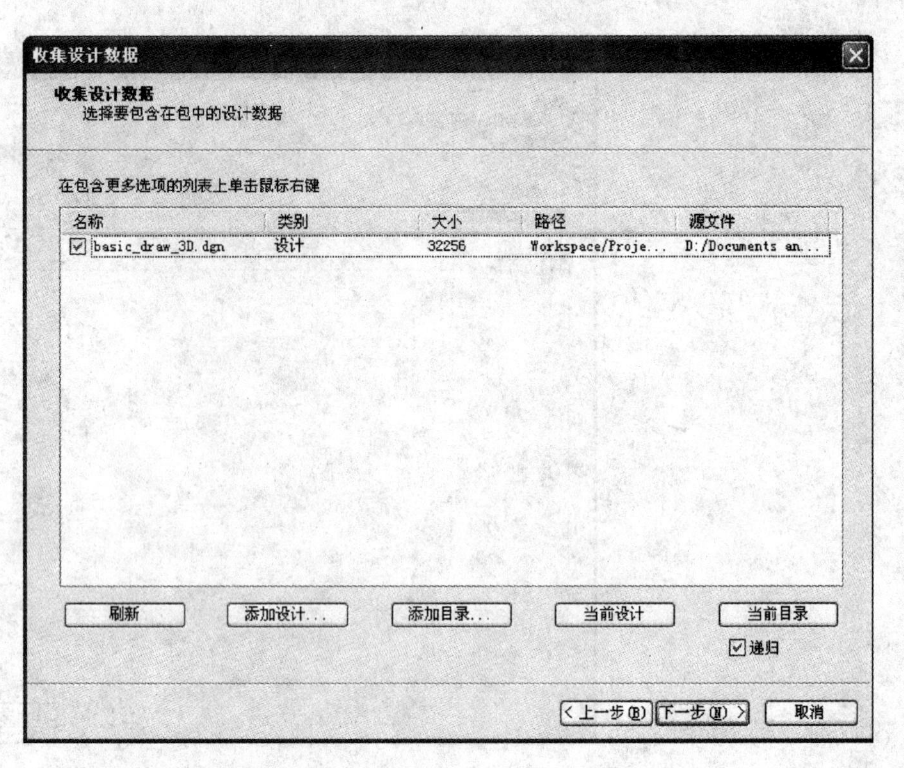


图 7-25 “收集设计数据”对话框

(5) 选择工作空间选项。

允许您选择将自动查找并添加到包的工作空间数据文件的类型，如图 7-26 所示。

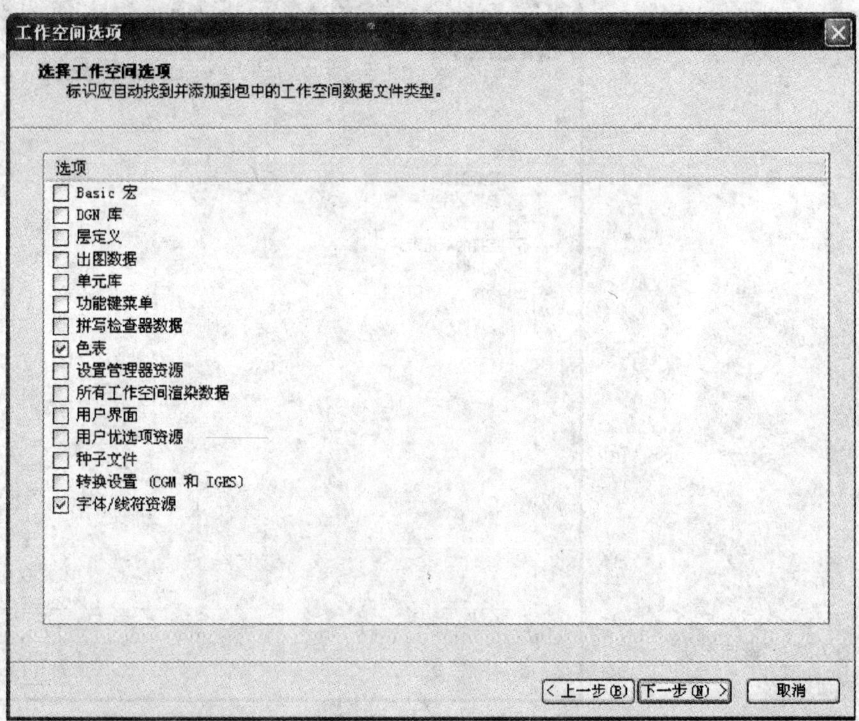


图 7-26 “工作空间”选项对话框

(6) 查看选项。

显示经过几次选择后的累积结果，如图 7-27 所示。

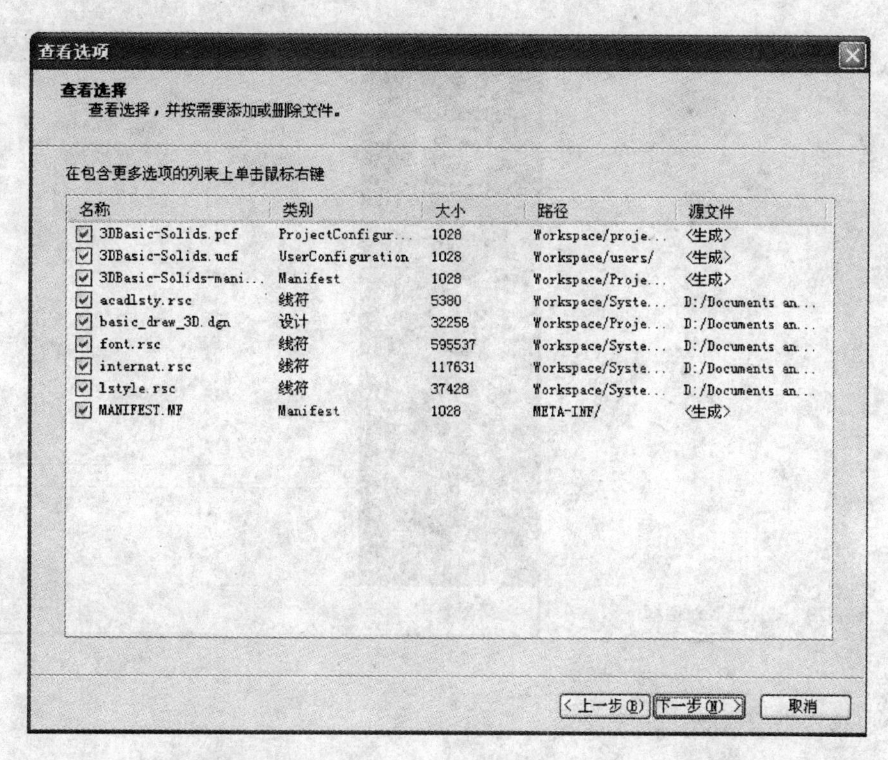


图 7-27 “查看选项”对话框

(7) 打包选项。

选择是要创建 .pzip 文件，还是将新包发送至“Web 文件夹”中，如图 7-28 所示。

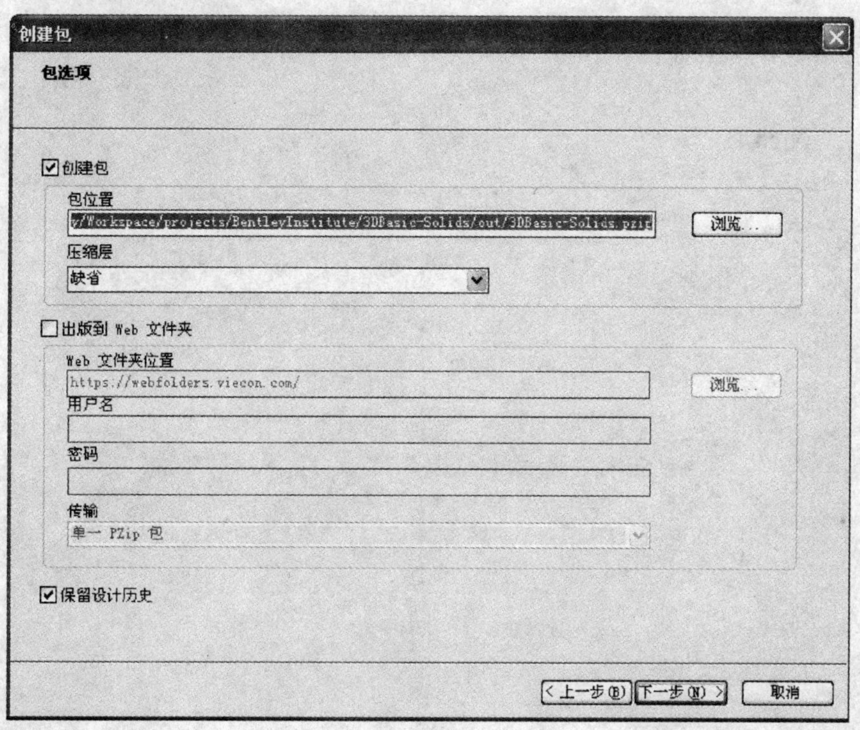


图 7-28 “创建包”对话框

(8) 完成。

设置完毕，创建包，如图 7-29 所示。

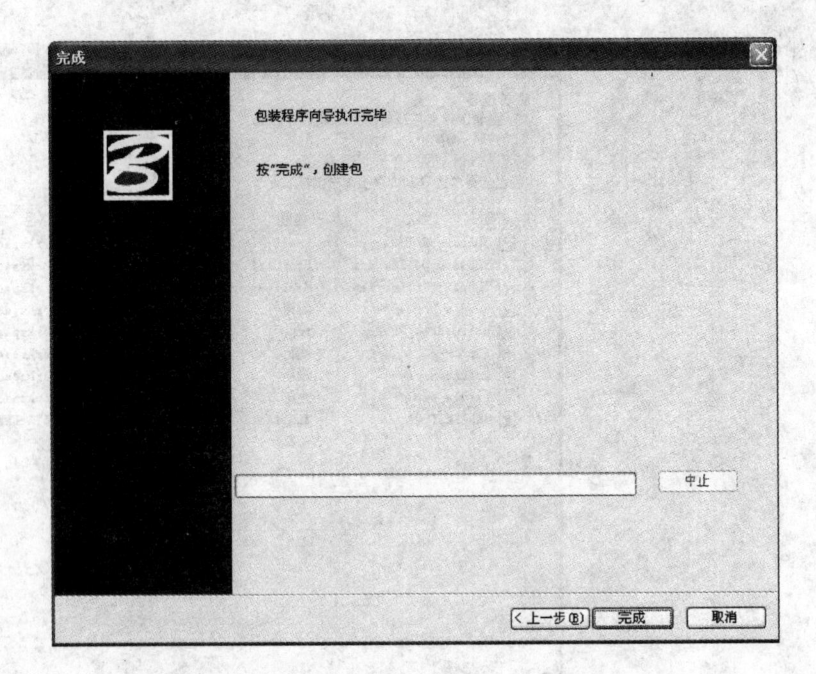


图 7-29　“完成”对话框